复杂网络建模理论与应用

郭景峰　陈　晓　张春英　著

科 学 出 版 社

北　京

内 容 简 介

本书是作者在近年来对数据挖掘和社会网络分析理论研究的基础上撰写的, 重点介绍了作者在该领域研究的成果, 详细讨论了有关的概念、方法和相关算法.

全书共六章, 主要包括属性图的定义及其扩展, 概率属性图、粗糙属性图和 S-粗糙属性图的定义、基本性质及应用; 加权社会网络社区发现及链接预测方法; 符号社会网络社区发现; 复杂社会网络集对建模理论及在社区发现领域的应用; 社会影响力传播模型, 基于偏好的、基于负面传播的、基于成本控制的影响最大化算法等.

本书可供计算机科学与技术学科相关专业硕士研究生、博士研究生和从事相关领域工作的科研人员及工程技术人员参考.

图书在版编目 (CIP) 数据

复杂网络建模理论与应用/郭景峰, 陈晓, 张春英著. —北京: 科学出版社, 2020.10

ISBN 978-7-03-059897-4

I. ①复⋯ II. ①郭⋯ ②陈⋯ ③张⋯ III. ①计算机网络-系统建模-研究 IV. ①TP393

中国版本图书馆 CIP 数据核字(2020) 第 189249 号

责任编辑: 胡庆家 贾晓瑞 / 责任校对: 彭珍珍
责任印制: 赵 博 / 封面设计: 无极书装

科 学 出 版 社 出版

北京东黄城根北街 16 号
邮政编码: 100717
http://www.sciencep.com

北京科印技术咨询服务有限公司数码印刷分部印刷
科学出版社发行 各地新华书店经销

*

2020 年 10 月第 一 版 开本: 720×1000 1/16
2024 年 4 月第四次印刷 印张: 17 3/4 插页: 1
字数: 360 000

定价:128.00 元
(如有印装质量问题, 我社负责调换)

前　　言

随着科学技术的飞速发展, 人类的生产和生活日益离不开各种各样的网络, 我们已经步入了网络化时代. 当我们拿起手机打电话、发微信或与朋友 QQ 聊天时, 就在不知不觉中参与到了社交网络的形成过程; 当我们登上高铁或者飞机时, 享受到了交通网络给我们带来的方便; 即使我们躺在床上什么也不干时, 大脑中的神经元们也形成了巨大的复杂网络相互传递信号, 帮助我们思考或者行动. 因此, 复杂网络无处不在, 可以描述诸如因特网、万维网、生物化学反应网络、金融网络、社交网络、通信网络、神经网络等各种各样高度技术化和智能化的系统. 对复杂网络的研究是一个新兴的跨学科研究领域, 引起了物理学、数学、生物学、工程、计算机等学科专家以及其他许多领域的广泛关注.

目前, 复杂网络的研究工作集中在以下几个方面.

(1) 复杂网络拓扑结构的静态统计分析, 包括更广泛的实证研究和更深入的理论刻画.

(2) 复杂网络的演化机制和模型, 实证上可以研究实际网络演化的统计规律, 如检验 BA 模型的择优连接假设; 理论上则可以发展完善的具有形成特定几何性质的网络机制模型.

(3) 复杂网络上的动力学研究, 包括网络容错性和鲁棒性以及网络上的搜索、传播、演化博弈、同步与共振等各种动力学过程.

(4) 有关复杂网络的分析方法与应用研究.

总体上说, 网络的结构与功能及其相互关系是网络研究的主要内容, 结构与功能的相互作用特别是其对网络演化的影响是复杂网络研究需要解决的重要问题.

因此, 本书从复杂网络应用研究的角度出发, 重点对复杂网络的属性图建模、加权网络建模、符号网络建模、集对网络建模等理论和方法进行阐述分析, 并将各种网络建模技术应用于社区挖掘、影响力最大化、链接预测等领域, 取得了较好的效果.

全书共六章.

第 1 章绪论, 从属性图、加权网络、符号网络、集对网络等建模理论以及影响最大化、链接预测等方面, 详细分析了国内外的研究现状和发展态势, 讨论了目前研究中存在的问题和不足, 对本书中提出的复杂网络建模理论的研究意义进行了重点阐述分析.

第 2 章复杂网络属性图建模及应用, 提出了属性图的概念, 并拓展为概率属性图、粗糙属性图和 S-粗糙属性图, 对复杂网络结构进行了测度分析, 并基于属性图提出了新的社区挖掘算法, 通过粗糙度等的变化分析, 该算法能够预测社区的发展态势.

第 3 章加权网络建模及应用, 从加权网络特征入手, 提出新的加权网络节点相似性计算方法, 分别提出了基于链接强度的加权网络社区发现算法、基于共同邻居的加权网络社区发现算法以及基于多路径节点相似性的加权网络链接预测算法, 实验表明了融合节点局部属性信息和网络路径结构信息定义的多路径节点相似性指标的合理性和有效性.

第 4 章符号网络建模及应用, 针对网络同时具有正负边的特性, 重新对符号网络进行建模, 通过找到具有共同兴趣、爱好和观点的用户, 并基于结构平衡理论, 刻画节点间的相似度和社区间的相似度, 提出基于共同邻居的符号网络社区发现算法、基于共同邻居紧密度的符号网络社区发现算法和基于结构平衡理论的社区发现算法. 实验结果表明, 本章提出的算法相对于其他算法有较高的正确性和较低的运行时间.

第 5 章集对复杂网络建模及应用, 基于集对分析理论, 将各类复杂网络分别刻画为一个同异反 (确定与不确定) 系统. 针对各类复杂网络的特点, 将网络拓扑结构特性与网络的确定性和不确定性关系相融合, 采用联系度刻画节点间的同异反属性, 从而提出新的节点间相似性度量指标; 并基于该指标进行符号网络、主题关注网络分析的相关研究.

第 6 章影响最大化建模及应用, 提出了多种改进的贪心算法和基于社区的影响最大化算法, 并在改进传播模型方面, 提出了主题偏好模型、主题关注的独立级联模型以及集成负面影响传播的社会影响传播新模型. 同时对影响最大化问题进行了扩展, 提出了成本控制下的影响最大化算法和微博环境下的影响最大化算法等等. 实验结果表明, 这些算法在大部分数据集上表现良好, 且运行时间较短, 可以更好地解决各种复杂的影响最大化问题.

本书在编写过程中得到了很多专家的指点, 在此感谢专家们提出的宝贵意见和建议. 感谢吕家国、胡心专、刘苗苗、刘院英博士研究生, 他们为本书的成稿提供了大量的论文成果、素材、实验结果, 感谢他们对本书的无私奉献.

本书得到了国家自然科学基金项目 (课题名称: 基于主题关注模型的在线社交网络社区发现与信息传播机理研究; 课题编号: 61472340) 和河北省重点研发项目 (课题名称: 全域文化旅游大数据关键技术研发与应用示范; 课题编号: 20310301D)

的资助, 得到了河北省虚拟技术与系统集成重点实验室的大力支持, 在此一并表示感谢.

由于作者水平有限, 书中难免有疏漏之处, 敬请读者批评指正. 若有问题探讨, 可发邮件至 jfguo@ysu.edu.cn, 非常感谢!

郭景峰

燕山大学

2019 年 12 月

目　　录

第1章 绪 论

网络自问世以来就受到了科学家们的关注, 它是一种由数学中的图论演变出来的新兴交叉科学. Newman 将现实生活中的网络概括为四大类: 通信网络, 如移动通信用户之间, 万维网等; 生物网络, 如基因调控网络、我们身体各个器官系统之间的调控网络等; 科技网络, 如快递运输网络、国家电力系统网络等; 社会网络, 如家人亲戚关系网络、同学朋友网络等. 真实世界中很多包含实体间相互作用的系统都可以抽象为复杂网络, 对真实网络特性的解释使得复杂网络成了近年来社会多学科交叉领域的研究热点之一.

复杂网络研究正渗透到数理科学、生物科学和工程科学等不同的领域, 对复杂网络的定性与定量特征的科学理解, 已成为网络时代研究中一个极其重要的挑战性课题, 甚至被称为 "网络的新科学".

1.1 研究背景及意义

复杂网络 (Complex Network)[1], 是指具有自组织、自相似、小世界、无标度中部分或全部性质的网络. 在自然界和人类社会中, 存在许多复杂系统, 如疾病传播网络、食物链网络、电子通信网络以及本书所研究的社会网络等. 它们都可以抽象为复杂网络[2]. 通常使用图来表示网络, 使用图论理论对网络的结构性质进行研究. 近些年来, 随着 Web 2.0 和 Web 3.0 技术的发展以及社会网络的兴起, 出现了大量的在线社会网络, 社会网络作为复杂网络的一个分支, 引起社会学家以及行为学家的研究热潮, 随之产生了很多社会网络的分析技术. 本书以社会网络为研究对象, 以复杂网络理论为基础, 采用数学建模、算法设计以及数据验证等相结合的方法对社会网络的社区挖掘进行深入研究. 后续的章节中, 在不引起歧义的情况下, 不区分网络和图的概念.

1.1.1 研究背景

数学家经典的网络理论, 要么是分析包含几十数百个节点, 可以画在纸上从而形成直观印象的网络; 要么是讨论不含有尺度效应, 可以精确求解的网络性质. 数学家和物理学家在考虑网络的时候, 往往只关心节点之间是否有边相连, 至于节点到底在什么位置、是长还是短、弯曲还是平直、是否相交等都是他们不在意的. 将网络不依赖于节点的具体位置和边的具体形态就能表现出来的性质叫做网络的拓

扑性质, 相应的结构叫做网络的拓扑结构. 自从进入 20 世纪 90 年代, 由于计算机
数据处理和运算能力的飞速发展, 科学家们发现大量的真实网络既不是规则网络,
也不是随机网络, 而是具有与前两者皆不同的统计特征的网络. 于是提出了一些更
符合实际的网络模型, 这样的一些网络被科学家们称作复杂网络, 对于它们的研究
标志着新阶段的到来.

对于复杂网络的研究工作掀起了一股不小的研究热潮, 一是 Watts 和 Strogatz
在 *Nature* 上发表文章, 提出的小世界模型 (WS 模型)[3]. 该模型既具有规则网络
的高聚类性, 又具有类似随机网络的小的平均路径长度. 二是 Barabási 和 Albert
在 *Science* 上发表文章, 提出了无标度网络模型 (BA 模型)[4]. 而后科学家们又研
究了各种复杂网络的各种特性. 目前, 国内外学者对复杂网络的研究主要集中在三
个方面: 大量的真实网络的实证研究, 分析真实网络的统计特性; 构建符合真实网
络统计性质的网络演化模型, 研究网络的形成机制和内在机理; 研究社会关系复杂
网络, 对网络的生长模型进行分析. 在复杂网络研究领域, 当前主要集中在复杂网
络的结构特征研究, 由于无标度网络模型与现实世界更为贴近, 很多学者都对其进
行各种扩展, 如广义无标度动态网络模型、局域世界演化模型、多局域世界演化模
型等. 同时利用复杂网络理论研究社会网络也取得了很多的研究成果.

1.1.2　研究意义

复杂网络的研究, 为我们提供了一种复杂性研究的新视角、新方法, 并且提供
了一种比较的视野. 可以在复杂网络研究的旗帜下, 对各种复杂网络进行比较、研
究和综合概括.

网络的现象涵盖极其广泛, 因此, 对网络的研究极具意义. 例如, 科学家发现大
多数实际的系统都是复杂网络, 从细菌、细胞和蛋白质系统, 到人际关系, 甚至到科
学家之间的合作、论文之间的引证联系、大型的 Internet 和 WWW 网络等. 它们
都构成某种网络系统, 也构成某种复杂网络系统. 因此, 如若发现一种概括它们的
共同特性的观点和方法, 则能够抓取这类网络的关键, 形成深入的认识. 而复杂网
络研究恰恰在这点上发现了它们同时都具有的三个主要特征, 小世界、无标度性和
高集团度.

复杂网络研究尽管已经显示出极强的生命力, 而且更令人兴奋的是找到了合适
的描述方法, 但是, 这并不意味着一切问题都已经解决, 复杂网络仍然处在复杂性
的丛林中. 如何找寻或者开辟出一条林中路, 仍然是探究者的艰巨任务. 复杂网络
研究不能完全集中在研究关系的形式上, 而是要针对经验过程和系统进行解释. 有
学者认为, 复杂网络分析对社会学发展的突出贡献表现在提出了一系列指导着社会
网络研究的概念、命题、基本原理及其相关的理论. 社会网络分析涵盖甚至超出了
社会学研究的传统领域. 一些经济学家和心理学家也自觉运用社会网络分析的有关

概念和方法研究经济与社会的关系和人与人之间的关系.

通过对复杂网络的研究, 人们可以对模糊世界进行量化和预测, 目前只有基于复杂网络的研究成果, 能够在一定的范围内对事物的发展和运行进行简单预测. 同时对复杂网络研究的过程中, 会产生大量的实际可用的模型, 而且这些模型已经在实际的生产和组织结构中进行了大量的应用, 取得了大量的实际成果.

1.1.3 主要研究内容

复杂网络作为一门新兴科学, 是对存在的网络现象及其复杂性进行解释的学科. 首先, 它研究的是网络现象. 网络在自然界和人类社会中普遍存在, 包括自然界中天然存在的星系、食物链网络、神经网络、蛋白质网络; 人类社会中存在的社会网络、传染病传播网络、知识传播网络; 人类创造的交通网络、通信网络、计算机网络等. 网络科学作为一门交叉学科, 主要研究利用网络特性描述物理、生物和社会等现象, 进而建立这些现象的预测模型或分析模型, 并利用网络的静态特性和动力学特性来解释这些现象. 另外, 它代表着对网络自身复杂性的深化认识.

目前, 复杂网络的研究工作集中在以下几个方面: ①复杂网络拓扑结构的静态统计分析, 包括更广泛的实证研究和更深入的理论刻画; ②复杂网络的演化机制和模型, 实证上可以研究实际网络演化的统计规律, 如检验 BA 模型的择优连接假设, 理论上则可以发展完善的具有形成特定几何性质的网络机制模型; ③复杂网络上的动力学研究, 包括网络容错性和鲁棒性以及网络上的搜索、传播、演化博弈、同步与共振等各种动力学过程; ④有关复杂网络的分析方法与应用研究. 总的来说, 网络的结构与功能及其相互关系是网络研究的主要内容, 结构与功能的相互作用特别是其对网络演化的影响是复杂网络研究需要解决的重要问题.

1.2 复杂网络建模理论研究现状分析

复杂网络科学研究经历了三个阶段, 分别是规则网络理论、随机网络理论和复杂网络理论阶段. 在复杂社会网络研究领域, 目前学者们主要集中在如下四个研究分支: 社会网络的实证研究和拓扑结构特性分析; 社会网络建模; 社会网络动力学行为和特性; 社会网络挖掘. 针对网络模型的研究主要集中于模拟构建各种模型. 普遍的研究思路是, 根据对真实网络的实证研究和拓扑特性分析的结论和结果, 归纳出同一类真实网络的共同特性. 针对社会网络的实证研究已证明它的确表现出不同于其他网络类型的拓扑特性, 由此触动研究人员去针对社会网络建立其各种模型. 本书从复杂网络应用研究的角度出发, 根据近年来的研究工作成果, 重点对复杂网络的属性图建模理论、加权网络建模方法与应用、符号网络建模方法及应用、集对网络建模方法及应用和在影响最大化领域的建模方法与应用进行详细介绍.

1.2.1 属性图建模现状分析

图结构被广泛应用于多个领域, 以描述事物之间的复杂关系. 在这种基于图结构的复杂网络描述中, 只能了解网络中实体之间存在的关系及关系强度如何. 实际上, 图中的节点及其关系都具有一定的属性, 往往通过对这些属性的分析可以得到更多信息, 但是目前这种传统图结构不能描述节点及其关系属性, 另外节点和关系属性往往存在着不确定、不完备等情况. 在论文合作网络中, 如图 1-1 所示, 作者在填写个人信息时, 根据不同期刊、会议的要求作者填写的内容并不相同, 并且作者的职称、单位在不同时间都有可能发生变化, 从这样的论文合作网络中挖掘出某作者及其团队关系是比较繁琐的. 同样, 在移动通信网络中, 如图 1-2 所示, 一个人可以使用不同的用户名注册多个邮箱, 也可以使用不同的身份购买多张电话卡, 特别是当某人到外地一段时间的话, 他很有可能会更换为当地卡号, 如此构成的通信网络则更加复杂.

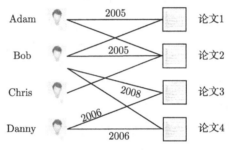

图 1-1   论文合作网络

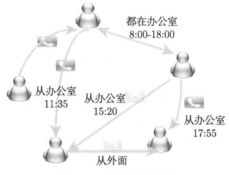

图 1-2   移动通信网络

针对复杂网络中边的关系确定与否, 描述的模型主要分为传统图、概率图、粗糙图等, 现分别对其进行分析.

1.2.1.1 传统图模型

传统图模型最基本的数学表达形式是图论法, 即以线和节点的形式来表示被研究的对象及其关系的一种方法, 节点表示社会学分析的对象, 如个人、群体或社区等. 哈佛大学的社会网络研究的一个特点是研究 "小集团" "聚类" 以及其他一些术语, 用于表示网络结构特性, 主要有度分布、簇系数、平均路径长度、介数及其分布、最大连通分支的规模分布、度相关性和簇度相关性等. 基于传统图模型的研究主要集中在子图挖掘[5,6]、频繁子图挖掘[7-11]、闭图挖掘[12,13]、社区发现[14,15]、链接预测[16-18]、推荐[19-21]、分类[22-24] 和聚类[25-28] 等方面, 其中, 聚类又分为层次聚类[29-31] 和模式聚类[32-34].

实际上, 无论是节点还是边都具备一个或多个不同的属性特征, 而属性之间有一定的依赖或因果关系, 属性集合对节点和边的性质起着决定作用, 可通过属性之间的关系以及属性与节点和边之间的关系描述一个节点和边, 这样某个节点或边的属性值发生变化, 根据其依赖关系或因果关系可以推测节点以及边的变化态势, 从而进行更深层次的信息挖掘. 为此, 本书提出了 "属性图"(Attribute Graphical, AG) 的概念, 简单地说就是在图中, 同时考虑被研究对象和连接的属性以及属性之间关系的图就叫做属性图[35].

1.2.1.2 概率图模型

概率图模型 (Probabilistic Graphical Model, PGM) 是用图表达基于概率相关关系, 是基于概率论中贝叶斯规则建立起来的一种图结构, 也是计算机、人工智能等领域最流行的一种图模型结构, 该模型能很好地对上下文关系预测. 概率图模型在人工智能、数据挖掘、生物信息学、语言处理文本分类和控制理论等领域得到了广泛的应用, 并取得良好的应用效果.

在许多实际应用中存在着大量的概率图数据, 如生物信息学中的蛋白质交互 (Protein-Protein Interaction, PPI) 网络就是一类概率图, 其节点表示蛋白质, 边表示蛋白质的交互. 由于实验检测方法的局限性, 很大一部分检测到的数据是不确定的. 图 1-3 即为蛋白质交互网络实例, 其中, 每个椭圆代表一个节点, 其内文字为蛋白质名称, 外面的文字表示蛋白质的功能, 边上的数值表示 PPI 可靠性指数转换得到的存在可能性[36]. 在生物网络图中, 节点代表基因或蛋白质, 边代表节点之间的相互关系, 由于这些相互关系是通过含有噪声的实验得出, 故每条边都有一个不确定的权值[36]. 在大型社会网络中, 如 Facebook 和 Twitter 等, 每个用户都有一个人际关系网, 节点代表用户, 边的概率指描述两个用户之间关系的密切程度.

对概率图进行挖掘有着十分重要的现实意义. 在现有关于概率图的研究中, 更多是只考虑边的不确定性, 对节点和边的属性不确定性考虑得较少, 而在实际的社会网络中, 节点和边的属性也往往是不确定的. 如何表达这种不确定性是有待进一步深入研究的.

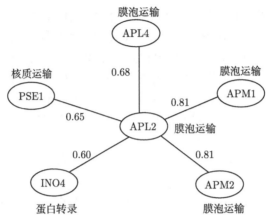

图 1-3 蛋白质交互网络实例

1.2.1.3 粗糙图模型

由于人与人之间存在各类关系, 而且各类关系中又包含多种关系. 如人与人之间存在同盟关系、冲突关系或者中立关系, 而同盟关系中可能是以朋友、亲属、同事等关系进行结盟; 冲突关系中可能因感情、利益等发生冲突. 分析问题时, 这些关系类的划分是随着人们认知能力以及具体要求的改变而改变的. 针对此类问题, 根据我们对粗糙集理论研究成果[37−41], 从传统图的结构入手, 将边的两个节点看成边的属性, 并进一步允许边具有多种属性, 从而构造边的属性集合, 定义了粗糙图[42], 如图 1-4 所示. 并给出结论: 粗糙图是传统图的推广, 传统图是粗糙图的特例.

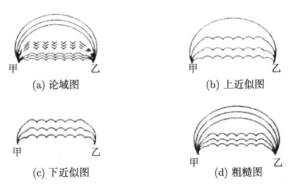

图 1-4 粗糙图

粗糙图的不确定性是由其边集边界域的存在而引起的. 边集的边界域越大, 其精确性越低. 在粗糙图的研究中, 只是考虑了边的粗糙性, 而并没有将节点的粗糙性加以研究. 实际上, 很多节点信息是不完备的、粗糙不确定的.

综上所述, 将属性图与概率论、粗糙集、S-粗糙集相结合, 拓展了传统图论的适用领域, 为深入理解客观世界复杂事物的结构关系和演化趋势提供了新的手段. 因此, 作为复杂网络建模理论新的研究方向, 基于属性图的建模及应用具有理论意义和应用价值.

1.2.2 加权网络建模现状分析

社会网络 (Social Network) 起源于 20 世纪 60 年代美国心理学家米尔格兰姆提出的著名的 "六度分离" 理论. 该理论表明, 世界上的任意两个陌生人, 至多需要通过六个中间人, 就可建立联系. 由此可见, 人与人之间存在着普遍的联系. 社会网络就是由人与人之间为了达到某种共同爱好、目的或者资源进行互动所形成的网络. 社会网络分析也是复杂网络研究必不可少的一部分. 传统的社会网络研究中, 通常仅根据人与人之间是否存在某种联系构建网络, 该网络又称为无权网络. 然而, 人与人之间不仅存在联系, 这种联系的程度也存在亲疏、远近和强弱之分. 可见, 仅考虑人与人之间是否存在连接, 不能准确地反映实际网络的细致结构及其功能; 有必要进步一刻画这种联系的差异性. 即可引入权重刻画网络中实体间关系的差异性, 这种边具有权重的网络就称之为加权社会网络 (Weighted Social Network), 简称加权网络. 在加权网络中, 可以通过边的权重刻画节点间相互作用的其他信息; 可见, 与无权网络相比, 加权网络携带了更多更有意义的信息. 因此, 近年来, 关于加权网络的研究成为当前的研究热点之一, 受到了学者们的广泛关注. 加权网络的研究主要集中在网络静态统计特性、网络上的动力学特性和网络演化模型等几个方面. 对于加权网络统计特性研究, 除要研究拓扑结构之外, 还需要分析在拓扑结构上的权值分布情况以及引入权重以后网络几何量的重新定义和实证分析等方面工作. 研究结果表明: 在许多实际加权网络中, 除了幂律度分布、平均最短距离小、聚类系数高这些无权网络所具有的基本特点外, 点权和边权也遵从幂律分布. 对于加权网络上动力学特性的研究, 加权网络将不同的边赋予了权值, 必然会影响各种物理量如信息、流量等在网络上的动力学特性. 对于加权网络的建模研究, 在加权网络中, 模型的建立以及运用必须充分考虑各个网络节点和通路由于不同的实际权值所造成的网络总体统计特性的极大差异.

目前, 针对加权网络分析与研究的主要内容有两部分. 一是获取网络拓扑性质刻画网络结构, 通过合适的模型理解并分析网络结构的特性, 其中最为主要的研究内容就是发现网络的社区结构. 如 Newman 将无权网络中的 GN 算法拓展到加权网络中, 将边介数替换为关于权重的边介数, 提出了 WGN (Weighted Girvan-Newman) 算法[43]. Shen 等[44] 提出了一种加权过滤系数, 通过迭代的过滤操作实现了加权网络的社区划分. 随着加权边过滤系数的增大, 该算法还能依次发现局部的加权社区. Guo 和 Liu 等鉴于现有加权相似度指标的不足, 提出了基于公共邻居相似度的加权网络中分层聚类的社区发现方法[45]; 针对 WCN、WAA 和 WRA 指标的缺陷, 提出了基于节点和社区链接强度的加权社会网络划分算法[46]; 针对自动图数据挖掘算法的不足, 提出了新的聚类-重聚类合并社区发现算法[47]. 二是基于网络内单个节点的特性和整个网络的结构特性对网络行为进行分析和预测, 即所谓的链接预测. Murata 等使用基于加权相似性的度量方法预测链接, 在稠密的社会网络中获得了较好的效果, 迈出了加权网络链接预测的第一步. Yang 等[48] 结合已有链接预测方法和加权网络特征, 为加权网络链接预测研究和进一步分析验证提供了基础. Lv 等[49] 提出了三种加权相似性指标, 可分别被看作 CN、AA 和 RA 的变体, 但这些加权指标在 Net Science 和 US Airports 网络中的实验结果不理想. 针对大多数链路预测算法只考虑图的局部或全局特征, 因此很难在精度和计算复杂度上达到均衡, Guo 和 Liu 等引入节点对边权强度的概念, 用于度量邻居节点间的局部相似度, 提出了新的加权社会网络中基于多路径传输节点相似度的链路预测算法[50].

由此可见, 真实网络中边的权重信息常常具有极高的利用价值, 若不能充分利用这方面的信息, 无论对于加权网络的社区发现还是链接预测研究都将是一个巨大的缺失. 虽然目前基于加权网络已经有不少研究成果, 但仍然存在一些问题, 如要求先验知识、社区发现的结果容易受初始节点的影响、难以处理大规模网络、缺乏有效的评估方法等等. 因此, 有必要进一步加强对加权网络的研究, 从而有效提高社区发现的准确性和链接预测的正确率.

1.2.3 符号网络建模现状分析

符号社会网络 (Signed Social Network) 的相关研究起源于社会学领域[51]. 早在 20 世纪 40 年代, Heider 就基于社会心理学理论探讨了人作为认知主体的三角形关系中消极关系与积极关系的相互作用模式, 随后由 Cartwright 和 Harary 等用图论语言进行描述并推广至整个网络. 此后, 人们主要关注于研究带符号的社会网络的结构和演化问题, 致力于理解和揭示社会群体中的派系结构与发展规律, 取得了不少研究成果. 但是由于研究对象绝大部分为小规模社会网络, 并且对网络的观察时间也有限, 研究具有局限性.

国内外针对符号网络的研究, 根据研究角度和研究对象不同, 主要分为社区发现、节点排序、节点分类、预测、网络演化模式和机制五个方面及其应用. 其中, 符号网络中社区发现算法的研究需要依据 "同一社区内部节点间正关系紧密且负关系松散, 而不同社区间正关系松散且负关系紧密" 的原则进行划分. 节点排序是利用网络的连接结构得出节点的重要性排序, 就是将传统网络的特征向量中心性及 HITS 等策略扩展应用到符号网络中, 以适应符号网络包含负边的特点. 节点分类即将网络中具有共同特征的节点分为一类, 对于符号网络的节点分类策略有两种:

一种是从传统网络分类算法变化而来, 一种是结合符号网络特征直接提出新的分类算法. 符号网络的预测[52] 研究分为链接预测和符号预测, 其中, 链接预测指根据现有的正负链接情况预测新的正负链接, 符号预测主要依据交互信息和跨媒体信息为已经存在的无符号的边预测符号. 符号网络演化研究基于结构平衡理论研究符号网络演化的模式和机制, 认为符号网络从非结构平衡状态向结构平衡状态转变.

社区发现作为符号网络各类研究的基础, 受到国内外学者的广泛关注. 目前, 符号网络的社区发现方法主要分为: 基于评价函数和抽取式的两类方法. 基于评价函数的方法是通过某个评价函数进行社区划分. 由于模块度函数中加入了连边密度, 从而得到的划分符合传统意义上对社区的定义. Li 等基于 GN 算法和层次聚类算法提出了协同训练算法 GN-H(Girvan Newman-Hierarchical), 该算法首先采用 GN 算法划分仅含正边的子图, 再通过包含负边信息的评价指标对前一阶段的划分结果进行调整, 从而得到网络最终的层次聚类结果. 由于 GN 算法具有较高的计算复杂度, 从而该算法难以适用于大规模网络.

基于抽取式的方法是从局部出发进行社区发现, 该方法又可以分为分裂式和凝聚式两类. 在分裂式方法中, 杨博等基于随机游走策略提出了一种社区发现算法 FEC (Finding and Extracting Community). 该算法在时间和识别精度方面表现出良好的性能, 但也存在一些不确定因素, 会造成其性能不稳定, 如初始顶点的选择、随机游走步长的设定等. 针对上述问题, 我们通过筛选目标顶点和随机游走亚稳态理论等提出了改进的 FEC 算法[53]. 在凝聚式方法中, 提出了两阶段的社区聚类算法 CRA (Clustering Re-clustering Algorithm), 该算法在第一阶段先删除网络中全部负边进行社区划分, 第二阶段再调整带负边的点所在社区. 该方法以忽略负边为代价实现划分, 第一阶段的划分结果往往对第二阶段的调整造成较大的影响, 甚至不能发现正确的社区; 同时初始顶点的选择也严重影响社区划分结果. 针对上述两阶段中存在的问题, 学者们分别通过研究初始节点的选择策略、两阶段的融合策略等, 提出了改进的 CRA 算法[54]. 除此之外, 我们基于顶点间相似度和博弈论[55] 等提出许多符号网络社区发现方法.

由此可见, 符号网络研究的关键在于综合利用正、负边信息. 一方面, 负边对网络的形成、结构演化、动力学等都具有重要的影响, 不可忽略; 另一方面, 负边的引入在提高研究准确性的同时, 对研究思路和方法也提出了挑战. 因此, 仍有必要结合具体实际应用问题, 正确定位负边的作用与意义, 合理处理正边和负边之间的作用关系, 进行符号网络的相关研究.

1.2.4 集对网络建模现状分析

集对分析[56](Set Pair Analysis, SPA) 理论起源于处理事物间的模糊不确定问题. 在 1989 年, 我国学者赵克勤提出了集对分析理论, 该理论将确定的数学计算与不确定性系统分析有机结合[57]. 目前, 集对分析已在工业、农业、旅游、教育、国防以及计算机与人工智能等众多领域中得到广泛应用[58]. 2003 年, 赵克勤首先将集对分析理论引入到计算机领域, 提出了一种同异反海量数据挖掘方法. 该方法利用联系度中各联系分量大小关系的变化规律开展数据挖掘, 快速而又方便地为用户提供隐藏在海量数据中的数据演化趋势信息和数据结构信息. 随后, 学者们纷纷将该理论应用到聚类、网络安全及神经网络等领域. 2011 年, 张春英等[59] 首先将集对思想融入复杂网络分析中, 针对复杂网络关系中存在的不确定性建立了集对网络分析模型及其相关性质, 拉开了基于集对理论的复杂网络研究的序幕.

目前, 基于集对网络模型的研究主要分为社区发现、链接预测和影响最大化等三类. 在社区发现的研究中, 2013 年, 我们基于社会网络中存在确定和不确定关系, 提出了一种给定阈值的关系社区概念, 并根据社会网络特性分别提出静态和动态 α 关系社区的挖掘算法, 证明了 α 关系社区的挖掘更能体现社区存在的动态性; 同时, 基于属性图提出了集对社会网络实体相似性的度量方法, 并基于集对态势实现了社区发现[60]. 上述基于集对理论的社会网络分析方法中, 仅考虑网络中确定与不确定属性的数量, 仍存在许多可以改进的地方. 针对上述问题, 我们基于集对联系度, 融合聚集系数和 K-Shell 等重新刻画了节点间相似性度量指标, 基于不同的相似度指标提出了社会网络和符号网络的社区发现算法[61,62]. 随后, 我们又将集对理论引入到主题关注网络中, 为了处理大规模主题关注网络, 融合了自然语言处理中的深度学习技术, 采用集对联系度刻画网络中节点的转移概率, 提出了基于表示学习的主题社区发现算法[63]. 在链接预测研究中, 我们综合考虑符号网络中的确定与不确定性、局部和全局特性, 基于集对联系度实现了网络中符号和边的预测[64]; 与传统方法相比, 均具有较大的预测准确率和正确率, 不仅提高了正边预测的正确率, 而且提高了负边预测的正确率; 且在不同规模、密度的网络中, 具有一定的稳健性. 在影响最大化的研究中, 我们又针对主题关注网络同时存在用户和主题两类的实体的特性, 采用集对联系度刻画用户对主题的偏好, 实现了基于主题的影响最大化算法[65].

集对分析的优点在于使用联系度统一处理模糊、随机和信息不完全所致的多种不确定性问题, 从同一性、差异性、对立性等多角度进行分析, 避免采用单一标准导致的局限性、避免丢失有价值信息引发的错误结论. 上述研究为基于集对理论的复杂网络研究奠定了基础. 然而, 现有基于集对理论的网络研究主要集中在社区发现中, 可将集对分析理论进一步扩展到复杂网络的其他研究内容中.

1.2.5 影响最大化建模现状分析

影响最大化 (Influence Maximization, IM) 问题最早始于 "病毒营销" 的研究, Domingos 和 Richardson 将其建模为一个马尔可夫网, 并提出了一种旨在使得利润增量的期望值最大化的启发式算法. 2003 年, Kempe 等[66]正式将影响最大化问题定义为离散优化问题, 研究如何基于一种固定营销预算模式, 在社会网络中挖掘最优的 k 个节点进行促销的问题, 研究结果表明, 该问题在独立级联模型 (Independent Cascade Model, IC) 和线性阈值模型 (Linear Threshold Model, LT) 下均为 NP-hard 问题, 并在证明了影响力最大化目标函数具有非负、单调递增和子模性的基础上, 提出了一种基于贪心策略的近似求解算法 KK_Greedy[66]. 该算法简单, 获得的解具有 $1 - 1/e$ 的精度保证, 已经成为影响最大化领域最为经典的算法之一. 为了进一步提高影响最大化算法的性能, 国内外的学者从各种角度对其展开研究. 从所依据的影响力传播模型来看, 主要分为基于独立级联模型和基于线性阈值模型两类.

1.2.5.1 基于独立级联 (IC) 模型的影响最大化算法研究

2006 年, Kimura 和 Satio 基于最短路径的影响级联模型, 提出了一种高效的影响最大化算法 SPM/SP1M. 2007 年, Leskovec 等通过优化爬山算法 Greedy, 提出了一种高效的 CELF(Cost-Effective Lazy Forward) 算法, 该算法基于 IC 模型的子模性, 大大减少了影响范围函数的调用次数, 提高了算法的效率, 但在影响范围上并未取得更好的效果. 为了提高影响最大化算法的运行效率, Chen 等从两个方面进行研究: 2009 年, 基于经典 KK_Greedy 算法, 提出了改进的 NewGreedy 算法, 该算法在取得相近的影响传播范围的情况下, 有着更高的效率; 2010 年, 将 NewGreedy 与 CELF 算法相结合提出了 MixGreedy 算法, 该算法利用社会网络中每个节点的局部树结构求解影响最大化的近似算法. 2011 年, Goyal 等为了进一步提高贪心算法的运行效率, 对 CELF 算法进行改进, 提出了 CELF++ 算法, 与 CELF 算法所获得的种子节点集相比, 该算法所获得的种子节点集有着相近的最终影响范围时, 在速度上却能提升 35%—55%. 2012 年, Jung 等基于 IC 模型及它的扩展模型 IC-N, 提出一种新的影响最大化算法 IRIE, 该算法包含一个基于影响排序的影响传播算法 IR 和一个影响估计算法 IE. 研究结果表明, 该算法在与 PMIA 算法保持相近最终影响范围的情况下, 速度快 2 个数量级.

1.2.5.2 基于线性阈值模型的影响最大化算法研究

2010 年, Narayanam 等[67] 基于 LT 模型, 将社会网络中的影响传播过程建模为一个协作博弈, 在该博弈中, 利用各个节点的 Shapley 值来表征该节点在信息传播过程中所做贡献的大小, 提出了一种基于 Shapley 值的影响节点挖掘算法 SPIN. 2010 年, Chen 等基于 LT 模型, 利用社会网络中每个节点的局部结构——有向无环网络, 提出了一种启发式影响最大化算法 LDAG. Wang 等根据社会网络的社区结构这一特性, 提出了一种高效的影响最大化算法 CGA, 该算法在考虑到信息传播的情况下, 首先发现原始社会网络中的社区结构, 然后, 采用一种动态规划的方法确定要发现的当前种子节点所在的社区. 2011 年, Goyal 等基于 LT 模型, 通过探测节点邻居简单路径的思想, 提出了一种新的影响最大化算法 Simpath. 田等考虑到 LT 模型中节点影响力的积累作用, 在进行种子节点集选取时, 综合考虑了节点的潜在影响力, 在此基础上提出一种影响最大化算法 HPG. Mathioudakis 等提出一种 "社会网络稀疏化" 的概念, 并给出一种用于计算影响网络骨架的算法 SPINE. 他们在求解影响最大化问题时, 先用 SPINE 算法对原始网络进行处理, 然后在处理后的网络上进行影响节点的挖掘.

1.2.5.3　影响最大化算法的改进研究

关于影响最大化问题的相关研究工作, 自 2003 年以后, 基本上都是在保持与经典 KK_Greedy 算法相近的最终影响范围时, 从提高算法的运行效率、改进传播模型将该问题与实际应用相结合、对传播模型和影响最大化问题本身进行扩展等三方面进行改进.

① 改进算法效率. 在改进算法效率方面, 主要工作包括: 改进贪心算法、提出更有效的启发式算法, 以及利用网络拓扑结构提高算法效率等三个方面. ② 改进传播模型. 改进传播模型是指在考虑传播细节或应用需求的情况下对基本传播模型进行扩展. ③ 影响力最大化问题的扩展. 对影响最大化问题进行扩展, 使其适应现实应用也是近年的研究热点.

影响最大化问题的大多工作是为了改善问题、模型或者算法的应用有效性. 影响最大化问题来源于市场营销, 随着社会网络规模的不断扩大和市场营销在社会网络中的深入发展, 改进影响力最大化问题的应用有效性, 提升其应用价值, 仍会是今后工作的重点.

1.3　复杂网络的应用领域

现实世界中, 许多复杂系统都可以建模成一种复杂网络, 如小到肉眼看不到的蛋白质相互作用网络, 大到生物种群之间的食物链网络. 复杂网络不仅是一种数据的表现形式, 它同样也是一种科学研究的手段. 复杂网络中的社区发现、链接预测和影响最大化等方面的研究受到了广泛的关注, 在电力网络、交通运输网络、计算机网络、生物网络、蛋白质交互网络以及社交网络等领域得到了广泛应用.

1.3.1　社区发现及应用

真实网络中存在一个重要的特征——社区结构. 复杂网络通常由若干个社区组成, 同一社区内结构紧密, 不同社区间结构稀疏. 可见, 社区结构揭示了复杂网络是怎样由相互关联却又相对独立的社区构成的, 是解释和研究网络结构形成原理及功能的重要基础. 例如, 在科研合作网络中, 不同研究领域的科研人员往往形成一个个相对独立的小圈子. 这种圈子有可能是位于同一科研基地 (例如同一所高校) 的人员形成的, 但更多的可能是具有相同研究方向或相近研究背景的同一领域的人员形成的. 这样一个圈子里的学者, 往往倾向于开展紧密的科研合作活动, 由此形成一个个社区. 在不同的应用领域, 社区结构代表着不同的特殊意义. 例如, 在社交网络中, 社区代表着具有相似兴趣和爱好的团体; 在蛋白质交互作用网络中, 社区代表着有特定结构或相同功能的蛋白质分子团; 在互联网中, 社区代表着主题相近的网页集合等.

社区发现的主要任务是, 通过分析和研究社区结构、功能和节点关系, 来揭示网络的聚集行为. 目前, 社区发现已被广泛应用于潜在客户发现、恐怖组织识别、流行病传播与控制、新陈代谢途径预测、蛋白质相互作用分析、Web 社区挖掘及个性化推荐、电力系统用电负荷控制等诸多领域. 例如, 在生物领域, 社区发现方法可以用来分析并获取具有特定代谢功能的蛋白质模块, 为医学研究中进一步分析功能模块之间的关系提供有力依据; 在信息领域, 通过对具有相似主题的 Web 页面的社区挖掘, 可以提高搜索引擎在互联网海量网页中的搜索效率, 且能够将具有相同兴趣的用户组织到一起, 为用户行为分析提供依据, 在此基础上进行页面的个性化推荐服务; 在电子商务领域, 通过对消费者购买记录进行社区检测, 可以挖掘具有相同或相似购买兴趣的消费者群体, 发现潜在客户并为其推荐商品, 引导客户消费进而创造巨大的商业价值; 在城市交通系统中, 社区发现可以挖掘交通事故频发的路段信息, 为完善交通网络提供决策支持.

因此, 如何快速并有效地发现网络中的社区结构是社会网络研究的一个重要分支, 对于分析与理解真实网络的拓扑结构、功能分析和行为预测等具有重要的理论意义和实用价值.

1.3.2 链接预测及应用

复杂网络具有高度动态性, 随着时间和空间的变化, 网络中的实体以及实体之间的联系上也会发生变化. 如新节点的产生、已有节点的消失、目前互不相连的节点之间可能会产生新的连边等. 链接预测的主要任务是, 通过分析网络中已知节点的属性和网络结构等信息, 预测丢失的或尚无相连的两个节点间存在链接的可能性.

目前, 链接预测在个性化推荐系统、用户态度预测、论坛帖子流行度预测、用户间信任关系预测及模型构建、蛋白质交互作用研究、恐怖组织关系分析、流行病预防与控制等众多领域得到了广泛的应用. 例如, 在人人网、合作网等社交网络中, 通过链接预测可以分析两个用户在将来是否会形成某种关系, 或者识别研究者在将来进行合作的可能性, 从而进行朋友推荐; 在淘宝、京东等电子商务平台中, 通过链接预测可以分析用户的喜好和需求, 预测其购买趋势, 进而为其推荐感兴趣的产品, 帮助网站提升销售量; 在新陈代谢网络、神经元网络等生物领域中, 通过链接预测可以发现分子间的相互作用原理, 以此指导实验过程, 大大减少实验次数, 有效节约科研费用; 在安全领域中, 通过链接预测可以发现潜在的犯罪团伙之间的秘密关系, 从而为控制犯罪行为的蔓延提供有力的决策支持. 此外, 链接预测还可以解决网络内的节点分类问题, 如发现异常邮件、识别非法用户等.

由此可见, 链接预测, 不仅可以帮助研究人员分析数据缺失的网络, 恢复原有网络结构, 而且可以帮助研究人员减少工作量, 降低科研难度和成本. 在网络演化中, 精确的预测结果还可以揭示并从理论的角度帮助人们认识一些隐含的网络进化机制, 为社会网络的结构分析提供理论基础, 并可能为演化网络提供方便统一且公平的比较平台, 从而有力推动网络演化模型的理论研究. 因此, 链接预测无论对于静态网络或是动态演化网络都具有重大的理论研究意义以及广泛的实际应用价值.

1.3.3 影响最大化及应用

影响最大化研究的主要任务之一是, 在复杂网络中如何选择 “最好” 的节点作为信息的初始传播者, 这些节点能通过自己的社会影响在整个网络中产生级联效应, 从而使得最大范围的节点接受所传播的社会影响. 当然, 这里的社会影响可以表现为思想、行为、习惯、技术或产品等. 例如, 在现实生活中, 经常有厂家为自己的新产品做宣传, 他们采用赠送或打折的方式让一些用户试用新产品; 当用户试用满意之后, 不仅会购买新产品, 而且会把新产品信息告诉给自己的亲朋好友, 从而带动更多的消费者. 上述营销方式即为 “病毒式营销”. 在这种营销过程中, 究竟选择哪些用户体验新产品就是影响最大化需要研究的内容.

目前, 社会网络影响最大化在市场营销、疫情监控、链接预测、舆情预警、水质监测、推荐系统、网络竞选、突发事件通知等领域都有非常广泛的应用. 例如, 犯罪关系网络中对重要罪犯人物的挖掘可以有针对性地找出犯罪头目, 迅速控制犯罪事件的发展; 生物网络中对于病毒的传染源和扩散源的挖掘可以帮助采取有效措施控制病情蔓延; 信息传播网络中意见领袖等种子节点的挖掘有助于信息的快速传播和影响最大化等. 可见, 种子节点往往决定着整个网络的结构以及信息传输等功能的稳定性. 因此, 在复杂网络中, 研究种子节点的选取、信息传播模型的构建及影响最大化等都具有重要的科研指导意义和实用价值.

复杂网络理论还有很多新的研究领域, 如复杂网络的疾病传播、复杂网络的动力学同步、复杂网络控制和结构识别等等. 有兴趣的读者可以参考其他文献.

本书重点针对属性图和集对建模理论进行了研究; 对属性图的社区发现、加权网络的社区发现和链接预测、符号网络的社区发现方法进行了研究; 对传统网络和符号网络的影响最大化建模理论进行了研究.

第 2 章　复杂网络属性图建模及应用

2.1　引　　言

在复杂网络中, 无论是节点还是边都具备一个或多个不同的属性特征, 而属性之间具有一定的依赖或因果关系. 属性集合对节点和边的性质起着决定作用, 可通过属性之间的关系以及属性与节点和边之间的关系描述一个节点和边. 这样某个节点或边的属性值发生变化, 根据其依赖关系或因果关系可以推测节点以及边的变化态势, 从而进行更深层次的信息挖掘. 为此, 提出属性图的概念, 简单地说就是在一个图中, 同时考虑对象或事物的属性以及属性之间关系的图就叫做属性图.

近年来, 在各种复杂网络分析工作中, 越来越多的研究者关注到网络节点具有多样性的特征[68]. 对复杂网络节点间关系多样性进行分析是一种潜在的、非常有用的衡量社区发展的方法. 然而, 到目前为止, 针对复杂网络中节点间关系多样性描述与挖掘方法的研究还甚少. 这种复杂的节点关系如何随着人们的认知程度的增加而发生改变, 如何从复杂节点和关系中挖掘有效信息是研究的重点.

因此, 本章重点研究属性图的建模理论, 首先提出属性图[69,70], 并结合概率论、粗糙集[71] 和 S-粗糙集[72], 将其分别拓展为概率属性图[73], 也称为不确定属性图[74]、粗糙属性图[75] 和 S-粗糙属性图[76]; 其次, 分析其结构、与传统图的关系, 并对各种属性图间的关系进行了对比分析; 基于属性图和粗糙属性图结构, 对复杂网络结构进行了测度分析; 最后, 基于属性图提出了新的社区挖掘算法.

2.2　属性图及其扩展

2.2.1　属性图基本定义

定义 2.1　属性图　设有节点集 $V = \{v_1, v_2, \cdots, v_{|V|}\}$, $VA = \{va_1, va_2, \cdots, va_{|VA|}\}$ 表示 V 上的属性集合, 其中, 节点标识也是 V 的属性, $LV = \bigcup_{va \in VA} Lva$ 是属性集 VA 的值域集合. 节点 v_i 的属性集为 $VA_i = \{va_{i1}, va_{i2}, \cdots, va_{ip}\}$, VA_i 对应的属性值集合为 $LV_i = \{Lva_{i1}, Lva_{i2}, \cdots, Lva_{ip}\}$, 则节点 v_i 表示为 $v_i(VA_i, LV_i)$, 即 $v_i = v_i((va_{i1}, Lva_{i1}), (va_{i2}, Lva_{i2}), \cdots, (va_{ip}, Lva_{ip}))$. 若有边集 $E = \{e_1, e_2, \cdots, e_{|E|}\}$, 且边集 E 的属性集合为 $EA = \{ea_1, ea_2, \cdots, ea_{|EA|}\}$, 其中, 包括节点属性 (v_i, v_j), $LE = \bigcup_{ea \in EA} Lea$ 是属性集 EA 的值域集合. 若边 $e_k(v_i, v_j)$ 除了具有节点属性 (v_i, v_j), 还具有属性 (EA_k, LE_k), 则边 e_k 表示为 $e_k((v_i, v_j), \cup p_l)$, 其中 $p_l = $

(EA_{kl}, LE_{kl})，边的集合表示为 $E = \cup e_k((v_i, v_j), \cup p_l)$，且 v_i 和 v_j 分别为具有属性的节点 $v_i(VA_i, LV_i)$ 和 $v_j(VA_j, LV_j)$，则属性图记为 $GA = (V(VA, LV), E(EA, LE))$.

简单地说，即在传统图的基础上，对于每个节点和边都赋予一定属性之后的图则称为属性图，其中，不同的节点或边的属性值是不相同的.

定义 2.2　节点的关键属性　给定属性图 $GA = (V(VA, LV), E(EA, LE))$，在节点集 V 的属性集合 $VA = \{va_1, va_2, \cdots, va_{|VA|}\}$ 中，除了节点标识属性外，能唯一区分一个节点的属性或属性集称为节点的关键属性.

定义 2.3　边的关键属性　给定属性图 $GA = (V(VA, LV), E(EA, LE))$，在边集 E 的属性集合 $EA = \{ea_1, ea_2, \cdots, ea_{|EA|}\}$ 中，除了节点属性外，能唯一标识一条边的属性或属性集称为边的关键属性.

定理 2.1　在属性图 $GA = (V(VA, LV), E(EA, LE))$ 中，如果节点属性集 VA 中只有节点标识，即节点集退化为 $V = \{v_1, v_2, \cdots, v_n\}$，其中，$v_i$ 是节点标识；同时边的属性集 EA 中只有节点属性 (v_i, v_j)，即 $E = \cup e_k(v_i, v_j)$，则属性图 $GA = (V(VA, LV), E(EA, LE))$ 退化为传统图 $G = (V, E)$.

证明　由定义 2.1 和传统图的定义可知，当属性图的节点属性只由节点标识、边属性只由节点属性构成时，则属性图就是传统图. 　　　　　　　　　　证毕.

推论 2.1　传统图是属性图的特例，属性图是传统图的推广.

定理 2.2　设有两个属性图 $GA_1 = (V_1(VA, LV), E_1(EA, LE))$ 和 $GA_2 = (V_2(VA, LV), E_2(EA, LE))$，判断 $GA_1 = GA_2$ 的充分必要条件是：

(1) 对于属性图 GA_1 中的每个节点 $v_i((va_{i1}, Lva_{i1}), (va_{i1}, Lva_{i2}), \cdots, (va_{ip}, Lva_{ip}))(i = 1, 2, \cdots, n)$，在属性图 GA_2 中都能找到一个与之等价的节点 $v_k((va_{k1}, Lva_{k1}), (va_{k2}, Lva_{k2}), \cdots, (va_{kp}, Lva_{kp}))(k = 1, 2, \cdots, n)$，其中，$(va_{il}, Lva_{il}) = (va_{kl}, Lva_{kl})(l = 1, 2, \cdots, p)$，而且 $|V_1(VA, LV)| = |V_2(VA, LV)|$，即两个属性图中节点个数相等.

(2) 对于属性图 GA_1 中的每条边 $e_k((v_i, v_j), \cup p_l)$，$p_l = (EA_{kl}, LE_{kl})(k = 1, 2, \cdots, m)$，在属性图 GA_2 中都能找到一条与之等价的边 $e_g((v_k, v_l), \cup p_q)$，$p_q = (EA_{gq}, LE_{gq})$，其中，$v_i = v_k$，$v_j = v_l$，$\cup p_l = \cup p_q$，$(EA_{kl}, LE_{kl}) = (EA_{gq}, LE_{gq})$，而且 $|E_1(EA, LE)| = |E_2(EA, LE)|$，即两个属性图中边的个数相等.

证明　(1) 由定义 2.1 可知，若属性图 $GA_1 = GA_2$，则在 GA_2 中一定能找到一个节点与 GA_1 中的每个节点相对应，其相应属性值相同，且两个图中节点个数相同. 也一定能在 GA_2 中找到一条边与 GA_1 中的每条边相对应，其相应属性值相同，且两个图中边的个数相同.

(2) 反过来，若在 GA_2 中一定能找到一个节点/边与 GA_1 中的每个节点/边相对应，其相应属性值相同，且两个图中节点/边的个数相同. 根据定义 2.1 知，$GA_1 = GA_2$. 　　　　　　　　　　　　　　　　　　　　　　　　　　　　　证毕.

定理 2.2 表明, 判定两个属性图是否相等, 除了要同时考虑它们的对应节点和边是否一致外, 还要考虑它们对应的节点和边的属性值是否相等. 这个判定是非常严格的, 只要有一个节点或边的某个属性不相同, 则认为两个属性图是不相同的. 实际上, 这样的两个图在复杂网络中是很难找到的.

2.2.2 粗糙属性图结构

对于属性图来说, 描述其属性的既有节点属性又有边属性, 而二者都可能是不完备的、粗糙的. 故在此首先给出粗糙节点属性图和粗糙边属性图的概念, 继而给出粗糙属性图的定义.

2.2.2.1 粗糙节点属性图

定义 2.4 论域属性图 设 $U=\{e_1,e_2,\cdots,e_{|U|}\}$ 为论域, $R=\{r_1,r_2,\cdots,r_{|R|}\}$ 为 U 上的属性集合, 并且 $R=VA\cup EA$. EA 中包含节点属性 (v_i,v_j), $v_i\in V(VA,LV)$, $v_j\in V(VA,LV)$, $VA=\{va_1,va_2,\cdots,va_{|VA|}\}$ 为 V 上的属性集合. 设 $E(EA,LE)=\cup e_k(ea_1,ea_2,\cdots,ea_m,(v_i,v_j))$ 是 U 上的边集, 称属性图 $GA=(V(VA,LV),E(EA,LE))$ 为论域属性图.

定义 2.5 粗糙节点属性图 给定论域属性图 $GA=(V(VA,LV),E(EA,LE))$, 对于任意 V 上的属性集 $Rva\subseteq VA\subseteq R$, V 上的元素按 Rva 划分不同的等价类 $[v]_{Rva}$. 任取属性子图 $TA=(W(WA,LW),X(XA,LX))$, 其中, $W(WA,LW)\subseteq V(VA,LV)$, $X(XA,LX)\subseteq E(EA,LE)$. 当 $W(WA,LW)$ 能表示成某些 $[v]_{Rva}$ 的并时, 则称属性图 TA 为 Rva-可定义节点属性图或 Rva-精确节点属性图. 否则称属性图 TA 为 Rva-不可定义节点属性图或 Rva-粗糙节点属性图. 对于 Rva-粗糙节点属性图, 可用两个精确节点属性图 $\underline{Rva}(TA)=(\underline{Rva}(W),X')$ 和 $\overline{Rva}(TA)=(\overline{Rva}(W),X')$ 来近似定义, 其中, $\underline{Rva}(W)=\{v\in V(VA,LV)|[v]_{Rva}\subseteq W\}$, $\overline{Rva}(W)=\{v\in V(VA,LV)|[v]_{Rva}\cap W\neq\varnothing\}$, $X'=\{e_k|e_k\in E,v_i\in W,v_j\in W,(v_i,v_j)\in e_k(EA)\}$. 则图 $\underline{Rva}(TA)$ 和 $\overline{Rva}(TA)$ 分别称为属性图 TA 的 Rva-下近似节点属性图和 Rva-上近似节点属性图. 属性图对 $(\underline{Rva}(TA),\overline{Rva}(TA))$ 称为属性图 TA 的粗糙节点属性图.

集合 $bn_{Rva}(W)=\overline{Rva}(TA)-\underline{Rva}(TA)$ 称为粗糙节点属性图 TA 节点集 W 的 Rva 边界域.

定理 2.3 (1) 粗糙节点属性图 $TA=(\underline{Rva}(TA),\overline{Rva}(TA))$ 为精确节点属性图, 当且仅当 $\underline{Rva}(TA)=\overline{Rva}(TA)$.

(2) 属性图 $TA=(\underline{Rva}(TA),\overline{Rva}(TA))$ 为粗糙节点属性图, 当且仅当 $\underline{Rva}(TA)\neq\overline{Rva}(TA)$.

证明 由定义 2.5, 定理 2.3 显然成立. 证毕.

定理 2.4　粗糙节点属性图为属性图, 当且仅当 TA 的所有节点属于由 Rva 确定的同一节点等价类.

证明　(1) 若粗糙节点属性图 $TA = (\underline{Rva}(TA), \overline{Rva}(TA))$ 为属性图, 则 $\underline{Rva}(TA) = \overline{Rva}(TA)$, 对于 TA 的任意节点 v 所对应的等价类 $[v]_{Rva} \subseteq W$(W 为 TA 的节点集合), 且 $[v]_{Rva} \cap W = W$, 即 TA 的所有节点属于由 Rva 确定的同一节点等价类.

(2) 若 TA 的所有节点属于由 Rva 确定的同一节点等价类, 有 $[v]_{Rva} \cap W = W$, 且 $[v]_{Rva} \subseteq W$, 则 $TA = (\underline{Rva}(TA), \overline{Rva}(TA))$, 于是粗糙节点属性图 $TA = (\underline{Rva}(TA), \overline{Rva}(TA))$ 为属性图.　　　　　　　　　证毕.

2.2.2.2　粗糙属性图

在粗糙节点属性图中, 只考虑节点属性是粗糙的. 实际上, 在属性图中, 边或者链接也是有属性的, 且这些属性也有可能是未知的、不完整的, 且边或链接的属性中包含节点属性 (v_i, v_j). 为此, 首先定义粗糙边属性图, 再进一步给出粗糙属性图的定义.

定义 2.6　粗糙边属性图　给定论域属性图 $GA = (V(VA, LV), E(EA, LE))$, 对于任意 E 上的属性集 $Rea \subseteq EA \subseteq R$, 且节点属性 $(v_i, v_j) \in Rea$. E 上的元素按 Rea 划分不同的等价类 $[e]_{Rea}$. 任取属性子图 $PA = (Q(QA, LQ), Y(YA, LY))$, 其中, $Q(QA, LQ) \subseteq V(VA, LV)$, $Y(YA, LY) \subseteq E(EA, LE)$. 当 $Y(YA, LY)$ 能表示成某些 $[e]_{Rea}$ 的并时, 则称属性图 PA 为 Rea-可定义边属性图或 Rea-精确边属性图. 否则称属性图 PA 为 Rea-不可定义边属性图或 Rea-粗糙边属性图. 对于 Rea-粗糙边属性图可用两个精确边属性图 $\underline{Rea}(PA) = (Q, \underline{Rea}(Y))$ 和 $\overline{Rea}(PA) = (Q\overline{Rea}(Y))$ 来近似定义, 其中, $\underline{Rea}(Y) = \{e \in E(EA, LE)|[e]_{Rea} \subseteq Y\}$, $\overline{Rea}(Y) = \{e \in E(EA, LE)|[e]_{Rea} \cap Y \neq \varnothing\}$. 图 $\underline{Rea}(PA)$ 和 $\overline{Rea}(PA)$ 分别称为属性图 PA 的 Rea-下近似边属性图和 Rea-上近似边属性图. 属性图对 $(\underline{Rea}(PA), \overline{Rea}(PA))$ 称为属性图 PA 的粗糙边属性图.

集合 $bn_{Rea}(Y) = \overline{Rea}(PA) - \underline{Rea}(PA)$ 称为粗糙边属性图 PA 边集 Y 的 Rea 边界域.

定义 2.7　Ra-粗糙属性图　给定论域属性图 $GA = (V(VA, LV), E(EA, LE))$, 对于任意 V 上的属性集 $Rva \subseteq VA \subseteq R$, V 上的元素按 Rva 划分不同的等价类 $[v]_{Rva}$. 对于任意 E 上的属性集 $Rea \subseteq EA \subseteq R$, 且节点属性 $(v_i, v_j) \in Rea$. E 上的元素按 Rea 划分不同的等价类 $[e]_{Rea}$. 设 $Ra = Rva \cup Rea$, 任取属性子图 $RA = (W(WA, LW), Y(YA, LY))$, 其中, $W(WA, LW) \subseteq V(VA, LV)$, $Y(YA, LY) \subseteq E(EA, LE)$. 当 $W(WA, LW)$ 能表示成某些 $[v]_{Rva}$ 的并, 且 $Y(YA, LY)$ 能表示成某些 $[e]_{Rea}$ 的并时, 则称属性图 RA 为 Ra-可定义属性图或 Ra-精确属性图. 否则,

称属性图 RA 为 Ra-不可定义属性图或 Ra-粗糙属性图.

对于 Ra-粗糙属性图可用两个精确属性图 $\underline{Ra}(RA) = (\underline{Ra}(W), \underline{Ra}(Y))$ 和 $\overline{Ra}(RA) = ((\overline{Ra}(W), \overline{Ra}(Y))$ 来近似定义, 其中, $\underline{Ra}(W) = \underline{Rva}(W) = \{v \in V(VA, LV)|[v]_{Rva} \subseteq W\}$, $\overline{Ra}(W) = \overline{Rva}(W) = \{v \in V(VA, LV)|[v]_{Rva} \cap W \neq \varnothing\}$, $\underline{Ra}(Y) = \underline{Rea}(Y) = \{e \in E(EA, LE)|[e]_{Rea} \subseteq Y\}$, $\overline{Ra}(Y) = \overline{Rea}(Y) = \{e \in E(EA, LE)|[e]_{Rea} \cap Y \neq \varnothing\}$. 属性图 $\underline{Ra}(RA)$ 和 $\overline{Ra}(RA)$ 分别称为属性图 RA 的 Ra-下近似属性图和 Ra-上近似属性图. 属性图对 $(\underline{Ra}(RA), \overline{Ra}(RA))$ 称为属性图 RA 的 Ra-粗糙属性图.

集合 $bn_{Ra}(RA) = \overline{Ra}(RA) - \underline{Ra}(RA)$ 称为粗糙属性图 RA 的 Ra-边界域.

定义 2.8　下近似类度　给定粗糙属性图 $RA = (\underline{Ra}(RA), \overline{Ra}(RA))$, 粗糙节点 v_i 的下近似类度 $\underline{d}_k(v_i)$ 是指 $\underline{Ra}(RA)$ 中以 v_i 为一节点属性的不同边等价类 $[e]_{Rea}$ 数目的和. 用 $\underline{\min}_k(RA)$ 和 $\underline{\max}_k(RA)$ 分别表示 RA 的最小下近似类度和最大下近似类度.

定义 2.9　上近似类度　给定粗糙属性图 $RA = (\underline{Ra}(RA), \overline{Ra}(RA))$, 粗糙节点 v_i 的上近似类度 $\overline{d}_k(v_i)$ 是指 $\overline{Ra}(RA)$ 中以 v_i 为一节点属性的不同边等价类 $[e]_{Rea}$ 数目的和. 用 $\overline{\min}_k(RA)$ 和 $\overline{\max}_k(RA)$ 分别表示 RA 的最小上近似类度和最大上近似类度.

定义 2.10　粗糙节点的类度　给定粗糙属性图 $RA = (\underline{Ra}(RA), \overline{Ra}(RA))$, 粗糙节点 v_i 的类度 $d_k(v_i)$ 定义为由下近似类度和上近似类度的区间 $[\underline{d}_k(v_i), \overline{d}_k(v_i)]$ 构成.

定理 2.5　(1) $\underline{\min}_k(RA) \leqslant \underline{\max}_k(RA) \leqslant n$, $\overline{\min}_k(RA) \leqslant \overline{\max}_k(RA) \leqslant n$, n 为粗糙属性图中边等价类 $[e]_{Rea}$ 的总数.

(2) 粗糙属性图 $RA = (\underline{Ra}(RA), \overline{Ra}(RA))$ 为精确属性图, 当且仅当 $\underline{d}_k(v_i) = \overline{d}_k(v_i)$, $\forall v_i \in [\underline{Rva}(W), \overline{Rva}(W)]$.

证明　(1) 根据定义 2.9, $\underline{\min}_k(RA) \leqslant \underline{\max}_k(RA) \leqslant n$, $\overline{\min}_k(RA) \leqslant \overline{\max}_k(RA) \leqslant n$, 显然成立.

(2) 若粗糙属性图 $RA = (\underline{Ra}(RA), \overline{Ra}(RA))$ 为精确属性图, 则知 $\underline{Rea}(X) = \overline{Rea}(X)$, 且 $\underline{Rva}(W) = \overline{Rva}(W)$, 由定义 2.10 可知, $\underline{d}_k(v_i) = \overline{d}_k(v_i)$.

反之, 若 $\underline{d}_k(v_i) = \overline{d}_k(v_i)$, $\forall v \in [\underline{Rva}(W), \overline{Rva}(W)]$, 则知 $\underline{Rea}(X) = \overline{Rea}(X)$, $\underline{Rva}(W) = \overline{Rva}(W)$, 故粗糙属性图 $RA = (\underline{Ra}(RA), \overline{Ra}(RA))$ 为精确属性图. 证毕.

2.2.2.3　粗糙属性图精度与粗糙度

粗糙属性图的不确定性类似于粗糙集, 是由其边界域的存在而引起的, 边界域越大, 其精确性越低. 粗糙属性图的边界域包括节点集边界域和边集边界域. 为了更准确地表达粗糙属性图的精确性, 引入粗糙属性图精度的概念.

定义 2.11　给定粗糙属性图 $RA = (\underline{Ra}(RA), \overline{Ra}(RA))$, 称 $\alpha v_{Rva}(RA)$ 是 RA 关于 Rva 的节点精度, 其中

$$\alpha v_{Rva}(RA) = |\underline{Rva}(W)|/|\overline{Rva}(W)|$$

这里 $W \subseteq V \neq \varnothing$, $|A|$ 表示集合 A 的基数.

节点精度 $\alpha v_{Rva}(RA)$ 用来反映人们对于粗糙属性图 RA 节点集合 W 知识了解的完全程度.

定义 2.12　给定粗糙属性图 $RA = (\underline{Ra}(RA), \overline{Ra}(RA))$, 称 $\rho v_{Rva}(RA)$ 是 RA 关于 Rva 的节点粗糙度, 其中

$$\rho v_{Rva}(RA) = 1 - \alpha v_{Rva}(RA) = 1 - |\underline{Rva}(W)|/|\overline{Rva}(W)|$$

定义 2.13　给定粗糙属性图 $RA = (\underline{Ra}(RA), \overline{Ra}(RA))$, 称 $\alpha e_{Rea}(RA)$ 是 RA 关于 Rea 的边精度, 其中

$$\alpha e_{Rea}(RA) = |\underline{Rea}(Y)|/|\overline{Rea}(Y)|$$

这里 $Y \subseteq E \neq \varnothing$, $|A|$ 表示集合 A 的基数.

边精度 $\alpha e_{Rea}(RA)$ 用来反映人们对于粗糙属性图 RA 边集合 Y 知识了解的完全程度.

定义 2.14　给定粗糙属性图 $RA = (\underline{Ra}(RA), \overline{Ra}(RA))$, 称 $\rho e_{Rea}(RA)$ 是 RA 关于 Rea 的边粗糙度, 其中

$$\rho e_{Rea}(RA) = 1 - \alpha e_{Rea}(RA) = 1 - |\underline{Rea}(Y)|/|\overline{Rea}(Y)|$$

定义 2.15　给定粗糙属性图 $RA = (\underline{Ra}(RA), \overline{Ra}(RA))$, $\alpha v_{Rva}(RA)$ 是 RA 关于 Rva 的节点精度, $\alpha e_{Rea}(RA)$ 是 RA 关于 Rea 的边精度, 称 $\alpha_{Ra}(RA)$ 是 RA 关于 Ra 的图精度, 其中

$$\alpha_{Ra}(RA) = \alpha v_{Rva}(RA) \times \alpha e_{Rea}(RA)$$

定义 2.16　给定粗糙属性图 $RA = (\underline{Ra}(RA), \overline{Ra}(RA))$, $\alpha_{Ra}(RA)$ 是 RA 关于 Ra 的图精度, 称 $\rho_{Ra}(RA)$ 是 RA 关于 Ra 的图粗糙度, 其中

$$\rho_{Ra}(RA) = 1 - \alpha_{Ra}(RA)$$

定理 2.6　(1) 给定粗糙属性图集 M, 对任意节点属性集 $Rva, TA \subseteq M$, 都有 $0 \leqslant \alpha v_{Rva}(TA) \leqslant 1$;

(2) 粗糙节点属性图 $TA = (\underline{Rva}(TA), \overline{Rva}(TA))$ 为精确图 $\Leftrightarrow \alpha v_{Rva}(TA) = 1$.

证明 (1) 由粗糙节点属性图的定义可知, $\underline{Rva}(TA) \subseteq \overline{Rva}(TA)$, 故 $|\underline{Rva}(TA)| \leqslant |\overline{Rva}(TA)|$, 从而 $0 \leqslant \alpha v_{Rva}(TA) \leqslant 1$;

(2) 由定理 2.5 知, 粗糙属性图 $TA = (\underline{Rva}(TA), \overline{Rva}(TA))$ 为精确节点属性图 $\Leftrightarrow \underline{Rva}(TA) = \overline{Rva}(TA) \Leftrightarrow \alpha v_{Rva}(TA) = 1$. 证毕.

由定义 2.11 和定理 2.6 可知, 随着人们对于粗糙属性图 TA 顶点集 W 的知识了解完全程度的不同, 反映在图中即为节点属性集的丰富程度的不同, 则节点精度也会不同. 因此有以下定理.

定理 2.7 给定粗糙属性图集 M, $\forall TA \subseteq M$, 若节点属性集 Sva, Rva 满足 $Sva \subseteq Rva$, 则

$$\alpha v_{Sva}(TA) \leqslant \alpha v_{Rva}(TA)$$

证明 由 $Sva \subseteq Rva$ 得 $[v]_{Sva} \supseteq [v]_{Rva}$, 从而由定义 $\underline{Sva}(W) = \{v \in V(VA, LV) | [v]_{Sva} \subseteq W\}$ 和 $\underline{Rva}(W) = \{v \in V(VA, LV) | [v]_{Rva} \subseteq W\}$ 得 $|\underline{Rva}(W)| \geqslant |\underline{Sva}(W)|$.

再由定义 $\overline{Sva}(W) = \{v \in V(VA, LV) | [v]_{Sva} \cap W \neq \varnothing\}$ 和 $\overline{Rva}(W) = \{v \in V(VA, LV) | [v]_{Rva} \cap W \neq \varnothing\}$ 可得 $\overline{Rva}(W)| \leqslant |\overline{Sva}(W)|$.

从而 $|\underline{Sva}(W)|/|\overline{Sva}(W)| \leqslant |\underline{Rva}(W)|/|\overline{Rva}(W)|$, 即 $\alpha v_{Sva}(TA) \leqslant \alpha v_{Rva}(TA)$.

定理 2.7 说明, 节点集按不同的属性划分越细, 所得的节点精度越大, 即人们对粗糙属性图 TA 节点集的知识了解越完全.

定理 2.8 (1) 给定粗糙属性图集 M, 对任意边属性集 $Rea, TA \subseteq M$, 都有 $0 \leqslant \alpha e_{Rea}(TA) \leqslant 1$;

(2) 粗糙边属性图 $TA = (\underline{Rea}(TA), \overline{Rea}(TA))$ 为精确图 $\Leftrightarrow \alpha e_{Rea}(TA) = 1$.

定理 2.9 (1) 给定粗糙属性图集 M, 对任意属性集 $Ra = Rva \cup Rea, TA \subseteq M$, 都有 $0 \leqslant \alpha_{Ra}(TA) \leqslant 1$;

(2) 粗糙属性图 $TA = (\underline{Ra}(TA), \overline{Ra}(TA))$ 为精确图 $\Leftrightarrow \alpha_{Ra}(TA) = 1$.

定理 2.10 给定粗糙属性图集 M, $\forall TA \subseteq M$, 若边属性集 Sea, Rea 满足 $Sea \subseteq Rea$, 则

$$\alpha e_{Sea}(TA) \leqslant \alpha e_{Rea}(TA)$$

定理 2.10 说明, 边集按不同的属性划分越细, 所得的边精度越大, 即人们对粗糙属性图 TA 边集的知识了解越完全.

定理 2.11 给定粗糙属性图集 M, $\forall TA \subseteq M$, 若属性集 Sa, Ra 满足 $Sa \subseteq Ra$, 则

$$\alpha_{Sa}(TA) \leqslant \alpha_{Ra}(TA)$$

定理 2.11 说明, 顶点集和边集按不同的属性划分越细, 所得的图精度越大, 即人们对粗糙属性图 TA 的知识了解越完全.

2.2.3 S-粗糙属性图结构

2.2.3.1 S-粗糙节点属性图

约定   给定 $GA = (V(VA, LV), E(EA, LE))$ 为论域属性图, 其中, $V(VA, LV) = \{v_1, v_2, \cdots, v_n\}$ 表示节点集合, 且 $VA = \{va_1, va_2, \cdots, va_{|VA|}\}$ 表示节点属性集合.

$E(EA, LE) = \{e_1, e_2, \cdots, e_m\}$ 表示边集合, 且 $EA = (ea_1, ea_2, \cdots, ea_m)$ 表示边属性集合.

设 $TA = (W(WA, LW), X(XA, LX))$ 是 GA 上的粗糙属性图, 且 $W(WA, LW) \subseteq V(VA, LV)$, $X(XA, LX) \subseteq E(EA, LE)$.

定义 2.17 节点迁入族   给定论域图 GA, 如果存在 $v_i \in V$, $v_i \notin W$ 满足 v_i 在 f_v 的作用下 $f_v(v_i) = w \in W$, 或者 $\exists v_i \in V, v_i \notin W \Rightarrow f_v(v_i) = w \in W$, 则称 f_v 是 GA 上的节点迁移. 由节点迁移 f_{vi} 组成的集合 $F_v = \{f_{v1}, f_{v2}, \cdots, f_{vk}\}$ 称作 GA 上的节点迁入族.

定义 2.18 单向 S-节点集合与膨胀   给定论域图 GA, 节点迁入族 F_v, $f_v \in F_v$. 如果 $W^\circ = W \cup \{v_i | v_i \in V, v_i \notin W, f_v(v_i) = w \in W\}$, 则称 $W^\circ \subset V$ 是节点集 $W(WA, LW)$ 的单向 S-节点集合. 如果 $W^{f_v} = \{v_i | v_i \in V, v \notin W, f_v(v_i) = w \in W\}$, 则称 W^{f_v} 是节点集 W 的 f_v-膨胀.

定义 2.19 单向 S-粗糙节点属性图   给定论域图 GA, 节点迁入族 F_v 和节点等价关系 Rva, 称 $((Rva, F_v)_\circ(TA^\circ), (Rva, F_v)^\circ(TA^\circ))$ 为单向 S-粗糙节点属性图, 其中, $TA^\circ = (W^\circ(WA, LW), X(XA, LX))$.

$(Rva, F_v)_\circ(TA^\circ)$ 和 $(Rva, F_v)^\circ(TA^\circ)$ 分别称为单向 S-粗糙节点属性图的下近似粗糙节点属性图和上近似粗糙节点属性图, 其中, $(Rva, F_v)_\circ(TA^\circ) = ((Rva, F_v)_\circ(W^\circ), X)$, $(Rva, F_v)^\circ(TA^\circ) = ((Rva, F_v)^\circ(W^\circ), X)$, 且 $(Rva, F_v)_\circ(W^\circ) = \cup[v]_{Rva} = \{v | v \in V, [v]_{Rva} \subseteq W^\circ\}$, $(Rva, F_v)^\circ(W^\circ) = \cup[v]_{Rva} = \{v | v \in V, [v]_{Rva} \cap W^\circ \neq \varnothing\}$. 称 $bn_{Rva}(W^\circ)$ 是 $TA \subset GA$ 节点集 W° 的 Rva-边界, 而且 $bn_{Rva}(W^\circ) = (Rva, F_v)^\circ(W^\circ) - (Rva, F_v)_\circ(W^\circ)$.

定义 2.20 节点迁出族   设 $TA = (W(WA, LW), X(XA, LX))$ 是 GA 上的粗糙属性图, 且 $W(WA, LW) \subseteq V(VA, LV)$, $X(XA, LX) \subseteq E(EA, LE)$. 如果存在 $w \in W$, 满足 w 在 $\overline{f_v}$ 的作用下 $\overline{f}_v(w) = v_i \notin W$, 或者 $\exists w \in W \Rightarrow \overline{f}_v(w) = v_i \notin W$, 则称 $\overline{f_v}$ 是 GA 上的节点迁移. 由节点迁移 $\overline{f_{vi}}$ 组成的集合 $\overline{F}_v = \{\overline{f}_{v1}, \overline{f}_{v2}, \cdots, \overline{f}_{vk}\}$ 称作 GA 上的节点迁出族.

定义 2.21 单向 S-节点集合对偶与萎缩   给定论域图 GA, 节点迁出族 $\overline{F}_v$,

$\overline{f}_v \in \overline{F}_v$. 称 $W' \subset V$ 是节点集 $W(WA, LW)$ 的单向 S-节点集合对偶, 如果 $W' = W - \{w|w \in W, \overline{f}_v(w) = v \notin W\}$. 称 $W^{\overline{f}_v}$ 是节点集 W 的 $\overline{f}_v$-萎缩, 如果 $W^{\overline{f}_v} = \{w|w \in W, \overline{f}_v(w) = v \notin W\}$.

定义 2.22 单向 S-粗糙节点属性图对偶 给定论域图 GA, 节点迁出族 $\overline{F}_v$ 和节点等价关系 Rva, 则称 $((Rva, \overline{F}_v)_\circ(TA'), (Rva, \overline{F}_v)^\circ(TA'))$ 是单向 S-粗糙节点属性图对偶, 其中, $TA' = (W'(WA, LW), X(XA, LX))$.

$(Rva, \overline{F}_v)_\circ(TA')$ 和 $(Rva, \overline{F}_v)^\circ(TA')$ 分别称为单向 S-粗糙节点属性图对偶的下近似粗糙节点属性图对偶和上近似粗糙节点属性图对偶, 其中, $(Rva, \overline{F}_v)_\circ(TA') = ((Rva, \overline{F}_v)_\circ(W'), X)$, $(Rva, \overline{F}_v)^\circ(TA') = ((Rva, \overline{F}_v)^\circ(W'), X)$, 而且 $(Rva, \overline{F}_v)_\circ(W') = \cup[v_i]_{Rva} = \{v_i|v_i \in V, [v_i]_{Rva} \subseteq W'\}, (Rva, \overline{F}_v)_\circ(W') = \cup[v_i]_{Rva} = \{v_i|v_i \in V, [v_i]_{Rva} \subseteq W'\}, (Rva, \overline{F}_v)^\circ(W') = \cup[v_i]_{Rva} = \{v_i|v_i \in V, [v_i]_{Rva} \cap W' \neq \varnothing\}$. 称 $bn_{Rva}(W')$ 是 $TA \subset GA$ 节点集 W' 的 Rva-边界, 而且 $bn_{Rva}(W') = (Rva, \overline{F}_v)^\circ(W') - (Rva, \overline{F}_v)_\circ(W')$.

定义 2.23 双向 S-节点集合与亏集 给定论域图 GA, 节点迁移族 $\aleph_v = F_v \cup \overline{F}_v$, $f_v \in F_v$, $\overline{f}_v \in \overline{F}_v$. 称 $W^* \subset V$ 是节点集 W 的双向 S-节点集合, 如果 $W^* = W' \cup \{v_i|v_i \in V, v \notin W, f_v(v_i) = w \in W\}$. 称 W' 是节点集 W 的亏集, 如果 $W' = W - \{w|w \in W, \overline{f}_v(w) = v_i \notin W\}$.

定义 2.24 双向 S-粗糙节点属性图 给定论域图 GA, 节点迁移族 $\aleph_v = F_v \cup \overline{F}_v$ 和节点等价关系 Rva, 则称 $((Rva, \aleph_v)_\circ(TA^*), (Rva, \aleph_v)^\circ(TA^*))$ 是双向 S-粗糙节点属性图, 其中, $TA^* = (W^*(WA, LW), X(XA, LX))$.

$(Rva, \aleph_v)_\circ(TA^*)$ 和 $(Rva, \aleph_v)^\circ(TA^*)$ 分别称为双向 S-粗糙节点属性图的下近似粗糙节点属性图和上近似粗糙节点属性图, 其中, $(Rva, \aleph_v)_\circ(TA^*) = ((Rva, \aleph_v)_\circ(W^*), X), (Rva, \aleph_v)^\circ(TA^*) = ((Rva, \aleph_v)^\circ(W^*), X)$, 而且 $(Rva, \aleph_v)_\circ(W^*) = \cup[v_i]_{Rva} = \{v_i|v_i \in V, [v_i]_{Rva} \subseteq W^*\}, (Rva, \aleph_v)^\circ(W^*) = \cup[v_i]_{Rva} = \{v_i|v_i \in V, [v_i]_{Rva} \cap W^* \neq \varnothing\}$. 称 $bn_{Rva}(W^*)$ 是 $TA \subset GA$ 节点集 W^* 的 Rva-边界, 而且 $\cup[v_i]_{Rva} = (Rva, \aleph_v)^\circ(W^*) - (Rva, \aleph_v)_\circ(W^*)$.

2.2.3.2 S-粗糙边属性图

定义 2.25 边迁入族 如果存在 $e \in E, e \notin X$ 满足 e 在 f_e 的作用下 $f_e(e) = x \in X$, 或者 $\exists e \in E, e \notin X \Rightarrow f_e(e) = x \in X$, 则称 f_e 是 GA 上的边迁移. 由边迁移 f_{ei} 组成的集合 $F_e = \{f_{e1}, f_{e2}, \cdots, f_{eh}\}$ 称作 GA 上的边迁入族.

定义 2.26 单向 S-边集合与膨胀 给定论域图 GA, 边迁入族 F_e, $f_e \in F_e$. 称 $X^\circ \subset E$ 是边集 $X(XA, LX)$ 的单向 S-边集合, 如果 $X^\circ = X \cup \{e|e \in E, e \notin X, f_e(e) = x \in X\}$. 称 X^{f_e} 是边集 X 的 f_e-膨胀, 如果 $X^{f_e} = \{e|e \in E, e \notin X, f_e(e) = x \in X\}$.

定义 2.27　单向 S-粗糙边属性图　给定论域图 GA, 边迁入族 F_e 和边等价关系 Rea, 称 $((Rea, F_e)_\circ(TA^\circ), (Rea, F_e)^\circ(TA^\circ))$ 是单向 S-粗糙边属性图, 其中, $TA^\circ = (W(WA, LW), X^\circ(XA, LX))$.

$(Rea, F_e)_\circ(TA^\circ)$ 和 $(Rea, F_e)^\circ(TA^\circ)$ 分别称为单向 S-粗糙边属性图的下近似粗糙边属性图和上近似粗糙边属性图, 其中, $(Rea, F_e)_\circ(TA^\circ) = (W, (Rea, F_e)_\circ(X^\circ))$, $(Rea, F_e)_\circ(TA^\circ) = (W, (Rea, F_e)^\circ(X^\circ))$, 而且 $(Rea, F_e)_\circ(X^\circ) = \cup[e]_{Rea} = \{e | e \in E, [e]_{Rea} \subseteq X^\circ\}$, $(Rea, F_e)^\circ(X^\circ) = \cup[e]_{Rea} = \{e | e \in E, [e]_{Rea} \cap X^\circ \neq \varnothing\}$. 称 $bn_{Rea}(X^\circ)$ 是 $TA \subset GA$ 边集 X° 的 Rea-边界, 而且 $bn_{Rea}(X^\circ) = (Rea, F_e)^\circ(X^\circ) - (Rea, F_e)_\circ(X^\circ)$.

定义 2.28　边迁出族　如果存在 $x \in X$, 满足 x 在 $\overline{f}_e$ 的作用下 $\overline{f}_e(x) = e \notin X$, 或者 $\exists x \in X \Rightarrow \overline{f}_e(x) = e \notin X$, 则称 $\overline{f}_e$ 是 GA 上的边迁移. 由边迁移 $\overline{f}_{ei}$ 组成的集合 $\overline{F}_e = \{\overline{f}_{e1}, \overline{f}_{e2}, \cdots, \overline{f}_{ep}\}$ 称作 GA 上的边迁出族.

定义 2.29　单向 S-边集合对偶与萎缩　给定论域图 GA, 边迁出族 $\overline{F}_e$, $\overline{f}_e \in \overline{F}_e$. 称 $X' \subset E$ 是边集 $X(XA, LX)$ 的单向 S-边集合对偶, 如果 $X' = X - \{x | x \in X, \overline{f}_e(x) = e \notin X\}$. 称 $X^{\overline{f}_e}$ 是边集 X 的 $\overline{f}_e$-萎缩, 如果 $X^{\overline{f}_e} = \{x | x \in X, \overline{f}_e(x) = e \notin X\}$.

定义 2.30　单向 S-粗糙边属性图对偶　给定论域图 GA, 边迁出族 $\overline{F}_e$ 和边等价关系 Rea, 称 $((Rea, \overline{F}_e)_\circ(TA'), (Rea, \overline{F}_e)^\circ(TA'))$ 是单向 S-粗糙边属性图对偶, 其中, $TA' = (W(WA, LW), X'(XA, LX))$.

$(Rea, \overline{F}_e)_\circ(TA')$ 和 $(Rea, \overline{F}_e)^\circ(TA')$ 分别称为单向 S-粗糙边属性图对偶的下近似粗糙边属性图对偶和上近似粗糙边属性图对偶. 其中, $(Rea, \overline{F}_e)_\circ(TA') = (W, (Rea, \overline{F}_e)_\circ, (X'))$, $(Rea, \overline{F}_e)^\circ(TA') = (W, (Rea, \overline{F}_e)^\circ(X'))$, 而且 $(Rea, \overline{F}_e)_\circ(X') = \cup[e]_{Rea} = \{e | e \in E, [e]_{Rea} \subseteq X'\}$, $(Rea, \overline{F}_e)^\circ(X') = \cup[e]_{Rea} = \{e | e \in E, [e]_{Rea} \cap X' \neq \varnothing\}$. 称 $bn_{Rea}(X')$ 是 $TA \subset GA$ 边集 X' 的 Rea-边界, 而且 $bn_{Rea}(X') = (Rea, \overline{F}_e)^\circ(X') - (Rea, \overline{F}_e)_\circ(X')$.

定义 2.31　双向 S-边集合与亏集　在论域图 GA 上, 给定边迁移族 $\aleph_e = F_e \cup \overline{F}_e$, $f_e \in F_e$, $\overline{f}_e \in \overline{F}_e$. 称 $X^* \subset E$ 是边集 X 的双向 S-边集合, 如果 $X^* = X' \cup \{e | e \in E, e \notin X, f_e(e) = x \in X\}$. 称 X' 是边集 X 的亏集, 如果 $X' = X - \{x | x \in X, \overline{f}_e(x) = e \notin X\}$.

定义 2.32　双向 S-粗糙边属性图　给定论域图 GA, 边迁移族 $\aleph_e = F_e \cup \overline{F}_e$ 和边等价关系 Rea, 称 $((Rea, \aleph_e)_\circ(TA^*), (Rea, \aleph_e)^\circ(TA^*))$ 是双向 S-粗糙边属性图, 其中, $TA^* = (W(WA, LW), X^*(XA, LX))$.

$(Rea, \aleph_e)_\circ(TA^*)$ 和 $(Rea, \aleph_e)^\circ(TA^*)$ 分别称为双向 S-粗糙边属性图的下近似粗糙边属性图和上近似粗糙边属性图, 其中, $(Rea, \aleph_e)_\circ(TA^*) = (W, (Rea, \aleph_e)_\circ(X^*))$, $(Rea, \aleph_e)^\circ(TA^*) = (W, (Rea, \aleph_e)^\circ(X^*))$, 而且 $(Rea, \aleph_e)_\circ(X^*) = \cup[e]_{Rea} = \{e | e \in E, [e]_{Rea} \subseteq X^*\}$, $(Rea, \aleph_e)^\circ(X^*) = \cup[e]_{Rea} = \{e | e \in E, [e]_{Rea} \cap X^* \neq \varnothing\}$, 称

$bn_{Rea}(X^*)$ 是 $TA \subset GA$ 边集 X^* 的 Rea-边界, 而且 $bn_{Rea}(X^*) = (Rea, \aleph_e)^{\circ}(X^*) - (Rea, \aleph_e)_{\circ}(X^*)$.

2.2.3.3 S-粗糙属性图

定义 2.33 单向 S-粗糙属性图 给定论域图 GA, 节点迁移族 F_v, 边迁移族 F_e, 节点等价关系 Rva 和边等价关系 Rea. 设 $Ra = Rva \cup Rea$, $\aleph_{ve} = F_v \cup F_e$. 任取属性子图 TA, 则称 $((Ra, \aleph_{ve})_{\circ}(TA^{\circ}), (Ra, \aleph_{ve})^{\circ}(TA^{\circ}))$ 为单向 S-粗糙属性图, 其中, $TA^{\circ} = (W^{\circ}(WA, LW), X^{\circ}(XA, LX))$.

$(Ra, \aleph_{ve})_{\circ}(TA^{\circ})$ 和 $(Ra, \aleph_{ve})^{\circ}(TA^{\circ})$ 分别称为单向 S-粗糙属性图的下近似属性图和上近似属性图, 其中, $(Ra, \aleph_{ve})_{\circ}(TA^{\circ}) = ((Rva, F_v)_{\circ}(W^{\circ}), (Rea, F_e)_{\circ}(X^{\circ}))$, $(Ra, \aleph_{ve})^{\circ}(TA^{\circ}) = ((Rva, F_v)^{\circ}(W^{\circ}), (Rea, F_e)^{\circ}(X^{\circ}))$. 称 $bn_{Ra}(TA^{\circ})$ 是 $TA \subset GA$ 的 X° 集合的 Ra-边界, 而且 $bn_{Ra}(TA^{\circ}) = (Ra, \aleph_{ve})(TA^{\circ}) - (Ra, \aleph_{ve})^{\circ}(TA^{\circ})$.

定义 2.34 单向 S-粗糙属性图对偶 给定论域图 GA, 节点迁移族 F_v, 边迁移族 F_e, 节点等价关系 Rva 和边等价关系 Rea. 设 $Ra = Rva \cup Rea$, $\overline{\aleph}_{ve} = \overline{F}_v \cup \overline{F}_e$. 任取属性子图 TA, 则称 $((Ra, \overline{\aleph}_{ve})_{\circ}(TA'), (Ra, \overline{\aleph}_{ve})^{\circ}(TA'))$ 为单向 S-粗糙属性图对偶, 其中, $TA' = (W'(WA, LW), X'(XA, LX))$.

$(Ra, \overline{\aleph}_{ve})_{\circ}(TA')$ 和 $(Ra, \overline{\aleph}_{ve})^{\circ}(TA')$ 分别称为单向 S-粗糙属性图对偶的下近似属性图对偶和上近似属性图对偶. 其中, $(Ra, \overline{\aleph}_{ve})_{\circ}(TA') = ((Rva, \overline{F_v})_{\circ}(W'), (Rea, \overline{F}_e)_{\circ}(X'))$, $(Ra, \overline{\aleph}_{ve})^{\circ}(TA') = ((Rva, \overline{F}_v)^{\circ}(W'), (Rea, \overline{F}_e)^{\circ}(X'))$. 称 $bn_{Ra}(TA')$ 是 $TA \subset GA$ 的 X' 集合的 Ra-边界, 而且 $bn_{Ra}(TA') = (Ra, \overline{\aleph}_{ve})^{\circ}(TA') - (Ra, \overline{\aleph}_{ve})_{\circ}(TA')$.

定义 2.35 S-粗糙属性图 给定论域图 GA, 节点迁移族 $\aleph_v = F_v \cup \overline{F}_v$, 边迁移族 $\aleph_e = F_e \cup \overline{F}_e$, 节点等价关系 Rva 和边等价关系 Rea. 设 $Ra = Rva \cup Rea$, $\aleph = \aleph_v \cup \aleph_e$. 任取属性子图 TA, 则称 $((Ra, \aleph)_{\circ}(TA^*), (Ra, \aleph)^{\circ}(TA^*))$ 为双向 S-粗糙属性图, 简称 S-粗糙属性图, 其中, $TA^* = (W^*(WA, LW), X^*(XA, LX))$.

$(Ra, \aleph)_{\circ}(TA^*)$ 和 $(Ra, \aleph)^{\circ}(TA^*)$ 分别称为双向 S-粗糙属性图的下近似属性图和上近似属性图, 其中, $(Ra, \aleph)_{\circ}(TA^*) = ((Rva, \aleph_v)_{\circ}(W^*), (Rea, \aleph_e)_{\circ}(X^*))$, $(Ra, \aleph)^{\circ}(TA^*) = ((Rva, \aleph_v)^{\circ}(W^*) Rea, \aleph_e)^{\circ}(X^*))$. 称 $bn_{Ra}(TA^*)$ 是 $TA \subset GA$ 的 Ra-边界, 而且 $bn_{Ra}(TA^*) = (Ra, \aleph)^{\circ}(TA^*) - (Ra, \aleph)_{\circ}(TA^*)$.

2.2.4 各种属性图之间的关系

图 2-1 给出了 S-粗糙属性图、粗糙属性图、属性图、传统图之间的关系.

由以上定义, 容易得到如下基本性质:

命题 2.1 S-粗糙节点属性图、S-粗糙边属性图、S-粗糙属性图是具有动态特性的粗糙属性图.

命题 2.2　　S-粗糙属性图是粗糙属性图的一般形式, 粗糙属性图是 S-粗糙属性图的特例.

命题 2.3　　双向 S-粗糙属性图是单向 S-粗糙属性图的一般形式, 单向 S-粗糙属性图是双向 S-粗糙属性图的特例.

命题 2.4　　S-粗糙属性图是 S-粗糙节点属性图的一般形式, S-粗糙节点属性图是 S-粗糙属性图的特例.

命题 2.5　　S-粗糙属性图是 S-粗糙边属性图的一般形式, S-粗糙边属性图是 S-粗糙属性图的特例.

命题 2.6　　当 $\aleph_v \neq \varnothing, \aleph_e = \varnothing$ 时, S-粗糙属性图退化为 S-粗糙节点属性图.

命题 2.7　　当 $\aleph_v = \varnothing, \aleph_e \neq \varnothing$ 时, S-粗糙属性图退化为 S-粗糙边属性图.

命题 2.8　　当 $\aleph_v = \varnothing, \aleph_e = \varnothing$ 时, S-粗糙属性图退化为粗糙属性图.

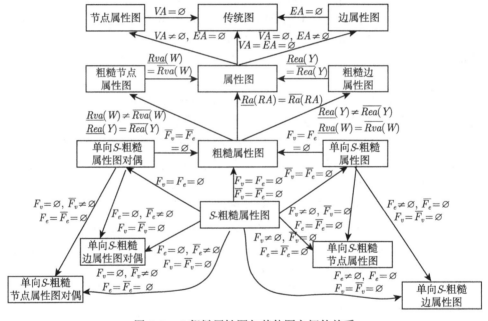

图 2-1　S-粗糙属性图与其他图之间的关系

2.3　基于属性图的复杂网络结构分析

2.3.1　基于属性图的网络结构测度分析

2.3.1.1　中心性分析

定义 2.36　节点的度　给定属性图 $GA = (V(VA, LV), E(EA, LE))$, 设节点

v_i 的权值为 $w(v_i)$, 与之连接的边 e_{ij} 的权值为 $w(e_{ij})$, 则节点 v_i 的度, 记为 $D(v_i)$, 如式 (2-1) 所示.

$$D(v_i) = w(v_i) \sum_{v_j \in V} w(e_{ij}) w(v_j) \tag{2-1}$$

在此处关于节点度的定义中, 同时考虑了节点本身的权值以及与其相连接的每条边的权值, 而不是仅仅考虑与其连接的边的条数, 这和实际的网络是相符的. 在现实的网络中, 如一个核心人物, 也许和他直接发生联系的人并不多, 但与其联系的人在网络中担任着重要职责, 因此该节点的度应该比其他节点 (即联系人很多, 但都是无足轻重的人) 的度要大很多.

定义 2.37 节点之间距离 给定属性图 $GA = (V(VA, LV), E(EA, LE))$, 设节点 v_i 与 v_j 的权值分别为 $w(v_i)$ 和 $w(v_j)$, 其连边 $e_{ij} = (v_i, v_j)$ 的权值为 $w(e_{ij})$, 则节点 v_i 与 v_j 之间的距离定义为从节点 v_i 到 v_j 所经过的边的权重之和, 记为 $d(v_i, v_j)$, 如式 (2-2) 所示.

$$d(v_i, v_j) = \sum w(e_{ik}) \tag{2-2}$$

定义 2.38 节点之间最短路径及其长度 给定属性图 $GA = (V(VA, LV), E(EA, LE))$, 若从节点 v_i 到 v_j 之间的路径不止一条, 则选取它们之间距离最短的一条为最短路径, 该最短路径长度记为 $p(v_i, v_j)$, 如式 (2-3) 所示.

$$p(v_i, v_j) = \min(\{d(v_i, v_j)\}) \tag{2-3}$$

1) 程度中心度

节点的程度中心度就是和该节点建立连接的其他节点的个数. 在无向图中为节点的度数, 有向图中分为节点的入度和出度.

实体的程度中心度可以细分为: 绝对程度中心度和相对程度中心度.

定义 2.39 节点的绝对程度中心度 给定属性图 $GA = (V(VA, LV), E(EA, LE))$, 设节点 v_i 的权值为 $w(v_i)$, 与之连接的边 e_{ij} 的权值为 $w(e_{ij})$, 节点 v_i 在属性图中的绝对程度中心度, 记为 $C_D(v_i)$, 如式 (2-4) 所示.

$$C_D(v_i) = D(v_i) = w(v_i) \sum_{v_j \in V} w(e_{ij}) w(v_j) \tag{2-4}$$

如果某节点度数最高, 则称该节点居于中心地位. 节点的度数高, 现实意义代表的就是处于网络中的实体的权利最大, 即为网络中的核心人物.

定义 2.40 节点的相对程度中心度 给定属性图 $GA = (V(VA, LV), E(EA, LE))$, 设节点 v_i 的权值为 $w(v_i)$, 与之连接的边 e_{ij} 的权值为 $w(e_{ij})$, 若图中共有 n 个节点, 则在无向属性图中, 最多有 $n(n-1)$ 条边连接. 则节点 v_i 的相对程度中心度, 记为 $C'_D(v_i)$, 如式 (2-5) 所示.

$$C'_D(v_i) = \frac{D(v_i)}{n(n-1)} = \frac{w(v_i) \sum\limits_{v_j \in V} w(e_{ij})w(v_j)}{n(n-1)} \tag{2-5}$$

相对程度中心度是对绝对程度中心度测量的标准化. 它可用来对同一类型但不同规模的网络中节点的程度中心度进行比较.

2) 中间中心度

中间中心度定义为一个节点位于网络中其他节点的 "中间" 的程度大小. 即如果一个节点位于多对节点的交汇处, 那么其可能起到重要的 "中介" 作用.

如果一个节点位于许多节点的最短路径上, 即是最短路径的交汇处, 就可以认为该点具有较高的中间中心度, 其起到传播、交流的重要作用.

定义 2.41　节点的绝对中间中心度　给定属性图 $GA = (V(VA, LV), E(EA, LE))$, 设 $q(v_j, v_k)$ 是节点 v_j 到节点 v_k 的最短路径数目, $q_{v_i}(v_j, v_k)$ 是节点 v_j 达到节点 v_k 的最短路径上经过节点 v_i 的路径条数. 则节点 v_i 的绝对中间中心度, 记为 $C_B(v_i)$, 如式 (2-6) 所示.

$$C_B(v_i) = \sum_{j<k} \frac{q_{v_i}(v_j, v_k)}{q(v_j, v_k)} \tag{2-6}$$

定义 2.42　节点的相对中间中心度　给定属性图 $GA = (V(VA, LV), E(EA, LE))$, 设 n 为网络中节点个数, 则对于无向网络和有向网络定义节点的相对中间中心度分别如式 (2-7) 和式 (2-8) 所示.

$$C'_B(v_i) = \frac{C_B(v_i)}{C_{\max}} = \frac{2C_B(v_i)}{(n-1)(n-2)} \tag{2-7}$$

$$C'_B(v_i) = \frac{C_B(v_i)}{C_{\max}} = \frac{C_B(v_i)}{(n-1)(n-2)} \tag{2-8}$$

式 (2-7) 和式 (2-8) 中, $C_{\max}$ 为网络中节点中心度可能的最大值, 其最大值存在于星形网络结构中为 $(n-1)(n-2)/2$.

3) 接近中心度

接近中心度刻画的是实体与整体的关系, 其代表着一种不受他人控制的测度. 即使在网络结构中, 如果一个节点对其他节点的依赖性很强, 那么该节点的接近中心度就很大. 一个非核心位置的成员 "必须通过他者才能传递信息". 即在信息的传播与流通中, 核心节点对其他节点的依赖性就没那么强, 因此, 应该考虑该实体与他人的接近程度或者称为 "接近中心性".

定义 2.43　节点的接近中心度　设 $p(v_i, v_j)$ 为节点 v_i 与节点 v_j 之间的最短路径长度, w_i 和 w_j 分别为节点 v_i 与节点 v_j 的权值, 则节点 v_i 的接近中心度, 记为 $C_C(v_i)$, 如式 (2-9) 所示.

$$C_C(v_i) = \left[\sum_{j=1}^{n} w(v_i) w(v_j) p(v_i, v_j) \right]^{-1} \tag{2-9}$$

接近中心度测量的是实体受整体控制的强度. 由此可得, 与中心点距离远的实体在影响力、权威性等方面也比较弱.

2.3.1.2　统计特性分析

1) 平均最短距离

在基于属性图的复杂社会网络中, 其平均最短距离的定义如式 (2-10) 所示.

$$l = \frac{1}{n(n-1)/2} \sum_{i>j} p(v_i, v_j) \tag{2-10}$$

但如果存在孤立点, 则其最短路径定义为 ∞, 这样就导致 l 发散. 所以将其改进, 如式 (2-11) 所示.

$$l = \left(\frac{1}{n(n-1)/2} \sum_{i>j} p(v_i, v_j)^{-1} \right)^{-1} \tag{2-11}$$

经验研究表明, 复杂的社会网络均呈现短的平均最短距离, 称之为 "小世界效应"[44].

2) 聚集系数

聚集系数测度网络中长度为 3 的环 (即三角形) 的存在这一结构特征, 是度量网络结构的另一个重要参数. 其实际意义是你的朋友的朋友也可能是你的朋友.

数学和物理学中网络聚集系数的定义如式 (2-12) 所示.

$$C^{(1)} = \frac{3N_\Delta}{N_3} \tag{2-12}$$

式 (2-12) 中, N_Δ 是网络中三角形的个数, N_3 指网络中三个节点集合的个数, 此三个节点中的任意两个节点之间都存在路径, 使得两个节点被直接或间接的相连接.

网络中节点 v_i 的聚集系数表示为实际存在于邻居节点之间的边数 $E(v_i)$ 与最多可能存在于邻居节点之间的边数的比值, 记为 $NCC(v_i)$, 如式 (2-13) 所示.

$$NCC(v_i) = \frac{E(v_i)}{D(v_i)(D(v_i)-1)/2} = \frac{T(v_i)}{D(v_i)(D(v_i)-1)/2} \tag{2-13}$$

式 (2-13) 中, 分子 $T(v_i)$ 表示节点 v_i 与其任意两个邻居节点组成的三角形个数, 分母 $D(v_i)(D(v_i)-1)/2$ 表示节点 v_i 与其邻居节点最多可能形成的三角形个数.

在此, 基于属性图的特征对聚集系数进行扩展, 首先定义节点 v_i 的局部聚集系数, 记为 $C(v_i)$, 设节点 v_i 有 d_i 个邻居节点, 计算如式 (2-14) 所示.

$$C(v_i) = \frac{w(v_i)\sum\limits_{j \in k_i} w(e_{ij})}{(d_i(d_i-1))/2} \tag{2-14}$$

若网络中有 n 个节点, 则整个网络的聚集系数是所有节点聚集系数的平均值, 记为 $C^{(2)}$, 如式 (2-15) 所示.

$$C^{(2)} = \frac{1}{n}\sum_i C(v_i) = \frac{1}{n}\sum_i \frac{w(v_i)\sum\limits_{j \in k} w(e_{ij})}{(k_i(k_i-1))/2} \tag{2-15}$$

如果聚集系数用来测量一个网络结构中是否存在着分层结构, 即聚集系数这时就可以用分层指数来表示. 分层指数为 $C(k) \sim k^{-\beta_c}$, 其中, $C(k)$ 表示网络中所有度为 k 的节点的聚集系数的平均值, 即是层次聚集系数; $\beta_C > 0$ 为分层指数. 该式刻画的网络结构特征也被称为网络的分层模块性.

聚集系数和平均最短路径在复杂网络研究中得到普遍的关注, 研究者通过大量的经验研究发现, 在这两种测度指标下实际网络普遍呈现出小世界的结构特征, 即具有短的平均最短路径以及高聚集系数.

3) 度分布

当网络规模较大时, 常用度分布和累积度分布来反映网络的中心性结构特性.

度分布 $p(k)$: 网络中度为 k 的节点个数占总个数的比例. $p(k)$ 也等同于随机选出的节点其度数为 k 的概率, 如式 (2-16) 所示, 其中 $c(k)$ 表示度为 k 的节点个数, n 表示总节点个数.

$$p(k) = \frac{c(k)}{n} \tag{2-16}$$

在属性图中, 由于节点的度与节点和连接边的权值有关, 故其度数不一定是整数, 节点个数也不能简单地用一个整数来描述. 所以, 在属性图中, 实际运用这一度量参数来考察网络结构的时候, 采用累积度分布, 即度数大于等于 $k(0 < k \leqslant n)$ 的节点占节点总数比例, 如式 (2-17) 所示.

$$p(k) = \frac{\frac{c(k)}{n}}{\sum\limits_{i=1}^{n} w(v_i)} \tag{2-17}$$

式 (2-17) 中, $p(1) = 1$, $p(k_{\max}) = 1/\sum_{i=1}^{n} w(v_i)$ (n 表示节点总数). 累积度分布可以控制统计数据的尾部噪音.

累积度分布记为 $p(k) = \sum_{k'-k}^{\infty} p(k')$.

实际网络的结构存在三种典型的节点度分布.

幂律度分布: $p(k) \sim k^{-a_p}$, 其累积度分布在双对数坐标系下呈直线状.

指数度分布: $p(k) \sim e^{-k/K}$, 其累积度分布在半对数坐标系下呈直线状.

带指数截断的幂律分布: $p(k) \sim k^{-a_p} e^{-k/K}$.

实证研究发现: 大部分服从第一和第三种度分布形式.

2.3.1.3 相关性分析

1) 度相关性

度相关性, 描述的是统计意义上网络中高度数节点是偏向于与其他高度数节点相关联, 还是偏向与低度数节点相关联的网络结构特征. 节点度作为网络的一个结构属性, 度相关性分析可以得到网络的结构特征.

通过图形绘出度为 k 的节点的邻居节点的平均度 k_{nn} 随 k 的变化情况, 一个节点 v_i 所有邻居节点的平均度, 记为 $k_{nn,i}$, 如式 (2-18) 所示.

那么, 度为 k 的所有节点的邻居节点平均度, 记为 $k_{nn}(k)$, 式 (2-19) 所示.

$$k_{nn,i} = \frac{1}{k_i} \sum_{j \in v(i)} k_j \tag{2-18}$$

$$k_{nn}(k) = \frac{1}{N_k} \sum_{i, k_i - k} k_{nn,i} \tag{2-19}$$

式 (2-19) 中, N_k 是度为 k 的节点数目.

度相关性表现的是节点之间相互选择的偏好性. 如果 $k_{nn}(k)$ 随 k 递增, 即度大的节点优先连接其他的度大的节点, 则网络是正相关的; 反之, 如果 $k_{nn}(k)$ 随 k 递减, 即度大的节点优先连接其他的度小的节点, 则意味着网络是负相关的.

Newman 给出了另外一种量化方法判断网络相关性, 即计算网络节点度的 Person 相关系数 r, 如式 (2-20) 所示.

$$r = \frac{M^{-1} \sum_i j_i k_i - \left[M^{-1} \sum_i \frac{1}{2}(j_i + k_i) \right]^2}{M^{-1} \sum_i \frac{1}{2}(j_i^2 + k_i^2) - \left[M^{-1} \sum_i \frac{1}{2}(j_i + k_i) \right]^2} \tag{2-20}$$

式 (2-20) 中, j_i 和 k_i 分别是第 i 条边两个端点的度, M 为网络的边数. $-1 < r < 1$. $r > 0$ 表示网络是正相关; $r < 0$ 表示网络是负相关; $r = 0$ 表示网络无相关.

复杂社会网络均呈现正相关性, 但是非社会网络呈现为负相关性.

2) 度簇相关性

度簇相关性是指度为 k 的节点的平均聚集系数与 k 之间的关系, 描述的是统计意义上网络中度小的节点更倾向于聚集成团, 还是度大的节点更倾向于聚集成团.

网络的聚集系数和节点度的相关性可以度量网络的层级结构, 当聚集系数与度的关系近似表示为 $C(k) \sim k^{-1}$ 时, 就意味着该网络具有层次性. 节点度和聚集系数作为网络的一个结构属性, 度簇相关性分析也可以得到网络的结构效果.

测量某节点和其相邻节点聚集系数的相关系数, 首先计算每个节点 i 的聚集系数 $C(i)$, 然后计算所有度值为 k 的节点的平均聚集系数, 记为 $\overline{C}(k)$, 如式 (2-21) 所示.

$$\overline{C}(k) = \frac{1}{|N_k|} \sum_{i \in N_k} C(i)\delta_{k_j,k} \tag{2-21}$$

式 (2-21) 中, N_k 为度值为 k 的节点集合; $\delta_{k_j,k}$ 为克罗内克符号, 其值在 $i = j$ 时为 1, 在 $i \neq j$ 时为 0.

在许多真实网络中, 随着 k 的增大, $C(k)$ 一般会按照幂律衰减. 这说明网络有明显的层级性. 即低度节点的相邻节点互联的概率大, 而高度节点的相邻节点互联的概率则较小.

同样地, 通过线性拟合分别计算 k 和 $C(k)$ 的相关系数就可以得到网络度簇相关性, 如果该相关系数大于零, 则称该网络为同向匹配网络; 否则, 则称该网络为异向匹配网络.

2.3.2　基于粗糙属性图的网络结构测度分析

2.3.2.1　粗糙中心性

在定义 2.10 中, 给出了节点的粗糙类度概念, 是将节点的上近似类度和下近似类度合在一起构成的区间称为节点的粗糙类度, 表示为 $[\underline{d}_k(v_i), \overline{d}_k(v_i)]$.

在粗糙属性图中, 节点的中心性按照下近似属性图和上近似属性图分为下近似程度中心度和上近似程度中心度.

定义 2.44　节点的下近似绝对程度中心度　给定粗糙属性图 $RA = (\underline{Ra}(RA), \overline{Ra}(RA))$, 节点 v_i 的下近似绝对程度中心度表示为在下近似属性图 $\underline{Ra}(RA)$ 中节点的权值与节点 v_i 连接的边等价类数目的乘积, 记为 $\underline{C}_D(v_i)$, 如式 (2-22) 所示.

$$\underline{C}_D(v_i) = \underline{d}_k(v_i)w(v_i) \tag{2-22}$$

定义 2.45　节点的上近似绝对程度中心度　给定粗糙属性图 $RA = (\underline{Ra}(RA), \overline{Ra}(RA))$, 节点 v_i 的上近似绝对程度中心度表示为在上近似属性图 $\overline{Ra}(RA)$ 中节

点的权值与节点 v_i 连接的边等价类数目, 即节点的上近似类度, 记为 $\overline{C}_D(v_i)$, 如式 (2-23) 所示.

$$\overline{C}_D(v_i) = \overline{d}_k(v_i)w(v_i) \tag{2-23}$$

定义 2.46 节点的粗糙绝对程度中心度 给定粗糙属性图 $RA = (\underline{Ra}(RA),$ $\overline{Ra}(RA))$, 节点 v_i 的粗糙绝对中心度表示为下近似绝对程度中心度和上近似绝对程度中心度构成的一个组对, 表示为 $(\underline{C}_D(v_i), \overline{C}_D(v_i))$.

如果某节点的下近似绝对程度中心度最高, 则称该节点在网络中居于确定的中心地位; 如果某节点的上近似绝对程度中心度最高, 则称该节点在网络中居于最大可能中心地位.

节点的下近似绝对程度中心度越高, 现实意义代表的是处于网络中的实体的实际权利越大, 其越接近网络中确定的核心人物.

节点的上近似绝对程度中心度越高, 现实意义代表的是处于网络中的实体获得最大权力的可能性越大, 其成为网络中核心人物的可能性越高.

定义 2.47 节点的下近似相对程度中心度 给定粗糙属性图 $RA = (\underline{Ra}(RA),$ $\overline{Ra}(RA))$, n 为粗糙属性图中边等价类 $[e]_{Rea}$ 的总数, 则节点 v_i 的下近似相对程度中心度, 记为 $\underline{C}'_D(v_i)$, 如式 (2-24) 所示.

$$\underline{C}'_D(v_i) = \frac{\underline{d}_k(v_i)}{n(n-1)} \tag{2-24}$$

定义 2.48 节点的上近似相对程度中心度 给定粗糙属性图 $RA = (\underline{Ra}(RA),$ $\overline{Ra}(RA))$, n 为粗糙属性图中边等价类 $[e]_{Rea}$ 的总数, 则节点 v_i 的上近似相对程度中心度, 记为 $\overline{C}'_D(v_i)$, 如式 (2-25) 所示.

$$\overline{C}'_D(v_i) = \frac{\overline{d}_k(v_i)}{n(n-1)} \tag{2-25}$$

定义 2.49 节点的粗糙相对程度中心度 给定粗糙属性图 $RA = (\underline{Ra}(RA),$ $\overline{Ra}(RA))$, n 为粗糙属性图中边等价类 $[e]_{Rea}$ 的总数, 则节点 v_i 的粗糙相对程度中心度构成的一个组对, 表示为 $(\underline{C}'_D(v_i), \overline{C}'_D(v_i))$.

粗糙相对程度中心度是对粗糙绝对程度中心度测量的标准化. 它可用来对同一类型但不同规模的网络中节点的程度中心度进行比较.

2.3.2.2 粗糙度分布

定义 2.50 下近似类度分布 给定粗糙属性图 $RA = (\underline{Ra}(RA), \overline{Ra}(RA))$, 在下近似属性图 $\underline{Ra}(RA)$ 中, 下近似类度分布为 $\underline{d}_k$ 的节点占 Rva-下近似节点属性图中节点个数的比例, 记为 $\underline{p}(\underline{d}_k)$, 如式 (2-26) 所示.

$$\underline{p}(\underline{d}_k) = \frac{c(\underline{d}_k)}{n} \tag{2-26}$$

式 (2-26) 中, $c(\underline{d}_k)$ 代表下近似类度为 $\underline{d}_k$ 的节点个数, $\underline{n}$ 为 Rva-下近似节点属性图中节点个数.

定义 2.51　上近似类度分布　给定粗糙属性图 $RA = (\underline{Ra}(RA), \overline{Ra}(RA))$, 在上近似属性图 $\overline{Ra}(RA)$ 中, 上近似类度分布为 $\overline{d}_k$ 的节点占 Rva-上近似节点属性图中节点个数的比例, 记为 $\overline{p}(\overline{d}_k)$, 如式 (2-27) 所示.

$$\overline{p}(\overline{d}_k) = \frac{c(\overline{d}_k)}{\overline{n}} \tag{2-27}$$

式 (2-27) 中, $c(\overline{d}_k)$ 代表下近似类度为 $\overline{d}_k$ 的节点个数, $\overline{n}$ 为 Rva-上近似节点属性图中节点个数.

定义 2.52　粗糙度分布　给定粗糙属性图 $RA = (\underline{Ra}(RA), \overline{Ra}(RA))$ 中, 粗糙度分布定义为下近似度分布和上近似度分布的组对, 表示为 $(p(\underline{d}_k), \overline{p}(\overline{d}_k))$.

定义 2.53　下近似累积度分布　给定粗糙属性图 $RA = (\underline{Ra}(RA), \overline{Ra}(RA))$, 在下近似属性图 $\underline{Ra}(RA)$ 中, 称下近似累积度分布为下近似类度大于等于 $\underline{d}_k$ 的节点占 Rva-下近似节点属性图中节点个数的比例, 记为 $\underline{p}'(\underline{d}_k)$, 如式 (2-28) 所示.

$$\underline{p}'(\underline{d}_k) = \frac{c'(\underline{d}_k)}{\underline{n}} \tag{2-28}$$

式 (2-28) 中, $c'(\underline{d}_k)$ 代表下近似类度 $\geqslant \underline{d}_k$ 的节点个数, $\underline{n}$ 为 Rva-下近似节点属性图中节点个数.

定义 2.54　上近似累积度分布　给定粗糙属性图 $RA = (\underline{Ra}(RA), \overline{Ra}(RA))$, 在上近似属性图 $\overline{Ra}(RA)$ 中, 称上近似累积度分布为上近似类度大于等于 $\overline{d}_k$ 的节点占 Rva-上近似节点属性图中节点个数的比例, 记为 $\overline{p}'(\overline{d}_k)$, 如式 (2-29) 所示.

$$\overline{p}'(\overline{d}_k) = \frac{c'(\overline{d}_k)}{\overline{n}} \tag{2-29}$$

式 (2-29) 中, $c'(\overline{d}_k)$ 代表下近似类度 $\geqslant \overline{d}_k$ 的节点个数, $\overline{n}$ 为 Rva-上近似节点属性图中节点个数.

2.3.2.3　粗糙结构熵

1) 粗糙节点熵

在论域图 $GA = (V(VA, LV), E(EA, LE))$ 中, 对于任意 V 上的属性集 $Rva \subseteq VA \subseteq R$, V 上的元素按 Rva 划分不同的等价类 $[v]_{Rva}$.

任取属性子图 $TA = (W(WA, LW), X(XA, LX))$, 则属性子图 TA 的 Rva-粗糙节点属性图为 $(\underline{Rva}(TA), \overline{Rva}(TA)) = ((\underline{Rva}(W), X'), (\overline{Rva}(W), X'))$, 集合 $bn_{Rva}(W) = \overline{Rva}(W) - \underline{Rva}(W)$ 为粗糙节点属性图 TA 节点集 W 的 Rva 边界域.

根据粗糙熵的相关概念, 在粗糙节点属性图中, 节点的不确定性直接影响着属性图的不确定性, 前面给出的属性图粗糙度是对粗糙属性图不确定性度量的一种方法, 但是其和粗糙集的粗糙度类似, 也存在着对于不同的粗糙集其粗糙度可能相同的情况, 而实际上它们的知识粒度却可能完全不同. 因此, 在节点粗糙度的基础上, 给出粗糙节点熵的概念.

定义 2.55　粗糙节点熵　给定论域图 $GA = (V(VA, LV), E(EA, LE))$, 对于任意 V 上的属性集 $Rva \subseteq VA \subseteq R$, 属性子图 $TA = (W(WA, LW), X(XA, LX))$. V 上的元素按 Rva 划分不同的等价类 $V/Rva = \{W_1, W_2, \cdots, W_m\}$, $W \subseteq V$, 则节点属性子集 Rva 的熵, 记为 $E(Rva)$, 如式 (2-30) 所示.

$$E(Rva) = -\sum_{i=1}^{m} \frac{|W_i|}{|V|} \log_2 \frac{1}{|W_i|} \tag{2-30}$$

W 在划分 V/Rva 上的粗糙节点熵, 记为 $E_{Rva}(W)$, 如式 (2-31) 所示.

$$E_{Rva}(W) = \rho v_{Rva}(TA)E(Rva) = \rho v_{Rva}(TA)\sum_{i=1}^{m} \frac{|W_i|}{|V|} \log_2 \frac{1}{|W_i|} \tag{2-31}$$

由定义 2.55 可知, 粗糙节点熵随着不确定性的增加而增大, 包含了节点的粗糙度与属性子集的熵两种不确定性. 然而, 由于 $0 \leqslant \rho v_{Rva}(TA) \leqslant 1$, 显然有

$$-\rho v_{Rva}(TA)\sum_{i=1}^{m} \frac{|W_i|}{|V|} \log_2 \frac{1}{|W_i|} \leqslant -\sum_{i=1}^{m} \frac{|W_i|}{|V|} \log_2 \frac{1}{|W_i|} \tag{2-32}$$

这样, 当考虑两种不确定性时反而比考虑一种不确定性时小, 显然与实际情况不相符. 为此, 结合节点边界域给出粗糙属性图的修正粗糙节点熵.

定义 2.56　修正粗糙节点熵　给定论域图 $GA = (V(VA, LV), E(EA, LE))$, 对于任意 V 上的属性集 $Rva \subseteq VA \subseteq R$, 属性子图 $TA = (W(WA, LW), X(XA, LX))$. V 上的元素按 Rva 划分不同的等价类 $V/Rva = \{W_1, W_2, \cdots, W_m\}$, $W \subseteq V$, 则属性子图的修正粗糙节点熵, 记为 $E_{Rva}(TA)$, 如式 (2-33) 所示.

$$E_{Rva}(TA) = \frac{|bn_{Rva}(TA)|}{|V|} \log_2 |V| - \sum_{i=1}^{m} \frac{|W_i|}{|V|} \log_2 \frac{1}{|W_i|} \tag{2-33}$$

定理 2.12　(1) $E_{Rva}(TA) = 0 \Leftrightarrow W_i = \{w_i\}$; (2) $E_{Rva}(TA) = \max \Leftrightarrow W_i = V$.

证明　(1) $E_{Rva}(TA) = 0 \Leftrightarrow \frac{|bn_{Rva}(TA)|}{|V|} \log_2 |V| = 0$ 且 $-\sum_{i=1}^{m} \frac{|W_i|}{|V|} \log_2 \frac{1}{|W_i|} = 0 \Leftrightarrow \underline{Rva}(TA) = \overline{Rva}(TA)$, 即 $\underline{Rva}(W) = \overline{Rva}(W)$, 且 $|W_i| = 1 \Leftrightarrow W_i = \{w_i\}$.

(2) $E_{Rva}(TA) = \max \Leftrightarrow \frac{|bn_{Rva}(TA)|}{|V|} \log_2 |V| = \max$ 且 $-\sum_{i=1}^{m} \frac{|W_i|}{|V|} \log_2 \frac{1}{|W_i|} = \max \Leftrightarrow W_i = V$.　　　　　　　　　　　　　　　　　　　　　证毕.

定理 2.6 说明, 如果节点等价关系 Rva 能区分论域属性图中任意节点对象, 则粗糙节点属性图的节点集合不确定性为 0, 即完全确定; 如果节点等价关系 Rva 不能区分论域属性图中的任意两个节点集合, 则粗糙节点属性图的节点不确定性最大.

定理 2.13   设 Pva, Qva 是论域图 $GA = (V(VA, LV), E(EA, LE))$ 上关于节点的两个等价关系, $V/Pva \subseteq V/Qva$, 则 $E_{Pva}(TA) \leqslant E_{Qva}(TA)$.

证明   由于 $V/Pva \subseteq V/Qva$, 则有

$$\frac{|bn_{Pva}(TA)|}{|V|} \log_2 |V| \leqslant \frac{|bn_{Qva}(TA)|}{|V|} \times \log_2 |V|.$$

设 $V/Pva = \{W_1, W_2, \cdots, W_m\}$, $V/Qva = \{V_1, V_2, \cdots, V_n\}$, 说明, 对于 $\forall W_i \in V/Pva$, $\exists V_j \in V/Qva$, 使得 $W_i \subseteq V_j$, 从而可得 $|W_i| \leqslant |V_j|$.

假设在 V_j 中有 n_k 个 $W_i \subseteq V_j$, 则有

$$
\begin{aligned}
E_{Pva}(TA) &= \frac{|bn_{Pva}(TA)|}{|V|} \log_2 |V| - \sum_{i=1}^{m} \frac{|W_i|}{|V|} \log_2 \frac{1}{|W_i|} \\
&\leqslant \frac{|bn_{Qva}(TA)|}{|V|} \log_2 |V| - \sum_{i=1}^{m} \frac{|W_i|}{|V|} \log_2 \frac{1}{|W_i|} \\
&= \frac{|bn_{Qva}(TA)|}{|V|} \log_2 |V| - \sum_{i=1}^{m} \frac{|V_j|}{|V|} \log_2 \frac{1}{|V_j|} = E_{Qva}(TA). \quad 证毕.
\end{aligned}
$$

定理 2.13 说明, 节点关系的分辨能力越强, 粗糙属性图节点的不确定性越小, 其修正粗糙节点熵也就越小, 也说明了修正粗糙节点熵随着节点知识粒度的变小而单调下降.

2) 粗糙边熵

在论域图 $GA = (V(VA, LV), E(EA, LE))$ 中, 对于任意 E 上的属性集 $Rea \subseteq EA \subseteq R$, 且节点属性 $(v_i, v_j) \in Rea$. E 上的元素按 Rea 划分不同的等价类 $[e]_{Rea}$. 任取属性子图 $TA = (W(WA, LW), X(XA, LX))$, 它的 Rea-边粗糙属性图如式 (2-34) 所示.

$$(\underline{Rea}(TA), \overline{Rea}(TA)) = ((W', \underline{Rea}(X)), (W', \overline{Rea}(X))) \tag{2-34}$$

集合 $bn_{Rea}(X) = \overline{Rea}(X) - \underline{Rea}(X)$ 为粗糙边属性图 TA 边集 X 的 Rea-边界域.

定义 2.57   粗糙边熵   给定论域图 $GA = (V(VA, LV), E(EA, LE))$, 对于任意 E 上的属性集 $Rea \subseteq EA \subseteq R$, 属性子图 $TA = (W(WA, LW), X(XA, LX))$. E

上的元素按 Rea 划分不同的等价类 $E/Rea = \{X_1, X_2, \cdots, X_n\}$, $X \subseteq E$, 则边属性子集 Rea 的熵, 记为 $E(Rea)$, 如式 (2-35) 所示.

$$E(Rea) = -\sum_{i=1}^{n} \frac{|X_i|}{|E|} \log_2 \frac{1}{|X_i|} \tag{2-35}$$

X 在划分 E/Rea 上的粗糙边熵, 记为 $E_{Rea}(X)$, 如式 (2-36) 所示.

$$E_{Rea}(X) = \rho e_{Rea}(TA)E(Rea) = \rho e_{Rea}(TA)\sum_{i=1}^{n} \frac{|X_i|}{|E|} \log_2 \frac{1}{|X_i|} \tag{2-36}$$

由定义 2.51 可知, 粗糙边熵由边的粗糙度与边属性子集的熵共同构成, 其不确定性来自二者值的大小. 同样, 由于 $0 \leqslant \rho e_{Rea}(TA) \leqslant 1$, 显然有

$$-\rho e_{Rea}(TA) \sum_{i=1}^{n} \frac{|X_i|}{|E|} \log_2 \frac{1}{|X_i|} \leqslant -\sum_{i=1}^{n} \frac{|X_i|}{|E|} \log_2 \frac{1}{|X_i|} \tag{2-37}$$

这与实际情况不相符. 为此, 结合边的边界域给出粗糙属性图的修正粗糙边熵.

定义 2.58 修正粗糙边熵 给定论域图 $GA = (V(VA, LV), E(EA, LE))$, 对于任意 E 上的属性集 $Rea \subseteq EA \subseteq R$, 属性子图 $TA = (W(WA, LW), X(XA, LX))$. E 上的元素按 Rea 划分不同的等价类 $E/Rea = \{X_1, X_2, \cdots, X_n\}$, $X \subseteq E$, 则属性子图的修正粗糙边熵, 记为 $E_{Rea}(TA)$, 如式 (2-38) 所示.

$$E_{Rea}(TA) = \frac{|bn_{Rea}(TA)|}{|E|} \log_2 |E| - \sum_{i=1}^{n} \frac{|X_i|}{|E|} \log_2 \frac{1}{|X_i|} \tag{3-38}$$

3) 粗糙图熵

网络熵是测度网络异构性的重要指标, 熵越大, 说明网络越不均匀. 在粗糙属性图中, 如何定义粗糙图熵来反映属性图即粗糙社会网络的异构性呢? 前面给出了粗糙节点熵和粗糙边熵的定义, 分别从仅考虑节点不确定或边不确定的情况下反映社会网络的异构性. 下面从网络结构角度综合考虑粗糙属性图的结构熵.

定义 2.59 粗糙图熵 在论域图 $GA = (V(VA, LV), E(EA, LE))$ 中, 对于任意 V 上的属性集 $Rva \subseteq VA \subseteq R$, 属性子图 $TA = (W(WA, LW), X(XA, LX))$. V 上的元素按 Rva 划分不同的等价类 $V/Rva = \{W_1, W_2, \cdots, W_m\}$, $W \subseteq V$, E 上的元素按 Rea 划分不同的等价类 $E/Rea = \{X_1, X_2, \cdots, X_n\}$, $X \subseteq E$. 设属性图的修正粗糙节点熵为 $E_{Rva}(TA)$, 修正粗糙边熵为 $E_{Rea}(TA)$, 则该属性图的粗糙图熵, 记为 $E_{RA}(TA)$, 如式 (2-39) 所示.

$$E_{RA}(TA) = \alpha \cdot E_{Rva}(TA) + \beta \cdot E_{Rea}(TA) \tag{2-39}$$

式 (2-39) 中, α 为粗糙节点熵的权值, β 为粗糙边熵的权值.

式 (2-39) 按照前面关于修正粗糙节点熵和修正粗糙边熵的定义展开后如式 (2-40) 所示.

$$
\begin{aligned}
E_{RA}(TA) = {} & \alpha \cdot \left(\frac{|bn_{Rva}(TA)|}{|V|} \log_2 |V| - \sum_{i=1}^{m} \frac{|W_i|}{|V|} \log_2 \frac{1}{|W_i|} \right) \\
& + \beta \cdot \left(\frac{|bn_{Rea}(TA)|}{|E|} \log_2 |E| - \sum_{i=1}^{n} \frac{|X_i|}{|E|} \log_2 \frac{1}{|X_i|} \right)
\end{aligned}
\tag{2-40}
$$

由式 (2-40) 可知, 粗糙属性图的稳定性同时取决于节点边界域与边边界域的大小并与所划分的节点等价类和边等价类的大小有关. 即处于不确定边缘社区的节点或边越多, 粗糙图熵越大, 则整个网络越不稳定, 网络的结构越松散.

2.4　基于属性图的社区挖掘

2.4.1　粗匹配属性子图

2.4.1.1　粗匹配属性子图定义及性质

定义 2.60　完全属性子图　给定属性图 $GA = (V(VA, LV), E(EA, LE))$, 其节点集合为 $V(GA) = V(VA, LV)$, 边的集合为 $E(GA) = E(EA, LE)$. 对于属性图 $GA_1 = (V_1(VA, LV), E_1(EA, LE))$, 节点集合为 $V(GA_1) = V_1(VA, LV)$, 边的集合为 $E(GA_1) = E_1(EA, LE)$. 如果有 $V(GA_1) \subseteq V(GA)$, $E(GA_1) \subseteq E(GA)$, 则称属性图 GA_1 是 GA 的完全属性子图.

定义 2.61　导出属性子图　给定属性图 $GA = (V(VA, LV), E(EA, LE))$, 其节点集合为 $V(GA) = V(VA, LV)$, 若 $V_1(VA, LV)$ 为 $V(GA)$ 的非空子集, 则由所有节点在 $V_1(VA, LV)$ 中, 所有边的节点属性 (v_i, v_j) 所涉及的两个节点均在 $V_1(VA, LV)$ 中所构成的属性图 GA_1 为 GA 的导出属性子图.

图 2-2 是基于属性图的论文合作关系示意图, 而图 2-3 是图 2-2 的属性子图, 其中的每个节点和边在图 2-2 中均能找到, 每个节点和边的属性也都对应相同.

在定义 2.60 和定义 2.61 中所给出的完全属性子图和导出属性子图的定义是非常严格的, 只有当一个属性图中所有节点的属性与另一个属性图中部分节点属性完全匹配并且各相邻节点所连接的边属性也完全匹配时, 才能称一个属性图是另一个属性图的完全属性子图. 但事实上, 并不是总能得到所有的属性值, 有时只是部分属性值的匹配, 或者由于某种原因, 原来的某些属性值发生了变化, 但是节点本身并没有实质性的改变. 故此, 可将属性子图的条件放宽, 从而可以查找到更多有用的信息.

对于属性图 $GA = (V(VA, LV), E(EA, LE))$, 设节点集为 $V(GA) = V(VA, LV)$, 关键节点属性集为 $\{VA_j\}$, 边集为 $E(GA) = E(EA, LE)$, 关键边属性集为 $\{EA_k\}$; 属性图 $GA_1 = (V_1(VA, LV), E_1(EA, LE))$, 节点集为 $V(GA_1) = V_1(VA, LV)$, 边集为 $E(GA_1) = E_1(EA, LE)$.

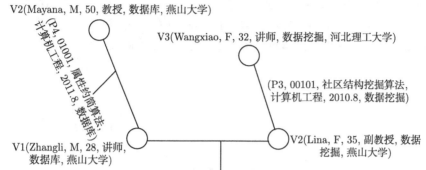

图 2-2 论文合作关系属性图示例

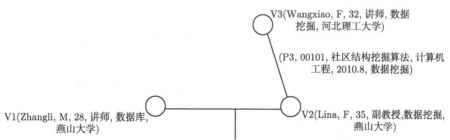

图 2-3 图 2-2 的一个属性子图

定义 2.62 不完全属性子图 给定属性图 $GA_1 = (V_1(VA, LV), E_1(EA, LE))$ 和 $GA = (V(VA, LV), E(EA, LE))$, 如果对于 $V_1(VA, LV)$ 和 $V(VA, LV)$, 有 $VA_1 \subseteq VA$, $LV_1 \subseteq LV$ 且 $\{VA_i\} \subseteq VA_1$, 且对于 $E_1(EA, LE)$ 和 $E(EA, LE)$, 有 $EA_1 \subseteq EA$, $LE_1 \subseteq LE$ 且 $\{EA_k\} \subseteq EA_1$, 则称属性图 GA_1 是 GA 的不完全属性子图.

定义 2.63 粗匹配属性子图 如果对于 $V_1(VA, LV)$ 节点集合中的任一个节点 v_i 的属性子集, 有 $(VA_i, LV_i) \subseteq (VA, LV)$ 且 $\{VA_j\} \subseteq VA(V_1)$, 且对于 $E_1(EA, LE)$ 边集合中连接两个节点 v_i 和 v_j 的边 $e_k(v_i, v_j)$ 属性子集, 有 $(EA_k, LE_k) \subseteq (EA, LE)$ 且 $\{EA_k\} \subseteq EA(E_1)$, 则称属性图 GA_1 是 GA 的粗匹配属性子图.

图 2-4 是图 2-2 的不完全属性子图, 其中每个节点和边在图 2-2 中都能找到, 且其对应属性除了缺省的以外, 其余都完全相同.

图 2-5 是图 2-2 的粗匹配属性子图, 其中每个节点和边在图 2-2 中都能找到, 但其对应属性值除了关键属性必须相同外, 其他属性不一定相同.

在定义 2.57 中, 只要一个图中有包含关键属性在内的部分节点属性和边属性与另一个图中的部分节点属性和边属性相匹配, 则称其为粗匹配. 相匹配的属性个数就决定了属性子图的匹配程度, 为此给出粗匹配度的概念.

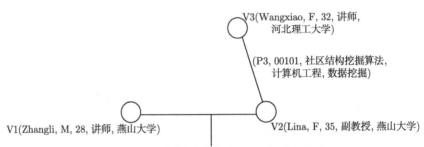

图 2-4　图 2-2 的不完全属性子图

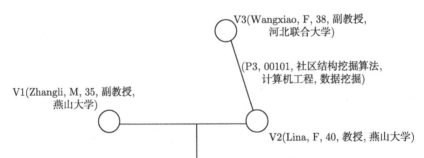

图 2-5　图 2-2 的粗匹配属性子图

定义 2.64　节点粗匹配度　给定属性图是 GA 和 GA_1, GA_1 是 GA 的粗匹配属性子图, 则 GA_1 中的某个节点 v_i 与 GA 中的某个节点 v_k 粗匹配, 设其相匹配的属性个数为 $|VA_i|$, 而节点 v_k 所真正包含的属性个数是 $|VA|$, 则定义 GA_1 中节点 v_i 与中节点 v_k 的节点粗匹配度, 记为 $VRD(v_i)$, 如式 (2-41) 所示.

$$VRD(v_i) = \frac{|VA_i|}{|VA|} \tag{2-41}$$

而在属性图 GA_1 中, 所有节点的粗匹配度的平均值称为粗匹配属性子图的节点粗匹配度, 记为 $VRD(V_1)$, 如式 (2-42) 所示.

$$VRD(V_1) = \frac{1}{n} \sum_{i=1}^{n} \frac{|VA_i|}{|VA|} \tag{2-42}$$

式 (2-42) 中, $n = |V_1|$, 即属性图 GA_1 中节点的个数.

定义 2.65 边粗匹配度 给定属性图 GA 和 GA_1, GA_1 是 GA 的粗匹配属性子图. 则 GA_1 中的两个节点 v_i 和 v_j 的连边 e_p 与 GA 中对应粗匹配的两个节点 v_k 和 v_l 的连边 e_q 粗匹配, 设其相匹配的边属性个数为 $|EA_p|$, 而边 e_q 实际包含的属性个数是 $|EA|$, 则 GA_1 中边 e_p 与 GA 中边 e_q 的边粗匹配度, 记为 $ERD(e_p)$, 如式 (2-43) 所示.

$$ERD(e_p) = \frac{|EA_p|}{|EA|} \tag{2-43}$$

而在属性图 GA_1 中, 所有边的粗匹配度的平均值称为粗匹配属性子图的边粗匹配度, 记为 $ERD(E_1)$, 如式 (2-44) 所示.

$$ERD(E_1) = \frac{1}{m} \sum_{p=1}^{m} \frac{|EA_p|}{|EA|} \tag{2-44}$$

式 (2-44) 中, $m = |E_1|$, 即属性图 GA_1 中边的个数.

定义 2.66 粗匹配度 对于属性图 GA 和 GA_1, GA_1 是 GA 的粗匹配属性子图. 设其节点粗匹配度为 VRD, 边粗匹配度为 ERD, 并设节点和边在属性子图中所占权重是相等的, 则整个属性子图 GA_1 对于属性图 GA 的粗匹配度, 记为 $GRD(GA_1, GA)$, 如式 (2-45) 所示.

$$GRD(GA_1, GA) = \sqrt{VRD \times ERD} \tag{2-45}$$

定义 2.67 频繁粗匹配属性子图 设置一个阈值 $\sigma(0 < \sigma \leqslant 1)$, 当 $GRD(GA_1, GA) \geqslant \sigma$ 时, 称属性子图 GA_1 对于属性图 GA 为频繁粗匹配属性子图.

定义 2.68 频繁粗匹配节点属性集 设属性子图 GA_1 对于属性图 GA 为频繁粗匹配属性子图, GA_1 中的节点 v_i 与 GA 中的节点 v_k 粗匹配的属性集合为 VA_{ik}, 且 VA_{ik} 为 GA_1 中的节点 v_i 与 GA 中的节点粗匹配的最大集合. 则 GA_1 对于 GA 的频繁粗匹配节点属性集, 记为 $FRVA(GA_1, GA)$, 如式 (2-46) 所示.

$$FRVA(GA_1, GA) = \cap VA_{ik} \tag{2-46}$$

定义 2.69 频繁粗匹配边属性集 设属性子图 GA_1 对于属性图 GA 为频繁粗匹配属性子图, GA_1 中的两个节点 v_i 和 v_j 的连边 e_p 与 GA 中对应粗匹配的两个节点 v_k 和 v_l 的连边 e_q 粗匹配的属性集合为 EA_{pq}, 且 EA_{pq} 为边 e_p 与边 e_q 粗匹配的最大集合. 则 GA_1 对于 GA 的频繁粗匹配边属性集, 记为 $FREA(GA_1, GA)$, 如式 (2-47) 所示.

$$FREA(GA_1, GA) = \cap EA_{pq} \tag{2-47}$$

定义 2.70　频繁粗匹配属性集　设属性子图 GA_1 对于属性图 GA 为频繁粗匹配属性子图, 且其频繁粗匹配节点属性集为 $FRVA(GA_1, GA)$, 频繁粗匹配边属性集为 $FREA(GA_1, GA)$, 则 GA_1 对于 GA 的频繁粗匹配属性集, 记为 $FRA(GA_1, GA)$, 如式 (2-48) 所示.

$$FRA(GA_1, GA) = FRVA(GA_1, GA) \cup FREA(GA_1, GA) \tag{2-48}$$

性质 2.1　完全属性子图是不完全属性子图的特例.

由定义 2.60 和定义 2.62 可知, 当对不完全属性子图 GA_f 中的节点属性和边属性进行扩充, 使其与和它对应的属性图所具有的节点属性和边属性完全一致时, 不完全属性子图 GA_f 就成为完全属性子图 GA_y.

性质 2.2　不完全属性子图是粗匹配属性子图的特例.

由定义 2.62 和定义 2.63 可知, 当对粗匹配属性子图 GA_r 中的节点属性和边属性进行限定, 要求除了关键属性外, 其余属性均为空时, 则该粗匹配属性子图即是一个不完全属性子图.

性质 2.3　当属性子图 GA_1 相对于某属性图 GA 的粗匹配度 $GRD(GA_1, GA)=1$ 时, 则粗匹配属性子图即为完全属性子图.

性质 2.4　频繁粗匹配节点属性集中一定包含节点关键属性集.

性质 2.5　频繁粗匹配边属性集中一定包含边关键属性集.

性质 2.6　频繁粗匹配属性集中至少包含节点关键属性和边关键属性.

2.4.1.2　粗匹配属性子图的随机游走判定

随机游走模型的基本思想是, 从一个或一系列节点开始遍历一张图. 在任意一个节点, 遍历者将以概率 $1 - \alpha$ 游走到这个节点的邻居节点, 以概率 α 随机跳跃到图中的任何一个节点, 称 α 为跳转发生概率. 每次游走后得出一个概率分布, 该概率分布刻画了图中每一个节点被访问到的概率. 用这个概率分布作为下一次游走的输入并反复迭代这一过程. 当满足一定前提条件时, 这个概率分布会趋于收敛. 收敛后, 即可以得到一个稳定的概率分布[77-79].

随机游走模型广泛应用于数据挖掘和互联网领域, PageRank 算法可以看作随机游走模型的一个实例. Zhang 等使用该模型从书评中挖掘关键词; Zhu 等提出了有吸收状态的随机游走模型, 该模型可以用于文本自动摘要和基于社会网络的分析与挖掘. 文献 [77] 提出了一种图上的随机游走学习模型, 给出了随机游走基础分类器模型、互补的随机游走分类器模型和组合随机游走分类器模型, 同时给出了多层随机游走框架. 文献 [78] 提出了一种基于权重的马尔可夫随机游走相似度度量的实体识别方法, 使其能够应用于有权有向图上的实体识别, 进一步提出了能够处理多链接属性的实体识别算法.

在这些方法中并未涉及属性子图的粗匹配问题, 文献 [79] 针对链接多属性情况进行了分析, 给出了算法描述, 该算法是先将多属性连接转化成单属性链接, 然后再进行相似度计算. 但在转化过程中计算属性权重的平均值, 并不能真正反映每个链接属性的实际值, 从而导致部分信息丢失. 为此, 下面给出基于属性图的随机游走粗匹配算法.

算法 2.1 粗匹配属性子图随机游走判定算法

输入: 属性图 $GA_1 = (V_1(VA, LV), E_1(EA, LE))$ 和 $GA_2 = (V_2(VA, LV), E_2(EA, LE))$, 阈值 σ.

输出: 如果属性图 GA_1 是属性图 GA_2 的频繁粗匹配属性子图, 则输出 "是", 并输出频繁粗匹配属性集; 否则, 输出 "否".

BEGIN

1) For each v_i in GA_1 //按照其关键属性值, 采用随机游走策略搜索属性图 GA_2

2) 节点的粗匹配

a) 如果 GA_2 中不存在与 v_i 具有相同关键属性值的节点, 则说明 GA_1 不是 GA_2 的属性子图, 输出 "否"

b) 如果 GA_2 中存在与 v_i 具有相同关键属性值的节点 v_k, 则初始化 $|VA_i| = 0$, $VA_i = \varnothing$, 继续判断 v_i 的其他属性值是否与 v_k 的其他属性值相等

c) 如果发现一个属性值相等的属性, 则 $|VA_i| = |VA_i| + 1$, 并将该属性合并到集合 VA 中

d) 判断完毕后, 则需要判断与 v_i 连接的每个节点 v_j 是否在 GA_2 中与 v_k 连接的节点集合也存在一个和 v_j 粗匹配的节点 v_l

e) 若不存在, 则输出 "否"

f) 如果存在, 则对 v_j 计算与 v_l 的粗匹配属性个数 $|VA_j|$, 并记录下粗匹配节点属性集 VA_j

3) 多链接属性的随机游走边粗匹配

a) 若 2) 的节点粗匹配度满足要求, 则按照下述方法进行各实体所链接的边的粗匹配判断

b) 由于两个节点链接的边可能不止一条, 采用随机游走策略判断两个节点链接的可能性及其粗匹配度. 节点间链接的强度由边的属性值权重来得到. 分别计算通过某条边 e_p 的随机游走可能性 $\text{prob}_{e_p} = \prod_{j=1}^{l} w_{i,j}$ 和总的随机游走可能性

$\mathrm{prob}(v_i, v_j) = \sum_{i=1}^m \mathrm{prob}_{e_{pi}}$. 其中, $w_{i,j}$ 为某条边的权重, $l(l \leqslant L)$ 为边 e_p 所包含属性的个数

① 首先判断边 e_p 和 e_q 的关键属性是否相等, 若不等, 则结束; 否则转②

② 初始化 $|EA_{ij}| = 0$, $EA_{ij} = \varnothing$, 计算 prob_{e_p} 和 prob_{e_q}, 判断 e_p 的其他属性值是否与 e_q 的其他属性粗匹配

如果发现属性值相等的属性, 则 $|EA_{ij}| = |EA_{ij}| + 1$, 并将该属性合并到集合 EA_{ij} 中

③ 计算链接两个节点 v_i 和 v_j 的边总的随机游走可能性 $\mathrm{prob}(v_i, v_j)$ 以及链接其对应粗匹配节点 v_k 和 v_m 的边总的随机游走可能性 $\mathrm{prob}(v_k, v_m)$

4) 对 GA_1 中的每个节点 v_l 计算节点粗匹配度 $VRD(v_i)$, 然后计算整个属性图 GA_1 对 GA_2 的节点粗匹配度 $VRD(V_1)$

5) 对 GA_1 中的每条边 e_{ij} 计算边粗匹配度 $ERD(e_{ij})$, 然后计算整个属性图 GA_1 对 GA_2 的边粗匹配度 $ERD(E_1)$

6) 计算属性图 GA_1 对 GA_2 的粗匹配度 $GRD(GA_1, GA_2)$

7) 若 $GRD(GA_1, GA_2) \geqslant \sigma$, 则输出属性图 GA_1 是 GA_2 的频繁粗匹配属性子图, 转 8); 否则输出 "否"

8) 如果属性图 GA_1 是 GA_2 的频繁粗匹配属性子图, 则继续计算频繁粗匹配节点属性集和频繁粗匹配边属性集: $FRVA(GA_1, GA_2) = \cap VA_{ik}$, $FREA(GA_1, GA_2) = \cap EA_{pq}$

9) 进一步计算并输出属性图 GA_1 对 GA_2 频繁粗匹配属性集 $FRA(GA_1, GA_2)$
END

在算法 2.1 中, 分别对节点和边进行粗匹配搜索, 在进行粗匹配过程中, 同时找出相匹配的属性集合. 根据粗匹配属性子图的定义, 只要两个图中相应节点和边的关键属性值相等, 则认为是粗匹配的. 频繁粗匹配属性子图是指粗匹配度大于给定阈值的粗匹配属性图. 图的粗匹配度与节点粗匹配度和边粗匹配度有关系.

算法的步骤如下. 首先, 按关键属性值查找相匹配的节点, 再找其他相匹配的属性值, 同时记录相匹配的属性并统计个数, 如代码 2). 其次, 搜索关键属性值相等的边, 再搜索其他相匹配的边属性值, 同时记录相匹配的边属性及个数, 如代码 3). 然后为计算粗匹配度的过程, 如代码 4)—6). 再次, 粗匹配度与阈值的比较, 如代码 7); 若满足, 则在 8) 计算频繁粗匹配节点属性集和边属性集. 最后, 合成频繁粗匹配属性集, 如代码 9).

该算法中将节点和边的关键属性集首先考虑到频繁粗匹配属性子图中, 这符合性质 2.4—性质 2.6. 计算粗匹配度的过程符合定义 2.5—定义 2.7. 频繁粗匹配属性子图的合成符合定义 2.67.

基于以上分析, 算法 2.1 能够正确地对频繁粗匹配属性子图进行判定, 并能得到其频繁粗匹配属性集合.

2.4.2 粗糙中心区及挖掘算法

2.4.2.1 粗糙中心度

在 2.2 节中, 给出了粗糙属性图 $TA = (\underline{Rea}(TA), \overline{Rea}(TA))$ 的概念, 粗糙属性图中的边是无向的. 然而, 在社会网络中, 两个节点的关系往往是有方向的, 所以在划分边的等价类时应该考虑方向. 为此给出带方向的网络节点的下近似类入度和类出度、上近似类入度和类出度, 从而进一步给出粗糙中心度的定义.

定义 2.71 节点的下近似类入度和下近似类出度 给定粗糙属性图 TA, 节点 v_i 的下近似类入度 $\underline{\mathrm{Deg}}_R^-(v_i)$ 是指 $\underline{Rea}(TA)$ 中以 v_i 为头的不同的弧等价类的数目; 节点 v_i 的下近似类出度 $\underline{\mathrm{Deg}}_R^+(v_i)$ 是指 $\underline{Rea}(TA)$ 中以 v_i 为尾的不同的弧等价类的数目.

定义 2.72 节点的上近似类入度和上近似类出度 给定粗糙属性图 TA, 节点 v_i 的上近似类入度 $\overline{\mathrm{Deg}}_R^-(v_i)$ 是指 $\overline{Rea}(TA)$ 中以 v_i 为头的不同的弧等价类的数目; 节点 v_i 的上近似类出度 $\overline{\mathrm{Deg}}_R^+(v_i)$ 是指 $\overline{Rea}(TA)$ 中以 v_i 为尾的不同的弧等价类的数目.

定理 2.14 对于任意的粗糙属性图 $TA = (\underline{Rea}(TA)\overline{Rea}(TA))$, 设 ε_1 是 $\underline{Rea}(TA)$ 中不同的弧等价类的总数, ε_2 是 $\overline{Rea}(TA)$ 中不同弧等价类的总数, $\underline{\mathrm{Deg}}_R^-(v_i)$ 和 $\underline{\mathrm{Deg}}_R^+(v_i)$ 分别是节点 v_i 的下近似类入度和下近似类出度, $\overline{\mathrm{Deg}}_R^-(v_i)$ 和 $\overline{\mathrm{Deg}}_R^+(v_i)$ 分别是节点 v_i 的上近似类入度和上近似类出度. 若属性集 R 包含节点属性, 则 $\sum_{v_i \in V} \underline{\mathrm{Deg}}_R^+(v_i) = \sum_{v_i \in V} \underline{\mathrm{Deg}}_R^-(v_i) = \varepsilon_1$, $\sum_{v_i \in V} \overline{\mathrm{Deg}}_R^+(v_i) = \sum_{v_i \in V} \overline{\mathrm{Deg}}_R^-(v_i) = \varepsilon_2$.

证明 由定义 2.71 和定义 2.72 可直接得到. 证毕.

在社会网络中, 对节点最简单、最直接的度量就是点的中心度, 即与其相连的节点个数, 包括内中心度和外中心度. 内中心度是指向该节点的节点个数, 外中心度是该节点指向其他节点的个数.

在此, $\overline{Rea}(TA)$ 中节点的中心度称为节点的下近似绝对中心度, 包含下近似内中心度与下近似外中心度, 实际上是节点的下近似类入度和下近似类出度. $\overline{Rea}(TA)$ 中节点的中心度称为节点的上近似绝对中心度, 包含上近似内中心度与上近似外中心度, 实际上是节点的上近似类入度和上近似类出度.

然而, 这种对中心度的测量存在着一个重要的局限性, 即中心度仅仅在同一个图的成员之间或同等规模的图之间进行比较才有意义. 为了克服这一问题, 提出相对中心度. 根据其基本定义, 需要同时计算某一节点的内中心度和外中心度, 然后再与连线总数求比, 记为 $C'_D(n_i)$, 如式 (2-49) 所示, 其中, N 为图的规模.

$$C'_D(n_i) = \frac{d_i(n_i) + d_o(n_i)}{2(N-1)} \tag{2-49}$$

相应地, $\underline{Rea}(TA)$ 中节点的相对中心度, 定义为节点的下近似类入度与下近似类出度之和再与 $\underline{Rea}(TA)$ 中等价类总数求比, 记为 $C'_D(v_i)_{\underline{Rea}(TA)}$, 如式 (2-50) 所示, 其中, ε_1 是 $\underline{Rea}(TA)$ 中不同的弧等价类的总数.

$$C'_D(v_i)_{\underline{Rea}(TA)} = \frac{Deg_R^-(v_i) + Deg_R^+(v_i)}{2\varepsilon_1} \tag{2-50}$$

$\overline{Rea}(TA)$ 中节点的相对中心度, 定义为节点的上近似类入度与上近似类出度之和再与 $\overline{Rea}(TA)$ 中等价类总数求比, 记为 $C'_D(v_i)_{\overline{Rea}(TA)}$, 如式 (2-51) 所示, 其中, ε_2 是 $\overline{Rea}(TA)$ 中不同弧等价类的总数.

$$C'_D(v_i)_{\overline{Rea}(TA)} = \frac{\overline{Deg_R^-}(v_i) + \overline{Deg_R^+}(v_i)}{2\varepsilon_2} \tag{2-51}$$

定义 2.73　节点的粗糙中心度　粗糙属性图中节点 v_i 的粗糙中心度可用两个精确的相对中心度 $C'_D(v_i)_{\underline{Rea}(TA)}$ 和 $C'_D(v_i)_{\overline{Rea}(TA)}$ 来近似定义, $(C'_D(v_i)_{\underline{Rea}(TA)}, C'_D(v_i)_{\overline{Rea}(TA)})$ 称为节点 v_i 的粗糙中心度.

为了更准确地比较粗糙属性图中各节点的相对重要性, 引入粗糙中心度 R 精度, 记为 $d(v_i)$, 如式 (2-52) 所示.

$$d(v_i) = \frac{C'_D(v_i)_{\underline{Rea}(TA)}}{C'_D(v_i)_{\overline{Rea}(TA)}} \tag{2-52}$$

定义 2.74　平均粗糙中心度 R 精度　给定粗糙属性图 TA, 所有节点的粗糙中心度 R 精度的平均值称为平均粗糙中心度 R 精度, 记为 $Av_d(TA)$, 如式 (2-53) 所示.

$$Av_d(TA) = \sum_{i=1}^{|V|} d(v_i) \tag{2-53}$$

定义 2.75　粗糙中心度 R 粗糙度　给定粗糙属性图 TA, 节点 v_i 的粗糙中心度 R 粗糙度记为 $\rho(v_i)$, 如式 (2-54) 所示.

$$\rho(v_i) = 1 - d(v_i) \tag{2-54}$$

性质 2.7　$\rho(v_i)$ 越大, 则节点 v_i 的非重要程度越高, 与 $d(v_i)$ 恰恰相反.

2.4.2.2　粗糙中心区及其挖掘算法

定义 2.76　确定性类路　给定粗糙属性图 TA, 一条 (v_0, v_v) 确定性类途径是指 $\underline{Rea}(TA)$ 中的一个有限非空序列 $\underline{W} = v_0[e_{v_0v_1}]_R v_1[e_{v_1v_2}]_R \cdots v_{v-1}[e_{v_{v-1}v_v}]_R v_v$, 它的项交替地为节点和 $\underline{Rea}(TA)$ 中的边等价类, 且 $\forall i, j = 0, 1, \cdots, v-1$, $[e_{v_iv_{i+1}}]_R$ 与 $[e_{v_jv_{j+1}}]_R$ 是属于由 Rea 确定的同一边等价类, 其中, 整数 v 表示 $\underline{W}$ 的长. 若 $\forall i \neq j, i, j = 0, 1, \cdots, v-1$, 都有 $v_i \neq v_j$, 则称确定性类途径是确定性类路.

定义 2.77　可能性类路　给定粗糙属性图 TA, 一条 (v_0, v_v) 可能性类途径是指 $\overline{Rea}(TA)$ 中的一个有限非空序列 $\overline{W} = v_0[e_{v_0v_1}]_R v_1[e_{v_1v_2}]_R \cdots v_{v-1}[e_{v_{v-1}v_v}]_R v_v$, 它的项交替地为节点和 $\overline{Rea}(TA)$ 中的边等价类, 且 $\forall i, j = 0, 1, \cdots, v-1$, $[e_{v_iv_{i+1}}]_R$ 与 $[e_{v_jv_{j+1}}]_R$ 是属于由 Rea 确定的同一边等价类, 其中, 整数 v 表示 $\overline{W}$ 的长. 若 $\forall i \neq j, i, j = 0, 1, \cdots, v-1$, 都有 $v_i \neq v_j$, 则称可能性类途径是可能性类路.

显然, 两节点间可能存在多个等价类, 故粗糙属性图中两节点之间的确定性或可能性类路均可能不唯一.

定义 2.78　确定性类连通　给定粗糙属性图 TA, 如果 $\underline{Rea}(TA)$ 中存在 (v_i, v_j) 确定性类路, 称其节点集中任意的两个节点 v_i, v_j 是确定性类连通的.

定义 2.79　可能性类连通　给定粗糙属性图 TA, 如果 $\overline{Rea}(TA)$ 中存在 (v_i, v_j) 可能性类路, 称其节点集中任意的两个节点 v_i, v_j 是可能性类连通的.

定义 2.80　确定性类连通图和确定性强类连通图　给定粗糙属性图 TA, 假设其边集 X 可划分为边等价类 $\{E_1, \cdots, E_n\}$, 如果存在某边等价类 E_k 使得其节点集中所有节点之间都以 E_k 确定性连通, 称粗糙属性图 T 是确定性类连通图; 如果对于任一边等价类 $E_k(k = 1, \cdots, n)$ 都使得其节点集中的所有节点之间以 E_k 确定性类连通, 称粗糙属性图 TA 是确定性强类连通图.

定义 2.81　可能性类连通图和可能性强类连通图　给定粗糙属性图 TA, 假设其边集 X 可划分为边等价类 $\{E_1, \cdots, E_n\}$, 如果存在某边等价类 E_k 使得其节点集中所有节点之间都以 E_k 可能性连通, 称粗糙属性图 T 是可能性类连通图; 如果对于任一边等价类 E_k $(k = 1, \cdots, n)$ 都使得其节点集中的所有节点之间以 E_k 可能性类连通, 称粗糙属性图 TA 是可能性强类连通图.

定理 2.15　粗糙属性图 $TA = (\underline{Rea}(TA), \overline{Rea}(TA))$ 是确定性类连通的, 则它一定是可能性类连通的, 反之不然.

证明　由 $\underline{Rea}(TA) \subseteq \overline{Rea}(TA)$ 知, $\forall E_k$, 满足 $E_k \in \underline{Rea}(TA) \Rightarrow E_k \in \overline{Rea}(TA)$.　　　　　　　　　　　　　　　　　　　　　　　证毕.

定义 2.82　确定性中心区和可能性中心区　设有粗糙属性图 TA 为确定性强类连通图, 如果有图 $TA_S = (\underline{Rea}(TA_S), \overline{Rea}(TA_S))$, 且 $\underline{Rea}(TA_S) \subseteq \underline{Rea}(TA)$, $\overline{Rea}(TA_S) \subset \overline{Rea}(TA)$, 则 TA_S 为 TA 的确定性强类连通子图; 若 TA_S 中包含粗

糙中心度 R 精度最高的点, 则称 TA_S 为最大确定性中心区.

设有粗糙属性图 $TA = (\underline{Rea}(TA), \overline{Rea}(TA))$ 为可能性强类连通图, 如果有图 $TA_P = (\underline{Rea}(TA_P), \overline{Rea}(TA_P))$, 且 $\underline{Rea}(TA_P) \subseteq \underline{Rea}(TA)$, $\overline{Rea}(TA_P) \subseteq \overline{Rea}(TA)$, 则称 TA_P 为 TA 的可能性强类连通子图; 若 TA_P 中包含粗糙中心度 R 精度最高的点, 则称 TA_P 为最大可能性中心区.

称 (TA_S, TA_P) 为粗糙属性图 TA 的粗糙中心区.

定理 2.16 粗糙中心区中一定包含粗糙中心度 R 精度最高的点.

证明 从定义 2.76 可知, 在确定性中心区和可能性中心区中均包含粗糙中心度 R 精度最高的点, 故由二者构成的粗糙中心区中一定包含该点.　　　　　证毕.

定理 2.17 粗糙中心区是普通中心区的拓展, 普通中心区是粗糙中心区的特例.

证明 粗糙中心区 (TA_S, TA_P) 是由确定性中心区和可能性中心区构成. 当粗糙属性图 $TA = (\underline{Rea}(TA), \overline{Rea}(TA))$ 的上近似属性图和下近似属性图相等时, 则粗糙属性图退化为属性图, 由此构成的中心区也只有确定性中心区, 即普通的中心区, 不包括可能性中心区.

将普通中心区的节点和边按照等价类进行划分, 按照粗糙属性图的定义, 可能会出现节点和边不能完全包含在普通中心区的节点, 此时即可将普通中心区拓展为粗糙中心区.　　　　　证毕.

下面给出粗糙中心区挖掘算法.

算法 2.2　粗糙中心区挖掘算法

输入: 粗糙属性图 $TA = (\underline{Rea}(TA), \overline{Rea}(TA))$, 用户设定的阈值 H.

输出: 粗糙中心区 (TA_S, TA_P).

BEGIN

1) 采用广度优先搜索分别遍历属性图 TA 的 R-下近似 $\underline{Rea}(TA)$ 和 R-上近似 $\overline{Rea}(TA)$

2) 在 $\underline{Rea}(TA)$ 中, 计算所有节点的下近似类入度和下近似类出度以及中等价类总数. 利用公式 (2-50) 计算中各个点的下近似相对中心度

3) 在 $\overline{Rea}(TA)$ 中, 计算所有节点的上近似类入度和上近似类出度以及等价类总数. 利用公式 (2-51) 计算中各个点的上近似相对中心度

4) 由公式 (2-52), 计算 $\underline{Rea}(TA)$, $\overline{Rea}(TA)$ 中各个节点的粗糙中心度 R 精度, 得出最大粗糙中心度 R 精度

5) 若粗糙属性图 TA 为确定性强类连通图, 以 $\underline{Rea}(TA)$ 中粗糙中心度 R 精度最大的点为中心向外扩展, 根据阈值 H 确定扩展的范围, 得出最大确定性中心区 TA_S

6) 若粗糙属性图 TA 为可能性强类连通图, 以 $\overline{Rea}(TA)$ 中粗糙中心度 R 精度最大的点为中心向外扩展, 根据阈值 H 确定扩展的范围, 得出最大可能性中心区 TA_P. 当 $d(v_i) \geqslant H$ 时, 节点保留, 否则, 将节点删除, 以达到对规模庞大的粗糙属性图进行剪枝

7) 将最大确定性中心区和最大可能性中心区进行合成, 得到粗糙中心区 (TA_S, TA_P)

END

通过以上算法步骤, 得出最大确定性中心区用以对粗糙属性图中确定性的社区关系进行分析; 得出最大可能性中心区用以对粗糙属性图中可能拓展的社区关系进行预测.

根据定义 2.82, 粗糙中心区是由确定性中心区和可能性中心区构成, 而确定性中心区是由上近似粗糙属性图中包含粗糙中心度 R 精度最高的点导出的确定性强类连通子图形成的. 可能性中心区则是由下近似粗糙属性图中包含粗糙中心度 R 精度最高的点导出的可能性强类连通子图形成的.

在算法 2.2 中, 首先, 计算最大粗糙中心度 R 精度, 如代码 1)—4). 其次, 以具有最大粗糙中心度 R 精度的点为核心向外扩散, 将下近似粗糙属性图中的点中心度满足阈值的节点加入到确定性中心区中, 如代码 5). 然后, 根据定理 2.10, 以具有最大粗糙中心度 R 精度的点为核心向外扩散, 将上近似粗糙属性图中的点中心度满足阈值的节点加入到可能性中心区中, 如代码 6). 最后, 将确定性中心区与可能性中心区进行合成, 最终挖掘出粗糙中心区, 如代码 7). 根据以上分析, 算法 2.2 可挖掘出由定义 2.82 给出的粗糙中心区.

2.4.3 S-粗糙属性图粗糙度与社会网络动态性

2.4.3.1 S-图精度与粗糙度

定义 2.83 S-节点精度 粗糙属性图 TA 在节点迁移函数 $\aleph_v$ 作用的下的 S-节点精度, 记为 $(\alpha v_{Rva}, \aleph_v)(TA^*)$, 如式 (2-55) 所示.

$$(\alpha v_{Rva}, \aleph_v)(TA^*) = \frac{|(Rva, \aleph_v)_{\circ}(TA^*)|}{|(Rva, \aleph_v)^{\circ}(TA^*)|} = \frac{|(Rva, \aleph_v)_{\circ}(W^*)|}{|(Rva, \aleph_v)^{\circ}(W^*)|} \tag{2-55}$$

定义 2.84 S-边精度 粗糙属性图 TA 在边迁移函数 $\aleph_e$ 作用的下的 S-边精度, 记为 $(\alpha e_{Rea}, \aleph_e)(TA^*)$, 如式 (2-56) 所示.

$$(\alpha e_{Rea}, \aleph_e)(TA^*) = \frac{|(Rea, \aleph_e)_{\circ}(TA^*)|}{|(Rea, \aleph_e)^{\circ}(TA^*)|} = \frac{|(Rea, \aleph_e)_{\circ}(X^*)|}{|(Rea, \aleph_e)^{\circ}(X^*)|} \tag{2-56}$$

定义 2.85 S-图精度 粗糙属性图 TA 在边迁移函数 $\aleph$ 作用的下的 S-图精

度, 记为 $(\alpha e_{Ra}, \aleph)(TA^*)$, 如式 (2-57) 所示.

$$(\alpha e_{Ra}, \aleph)(TA^*) = \frac{|(Ra, \aleph)_\circ(TA^*)|}{|(Ra, \aleph)^\circ(TA^*)|} \tag{2-57}$$

定义 2.86 S-节点粗糙度 粗糙属性图 TA 在节点迁移函数 $\aleph_v$ 作用的下的 S-节点粗糙度, 记为 $(\rho v_{Rva}, \aleph_v)(TA^*)$, 如式 (2-58) 所示.

$$(\rho v_{Rva}, \aleph_v)(TA^*) = 1 - (\rho v_{Rva}, \aleph_v)(TA^*) = 1 - \frac{|(Rva, \aleph_v)_\circ(W^*)|}{|(Rva, \aleph_v)^\circ(W^*)|} \tag{2-58}$$

定义 2.87 S-边粗糙度 粗糙属性图 TA 在边迁移函数 $\aleph_e$ 作用的下的 S-边粗糙度, 记为 $(\rho e_{Rea}, \aleph_e)(TA^*)$, 如式 (2-59) 所示.

$$(\rho e_{Rea}, \aleph_e)(TA^*) = 1 - (\alpha e_{Rea}, \aleph_e)(TA^*) = 1 - \frac{|(Rea, \aleph_e)_\circ(X^*)|}{|(Rea, \aleph_e)^\circ(X^*)|} \tag{2-59}$$

定义 2.88 S-图粗糙度 粗糙属性图 TA 在边迁移函数 $\aleph$ 作用的下的 S-图粗糙度, 记为 $(\rho e_{Ra}, \aleph)(TA^*)$, 如式 (2-60) 所示.

$$(\rho e_{Ra}, \aleph)(TA^*) = 1 - (\alpha e_{Ra}, \aleph)(TA^*) = 1 - \frac{|(Ra, \aleph)_\circ(TA^*)|}{|(Ra, \aleph)^\circ(TA^*)|} \tag{2-60}$$

另外, 迁移函数如果只有 F_v, F_e 等, 可相应定义其作用下的 S-节点粗糙度、边粗糙度等.

2.4.3.2 迁移函数与 S-图粗糙度关系

定理 2.18 S-粗糙属性图与其粗糙图之间粗糙度的关系如下:

$$(1) \quad (\rho v_{Rva}, F_v)(TA^\circ) < \rho v_{Rva}(TA) \tag{2-61}$$

$$(2) \quad (\rho v_{Rva}, \overline{F}_v)(TA') > \rho v_{Rva}(TA) \tag{2-62}$$

证明 (1) 设 $v_i \in V, v_i \notin W, W^\circ = W \cup \{f_v(v)\}$, 若 $f_v(v_i)$ 单独构成一个等价类, 有

$$(Rva, F_v)_\circ(TA^\circ) = (Rva, F_v)_\circ(W^\circ) = \underline{Rva}(W) \cup [f_v(v_i)]_{Rva}$$

$$(Rva, F_v)^\circ(TA^\circ) = (Rva, F_v)^\circ(W^\circ) = \overline{Rva}(W) \cup [f_v(v_i)]_{Rva}$$

$$bn_{Rva}(TA^\circ) = bn_{Rva}(W^\circ) = (Rva, F_v)^\circ(W^\circ) = (Rva, F_v)_\circ(W^\circ)$$

$[f_v(v_i)]_{Rva} \neq \varnothing$, 则 $(\rho v_{Rva}, F_v)(TA^\circ) = 1 - \dfrac{|(Rva, F_v)_\circ(W^\circ)|}{|(Rva, F_v)^\circ(W^\circ)|} < \rho_{Rva}(TA) = 1 - \dfrac{|\underline{Rva}(W)|}{|\overline{Rva}(W)|}$.

若 $f_v(v_i)$ 是原有分类中的一个新增成员, 则应分为下面两种情况讨论.

若 $f_v(v_i)$ 属于 $\underline{Rva}(W)$ 中某一等价类的一个新成员, 则有

$$(Rva, F_v)_\circ(TA^\circ) = (Rva, F_v)_\circ(W^\circ) = \underline{Rva}(W) \cup \{f_v(v_i)\}$$

$$(Rva, F_v)^\circ(TA^\circ) = (Rva, F_v)^\circ(W^\circ) = \overline{Rva}(W) \cup \{f_v(v_i)\}$$

$$bn_{Rva}(TA^\circ) = bn_{Rva}(W^\circ) = (Rva, F_v)^\circ(W^\circ) - (Rva, F_v)_\circ(W^\circ)$$
$$= bn_{Rva}(W^\circ) = bn_{Rva}(TA^\circ)$$

则 $(\rho v_{Rva}, F_v)(TA^\circ) < \rho v_{Rva}(TA)$.

若 $f_v(v_i)$ 属于 $\overline{Rva}(W)$ 中某一等价类的一个新成员, 但不属于 $\underline{Rva}(W)$ 中某一等价类, 则有

$$(Rva, F_v)_\circ(TA^\circ) = (Rva, F_v)_\circ(W^\circ) = \underline{Rva}(W)$$

$$(Rva, F_v)^\circ(TA^\circ) = (Rva, F_v)^\circ(W^\circ) = \overline{Rva}(W) \cup \{f_v(v_i)\}$$

则 $(\rho v_{Rva}, F_v)(TA^\circ) < \rho v_{Rva}(TA)$.

综合上述情况证明, 节点元素扩张使得粗糙属性图在迁移函数 F_v 作用下的 S-节点粗糙度减少.

(2) 设 $v_j \in W, W' = W - \{\overline{f_v}(v_j)\}$, 则

$$(Rva, \overline{F}_v)_\circ(TA') = (Rva, \overline{F}_v)_\circ(W') = \underline{Rva}(W) - [f_v(v_j)]_{Rva}$$

$$(Rva, \overline{F}_v)^\circ(TA') = (Rva, \overline{F}_v)^\circ(W') = \overline{Rva}(W) - [f_v(v_j)]_{Rva}$$

$$bn_{Rva}(TA^\circ) = bn_{Rva}(W^\circ) = (Rva, F_v)^\circ(W^\circ) - (Rva, F_v)_\circ(W^\circ)$$
$$= bn_{Rva}(W^\circ) = bn_{Rva}(TA^\circ)$$

则 $(\rho v_{Rva}, \overline{F}_v)(TA') > \rho v_{Rva}(TA)$. 证毕.

推论 2.2 (1) 若节点元素在迁移函数作用下随着时间推移不断扩张, 即 $W_{t1}^\circ \subset W_{t2}^\circ \subset \cdots \subset W_{tn}^\circ$, 则有 $(\rho v_{Rva}, F_v)(TA_{t1}^\circ) > (\rho v_{Rva}, F_v)(TA_{t2}^\circ) > \cdots > (\rho v_{Rva}, F_v)(TA_{tn}^\circ)$.

(2) 若节点元素在迁移函数作用下随着时间推移不断萎缩, 即 $W_{t1}' \supset W_{t2}' \supset \cdots \supset W_{tn}'$, 则有 $\rho_{Rva}(TA) < (\rho v_{Rva}, \overline{F}_v)(TA_{t1}') < (\rho v_{Rva}, \overline{F}_v)(TA_{t2}') < \cdots < (\rho v_{Rva}, \overline{F}_v)(TA_{tn}')$.

同理, 可以给出边在迁移函数作用下 S-边粗糙度的变化情况以及 S-图粗糙度的变化情况.

定理 2.19　　　(1)　$(\rho e_{Rea}, F_e)(TA^{\circ}) < \rho e_{Rea}(TA)$ 　　　　　(2-63)

(2)　$(\rho e_{Rea}, \overline{F}_e)(TA') > \rho e_{Rea}(TA)$ 　　　　　(2-64)

(3)　$(\rho_{Ra}, \aleph_{ve})(TA^{\circ}) < \rho_{Ra}(TA)$ 　　　　　(2-65)

(4)　$(\rho_{Ra}, \overline{\aleph}_{ve})(TA') > \rho_{Ra}(TA)$ 　　　　　(2-66)

定理 2.19 的证明方法与定理 2.18 类似, 故略.

定理 2.18 和定理 2.19 说明, 粗糙属性图在迁移函数作用下, 如果增加元素或增加边, 则图的粗糙度会越来越小. 体现在社会网络中, 则说明网络社区越来越大, 越来越紧密. 但是, 如果节点或边不断移出网络, 则说明该社区面临解散.

综上, 可通过分析社会网络的粗糙度变化, 来及时发现社会网络团体结构的变化, 从而进一步发现导致这种变化的原因. 如果团体节点逐渐减少或成员间关系逐渐松散, 则要尽快想出对策或方法来改善局面.

第3章 加权网络建模及应用

3.1 引 言

社会网络是由一组实体以及实体间关系构成的网络, 它在现实生活中广泛存在, 如 Facebook 等社交网络、科研合作网络、新陈代谢网络、交通运输网络和移动通信网络等等. 现有研究中, 大多仅考虑实体间有无关系, 未考虑关系的区别, 如社会网络中实体间的亲密程度存在强弱之分, 科研合作网络中科学家之间的合作次数也不同, 新陈代谢网络中不同反应路径上有着不同的物理流量, 航空运输网络中的权重代表了两个机场之间的航班次数, 移动通信网络中的权重代表了两个用户在某个时间段内的通话时长或通话次数, 等等. 如果将上述关系赋予不同的权重, 便能更好地表达实体间的联系强度, 这种具有边权重的社会网络称为加权社会网络, 简称加权网络.

加权网络中的社区发现和链接预测都是社会网络分析和研究的热点问题, 具有重要的研究意义和应用价值. 因此, 本章重点关注加权网络建模理论, 从加权网络特征入手, 以节点相似性计算为目标, 对加权网络社区发现及链接预测建模方法进行了深入研究.

3.2 加权网络基本知识

3.2.1 加权网络定义

加权网络就是边带有权重属性的社会网络, 权重代表了节点间联系的强弱程度, 其含义源于网络本身的属性. 加权网络通常被定义为一个三元组 $G=(V, E, W)$, 其中, V 表示节点集, 代表了行动者; $E \in V \times V$ 表示边集, 代表了行动者之间的社会关系; W 表示权重集, $w_{ij} \in W$ 为连接节点 v_i 与 v_j 的边 e_{ij} 的权重, 表达了两节点间的连接类型和连接强度. 一个包含 n 个节点的加权网络 G 可以表示为一个 $n \times n$ 的邻接矩阵 $A = (a_{ij})_{n \times n}$, 其中, $a_{ij} = w_{ij}$. 无向加权网络及其对应的邻接矩阵表示形式, 如图 3-1 所示.

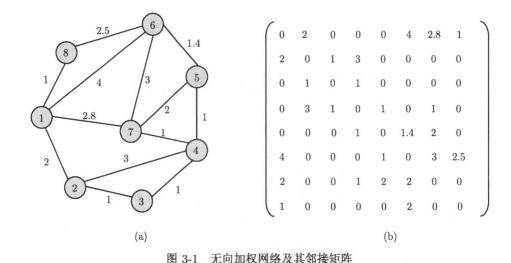

(a)   (b)

图 3-1   无向加权网络及其邻接矩阵

3.2.2   加权网络描述方法

加权网络中常用的统计量有边权、点权、单位权、权重分布的差异性等.

3.2.2.1   边权

在加权网络中, 权重是赋予连边的, 用来描述节点间的链接类型和联系的紧密程度, 通常称为边权. 边权对于加权网络中的社区发现和链接预测起到了非常积极的引导作用. 边权原则上分为相异权和相似权两种. 相异权与传统意义上的距离相对应, 权值越大表示两点间的距离越大、关系越疏远. 例如, 电力网络中, 权重代表两个网点的地理距离, 其值越小, 两个电力网点间交流越 "亲密". 而相似权则恰恰相反, 权值越大表示两点间的关系越亲密、距离越小. 比如, 科学家之间的合作次数就可以看作相似权, 合作次数越多说明两人之间的关系越亲密.

通常情况下, 相似权 $w_{ij} \in [0, \infty)$, 如果 w_{ij}=0, 则表示两点之间无连接. 而相异权 $w_{ij} \in [0, \infty]$, 当 $w_{ij} = \infty$ 时, 相当于两点之间无连接. 当每条边的边权数值都一样时, 可以将其归一化为 1, 加权网络就退化为无权网络.

3.2.2.2   点权

点权又称为节点的权重 (强度). 给定无向加权网络 $G=(V, E, W)$, $\forall v_i \in V$, 节点 v_i 的权重等于与节点 v_i 相连的所有边的边权之和, 记为 $w(v_i)$, 如式 (3-1) 所示.

$$w(v_i) = \sum_{v_j \in N(v_i)_1} w_{ij} \tag{3-1}$$

式 (3-1) 中, $N(v_i)_1$ 表示节点 v_i 的一阶邻居集合. w_{ij} 表示节点 v_i 与其邻居节点 v_j

连边的权重. 节点权重 $w(v_i)$ 用来描述该节点与周围网络的紧密程度. 对于无权网络而言, 所有边权均为 1, 此时节点的权重就等于节点的度数, 记为 $w(v_i) = D(v_i)$.

3.2.2.3 单位权

对于网络中的节点 v_i, 其单位权等于与节点 v_i 相连的所有边权重的平均值, 记为 $\overline{w(v_i)}$, 如式 (3-2) 所示.

$$\overline{w(v_i)} = \frac{w(v_i)}{D(v_i)} \tag{3-2}$$

3.2.2.4 加权平均最短路径长度

在无权网络中, 连接任意两节点的路径中边数最少的路径称为最短路径[43], 而两节点间的距离被定义为连通两个节点的最短路径的边数. 而对于加权网络, 两节点间的距离是权重的某种函数. 针对相似权与相异权两种类型的边权, 两节点间的距离定义是不同的. 在此, 用 w_{ij} 表示节点 v_i 与 v_j 之间的边权值, 用 l_{ij} 表示节点 v_i 与 v_j 之间的距离. 假设 v_i 与 v_k 通过 v_j 相连, 将两节点间的距离定义如下.

(1) 对于相似权: 两节点间边权值越大, 两者距离越近.

节点 v_i 与 v_j 之间的距离 l_{ij} 定义为: $l_{ij}=1/w_{ij}$.

节点 v_i 与 v_k 之间的距离 l_{ik} 定义为: $l_{ik} = \dfrac{1}{1/w_{ij} + 1/w_{jk}}$, 其中, $v_j \in N(v_i)_1 \cap N(v_k)_1$.

(2) 对于相异权: 两节点间边权值越大, 两者距离越远.

节点 v_i 与 v_j 之间的距离 l_{ij} 定义为: $l_{ij} = w_{ij}$.

节点 v_i 与 v_k 之间的距离 l_{ik} 定义为: $l_{ik} = w_{ij} + w_{jk}$.

加权最短路径就等于连通两节点的所有路径中距离最近的路径. 对于无权网络, 连通两个节点的所有路径中边数最少的路径就是最短路径. 而对于加权网络, 边数最少的路径不一定是最短路径, 而整个网络的加权平均最短路径就等于网络中所有节点对之间距离的平均值.

3.2.2.5 加权聚集系数

在加权网络中, 节点 v_i 的聚集系数记为 $NCC(v_i)^w$, 如式 (3-3) 所示.

$$NCC(v_i)^w = \frac{1}{w(v_i) \times (d(v_i) - 1)} \sum_{(j,k)} \frac{w_{ij} + w_{jk}}{2} a_{ij} a_{jk} a_{ki} \tag{3-3}$$

式 (3-3) 中, 分母表示单位权乘以最大可能的三角形的数目, 分子表示实际三角形数目乘以与 v_i 相连的边的权重的平均值; a_{ij} 表示加权网络邻接矩阵中的元素. 加权网络的全局聚集系数就等于网络中所有节点聚集系数的平均值.

以上这些统计量为后面加权网络社区发现及链接预测算法中对于网络结构的分析与研究提供了有力的支撑.

3.2.3 加权网络的应用领域

加权网络引入了节点之间相互作用的强度, 刻画了连接的多样性, 增加了网络的抽象刻画能力. 同时, 连线上权重和节点强度的引入也极大地丰富了网络的统计特性. 许多实证表明, 加权网络表现出了丰富的统计特性和幂律行为. 以下简要地介绍一些加权网络在实际系统中的典型应用.

(1) 生物网络

在细胞网络、基因相互作用网络、蛋白质相互作用网络以及其他的细胞分子调控行为中, 其拓扑结构起着重要作用. 节点间相互作用的强度也非常关键. E. Almaas 等把 E. Coli Metabolism 中的新陈代谢反应看作加权网络进行了研究, 发现代谢物流量具有高度的非均匀性. 在理想的培养条件下, 权重 (流量) 的分布符合幂律分布, 通过计算可以观察到在单个代谢物层面上权重分布的非均匀性.

(2) 社交网络

科学家合作网、电影演员合作网、Email 网络以及人际关系网等等都是典型的社交网络, 其中许多网络的拓扑性质已经得到了深入的研究. 以科学家合作网为例, Newman 给出了科学家合作网的基本统计性质, 从平均效果来看, 合作者较少的作者之间合作更加密切, 这与实际情况也是一致的. Barrat 等也研究了科学家合作网络, 发现节点强度的分布与度分布的情况类似, 都有重尾现象. 节点强度的平均值与度的关系表现为线性关系, 表明权重和网络的拓扑结构是独立的. 加权聚集系数的实证结果表明, 度值小的节点的群集系数会更高, 表明合作者较少的作者之间在一起合作的机会更大. 当 $k \geqslant 10$ 时, 加权群集系数的平均值 $c^w(k) > c(k)$, 这说明 k 较大的作者有与其他作者合作更多文章的趋势. 同时, 该网络中节点 k 的加权近邻平均度都是随着 k 幂律增长的, 表现出了社会网络的正向相关匹配特性.

(3) 技术网络

在一些基础设施网络中, 例如 Internet、铁路网和航空网中, 运输过程中的流量可以转化为权重. Barrat 等分析了全球航空网络, 把两机场之间的航班上有效座位数作为航线上的权重; 而李炜等在研究中国航空网时, 把两机场之间的航班数认为是航线上的权重. 在对不同的数据进行研究后, 发现这些网络都具有小世界和无标度的特性. 航空网络的度分布与一个机场能够运作的航班数有关, 节点强度呈现出幂律分布, 节点强度和度之间的关系服从幂律函数关系. 因此, 节点强度的增长速度要比度的增长速度快得多, 这说明机场越大, 处理交通流量的能力越强. 而且连线上的权重和节点的度也具有一定的相关性.

3.3 加权网络社区发现建模及应用

3.3.1 加权网络相似性度量方法

在度量节点间的相似性时, 可以根据节点间的局部属性或网络的拓扑结构信息定义相似度. 总的来说, 常用的加权网络相似性度量方法主要有加权 CN、加权 Jaccard 和加权 AA 三种. 在此, 用 Sim_{ij} 表示节点 v_i 与节点 v_j 的相似度值, $D(v_i)$ 表示节点 v_i 的度, $w(v_i)$ 表示节点 v_i 的权重, $N(v_i)_1$ 表示节点 v_i 的邻居集, $|\ \ |$ 符号代表集合的大小, w_{ij} 表示节点 v_i 与节点 v_j 连接边的权重. 三种加权相似性指标如下.

(1) 加权 CN 指标, 如式 (3-4) 所示.

$$Sim_{ij}^{W\text{-}CN} = \sum_{v_k \in N(v_i)_1 \cap N(v_i)_1} \frac{w_{ik} + w_{kj}}{2} \tag{3-4}$$

(2) 加权 Jaccard 指标, 如式 (3-5) 所示.

$$Sim_{ij}^{W\text{-}Jaccard} = \sum_{v_k \in N(v_i)_1 \cap N(v_i)_1} \frac{w_{ik} + w_{kj}}{w(v_i) + w(v_j) - w_{ij}} \tag{3-5}$$

(3) 加权 AA 指标, 如式 (3-6) 所示.

$$Sim_{ij}^{W\text{-}AA} = \sum_{v_k \in N(v_i)_1 \cap N(v_i)_1} \frac{w_{ik} + w_{kj}}{\log(1 + w(v_k))} \tag{3-6}$$

3.3.2 加权网络社区发现的建模方法

针对加权网络中的社区发现, 权重应作为节点聚类的重要考虑因素, 社区划分时不仅要考虑节点间是否关联, 还要考虑关联的紧密程度.

加权网络社区发现领域虽涌现出不少优秀的成果, 但每个算法都有缺失的一面, 仍然存在一些问题. 如要求先验知识、社区发现的结果容易受种子节点的影响、难以处理大规模网络、缺乏有效的评估社区合理性的方法等. 此外, 多数算法局限于无向无权的全正网络的社区结构分析和研究, 以加权网络作为研究基础和研究对象的社区发现算法所占比例较小. 然而, 真实网络中边的权重及符号信息常常具有极高的利用价值, 若不能充分利用这方面的信息, 对于社区发现研究将是一个巨大的缺失. 本节研究的重点之一就是在现有适用于传统无权网络的社区发现算法中引入权重信息, 定义合理的相似性衡量标准, 使算法能更好地适应于加权网络中的社区发现工作, 以有效提高社区发现的准确性与可用性.

3.3.3   基于链接强度的加权网络社区发现算法

在社区划分过程中若不能充分利用边权信息, 将会造成最终划分结果与网络的实际结构不符, 从而影响人们对于网络结构的认识以及功能分析. 针对加权网络中的社区发现方法研究, AGMA[80] 是早期一个较为经典的加权符号网络社区划分算法. 该算法主要通过广度优先遍历当前节点的邻居节点, 并依据两节点间的边权值、邻居节点权重计数器以及朋友系数的计算来实现节点的社区划分, 它同样适用于无权及无符号网络中的社区发现.

在研究 AGMA 算法的过程中, 发现其存在以下两个问题. 第一, 在对已被访问过但尚未聚类的节点进行二次聚类时, 算法直接将当前节点划分至与其已聚类邻居节点所在社区朋友系数最大的社区. 此时, 若当前节点的所有邻居节点都未聚类, 则会导致当前节点也无法聚类. 若当前节点的邻居节点部分聚类部分未聚类, 且当前节点与未聚类邻居节点间的权重大于与已聚类邻居所在社区的最大朋友系数时, 则会导致当前节点聚类不合理. 第二, 文献 [80] 指出 AGMA 算法同样适用于无权网络中的社区发现. 同时, 在对 AGMA 算法进行研究的过程中发现, 针对某些无权网络, AGMA 算法划分结果网络模块度较低.

为解决以上问题, 提出了一种基于连接强度的加权网络社区发现算法 CRMA (Cluster-Recluster-Merge Algorithm)[81]. 针对第一个问题, 结合加权符号网络的拓扑结构特征, 定义了节点与社区的连接紧密度作为节点与社区的相似性, 并依据该相似性通过聚类和再聚类将每个节点都划分至与其连接强度最大的社区, 以达到社区内正向链接稠密、负向链接稀疏, 社区间正向链接稀疏、负向链接稠密的划分目标. 针对第二个问题, 定义了社区间连接强度作为社区与社区的相似性度量, 并基于该度量对算法做进一步改进, 合并连接紧密度较强的某些小社区以有效提高模块度, 降低错误率, 使算法在无权网络的社区划分中也得到了较为合理准确的划分结果.

3.3.3.1   相关定义

针对以上问题, 进行改进, 提出新的算法 CRMA, 旨在解决相关问题并提高算法通用性, 使其在无权网络中同样能够得到较高的社区划分质量. 为了便于描述, 介绍相关定义如下.

定义 3.1   网络节点平均权重   给定无向加权网络 $G=(V, E, W)$, 将网络节点平均权重定义为网络中所有节点权重的平均值, 记为 $\overline{W(V)}$, 如式 (3-7) 所示.

$$\overline{W(V)} = \frac{\sum\limits_{i=1}^{n} w(v_i)}{|V|} \tag{3-7}$$

式 (3-7) 中, n 表示网络中的节点总数, 即 $n = |V|$.

定义 3.2　节点与社区的朋友系数　给定无向加权网络 $G=(V, E, W)$, 任取社区 $C_p(V_p, E_p, W_p)$, 其中 $V_p \subseteq V$, $E_p \subseteq E$, $W_p \subseteq W$. $\forall v_i \in V$ 且 $v_i \notin V_p$, 将节点 v_i 与社区 C_p 的朋友系数定义为 v_i 和其位于 C_p 中的邻居节点间的边权值之和, 记为 $FC_p(v_i)$, 如式 (3-8) 所示.

$$FC_p(v_i) = FC(v_i, C_p) = \sum_{v_j \in V_p \cap N(v_i)_1} w_{ij} \tag{3-8}$$

定义 3.3　节点与社区的连接紧密度　给定无向加权网络 $G=(V, E, W)$, 任取社区 $C_p(V_p, E_p, W_p)$, $\forall v_i \in V$, 将节点 v_i 与社区 C_p 的连接紧密度定义为节点 v_i 的朋友系数 $FC_p(v_i)$ 与节点 v_i 边权绝对值之和的比值, 记为 $CC_p(v_i)$, 如式 (3-9) 所示.

$$CC_p(v_i) = CC(v_i, C_p) = \frac{\sum w_{ix}}{\sum\limits_{y=1}^{n} |w_{iy}|} = \frac{FC_p(v_i)}{\sum\limits_{y=1}^{n} |w_{iy}|} \tag{3-9}$$

定义 3.4　节点边权正密度　给定无向加权网络 $G=(V, E, W)$, $\forall v_i \in V$, 将节点 v_i 的边权正密度定义为与 v_i 相连的正连接的边权之和与网络中所有正连接的边权之和的比值, 记为 $v_i.\mathrm{dense}^+$, 如式 (3-10) 所示.

$$v_i.\mathrm{dense}^+ = \frac{2 \times \sum\limits_{n} w_{ij}}{\sum\limits_{x=1}^{n} \sum\limits_{y=1}^{n} w_{xy}} \tag{3-10}$$

式 (3-10) 中, $v_j \in N_1(v_i)_1$; $v_x, v_y \in V$; $w_{ij} > 0$; $w_{xy} > 0$.

定义 3.5　社区密度　给定无向加权网络 $G=(V, E, W)$, 任取社区 $C_p(V_p, E_p, W_p)$, 将社区 C_p 的密度定义为该社区中所有节点边权正密度的平均值, 记为 DC_p, 如式 (3-11) 所示.

$$DC_p = \frac{\sum\limits_{v_i \in V_p} v_i.\mathrm{dense}^+}{|V_p|} \tag{3-11}$$

定义 3.6　社区间连接强度　给定无向加权网络 $G=(V, E, W)$, 任意两个社区 $C_p(V_p, E_p, W_p)$ 和 $C_q(V_q, E_q, W_q)$, 两社区 C_p 与 C_q 间的连接强度记为 CC_{pq}, 如式 (3-12) 所示.

$$CC_{pq} = \frac{\frac{1}{2} \times \sum\limits_{i=1}^{n} \sum\limits_{j=1}^{n} w_{ij}}{|V_p| \times |V_q|} \tag{3-12}$$

式 (3-12) 中, $v_i \in V_p$, $v_j \in V_q$, $w_{ij} > 0$, $|V_p|$ 和 $|V_q|$ 分别为社区 C_p 和 C_q 中的节点总数目, 分子为两个社区间所有正向连接的权重之和, 分母为两个社区间最多可能存在的边数.

定理 3.1　给定无向加权网络 $G = (V, E, W)$, 假设已有 k 个社区 $C_1(V_1, E_1, W_1)$, $C_2(V_2, E_2, W_2)$, $\cdots$, $C_k(V_k, E_k, W_k)$. $\forall v_i \in V$ 且 $v_i \notin V_1 \cup V_2 \cup \cdots \cup V_k$, 若对 $\forall 1 \leqslant t, p \leqslant k$, 总有 $FC_t(v_i) \geqslant FC_p(v_i)$, 则令 $C_{\max} = C_t \cup \{v_i\}$, 一定有 $CC_{\max}(v_i) \geqslant CC_p(v_i)$.

证明　$\forall v_i \in V$ 且 $v_i \notin V_1 \cup V_2 \cup \cdots \cup V_k$, 取 $1 \leqslant t, p \leqslant k$, 若总有 $FC_t(v_i) \geqslant FC_p(v_i)$, 此时令 $C_{\max} = C_t \cup \{v_i\}$, 则 $\forall 1 \leqslant p \leqslant k$, 且 $C_p \neq C_{\max}$, 一定有 $FC_{\max}(v_i) = FC_t(v_i) \geqslant FC_p(v_i)$.

由定义 3.3 可知, $CC_{\max}(v_i) = \dfrac{FC_{\max}(v_i)}{\sum_{y=1}^{n} |w_{iy}|} = \dfrac{FC_t(v_i)}{\sum_{y=1}^{n} |w_{iy}|}$ 且 $CC_p(v_i) = \dfrac{FC_p(v_i)}{\sum_{y=1}^{n} |w_{iy}|}$.

由于 $FC_t(v_i) \geqslant FC_p(v_i)$, 且 $\sum_{y=1}^{n} |w_{iy}| > 0$ 恒成立, 因此 $CC_{\max}(v_i) \geqslant CC_p(v_i)$, 结论成立, 得证. 反之, 若 $\exists q, t$ 满足 $1 \leqslant q \leqslant k$ 且 $q \neq t$, 当取 $C_{\max} = C_q \cup \{v_i\}$ 时也可使得 $CC_{\max}(v_i) \geqslant CC_p(v_i)$, 则此时令 $C_p = C_t$, 可得 $CC_{\max}(v_i) = CC_q(v_i) \geqslant CC_p(v_i) \Rightarrow FC_q(v_i)/\sum_{y=1}^{n} |w_{iy}| \geqslant FC_p(v_i)/\sum_{y=1}^{n} |w_{iy}| \Rightarrow FC_q(v_i) \geqslant FC_p(v_i) = FC_t(v_i)$.

这与已知 $\forall 1 \leqslant t, q \leqslant k$, 都有 $FC_t(v_i) \geqslant FC_q(v_i)$ 相矛盾, 假设不成立, 定理得证.　　　　　　　　　　　　　　　　　　　　　　　　　　　　　　　　证毕.

将当前未聚类节点聚类至与其朋友系数最大的社区, 一定能使得该节点与最终所在社区的连接紧密度大于等于它与其他任何社区的连接紧密度.

3.3.3.2　CRMA 算法设计

基于上述定义, 将 CRMA 算法分为聚类、再聚类、社区合并三大步, 算法的具体实施步骤如下. CRMA 算法中涉及的符号表示及含义, 如表 3-1 所示.

表 3-1　CRMA 算法所用符号列表

符号	说明
v_i.wtcounter	节点 v_i 的权重计数器, 表示遍历 v_i 时经过的边权 w_{ij} 的累加和
Lcv	List of Clustered Vertics, 当前节点已经聚类的邻居节点组成的集合
Lucv	List of UnClustered Vertics, 当前节点尚未聚类的邻居节点组成的集合
v_i.visited	节点 v_i 是否被访问过. 为 1 表示已被访问过, 为 0 表示尚未被访问
v_i.nav	节点 v_i 被访问过的邻居数目
v_i.c	节点 v_i 是否已完成聚类. 为 1 表示已聚类, 为 0 表示未聚类
v_i.ncv	节点 v_i 已聚类的邻居节点数目, 即 v_i.ncv=|Lcv|
v_i.nucv	节点 v_i 未聚类的邻居节点数目, 即 v_i.nucv=|Lucv|

(1) 聚类: 以节点权重、节点权重计数器、边权值以及节点和社区的朋友系数

等为依据, 完成网络 G 中所有节点的首次访问以及符合条件的节点的首次聚类.

(i) 初始化. 根据给定的社会网络 G, 得到对应的邻接矩阵 A. 计算 G 中所有节点的权重以及网络的平均权重. 新建队列 Q 并初始化节点是否被访问的标记, 同时将所有未被访问的节点加入队列. 初始化 Lcv, Lucv, v_i.ncv, v_i.nucv 等变量值.

(ii) 更新变量值. 若队列不为空, 则节点出队列. 遍历当前节点 v_i 的每个邻居节点 v_j, 若 $w_{ij} > 0$, 则将 v_i 被访问过的邻居数加 1, 同时将 w_{ij} 累加至 v_j 的权重计数器, 即更新 v_i 被访问过的邻居数及 v_j 的权重计数器 v_j.wtcounter.

(iii) 生成 Lcv 和 Lucv. 根据相应变量值判断当前节点 v_i 的每一个邻居节点 v_j 是否能加入 Lcv 或者 Lucv. 若 v_j 未聚类, 且 v_j 的权重计数器值大于网络节点平均权重的一半, 则将 v_j 加入 v_i 的 Lcv, 同时将 v_i 已聚类邻居数加 1. 否则, 将 v_j 加入 v_i 的 Lucv, 同时将 v_i 未聚类邻居节点数加 1.

(iv) 首次聚类. 计算 v_i 与其已聚类邻居所在社区的朋友系数. 若 v_i 的权重计数器大于自身权重的一半, 且 v_i 的 Lcv 和 Lucv 中节点数目总和大于 v_i 已被访问的邻居数的一半, 且 v_i.nucv$\geqslant v_i$.ncv, 则将 v_i 与其 Lucv 中所有节点形成一个社区. 否则, 将 v_i 划分至与其已聚类邻居所在社区朋友系数最大的社区.

(v) 重复执行 (ii)—(iv), 直到队列为空.

(2) 再聚类: 对于 G 中所有首次聚类过程中已被访问过但没有完成聚类的节点 v_i, 根据定理 3.1 以及以下所列的 v_i 的邻居节点的 4 种聚类情况, 完成未聚类节点 v_i 的再聚类.

(vi) 根据以下 4 种情况, 执行相应的操作. 情况 1: 若 v_i 的所有邻居节点都已聚类至现有同一社区, 则将 v_i 也聚类至该社区. 情况 2: 若 v_i 的所有邻居都已聚类至 k 个不同的社区, 则将 v_i 聚类至这 k 个社区中与 v_i 朋友系数最大的社区. 情况 3: 若 v_i 的邻居节点部分聚类, 部分未聚类, 则找出 v_i 与已聚类邻居节点所在社区的最大朋友系数 $FC_{\max}(v_i)$, 以及对应的社区 $C_{\max}$; 再找出 v_i 与未聚类邻居连接边的最大权重 $w_{ij\max}$, 以及对应的邻居节点 v_j. 当 $FC_{\max}(v_i) > w_{ij\max}$ 时, 将 v_i 划分至 $C_{\max}$ 社区; 反之 v_j 单独形成一个社区, 并将 v_i 也划分至该社区. 情况 4: 若 v_i 的所有邻居节点都未聚类, 则将 v_i 与其所有未聚类邻居节点中连边权重最大的节点聚类在一起, 形成一个新社区.

(3) 合并: 将前两个阶段形成的社区作为本阶段的输入, 依据社区密度和社区间连接强度进行合并.

(vii) 对于聚类和再聚类阶段形成的每个社区 C_p, 计算每个社区 C_p 的密度 DC_p 以及任意两个社区 C_p 和 C_q 间的连接强度 CC_{pq}. 同时, 定义 $\Delta = CC_{pq} - DC_p - DC_q$ 作为两社区合并后连接密度的增量值, 该值越大, 两社区相似性越高. 当 $\Delta \geqslant 0$ 时, 合并相应的两社区, 即情况 1: 若 $CC_{pq} \geqslant DC_p + DC_q$, 则合并社区 C_p 与 C_q, 形成一个社区. 情况 2: 若 C_p 与任何社区都无法合并, 也即对于任意社区 C_q 都有 $\Delta < 0$,

则此时 C_p 自成一个社区. 情况 3: 若 C_p 与多个社区都满足合并条件, 则对于任一满足 $\Delta > 0$ 的社区 C_q, 将 C_p 与 Δ 取最大值时对应的社区 $C_{q\,\max}$ 合并.

(viii) 重新计算合并后的每个社区的密度和任意两社区间的连接强度, 迭代执行 (vii), 直到任意两社区都无法合并, 意味着最终的社区结构形成.

综上, 算法 CRMA 的具体描述如算法 3.1 所示.

算法 3.1　CRMA

输入: 加权社会网络 $G=\{V,\ E,\ W\}$.

输出: 社区集合 $C\{C_1,\ C_2,\ \cdots,\ C_m\}$.

BEGIN

//Cluster

1) For each v_i in V do

2)　　Cal $w(v_i)$; Init $v_i.$c, $v_i.$visited, $v_i.$ncv, $v_i.$nucv, $v_i.$nav

3)　　Cal $\overline{W(V)}$

4) For each v_i in V do

5)　　if $v_i.$visited$=0 \rightarrow$ append(Q, v_i)

6)　　While Q　$v_i =$pop(Q);

7)　　　For each v_j in $N_1(v_i)_1$ do

8)　　　　if $w_{ij} > 0$ then $v_j.$wtcounter$=v_j.$wtcounter$+ w_{ij}$; $v_i.$nav$=v_i.$nav$+1$

9)　　　　if $v_j.$c$=0$ & $v_j.$wtcounter$\geqslant \overline{W(V)}/2$ then

10)　　　　　Insert$($Lcv, $v_j)$; $v_i.$ncv$++$

11)　　　　　else { Insert$($Lucv, $v_j)$; $v_i.$nucv$++$ }

12)　　　　if $v_i.$wtcounter$> w(v_i)/2 \wedge v_i.$ncv$+v_i.$nucv$> v_i.$nav$/2 \wedge v_i.$nucv$\geqslant v_i.$ncv then

13)　　　　　　　new a cluster C_p; $C_p.$addVertics$($Lucv$)$; p$++ \Leftrightarrow C_p = C_p \cup$Lucv

14)　　　　　else find max$(FC(v_i))$ and $C_{\max}$ where $FC_{\max}(v_i) \geqslant FC_p(v_i)$ $(1 \leqslant p,$ max$\leqslant k)$

15)　　　　$C_{\max}= C_{\max} \cup \{v_i\}$

16) get $C_1, C_2, \cdots, C_p$

// Recluster

17) For each v_i in $V \wedge v_i.$visited$=1 \wedge v_i.$c$=0$ do

18)　　if $\forall v_j$ in $N(v_i)_1$, $v_j.$c$=1 \wedge N(v_i)_1 \subseteq C_p(1 \leqslant p \leqslant k)$ then

19)　　　$C_p.$addVertics$(v_i) \Leftrightarrow C_p = C_p \cup \{v_i\}$

20)　　if $\forall v_j$ in $N(v_i)_1$, $v_j.$c$=1 \wedge N(v_i)_1 \subseteq C_1 \cup C_2 \cup \cdots \cup C_p$ then

21)　　　find $FC_{\max}(v_i)$ and $C_{\max}.$addVertics$(v_i) \Leftrightarrow C_{\max} = C_{\max} \cup \{v_i\}$

22)　　if $(N(v_i)_1 - N(v_i)_1 \cap (C_1 \cup C_2 \cup \cdots \cup C_p)) \neq \varnothing$

23)   find $FC_{\max}(v_i)$ and $C_{\max}$ and $w_{ij\max}$

24)   if $FC_{\max}(v_i) > w_{ij\,\max}$

25) $C_{\max}.\text{addVertics}(v_i) \Leftrightarrow C_{\max} = C_{\max} \cup \{v_i\}$

26)   else $\{$new a cluster C_k; $C_k.\text{addVertics}(v_i, v_j)$; $k++\} \Leftrightarrow C_k = C_k \cup \{v_i, v_j\}$

27)   if $\forall v_j$ in $N(v_i)_1$ $v_j.c=0$

28)   find $w_{ij\,\max}$ and v_j where $w_{ij\,\max}=\max(w_{ij})$

29)   new a cluster C_k; $C_k.\text{addVertics}(v_i, v_j)$; $k++ \Leftrightarrow C_k = C_k \cup \{v_i, v_j\}$

//**Merge**

30) For $1 \leqslant p, q \leqslant k$ do

31)   Cal DC_p and CC_{pq}

32) $\Delta = CC_{pq} - DC_p - DC_q$

33)   if $\Delta \geqslant 0$ then find C_q where $\Delta = \max (CC_{pq} - DC_p - DC_q)$

34) $C_p = C_p \cup C_q$

35) Return $C_1(V_1, E_1, W_1), C_2(V_2, E_2, W_2), \cdots, C_k(V_k, E_k, W_k)$

END

CRMA 算法使用矩阵存储边关系, 空间复杂度为 $O(n^2)$. 算法在聚类和再聚类阶段遍历了网络中所有的节点, 计算了任一节点与社区之间的连接紧密度并存至链表中, 计算复杂度为 $O(mn)$, 空间复杂度为 $O(n^2)$. 其次, 在社区合并阶段, 计算了前两个阶段聚类结果中形成的 p 个初始社区的社区密度以及任意两社区之间的连接强度, 计算复杂度为 $O(p^2)$. 与 AGMA 算法相比, 所提算法因第三阶段的合并而使得计算复杂度略微有所提高, 但算法通过社区合并有效解决了 AGMA 算法针对某些无权网络划分结果模块度较低的问题, 在增强算法通用性以及提高社区划分准确率的前提下, 仍可保证时间上的可行性与有效性.

3.3.3.3 实验数据集

实验数据集为一个仿真网络和四个真实网络. 网络的详细描述如下.

(1) 仿真网络[80], 简记 I 网络. 该网络为一个仿真加权网络, 共包含 36 个节点和 69 条边, 权重范围为 (0,1], 如图 3-2 所示.

(2) Les Miserables 人物关系网络, 简记 LM 网络. 该网络由 Knuth 通过对法国作家维克多·雨果的长篇小说《悲惨世界》中的人物关系进行分析, 统计出同时出现的人物, 最终构成的一个人物关系网络. 该网络是一个加权全正网络, 共包含77 个节点, 254 条边, 权重范围为 [1,31]. 每个节点代表一个人物, 节点之间有连边表示两个人物在同一场景中出现过, 权重代表两个人物同时出现的次数.

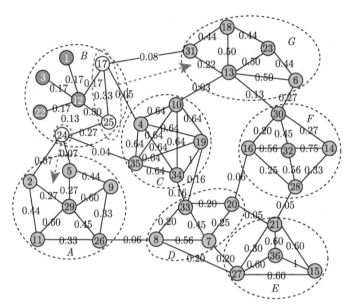

图 3-2　加权网络 I 及社区划分结果

(3) Slovene Parliamentary Parties 网络, 简记 SPP 网络. 该网络描述了 1994 年斯洛文尼亚议会政党中会议成员间的关系, 如图 3-3 所示. 该网络共 10 个节点, 其中, 1-SKD, 2-ZLSD, 3-SDSS, 4-LDS, 5-ZS-ESS, 6-ZS, 7-DS, 8-SLS, 9-SPS-SNS, 10-SNS 分别是这 10 个政党的简称; 45 条边, 其中, 正关系 18 条边, 负关系 27 条边. 权值是根据两政党间意见相似性得到的, 范围为 [−3, 3], 其中, 权重从 −3, −2 到 −1 分别表示两个政党之间的关系为 "很不相似" "比较不相似" 和 "不相似", 权重从 1, 2 到 3 分别表示两个政党之间的关系为 "相似" "比较相似" 和 "很相似". 该网络图对应的邻接矩阵如图 3-4 所示.

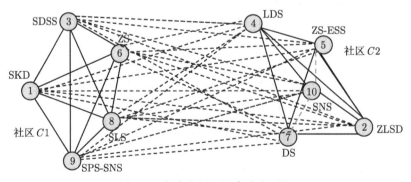

图 3-3　斯洛文尼亚议会政党网络

	v_1	v_3	v_6	v_8	v_9	v_2	v_4	v_5	v_7	v_{10}
v_1	0	1.14	0.94	1.76	1.17	−2.15	−0.89	−0.77	−1.70	−2.10
v_3	1.14	0	1.38	1.17	1.80	−2.17	−2.03	−0.80	−1.09	−1.74
v_6	0.94	1.38	0	1.40	1.16	−1.50	−1.42	−1.88	−0.97	−1.06
v_8	1.76	1.77	1.40	0	2.35	−2.53	−2.41	−1.20	−1.84	−1.32
v_9	1.17	1.80	1.16	2.35	0	−2.30	−2.54	−1.60	−1.91	−1.64
v_2	−2.15	−2.17	−1.50	−2.53	−2.30	0	1.34	0.77	0.57	0.49
v_4	−0.89	−2.03	−1.42	−2.41	−2.54	1.34	0	1.57	1.73	0.23
v_5	−0.77	−0.80	−1.88	−1.20	−1.60	0.77	1.57	0	1.70	−0.09
v_7	−1.70	−1.09	−0.97	−1.84	−1.91	0.57	1.73	1.70	0	−0.06
v_{10}	−2.10	−1.74	−1.06	−1.32	−1.64	0.49	0.23	−0.09	−0.06	0

图 3-4 斯洛文尼亚议会政党网络邻接矩阵

(4) American College Football 网络[82], 简记 Football 网络. 该网络记录了 2000 年美国大学生秋季足球比赛的情况, 共包含 115 个节点和 613 条边, 如图 3-5 所示. 图中每个节点代表一支球队, 节点之间有连边代表两个球队之间进行过一场比赛.

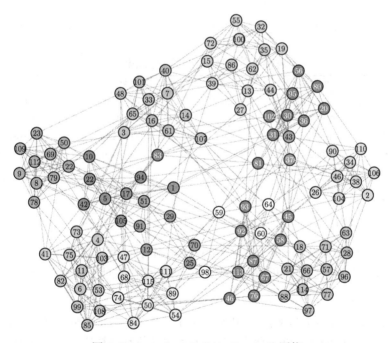

图 3-5 American College Football 网络

(5) Zachary's Karate Club 网络[82], 简记 Karate 网络. 该网络是一个真实的无权全正网络, 由 Wayne Zachary 从 1970 年至 1972 年观察了美国一所大学空手道俱乐部成员之间的社会关系得到的网络, 如图 3-6 所示, 包含 34 个节点和 78 条边. 节点代表俱乐部成员, 边代表两个成员私下交往密切.

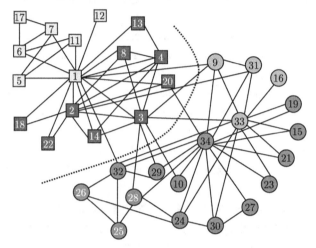

图 3-6　Zachary's Karate Club 网络 (AGMA 算法社区划分结果)

上述网络的类型、节点数、边数和聚集系数等拓扑结构信息, 如表 3-2 所示.

表 3-2　实验所用数据集拓扑信息

数据集	数据集类型	节点数	边数 = 正边数 + 负边数	聚集系数/密度
(1) 仿真 I	加权全正网络	36	69=69+0	0.484/0.114
(2) LM	加权全正网络	77	254=254+0	0.736/0.089
(3) SPP	加权符号网络	10	45=18+27	0.978/0.978
(4) Football	无权全正网络	115	613=613+0	0.403/0.093
(5) Karate	无权全正网络	34	78=78+0	0.588/0.135

3.3.3.4　评价指标

采用模块度 (Modularity)、错误率 Error(C) 和标准互信息 NMI(Normal Mutual Information) 作为社区划分的评价指标. 三个评价指标的具体定义如下.

(1) 模块度

模块度是一种被大多数相关领域的学者广泛采纳的、衡量社区结构优劣的度量指标. 对于网络的某种划分而言, 对应的模块度值越高往往表明该划分越可能是符合网络真实社团结构的划分.

在无向无权网络 $G(V,E)$ 中, 模块度定义为社区内实际存在的边数的比例与随机网络中可能存在的边数的比例的期望值之差, 记为 Q, 如式 (3-13) 所示.

$$Q = \frac{1}{2m} \sum_{ij} \left(A_{ij} - \frac{d(v_i)d(v_j)}{2m} \right) \delta(C_i, C_j) \tag{3-13}$$

式 (3-13) 中, m 表示网络中的总边数; A 表示网络 G 的邻接矩阵; $\delta(C_i, C_j)$ 表示罚函数, 如式 (3-14) 所示.

$$\delta(C_i, C_j) = \begin{cases} 1, & \text{若节点} v_i \text{与} v_j \text{属于同一个社区} \\ 0, & \text{其他} \end{cases} \tag{3-14}$$

Q 值的大小可以用来定量地衡量网络社区划分质量, 其值越接近于 1, 表示划分的网络社区结构的强度越强, 也即划分结果越准确. 通常 Q 的值介于 0.3 至 0.7 之间, 因此可以通过最大化模块度函数来优化网络的社区划分.

给定加权网络 $G(V, E, W)$, 将无权网络模块度中节点 v_i 和 v_j 的度数分别用节点的权重 $w(v_i)$ 和 $w(v_j)$ 代替, 将网络的总边数 m 用网络中所有边的总权重之和来代替, 即可得到加权网络模块度 Q_w[43] 的定义, 如式 (3-15) 所示.

$$Q_w = \frac{1}{2W} \sum_{ij} \left(w_{ij} - \frac{w(v_i)w(v_j)}{2W} \right) \delta(C_i, C_j) \tag{3-15}$$

式 (3-15) 中, w_{ij} 表示节点 v_i 与 v_j 连接边的权重, $w(v_i) = \sum_{v_j} w_{ij}$ 和 $w(v_j) = \sum_{v_i} w_{ij}$ 分别表示节点 v_i 与 v_j 的权重, $W = \sum_{v_i, v_j} w_{ij}$ 表示整个网络中所有连边的权重之和, 罚函数 $\delta(C_i, C_j)$ 含义与式 (3-14) 中定义相同.

显然, 如果网络中所有边的权重都等于 1, 则加权网络模块度 Q_w 将与最原始的无权网络模块度 Q 相同.

(2) 错误率 Error(C)

为了更好地评价加权网络社区划分结果, 提出了一种社区划分评价函数 Error(C). 它被定义为社区内所有负边的权重绝对值之和与社区之间所有正边的权重之和的总和, 与网络中所有边的权值的绝对值之和的比值, 如式 (3-16) 所示.

$$\text{Error}(C) = \frac{\sum_{k} \sum_{v_i, v_j \in C_k} \max(0, -w_{ij}) + \sum_{r \neq s} \sum_{v_i \in C_r, v_j \in C_s} \max(0, w_{ij})}{\sum_{v_i} \sum_{v_j} |A_{ij}|} \tag{3-16}$$

式 (3-16) 中, C 表示加权符号网络的一个具体的社区划分结果, w_{ij} 表示节点 v_i 与 v_j 连接边的权重, A 表示符号网络的邻接矩阵.

显然, Error(C) 值越小代表着打破符号网络结构平衡的边权数越小, 社区结构越合理. 然而, 即便是正确的划分结果, Error(C) 也很难达到 0, 因为在真实的符号网络中, 总会在社区内部存在负边, 或者社区之间存在正边, 导致网络不可能完全平衡. 此外, Error(C) 指标通用性较强, 适用于加权、无权及符号网络.

(3) 标准互信息 NMI

NMI 是衡量两个社区相似性的常用测度, 被广泛用于评估社区发现算法的性能. 在已知社会网络真实社区划分结果的情况下, NMI 可以用来评价划分结果与真实网络的差距, 以计算算法划分的正确率. 对于同一网络的两种不同的社区划分结果 A 和 B, 令 C 为混淆矩阵, 其元素 C_{ij} 表示 A 划分中 i 社区的节点, 同样在 B 划分中 j 社区的数目. NMI 定义为 $I(A,B)$, 如式 (3-17) 所示.

$$
I\left(A,B\right) = \frac{-2 \times \sum\limits_{i=1}^{C_A} \sum\limits_{j=1}^{C_B} N_{ij} \log\left(\dfrac{N_{ij}N}{N_{i.}N_{.j}}\right)}{\sum\limits_{i=1}^{C_A} N_{i.} \log\left(\dfrac{N_{i.}}{N}\right) + \sum\limits_{i=1}^{C_B} N_{.j} \log\left(\dfrac{N_{.j}}{N}\right)}
\tag{3-17}
$$

式 (3-17) 中, C_A 和 C_B 分别表示 A 和 B 划分中社区数目; $C_{i.}$ 和 $C_{.j}$ 分别表示矩阵 C 中第 i 行元素之和与 j 列元素之和; N 表示网络中节点总数目. 若 $A = B$, 则 $I(A,B)$=1, 表示 A 和 B 两种划分结果完全相同; 若 A 和 B 完全不同, 则 $I(A,B)$=0. NMI 值越大表示 A 和 B 划分越相似, 实际应用中可以通过 NMI 计算算法实际划分结果与真实的网络社区结构之间的相似程度.

3.3.3.5   实验及结果分析

为验证算法对于加权 (符号) 网络以及无权网络的社区划分性能, 采用了 2 个加权网络、1 个加权符号网络以及 2 个真实的无权网络进行了实验验证.

(1) 仿真 I 网络实验结果

在 I 网络中, 使用 AGMA 算法和 CRMA 算法分别对该网络进行社区划分, 实验结果如表 3-3 所示.

表 3-3   仿真 I 网络社区分结果对比分析

	AGMA 算法社区划分结果	CRMA 算法社区划分结果
社区结构	C_1:{$v_4,v_{10},v_{34},v_{35},v_{19}$}	C_1:{$v_4,v_{10},v_{34},v_{35},v_{19}$}
	C_2:{$v_{23},v_{31},v_{18},v_{13},v_6,\boldsymbol{v_{17}},\boldsymbol{v_{25}}$}	C_2:{$v_{23},v_{31},v_{18},v_{13},v_6$}
	C_3:{$v_2,v_9,v_{11},v_{26},v_{29},v_5,\boldsymbol{v_{24}}$}	C_3:{$v_2,v_9,v_{11},v_{26},v_{29},v_5$}
	C_4:{v_7,v_{33},v_8,v_{20}}	C_4:{v_7,v_{33},v_8,v_{20}}
	C_5:{$v_{14},v_{16},v_{28},v_{30},v_{32}$}	C_5:{$v_{14},v_{16},v_{28},v_{30},v_{32}$}
	C_6:{$v_{21},v_{27},v_{36},v_{15}$}	C_6:{$v_{21},v_{27},v_{36},v_{15}$}
	未聚类节点: $\boxed{v_{12}}$, $\boxed{v_1}$, $\boxed{v_3}$, $\boxed{v_{22}}$	C_7:{ $\boxed{v_{12}}$, $\boxed{v_1}$, $\boxed{v_3}$, $\boldsymbol{v_{25}},\boldsymbol{v_{17}}$, $\boxed{v_{22}}$, $\boldsymbol{v_{24}}$}
社区数目	10	7
Q_w	0.7440	0.8039
Error(C)	11.73%	6.48%

由表 3-3 可知, AGMA 算法将该网络划分为 10 个社区, 节点 v_{17}, v_{25} 和 v_{24} 划

分不合理, 且 v_1, v_3, v_{12} 和 v_{22} 最终没有被划分至任何一个社区, 形成了 4 个由单一节点组成的小社区. 改进后的 CRMA 算法将该网络划分为 7 个社区, 在第二阶段再聚类时, 首先将未聚类节点 v_1 与其唯一的未聚类邻居节点 v_{12} 形成一个社区. 之后依据当前未聚类节点与其已聚类邻居所在社区的最大朋友系数, 以及未聚类节点与其未聚类邻居间最大权重的大小关系, 依次完成了 v_3, v_{25}, v_{17}, v_{24} 和 v_{22} 的聚类. 实验结果显示, CRMA 算法社区划分结果更为合理, 有效解决了 AGMA 算法存在的第一个问题, 不仅实现了对 AGMA 算法中无法聚类或聚类不合理节点的正确划分, 而且网络模块度提升了 8.05%, 划分错误率降低了 44.76%. 此外, CRMA 算法与文献 [21] 中 AOC 算法针对该网络的社区划分结果完全一致, 进一步验证了所提算法的正确性.

(2) Les Miserables 网络实验结果

在 LM 网络中, 使用 AGMA 算法和 CRMA 算法对该网络的社区划分, 结果如表 3-4 所示.

表 3-4   Les Miserables 网络社区划分结果

	AGMA 算法社区划分结果	CRMA 算法社区划分结果
社区结构	C_1:$\{v_1,v_3,v_4,v_5,v_6,v_7,v_8,v_9,v_{10},v_2\}$	C_1:$\{v_1,v_3,v_4,v_5,v_6,v_7,v_8,v_9,v_{10},v_2\}$
	C_2:$\{v_{12},v_{24},v_{28},v_{32},v_{33},v_{34},v_{44},v_{11},$ $v_{13},v_{14},v_{15},v_{16},v_{31}\}$	C_2:$\{v_{12},v_{24},v_{28},v_{32},v_{33},v_{34},v_{44},v_{11},v_{13},$ $v_{14},v_{15},v_{16},v_{31}\}$
	C_3:$\{v_{30},v_{35},v_{36},v_{38},v_{39},v_{37}\}$	C_3:$\{v_{30},v_{35},v_{36},v_{38},v_{39},v_{37}\}$
	C_4:$\{v_{27},v_{50},v_{56},v_{52},v_{73},v_{55},v_{57},v_{54}\}$	C_4:$\{v_{27},v_{50},v_{56},v_{52},v_{73},v_{55},v_{57},v_{54}\}$
	C_5:$\{v_{25},v_{26},v_{42},v_{49},v_{69},v_{71},v_{76},v_{70},$ $v_{72},v_{43},v_{51},v_{40},v_{41},v_{53},v_{74},v_{75},\mathbf{v_{48}}\}$	C_5:$\{v_{25},v_{26},v_{42},v_{49},v_{69},v_{71},v_{76},v_{70},v_{72},$ $v_{43},v_{51},v_{40},v_{41},v_{53},v_{74},v_{75},v_{48},\boxed{v_{47}}\}$
	C_6:$\{v_{17},v_{18},v_{19},v_{21},v_{22},v_{23},v_{20}\}$	C_6:$\{v_{17},v_{18},v_{19},v_{21},v_{22},v_{23},v_{20}\}$
	C_7:$\{v_{29},v_{46},v_{45}\}$	C_7:$\{v_{29},v_{46},v_{45}\}$
	C_8:$\{v_{59},v_{62},v_{63},v_{64},v_{65},v_{66},v_{60},v_{67},$ $v_{77},v_{61}\}$	C_8:$\{v_{59},v_{62},v_{63},v_{64},v_{65},v_{66},v_{60},v_{67},$ $v_{77},v_{61}\}$
	C_9:$\{v_{58},v_{68}\}$	C_9:$\{v_{58},v_{68}\}$
	C_{10}:$\{\boxed{v_{47}}\}$	
社区数目	10	9
Q_w	0.5211	0.5222
Error(C)	33.41%	33.29%

由表 3-4 可知, AGMA 算法将该网络划分为 10 个社区, 其中, 节点 v_{47} 最终未被划分至任一社区中, 且节点 v_{48} 被聚类至社区 C_5. 而 CRMA 算法完成了所有节点的聚类, 将 AGMA 算法中最终未被聚类的节点 v_{47} 与其唯一的邻居节点 v_{48} 划分至同一社区 C_5 中, 最终得到 9 个社区. 从划分结果对比可知, 两种算法针对该网络的划分只有节点 v_{47} 存在差别. 依据 AGMA 算法进行划分时, 访问 v_{47} 时因其唯一的邻居 v_{48} 也未聚类, 导致最终 v_{47} 无法聚类. 而 CRMA 算法在再聚类

阶段考虑了邻居节点未聚类的情况, 将 v_{47} 与 v_{48} 都划分至 v_{49} 所在的社区. 虽然 Q_w 和 Error(C) 分别只有小幅度的提升和降低, 仍然再次验证了 CRMA 算法优于 AGMA 算法, 能够有效解决 AGMA 算法存在的第一个问题, 在加权全正网络中得到较为合理的社区划分结果.

(3) SPP 网络实验结果

在 SPP 网络中, 使用 AGMA 和 CRMA 算法分别对该网络进行社区划分. 由于该网络中所有节点在第一阶段都完成了聚类, 所以最终两个算法对该网络的划分结果完全相同, 都将其划分为两个社区: $C_1=\{v_1,\ v_3,\ v_6,\ v_8,\ v_9\}$ 和 $C_2=\{v_2,\ v_4,\ v_5,\ v_7,\ v_{10}\}$. 该划分结果与数据集真实的社区结构完全相同. 通过图 3-4 所示的邻接矩阵可知, 在最终的两个社区中, 除社区 C_2 内 $(v_5,\ v_{10})$ 以及 $(v_7,\ v_{10})$ 两个节点对之间有负边之外, 整个网络中其他所有正边均位于社区之内, 负边均位于社区之间. CRMA 算法社区划分结果 Q_s 为 0.459, F_s 为 0.15, Error(C) 为 0.23%, 达到了符号网络较为理想的社区划分效果, 进一步验证了算法对于加权符号网络较高的社区划分质量.

(4) Football 网络实验结果

在 Football 网络中, 使用 AGMA 算法和 CRMA 算法分别对该网络进行社区划分, 结果如表 3-5 所示. 两种算法在划分结果的社区数目、社区结构方面均有不同程度的区别. 与 AGMA 算法相比, CRMA 算法划分结果模块度提升, 错误率降低, 两个评价指标都优于 AGMA 算法, 且社区数目与真实结构相同, NMI 值为 0.9239, 进一步显示了 CRMA 算法的优越性.

(5) Karate 网络实验结果

在 Karate 网络中, 使用 AGMA 算法和 CRMA 算法分别对该网络进行社区划分, 结果如表 3-6 所示. 由划分结果可见, AGMA 算法将该网络划分为 5 个社区, CRMA 算法在前两个阶段的划分结果与 AGMA 算法最终的划分结果相同, 网络模块度较低. 改进的 CRMA 算法在第 3 阶段依据社区密度和社区间连接强度进行社区合并, 将社区 C_1、社区 C_2 和社区 C_3 合并为一个社区, 将社区 C_4 和社区 C_5 合并为另一个社区, 最终社区划分结果与真实数据集的结构完全一致. 与 AGMA 算法相比, CRMA 算法的社区划分结果使网络模块度提高了 12.74%, 错误率降低了 70.58%.

表 3-5 American College Football 网络社区划分结果对比分析

	AGMA 算法社区划分结果	CRMA 算法社区划分结果
社区结构	C_1: $\{v_1, v_5, v_{10}, v_{17}, v_{24}, v_{42}, v_{105}, v_{94}\}$ C_2: $\{v_2, v_{26}, v_{34}, v_{38}, v_{46}, v_{90}, v_{106}, v_{110}, v_{104}\}$ C_3: $\{v_3, v_7, v_{16}, v_{61}, v_{65}, v_{101}, v_{107}, v_{33}, v_{40}, v_{48}\}$ C_4: $\{v_4, v_{60}, v_{89}, v_{98}, v_{59}\}$ C_5: $\{v_{12}, v_{29}, v_{51}, v_{70}, v_{91}, v_{25}\}$ C_6: $\{v_{30}, v_{44}, v_{58}, v_{64}, v_{43}\}$ C_7: $\{v_{45}, v_{67}, v_{76}, v_{87}, v_{92}, v_{93}, v_{49}\}$ C_8: $\{v_9, v_{22}, v_{23}, v_{69}, v_{78}, v_{79}, v_{109}, v_{112}, v_{52}, v_8\}$ C_9: $\{v_{18}, v_{28}, v_{57}, v_{66}, v_{77}, v_{88}, v_{113}, v_{114}, v_{97}, v_{63}, v_{96}, v_{21}, v_{71}\}$ C_{10}: $\{v_6, v_{73}, v_{75}, v_{82}, v_{99}, v_{108}, v_{11}, v_{53}, v_{85}, v_{41}, v_{103}\}$ C_{11}: $\{v_{47}, v_{50}, v_{54}, v_{68}, v_{74}, v_{111}, v_{115}, v_{84}\}$ C_{12}: $\{v_{20}, v_{31}, v_{36}, v_{80}, v_{95}, v_{102}, v_{56}, v_{81}, v_{83}\}$ C_{13}: $\{v_{14}, v_{19}, v_{27}, v_{35}, v_{37}, v_{86}, v_{13}, v_{15}, v_{32}, v_{62}, v_{39}, v_{55}, v_{72}, v_{100}\}$	C_1: $\{v_1, v_5, v_{10}, v_{17}, v_{24}, v_{42}, v_{94}, v_{105}\}$ C_2: $\{v_2, v_{26}, v_{34}, v_{38}, v_{46}, v_{90}, v_{104}, v_{106}, v_{110}\}$ C_3: $\{v_3, v_7, v_{14}, v_{16}, v_{33}, v_{40}, v_{48}, v_{61}, v_{65}, v_{101}, v_{107}\}$ C_4: $\{v_4, v_6, v_{11}, v_{41}, v_{53}, v_{73}, v_{75}, v_{82}, v_{85}, v_{99}, v_{103}, v_{108}\}$ C_5: $\{v_8, v_9, v_{12}, v_{22}, v_{23}, v_{25}, v_{29}, v_{51}, v_{52}, v_{69}, v_{70}, v_{78}, v_{79}, v_{91}, v_{109}, v_{112}\}$ C_6: $\{v_{13}, v_{15}, v_{19}, v_{27}, v_{32}, v_{35}, v_{39}, v_{44}, v_{55}, v_{62}, v_{72}, v_{86}, v_{100}\}$ C_7: $\{v_{37}\}$ C_8: $\{v_{43}\}$ C_9: $\{v_{18}, v_{21}, v_{28}, v_{57}, v_{63}, v_{66}, v_{71}, v_{77}, v_{88}, v_{96}, v_{97}, v_{114}\}$ C_{10}: $\{v_{20}, v_{30}, v_{31}, v_{36}, v_{45}, v_{49}, v_{56}, v_{58}, v_{67}, v_{76}, v_{80}, v_{81}, v_{83}, v_{87}, v_{92}, v_{93}, v_{95}, v_{102}, v_{113}\}$ C_{11}: $\{v_{47}, v_{50}, v_{54}, v_{68}, v_{74}, v_{84}, v_{89}, v_{111}, v_{115}\}$ C_{12}: $\{v_{59}, v_{60}, v_{64}, v_{98}\}$
社区数目	13	12
Q	0.5312	0.5984
$\text{Error}(C)$	39.31%	30.67%

表 3-6   Zachary's Karate Club 网络社区划分结果对比分析

AGMA 算法社区划分结果		CRMA 算法社区划分结果	
		聚类–再聚类	合并
社区结构	C_1:$\{v_1,v_5,v_{17},v_7,v_{11},v_{12},v_6\}$	同左侧	社区 1:$\{v_1,v_5,v_{17},v_7,v_{11},v_{12},v_6,$
	C_2:$\{v_2,v_3,v_4,v_8,v_{13},v_{14},v_{18},v_{20},v_{22}\}$	同左侧	$v_2,v_3,v_4,v_8,v_{13},v_{14},v_{18},v_{20},v_{22}\}$
	C_3:$\{v_9,v_{33},v_{31},v_{16}\}$	同左侧	社区 2:$\{v_9,v_{33},v_{31},v_{16},v_{10},$
	C_4:$\{v_{10},v_{15},v_{19},v_{21},v_{23},v_{24},$	同左侧	$v_{15},v_{19},v_{21},v_{23},v_{24},$
	$v_{29},v_{32},v_{34},v_{30},v_{27}\}$		$v_{29},v_{32},v_{34},v_{30},v_{27},$
	C_5:$\{v_{26},v_{28},v_{25}\}$	同左侧	$v_{26},v_{28},v_{25}\}$
社区数目	5	5	2
Q	0.3720	0.3720	0.4194
Error(C)	44.16%	44.16%	12.99%

3.3.4   基于共同邻居的加权网络社区发现算法

鉴于层次聚类法是经典的准确率较高的社区划分算法, 而基于相似性的层次聚类社区发现算法则认为两节点间相似度越大, 两者属于同一社区的可能性越高. 因此, 就仅包含正连接的加权全正网络而言, 为实现更为合理有效的划分, 发现真实的社区结构, 在深入研究层次聚类社区划分算法及现有加权相似性指标存在的不足的基础上, 通过定义新的加权相似性指标实现节点快速聚类, 并通过模块度优化的方法调整初始社区结构, 提出了加权网络的社区划分算法 IEM(Initialize Expand Merge)[83].

3.3.4.1   IEM 算法设计

为降低复杂度, 相似性度量的算法中只考虑了两节点及其共同邻居节点 (简称共邻节点) 的度、强度、边权信息对于两节点的相似性影响. 算法主要思想如下.

首先, 在度量共同邻居对于两节点的相似性贡献时, 两节点拥有的共同邻居数目越多, 两者相似度越高. 因此, 考虑两节点的所有共同邻居对于两者的相似性贡献. 在公共邻居数目相同的情况下, 则考虑活跃度不同的共同邻居对于相似性的不同影响. 然而, 在加权网络中, 度相同的两节点强度不一定相同, 反之亦然.

其次, 当两节点的共同邻居节点的度与强度都相同时, 考虑两节点与其共同邻居的连边权重对于两节点的相似性影响. 在度量与共邻节点相连的两条边的权重对于两节点的相似性贡献时, 认为与共邻节点相连的两条边的权重之和在两节点所有连边的权重之和中所占的比重越大, 两节点相似度越高.

再次, 在定义节点的单位权重以及共邻节点作用系数的基础上, 提出共邻节点连接强度的概念, 其值等于该共邻节点的作用系数与其单位权重的乘积. 该值越大, 表明该共邻节点对其所连接的两节点的相似度贡献越大.

最后, 将两节点的所有共邻节点连接强度之和作为两者基于共邻节点的相似度. 在此, 有一种特殊情况, 当两节点没有共同邻居节点时, 则考虑两节点连边的权重信息对于两者的相似性影响. 引入节点对的边权强度的概念作为两节点的相似性度量, 并将其定义为两节点间连边的权重与两节点所有连边权重之和的比值. 节点对的边权强度越大, 表明两节点连接越紧密, 两者相似度越高. 得到加权相似度定义之后, 依据其定义计算网络中相连节点间的相似度, 快速聚类当前节点和与其相似度最高的邻居节点, 从而实现网络的初步划分. 之后, 逐步合并能使网络模块度增大的两个社区, 直到形成最终的社区结构.

3.3.4.2 相关定义

基于以上思想, 为准确描述 IEM 算法, 给出相关说明及定义如下.

定义 3.7 共邻节点作用系数　给定无向加权网络 $G=(V, E, W)$, $\forall v_i, v_j \in V, v_k \in V$ 且 $v_k \in N(v_i)_1 \cap N(v_j)_1$, 将共邻节点 v_k 对于节点对 (v_i, v_j) 的作用系数定义为两节点和其共邻节点两条连边的权重之和与该节点对和其所有邻居节点连边的权重之和的比值, 记为 $\varepsilon_{v_k}^{CN}(v_i, v_j)$, 如式 (3-18) 所示.

$$\varepsilon_{v_k}^{CN}(v_i, v_j) = \frac{w_{ik} + w_{kj}}{w(v_i) + w(v_j) - w_{ij}} \tag{3-18}$$

定义 3.8 共邻节点连接强度　给定 $G=(V, E, W)$, $\forall v_i, v_j \in V$, $v_k \in V$ 且 $v_k \in N(v_i)_1 \cap N(v_j)_1$, 将共邻节点 v_k 对于节点对 (v_i, v_j) 的连接强度定义为该共邻节点的单位权重与其作用系数的乘积, 记为 $Sim_{v_k}^{CN}(v_i, v_j)$, 如式 (3-19) 所示.

$$Sim_{v_k}^{CN}(v_i, v_j) = \overline{W(v_k)} \times \varepsilon_{v_k}^{CN}(v_i, v_j) \tag{3-19}$$

式 (3-19) 中, $\overline{W(v_k)}$ 表示节点 v_k 的单位权重. 共邻节点连接强度描述了该共邻节点对其所连接的两个节点的相似性贡献. 共邻节点的单位权重及作用系数越大, 该共邻节点对其所连接的两节点相似性贡献越大, 两节点相似度越高.

定义 3.9 节点对的边权强度　给定 $G=(V, E, W)$, $\forall v_i, v_j \in V$, 将节点对 (v_i, v_j) 的边权强度定义为两节点连接边的权重与两者和其所有邻居节点连边的权重之和的比值, 记为 $sw(v_i, v_j)$, 如式 (3-20) 所示.

$$sw(v_i, v_j) = \frac{w_{ij}}{w(v_i) + w(v_j) - w_{ij}} \tag{3-20}$$

节点对 (v_i, v_j) 的边权强度用于表示节点 v_i 与 v_j 连接边的权重在节点 v_i 与 v_j 所有邻居节点连接边的权重之和中所占的比重. 该值越大意味着节点 v_i 与 v_j 连接紧密度越大, 两者相似度越高. 用节点对 $\langle v_i, v_j \rangle$ 的边权强度 $sw(v_i, v_j)$ 来表示两节点间的局部相似性得分, 记作 $lsim(v_i, v_j)$, 即 $lsim(v_i, v_j) = sw(v_i, v_j)$. 节点对的边权强度越大, 两节点局部相似性越高.

定义 3.10　基于共邻节点的加权相似度　给定 $G=(V, E, W)$, $\forall v_i, v_j \in V$, 将节点对 (v_i, v_j) 基于共邻节点的加权相似度定义为该节点对的所有共邻节点连接强度之和, 记为 Sim_{ij}^{IEM}, 如式 (3-21) 所示.

$$Sim_{ij}^{IEM} = \begin{cases} 0, & (v_i, v_j) \notin E \\ sw(v_i, v_j), & (v_i, v_j) \in E \wedge N(v_i)_1 \cap N(v_j)_1 = \varnothing \\ \sum_{v_k \in N(v_i)_1 \cap N(v_j)_1} Sim_{v_k}^{CN}(v_i, v_j), & (v_i, v_j) \in E \wedge N(v_i)_1 \cap N(v_j)_1 \neq \varnothing \end{cases}$$

$$(3\text{-}21)$$

3.3.4.3　IEM 算法描述

基于上述加权相似度指标的定义, 采用层次聚类的思想, 提出基于共邻节点相似度的加权网络社区发现算法 IEM. 算法主要包括三大部分: 形成初始社区、扩展社区、合并社区.

(1) 形成初始社区.

(i) 给定加权网络, 按照式 (3-21) 计算网络中任意两节点间的相似度, 存于矩阵中. 将每个节点看作一个社区, 随机选择一个节点 v_i 作为起始节点, 并将其置为当前节点.

(ii) 找到与当前节点拥有最大相似度的节点 v_j, 将包含 v_j 的社团与包含当前节点的社团合并, 形成一个社区, 并将其作为当前社区, 同时将 v_j 作为当前节点.

(2) 扩展社区.

(iii) 找到与当前节点具有最大相似度的节点 v_k 作为下一个要进行聚类处理的节点. 如果 v_k 不属于当前社区, 则将 v_k 聚类至当前社区, 并将 v_k 作为当前节点. 否则意味着 v_k 已包含在当前社区中, 当前社区扩展完成, 此时, 随机选择一个未被访问过的节点作为当前节点, 并跳转至 (ii).

(iv) 重复执行 (ii)—(iii), 直到所有节点被访问过, 得到社区扩展后网络的初始划分.

(3) 合并社区. 在上述节点聚类及社区扩展两步操作中, 若网络中存在一些节点对, 与该节点对中的其中一个节点拥有最大相似度的节点均为该节点对中的另一个节点, 则聚类结果会形成由这些两两节点组成的小社区, 导致网络模块度较低. 针对此种情况, 采用最大化模块度的思想对初始社区划分结果进行优化.

(v) 计算当前网络的模块度 $Q_{current}$.

(vi) 针对当前网络的社区结构, 计算合并任意两社区之后网络的模块度来更新模块度矩阵 Q, 即 Q_{ij} 为合并第 i 个社区和第 j 个社区之后所得网络的模块度.

(vii) 取 Q_{ij} 的最大值 $\max(Q_{ij})$.

(viii) 若 $\max(Q_{ij}) > Q_{current}$, 则合并对应的社区 i 和社区 j, 之后更新合并后的社区结构, 并将 $\max(Q_{ij})$ 赋值给 $Q_{current}$.

(ix) 重复执行 (vi) 至 (viii), 直到 $\max(Q_{ij}) \leqslant Q_{\text{current}}$, 代表合并当前任意两社区之后网络的模块度都小于当前网络的模块度, 意味着合并操作结束, 最终社区结构形成.

IEM 算法的具体描述如算法 3.2 所示.

算法 3.2 IEM

输入: 加权社会网络 $G=\{V, E, W\}$.

输出: 社区集合 $C\{C_1, C_2, \cdots, C_m\}$.

BEGIN

1) ReadFile from dataset.txt

2) Return adjMatrix A

3) For each $v_i \in V$ do get $N(v_i)_1$ End For

4) New a SimMatrix S

5) For $i, j=1$ to n do $Sim(i,j) = Sim_{ij}^{IEM}$ End For;

6) For each $v_i \in V$ do new List Slist, simlist(v_i)

7)   For each $v_j \in N(v_i)_1$ do get $\max(Sim(i,j))$; simlist(v_i).add(v_j) End For

8)   SList.add(v_i, simlist(v_i)) End For

/* 形成初始社区 */

9) $p=0$

10) select a node $v_i \in V$ where v_i.visited=false; currentnode=v_i; v_i.visited=true

11) p++

12) new a List community C_p

13) C_p.add(currentnode)

/* 扩展社区 */

14) get node_max from SList(currentnode, simlist(currentnode)); v_j=node_max

15) C_p.add(v_j); currentnode=v_j; v_j.visited=true

16) get node_max from SList; v_k=node_max

17) If v_k not in C_p then currentnode=v_k and goto 11)

18) Else goto 10)

19) until all node v_n in V v_n.visited=true

20) get $G_{\text{current}}=\{C_1, C_2, \cdots, C_p\}$

/* 合并社区 */

21) Cal $Q_w(G_{\text{current}})$

22) Initialize Matrix Q

23) For $i, j=1$ to p do $Q_{ij} = Q_w(G.\text{Merge}(C_i, C_j))$ End For

24) If $\max(Q_{ij}) > Q_w(G_{\text{current}})$ then $C_i = C_i \cup C_j$; $Q_w(G_{\text{current}})=\max(Q_{ij})$; goto 23

25) Else Return $G=\{C_1, C_2, \cdots, C_l\}$ $(l \leqslant p)$

END

IEM 算法使用矩阵存储网络中边关系, 空间复杂度为 $O(n^2)$. 首先, 算法计算了网络中直接相连的任意节点对之间的相似性值并存储至相似度矩阵中, 计算复杂度为 $O(m)$, 空间复杂度为 $O(n^2)$. 其次, 遍历相似性矩阵, 使用列表 $\text{list}(i, \text{arraylist})$ 存储与网络中每个节点 v_i 相似度最高的节点编号, 以便在算法前两个阶段快速从 list 中提取到连接紧密度最大的节点对的编号完成节点聚类, 此过程计算复杂度为 $O(n\log_2 n)$, 空间复杂度为 $O(2n)$. 最后, 社区合并阶段, 计算了初始划分结果中形成的 p 个社区中两两合并后的网络模块度, 计算复杂度为 $O(p^2)$.

3.3.4.4　实验数据集

实验数据集为一个仿真网和四个真实网络. 其中, 仿真 I 网络和 LM 网络的描述详见第 3.3.3.3 节, 其他三个网络的详细描述如下.

(1) 加权 Zachary's Karate Club 网络[82], 简记加权 Karate 网络. 该网络共包含 34 个节点和 78 条边. 在无权 Karate 网络中为边加入权重, 权重代表两成员间交往的密切程度.

(2) US Airport 网络[84], 简记 Airport 网络. 该网络是一个美国航空运输网络, 共包含 332 个节点和 2126 条边. 其中, 节点代表机场; 边代表两个机场之间有一条航线; 权重代表两个机场之间的航班次数.

(3) Net Science 网络[82], 简记 NS 网络. 该网络是一个科研人员之间关于合作发表论文的科学家合作网络, 共包含 379 个节点和 914 条边. 其中, 节点代表研究人员; 边代表研究人员之间的合作关系, 如曾经一起发表过论文等; 权重代表两个科研人员之间的合作次数.

3.3.4.5　实验及结果分析

针对上述数据集, 采用加权网络模块度 Q_w 为评价指标, 将所提算法与现有文献中所述的 3 个基准相似性指标加权 CN、加权 AA 和加权 RA 以及 CRMA 算法进行了社区划分结果的实验对比. 5 种算法在 5 个数据集上所得的社区划分结果如表 3-7 所示. 该表中, 第 1 列列出了实验所用的 5 个加权网络数据集; 第 2 列列出了每个网络的性质, 其中, $|V|$ 表示节点数, $|E|$ 表示边数; 第 3 列至第 7 列列出了实验中对比的 5 个算法, 其社区发现结果用 "社区数目/加权模块度" 来表示.

实验结果, 如表 3-7 所示. 对于第一个数据集, 5 种算法社区划分结果完全相同. 对于加权 Karate 网络, 前四个算法社区划分结果完全相同, 都将其划分为 2 个社区, 而 IEM 算法将该网络划分为 4 个社区, Q_w 对比其他四种算法准确率提高了 8.86%. 这里, 需要强调的是, 网络模块度的值以及网络中社区的数目会因不同的算法或者不同的实现方法而有所不同. 一般情况下, 较大的模块度的值对应于相对准确的社区数目以及更接近于真实网络的社区结构. 对于 LM 网络, 5 种算法的社区划分结果各不相同. 该数据集较为稀疏, 导致仅考虑与共同邻居节点连边权重的加权 CN 算法在此类数据集上划分效果欠佳. 加权 AA 和加权 RA 两种算法在该数据集上社区划分结果以及模块度值相差较小. 而 CRMA 与 IEM 算法社区划分质量明显优于前三种算法, 以 Q_w 为评价标准, IEM 算法针对该网络的社区划分质量最高. 对于 Airport 网络, 5 种算法社区划分结果各不相同, 且模块度都较低. 该网络密度为 0.039, 节点平均加权度只有 0.924. 在该网络中, 59.7% 的节点没有共同邻居, 且在有共同邻居的节点对中, 46.5% 的节点对只有一个共同邻居, 因而导致 5 种算法针对此网络的划分结果都欠佳. 然而, 由于 IEM 算法采用了节点对的边权强度对没有共同邻居节点的情况进行了处理, 因此社区划分质量最高. 对于 NS 网络, 虽较为稀疏, 但节点平均加权度为 2.583, 平均聚集系数为 0.798, 因此各算法针对该网络的社区划分效果都较好. 其中, 加权 CN 划分质量最差, 在社区数目和模块度上与其他算法差异较大; 其余 4 种算法划分结果及模块度相差较小. 从实验结果来看, IEM 算法针对该网络的社区划分质量优于其他 4 种算法, 进一步验证了 IEM 算法综合两节点的连边权重、共邻节点的度和强度, 以及两节点与其共邻节点连边权重等信息来定义加权相似度的正确性.

表 3-7　五种算法在六个数据集上社区划分结果

数据集	$|V|/|E|$	加权 CN	加权 AA	加权 RA	CRMA	IEM
(1) 仿真 I	36/69	7/0.8039	7/0.8039	7/0.8039	7/0.8039	**7/0.8039**
(2) 加权 Karate	34/78	2/0.4547	2/0.4547	2/0.4547	2/0.4547	**4/0.4950**
(3) LM	77/254	1/0.0350	3/0.4185	3/0.4577	9/0.5222	**5/0.5427**
(4) Airport	332/2126	2/0.0174	3/0.0987	3/0.1039	4/0.1347	**4/0.1932**
(5) NS	379/914	8/0.6045	19/0.8453	18/0.8499	21/0.8430	**19/0.8512**

注: 加粗字体表示 5 种算法中模块度最大的值.

此外, 针对实验所用数据集, IEM 算法社区划分效果优于 CRMA 算法. 由于 CRMA 算法是针对 AGMA 算法的改进, 考虑了连边的符号信息, 因此该算法在加权符号网络以及加权全正网络中都能得到较好的社区划分效果. 但是每种算法都是针对其目标设计实现的, 在不同性质的数据集上算法的划分性能会有所不同. 就仅包含正连接的加权网络而言, IEM 算法社区划分结果比 CRMA 算法更加合理有效.

由上述实验结果可知, 基于共邻节点的加权相似度指标优于加权 CN、加权 AA 以及加权 RA, 且 IEM 算法针对加权全正网络的社区划分质量高于 CRMA 算法.

虽然 IEM 算法针对后 4 个网络的社区划分结果与其他 4 种算法不同, 但划分结果网络模块度都是最高的. 且所提算法针对 Karate、Airport 和 NS 三个网络的社区划分结果与文献 [85] 所述的 fastgreedy、betweenness 等经典算法针对这三个网络的划分结果相比, 在社区数目和模块度上基本吻合, 进一步验证了所提算法的正确性.

3.4　加权网络链接预测建模方法及应用

3.4.1　加权网络链接预测建模方法

3.4.1.1　链接预测问题描述

社会网络是高度动态的, 网络中的实体以及实体之间的联系随着时间发生变化, 新的链接产生、原有的链接消失等等. 于是, 链接预测便成了社会网络分析所关注的热点问题和重要任务之一. 给定无向加权社会网络 $G=(V, E, W)$, V 为节点集且 $|V| = n$, $E \subseteq V \times V$ 为边 (链接) 集, W 为权重集合. 假设网络中不存在两个节点之间有多条边, 以及单个节点到自身存在链接的情况, 则网络中所有节点间最多可能有 $n \times (n-1)/2$ 条边, 用全集 U 表示. 于是, 在集合 $U - E$ 中存在这样一些边, 它们可能是缺失边 (已经存在但尚未被发现), 也可能是未来边 (目前不存在, 但可能在未来的某一时刻出现). 那么, 链接预测的任务便是找到这些链接, 其目标可形式化描述为: $\forall v_i, v_j \in V$ 且 $e(v_i, v_j) \notin E$, 通过已知的节点属性、网络结构信息, 预测节点 v_i 与 v_j 之间建立或存在链接的概率, 如图 3-7 所示.

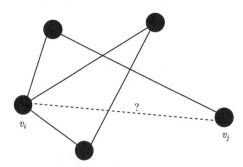

图 3-7　链接预测问题示意图

链接预测为发现将来可能出现但目前还不存在的链接或者实际存在却丢失了的链接提供了可能, 目前已经广泛应用于多个领域[86]. 例如, 可以根据链接预测的结果去指导蛋白质相互作用系统的实验过程, 节约大量的人力、物力和财力; 可以通过链接预测判断交通网络何时拥挤、何时松闲; 可以通过链接预测在疾病或舆情传播网络中抑制疾病或谣言的传播; 也可以在电子商务网站中挖掘陌生用户间潜在的信任与不信任关系, 为用户辨别评价信息的可信性进而选择商品提供辅助决策. 此外, 链接预测还广泛运用于在线社交网站中的好友推荐、文献数据库中作者间的合作关系推理、嫌疑犯之间的秘密关系推理等众多领域, 具有重要的实际应用价值.

3.4.1.2 预测精度评价指标

在链接预测研究中, 为衡量算法预测结果的准确率, 需要将已知的边集 E 划分为训练集和测试集, 分别记作 E^{tr} 和 E^{te}. E^{tr} 中的边表示已知的信息, E^{te} 中的边当作未知的边. 若采用随机方法划分训练集和测试集, 有可能导致某些链接没有被选为测试集, 而某些链接可能被多次选为测试集. 为公平比较, 实验中采用 K 折交叉验证法对边集 E 进行划分. 也即, E 被随机分成 K 个子集, 每次取其中一个子集作为测试集, 其余的 $K-1$ 个子集形成训练集. 重复 K 次, 这样所有的链接都被用作训练和测试, 且每条链接被测试一次. 大量实验表明十折交叉验证在计算量和性能之间达到了最好的折中, 因此, 采用十折交叉法, 用训练集中的信息去预测测试集中的连边出现的可能性.

针对静态网络快照的链接预测方法, 常用的预测准确度的评价指标有 AUC 和 Precision.

1) AUC 评价指标

在链接预测实验中, 有关数据集的划分需保证 $E = E^{tr} \cup E^{te}$ 且 $E^{tr} \cap E^{te} = \varnothing$. 若用 $E^{un} = U - E$ 表示网络中实际不存在的链接集合, 则 AUC 可理解为测试集中边的分数值比随机选择的一条不存在的边的分数值高的概率.

即每次随机从 E^{te} 和 E^{un} 中分别选择一条边并进行比较, 若 E^{te} 中边的分数值大于 E^{un} 中边的分数值, 则 AUC 加 1 分; 若两个分数值相等, 则 AUC 加 0.5 分. 独立比较 n 次, 若有 n' 次 E^{te} 中边的分数值大于 E^{un} 中边的分数, 有 n'' 次两个分数值相等, 则 AUC 如式 (3-22) 所示.

$$\text{AUC} = \frac{n' + 0.5n''}{n} \tag{3-22}$$

显然, 若测试集和不存在的连边的分数都是随机产生的, 则 AUC=0.5. 因此, AUC 大于 0.5 的程度衡量了算法在多大程度上比随机选择的方法更精确.

2) Precision 评价指标

在链接预测实验中, $E^{uk} = U - E^{tr}$ 是网络中除去训练集后剩余的所有可能的链接, 可认为是未知边的集合, 它包含测试集的连边和实际不存在的连边. 实验中, 计算未知边集合 E^{uk} 中所有未知边存在的概率 Sim_{xy}, 并将 Sim_{xy} 降序排序. 在从大到小的前 L 个分数值中, 如果有 m 个值在 E^{te} 中, 则 Precision 评价指标被定义为预测准确的次数 m 与 L 的比值, 如式 (3-23) 所示.

$$\text{Precision} = \frac{m}{L} \tag{3-23}$$

式 (3-23) 中, m 表示在前 L 个最大的分数值对应的边出现在 E^{te} 中的次数, L 表示实验中选择的最大的分数值的边的个数.

从式 (3-23) 可知, 在 L 个边中, 预测准确的边数 m 越大, 预测结果越准确; 且 L 值越大, 精确度考察的范围也就越大. 根据文献 [87] 中的建议, L 一般取值为 100.

由于 Precision 与 L 的取值有很大关系, 且 Ranking Score 只评价了预测链接的排序情况, 因此, 无论是加权还是无权网络, AUC 都是目前被广泛采用的评价预测准确率的指标. 本节主要采用 AUC 对加权网络链接预测结果的准确率进行评估.

3.4.2 基于多路径节点相似性的加权网络链接预测

要进行链接预测, 需要两方面的已知信息, 即网络中节点的属性信息和结构信息[88]. 由于节点属性获取较为困难, 且真实性难以保证, 所以只关注的是网络在某个瞬间的静态快照, 不考虑网络随时间发展变化的情况, 且主要通过分析已知的网络拓扑结构信息, 有效获取基于节点固有属性的特征和基于路径结构的特征去设计相似性度量方法, 进而完成链接预测.

文献 [87] 指出了权重在链接预测中的重要性. 针对上述问题, 从链接预测方法的现存问题入手, 以加权网络在某个时刻的快照为研究对象, 提出了一种基于多路径节点相似性的加权网络链接预测算法 STNMP(Similarity Based on Transmission Nodes of MultiPath)[89]. 该算法综合考虑节点局部信息和路径结构信息对于节点相似性的影响, 定义基于两节点之间的多条路径的相似性贡献, 并通过实验确定最优路径步长参数, 在加权网络的链接预测中达到了准确率和复杂度上较好的均衡.

3.4.2.1 STNMP 算法设计

STNMP 算法在定义相似性指标时, 结合了基于节点度的相似性方法、基于共同邻居的相似性方法和基于路径的相似性方法, 综合考虑了节点的局部信息以及网络路径结构信息对于节点相似性的影响, 旨在提高预测准确率的同时降低复杂度.

首先, 基于节点局部相似性指标 CN、Jaccard、AA 等, 在度量局部信息对于节点的相似性影响时, 认为不是邻居的两节点间局部相似性为 0; 度数小的节点比度数大的节点对局部相似性的贡献大; 权重代表两节点间连接的紧密程度, 节点间局部相似性应与权重有关. 基于此, 提出节点对的边权强度的概念, 用于度量邻居节点间的局部相似性.

其次, 基于路径相似性指标 LP、Katz、最短路径法等, 在度量路径信息对于节点的相似性影响时, 综合考虑了连接两节点的不同长度的路径以及相同长度的不同路径对于节点相似性的不同影响. 认为两节点之间存在的路径数目越多, 两者的相似度越高; 且对于不同长度的路径而言, 两节点间距离越远, 两者存在链接的可能性越小, 即连接两节点的长度较短的路径对于节点的相似性贡献大于较长的路径.

基于此, 提出路径相似性贡献的概念, 用于度量某条路径对其连接的两节点的相似性贡献.

再次, 在路径步长这一概念的基础上, 定义多路径传输节点相似性, 用连接两节点的步长为 L 的所有路径的相似性贡献之和来刻画这些路径以及路径上的中间节点对于节点相似性的总影响. 鉴于高阶路径对于节点的相似性贡献十分有限, 且依据六度分隔理论和 "小世界" 现象, 通过实验确定最优路径步长参数, 旨在保证算法执行效率的前提下提高预测准确率.

最后, 将多路径传输节点相似性贡献作为两节点基于多路径节点相似性的链接预测得分. 依据所定义的相似性得分公式计算网络中所有尚未建立链接的节点间的相似性值, 并按降序排列, 排在最前面的节点间存在或建立链接的可能性最大.

3.4.2.2 相关定义

基于上述思想, 为准确描述 STNMP 算法中基于多路径节点的相似性定义, 给出相关定义如下.

定义 3.11 路径与步长 如果一个节点序列 $(v_1, v_2, \cdots, v_n)$ 满足 $e(v_i, v_{i+1}) \in E(0 < i < n)$, 则将这个序列称为一个路径.

设 $G=(V, E, W)$, $v_i, v_j \in V$, 将连接 v_i 到 v_j 的第 k 条路径记作 $l_k(v_i, v_j) = (v_i, v_{k1}, v_{k2}, \cdots, v_j) = v_i e_{ik} v_{k1} e_{k1} v_{k2} \cdots e_{kr} v_j$. 对于路径 $l_k(v_i, v_j)$, 将其步长定义为该路径经过的边的数目, 也即路径序列中节点的个数减 1, 记作 $|l_k(v_i, v_j)|$.

定义 3.12 路径相似性贡献 给定 $G=(V, E, W)$, $v_i, v_j \in V$, 将连接 v_i 到 v_j 的第 k 条路径 $l_k(v_i, v_j)$ 对于节点对 (v_i, v_j) 的相似性贡献记为 $SL_k(v_i, v_j)$, 如式 (3-24) 所示.

$$SL_k(v_i, v_j) = lsim(v_i, v_{k1}) \times lsim(v_{k1}, v_{k2}) \times \cdots \times lsim(v_{kr}, v_j) \tag{3-24}$$

使用路径相似性贡献来度量连接节点对 (v_i, v_j) 的某条路径以及该路径上的中间传输节点对于节点对 (v_i, v_j) 的全局相似性贡献值, 即 $SL_k(v_i, v_j)$ 代表节点对 (v_i, v_j) 基于路径 $l_k(v_i, v_j)$ 的路径相似性得分.

定义 3.13 多路径节点相似性贡献 给定 $G=(V, E, W)$, $v_i, v_j \in V$, 将连接 v_i 到 v_j 的所有路径组成的集合记作 $L=\{l_1, l_2, \cdots, l_p\}$. 将连接 v_i 到 v_j 的所有路径对于节点对 (v_i, v_j) 的总相似性影响定义为多路径节点相似性贡献, 记为 $STNMP(v_i, v_j)$, 如式 (3-25) 所示.

$$STNMP(v_i, v_j) = \sum_{k=1}^{p} SL_k(v_i, v_j) \tag{3-25}$$

$STNMP(v_i, v_j)$ 表示连接 v_i 与 v_j 的所有路径对于节点对 (v_i, v_j) 的相似性贡献总和. 使用多路径节点相似性贡献 $STNMP(v_i, v_j)$ 作为节点对 (v_i, v_j) 基于多路径传输节点的总体相似性得分, 即节点对 $(v_i,\ v_j)$ 的总体相似度 $S_{ij}=\text{STNMP}(v_i,v_j)$. 该值越大, 表明 v_i 与 v_j 的相似性越高, 两者存在或建立链接的可能性越大.

3.4.2.3　算法描述

为准确描述 STNMP 算法中, 对涉及的符号表示及其含义做出详细说明, 见表 3-8; 算法的具体描述如算法 3.3 所示.

表 3-8　STNMP 算法所用符号列表

符号	说明
$lsim(v_i,v_j)$	节点对 (v_i,v_j) 的局部相似度
$l_k(v_i,v_j)$	连接节点对 (v_i,v_j) 的第 k 条路径
$|l_k(v_i,v_j)|$	路径 l_k 的步长
$SL_k(v_i,v_j)$	节点对 (v_i,v_j) 基于路径 l_k 的相似度
$\text{STNMP}(v_i,v_j)$	节点对 (v_i,v_j) 的多路径节点相似度
Sim	节点相似性矩阵, $Sim_{ij}=Sim(i,j)=\text{STNMP}(v_i,v_j)$

算法 3.3　STNMP

输入: 无向加权社会网络 G 的邻接矩阵 A.

输出: 网络 G 的节点相似性矩阵 S 以及 Top k 个最可能建立链接的节点对.

BEGIN

1) 读取实验数据集文件, 并将数据存储为 $n \times n$ 的邻接矩阵 A

2) 计算 G 中任意相邻节点对 $(v_i,\ v_j)$ 基于边权强度的局部相似性得分 $lsim(v_i,v_j)$, 并使用链表存储结果 $(v_i,v_j,lsim(v_i,v_j))$

3) $\forall v_i,v_j \in V$, 且 $e(v_i,\ v_j) \notin E$, 搜索两节点间所有的路径, 计算节点对 $(v_i,\ v_j)$ 基于路径步长小于等于 6 (即 $2 \leqslant |l(v_i,v_j)| \leqslant 6$) 的多路径节点相似性贡献 $\text{STNMP}(v_i,\ v_j)$, 并使用链表存储结果 $(v_i,\ v_j,\ \text{STNMP}(v_i,\ v_j))$

4) 将 $\text{STNMP}(v_i,v_j)$ 的值存入相应的相似性矩阵 S 中, 即 $S_{ij}=S(i,j)=\text{STNMP}(v_i,v_j)$

5) 遍历相似性矩阵 S, 将 S_{ij} 值降序排序, 取排在最前面的 k 个节点对作为网络 G 基于多路径传输节点相似性的链接预测结果, 输出矩阵 S 及 Top$k$ 个节点对

END

STNMP 算法使用矩阵和链表存储边关系和相似度值, 空间复杂度为 $O(m+n)$, 其中, m 为网络的总边数, n 为总节点数. 同时, 算法计算了网络中任意两节点间的局部相似性, 计算复杂度为 $O(n^2)$. 此外, 算法还计算了连接两节点的步长为 2 和 3 的所有路径的相似性贡献, 计算复杂度为 $O(m+n\log(n))$. 与文中实验对比所用的 CN、Jaccard 等相似度指标相比, 所提算法计算复杂度略微增加, 但时间的增长都在可承受的范围之内. 对于小规模网络, 算法在达到较高预测准确率的前提

下, 仍可保证时间上的可行性和有效性, 达到了预测准确率和计算复杂性上较好的平衡. 因此, 所提算法适用于链接预测准确率要求高、时间要求不严格的小规模加权网络. 而由于算法计算了连接两节点的步长为 2 和 3 的所有路径的相似性贡献, 导致时间复杂度有所增加, 因此不适用于实时性要求严格的大规模加权网络中的链接预测.

3.4.2.4 实验数据集

实验数据集为六个真实网络. 其中, Airport、Net Science 和加权 Karate 网络的描述详见 3.3.4.4 节; Karate 和 Football 网络的描述详见 3.3.3.3 节; 海豚交际网络 Dolphins[82], 简记 Dolphins 网络. Dolphins 网络描述了新西兰 62 只海豚间的关系. 2003 年, Lusseau 等在新西兰的 Doubtful Sound 附近对 62 只宽吻海豚的生活习性进行了长时间的观察, 基于它们日常活动中呈现出的特殊的交流模型, 构造了它们之间的关系网, 该网络共有 62 个节点、159 条边, 如图 3-8 所示.

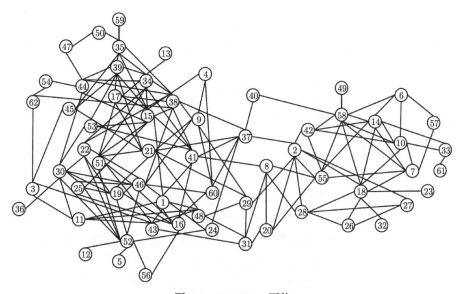

图 3-8 Dolphins 网络

这六个数据集代表了不同的网络类型, 前三个为加权网络, 后三个为无权网络. 分析并获取网络结构的相关信息, 如聚集系数、平均路径长度等. 最终, 所得数据集的拓扑结构信息, 如表 3-9 所示.

3.4.2.5 实验及结果分析

选择加权 CN、加权 Jaccard 和加权 AA 三种基准加权相似度指标, 与 STNMP 算法所提加权相似度指标进行了预测准确率方面的对比分析.

(1) 最优步长参数的确定

根据六度分隔理论, 社会网络中任意两节点均可通过步长小于等于 6 的路径相连. 基于此, 为降低计算复杂度, 最初的实验中将路径步长的上限设置为 6. 在相同的实验环境下, 针对每个实验数据集, 计算了两节点间 $2 \leqslant$ 步长 $L \leqslant 6$ 的多路径传输节点相似性值, 得到 STNMP 算法针对每个数据集, 在不同步长参数下, 基于 AUC 评价指标的链接预测准确率以及运行时间, 分别如表 3-10 和表 3-11 所示. 为了获得相对公平的实验结果, 进行了 10 次独立实验, 图表中所得的预测准确率以及运行时间结果数据是 10 次独立实验结果的平均值.

表 3-9　实验所用数据集拓扑结构信息

数据集	$|V|$	$|E|$	密度	加权平均度	平均度数	聚集系数	平均路径长度
(1) 加权 Karate	34	78	0.139	13.588	4.588	0.588	2.408
(2) Airport	332	2126	0.039	0.924	12.807	0.625	2.738
(3) NS	379	914	0.013	2.583	4.823	0.741	5.670
(4) Karate	34	78	0.139	4.529	4.588	0.574	2.408
(5) Dolphins	62	159	0.084	5.129	5.129	0.29	3.111
(6) Football	115	613	0.094	10.661	10.661	0.403	2.508

表 3-10　基于不同步长的 STNMP 算法预测准确率

数据集	$|L|$=2 至 3	$|L|$=2 至 4	$|L|$=2 至 5	$|L|$=2 至 6
(1) 加权 Karate	0.8325	0.8225	0.8238	0.8155
(2) Airport	0.8959	0.8915	0.8887	0.8901
(3) NS	0.9933	0.9905	0.9908	0.9921
(4) Dolphins	0.8447	0.8305	0.8290	0.8355
(5) Karate	0.8028	0.8024	0.7520	0.7934
(6) Football	0.8724	0.8606	0.8707	0.8679

由实验结果可知, 随着步长增大, 运行时间显著增加, 准确率反而下降. 针对实验所用数据集, 取步长为 2 和 3 的所有路径的相似性贡献之和时, 所得预测准确率均达到了最高值. 考虑到绝大多数社会网络的平均最短路径长度均在 3.72 至 3.77 之间, 为避免计算两节点间步长小于等于 6 的所有路径相似性贡献带来的高复杂度, 对 STNMP 算法做进一步完善, 将路径步长上限设置为 3. 也即, 改进后的 STNMP 算法将多路径节点相似性贡献修订为两节点间步长为 2 和 3 的所有路径的相似性贡献之和, 其定义如式 (3-26) 所示, 旨在保证预测准确率的前提下提高算法执行效率.

$$\text{STNMP}(v_i, v_j) = \sum_{2 \leqslant |L_k| \leqslant 3} SL_k(v_i, v_j) \tag{3-26}$$

表 3-11　基于不同步长的 STNMP 算法运行消耗时间　　　(单位: ms)

数据集	$\|L\|=2$ 至 3	$\|L\|=2$ 至 4	$\|L\|=2$ 至 5	$\|L\|=2$ 至 6
(1) 加权 Karate	70	324	1381	4854
(2) Airport	920590	16790903	507721016	1209501342
(3) NS	13351	90860	604354	4007165
(4) Karate	92	415	1665	6846
(5) Dolphins	360	1923	10604	52117
(6) Football	6554	66929	234634	2098624

(2) 预测准确率分析

确定最优路径步长参数之后, 仍然以 AUC 为链接预测准确率的评价标准, 对 STNMP 算法的正确性和通用性进行了进一步验证. 针对前三个加权网络, 将算法与加权 CN、加权 Jaccard 和加权 AA 指标进行了预测准确率方面的对比分析. 针对后三个无权网络, 将所提算法与 CN、Jaccard、AA、最短路径以及 FriendTNS 算法进行了实验对比分析. 图 3-9 和图 3-10 给出了不同数据集上 AUC 评价指标下每种算法的预测准确率. 由图可见, 针对实验所用的六个数据集, 无论是加权网络还是无权网络, STNMP 算法的预测准确率都是最高的. 说明在这类节点平均度数较小、节点度以及权重差异较小的网络中, 基于边权强度的局部相似性的定义达到了较好的效果, 验证了算法较高的预测准确率及良好的通用性.

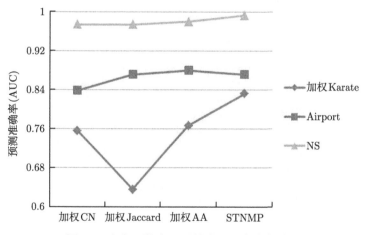

图 3-9　加权网络中不同算法预测准确率对比

然而, 针对某些较为稀疏的网络, 节点的度、公共邻居等信息对于相似性的贡献被限制在了有限的能级上. 例如, 在 US Airport 网络中, 59.7% 的节点没有共同邻居; 且在有共同邻居的节点对中, 46.5% 的节点对只有一个共同邻居. 针对此种类型的网络, 若只考虑节点及其公共邻居的度信息对于相似性的影响, 很难达到较好的预测效果. 故而, STNMP 算法不仅考虑了节点的度、强度等局部属性对于相似性的影响, 同时考虑了路径结构对于节点的相似性贡献. 因此, 在类似 US Airport 这类比较稀疏的网络中, 所提算法同样能够达到较好的预测效果. 实验结果也进一步验证了文中融合节点局部属性信息和网络路径结构信息定义的多路径节点相似性指标的合理性和有效性.

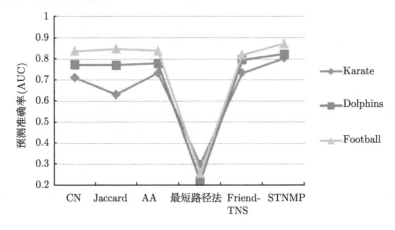

图 3-10   无权网络中不同算法预测准确率对比

第4章 符号网络建模及应用

4.1 引　言

现实网络中通常具有正负两方面的关系, 如在信息领域中, 用户之间在观点上存在支持和反对关系; 在社会领域中, 人与人之间存在朋友和敌人关系; 在生物领域中, 细胞之间存在促进和抑制关系[51]. 这种同时具有正负关系的网络被称为符号社会网络, 简称符号网络. 符号网络与传统无符号网络的区别在于节点间是否存在链接的正负符号属性, 即它是一种包含正、负对立关系的二维网络, 这种对立关系包括讨厌、反对、敌人等消极关系和喜欢、支持、朋友等积极关系. 因此, 符号网络更贴近现实世界的特性, 从而受到学术界的广泛关注.

符号网络作为一种特殊的社会网络, 也具有社区结构特征. 由于负边的加入, 相对于传统网络的这一特征变为 "同一社区内部节点间正关系紧密且负关系松散, 而不同社区间正关系松散且负关系紧密". 因此, 无法将传统社区发现方法直接应用于符号网络社区发现的研究. 本章重点关注符号网络社区发现算法的研究. 针对网络同时具有正负边的特性, 更精确的刻画节点的影响力和重要度; 通过找到具有共同兴趣、爱好和观点的用户, 并基于结构平衡理论, 刻画节点间的相似度和社区间的相似度, 从而实现对更有效的社区发现算法进行研究.

4.2　符号网络基本知识

4.2.1　符号网络定义

符号网络 (Signed Netwrok) 通常被定义为一个三元组 $SN = (V, E, \text{Sign})$, 其中, $V = (v_1, v_2, \cdots, v_n)$ 表示节点集, $E = \{(v_i, v_j) | v_i, v_j \in V, i \neq j\}$ 表示边集, $\text{Sign} = \{\text{sign}_{ij} | (v_i, v_j) \in E, i \neq j\}$ 表示连接两节点 v_i 和 v_i 的边的符号, 两个节点之间的符号分为两种: 正和负. 正表示朋友、信任、赞成等积极关系; 负表示敌人、不信任、反对等消极关系, 因此, $\text{sign}_{ij} = \{+1, -1\}$, 其中, "$+1$" 表示节点 v_i 和 v_i 之间是正联系, "-1" 则表示两个节点之间为负联系.

符号网络示例, 如图 4-1 所示. 该网络是 2006—2007 年美国最高法院任期内 9 名法官投票行为的抽象, 如果一个法官对另一个法官提出的法案投支持票多, 则两者之间为正关系, 用实线表示; 如果一个法官对另一个法官提出法案投反对票多, 则两者之间为负联系, 用虚线表示.

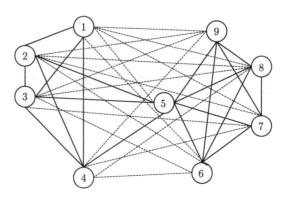

图 4-1　美国最高法院投票网络

符号网络通常用邻接矩阵表示, 一个具有 n 个节点的网络, 表示为 $n \times n$ 的邻接矩阵 $A = (a_{ij})_{n \times n}$, a_{ij} 表示节点 v_i 和 v_j 之间的连接情况. 对于不含权重的符号网络, 正连接表示为 "+1", 负连接表示为 "−1", 无连接表示为 "0". 图 4-1 所示网络对应的邻接矩阵, 如图 4-2 所示. 其中, 图 4-2(a) 表示实际投票的邻接矩阵, 图 4-2(b) 表示对应图 4-2(a) 去除权重后的邻接矩阵.

$$A_1 = \begin{pmatrix} 46 & 30 & 16 & 21 & -7 & -18 & -17 & -26 & -31 \\ 30 & 46 & 28 & 29 & 1 & -10 & -11 & -18 & -21 \\ 16 & 28 & 46 & 29 & 7 & -4 & -1 & -16 & -19 \\ 21 & 29 & 29 & 45 & 10 & -5 & -6 & -21 & -24 \\ -7 & 1 & 7 & 10 & 45 & 29 & 24 & 9 & 8 \\ -18 & -10 & -4 & -5 & 29 & 46 & 33 & 22 & 19 \\ -17 & -11 & -1 & -6 & 24 & 33 & 45 & 29 & 24 \\ -26 & -18 & -16 & -21 & 9 & 22 & 29 & 46 & 37 \\ -31 & -21 & -19 & -24 & 8 & 19 & 24 & 37 & 45 \end{pmatrix}$$

(a) 投票邻接矩阵

$$A_2 = \begin{pmatrix} 0 & 1 & 1 & 1 & -1 & -1 & -1 & -1 & -1 \\ 1 & 0 & 1 & 1 & 1 & -1 & -1 & -1 & -1 \\ 1 & 1 & 0 & 1 & 1 & -1 & -1 & -1 & -1 \\ 1 & 1 & 1 & 0 & 1 & -1 & -1 & -1 & -1 \\ -1 & 1 & 1 & 1 & 0 & 1 & 1 & 1 & 1 \\ -1 & -1 & -1 & -1 & 1 & 0 & 1 & 1 & 1 \\ -1 & -1 & -1 & -1 & 1 & 1 & 0 & 1 & 1 \\ -1 & -1 & -1 & -1 & 1 & 1 & 1 & 0 & 1 \\ -1 & -1 & -1 & -1 & 1 & 1 & 1 & 1 & 0 \end{pmatrix}$$

(b) 不含权重的邻接矩阵

图 4-2　图 4-1 的邻接矩阵

给定符号网络 SN 及其邻接矩阵 $A = (a_{ij})_{n \times n}$, 节点 v_i 的度 $D(v_i)$, 表示与节点 v_i 相连的所有节点的数量, 如式 (4-1) 所示; 节点 v_i 的内度 $D^{\text{in}}(v_i)$ 表示与 v_i 相连接的社区内节点的数量, 节点 v_i 的外度 $D^{\text{out}}(v_i)$ 则指与 v_i 相连接的社区间节点的数量, 即可将节点的度 $D(v_i)$ 扩展为节点 v_i 的内、外度之和, 如式 (4-2) 所示.

$$D(v_i) = \sum_j |a_{ij}| \tag{4-1}$$

$$D(v_i) = D^{\text{in}}(v_i) + D^{\text{out}}(v_i) \tag{4-2}$$

如果社区中所有节点的内度和大于所有节点的外度和, 即 $\sum_{v_i \in V} D^{\text{in}}(v_i) >$

$\sum_{v_i \in V} D^{out}(v_i)$, 则称该社区为弱社区. 如果社区内每个节点的内度都大于其外度, 即 $D^{in}(v_i) > D^{out}(v_i)$, 则称该社区为强社区.

符号网络作为复杂网络的一个特例, 与传统网络有所不同, 因为有负边的加入, 符号网络的度扩展为正度和负度之和, 其中, $D^+(v_i)$ 表示正度, $D^-(v_i)$ 表示负度, 正度和负度的计算式分别如式 (4-3) 和式 (4-4) 所示.

$$D^+(v_i) = \sum_j a_{ij}^+ \tag{4-3}$$

$$D^-(v_i) = \sum_j a_{ij}^- \tag{4-4}$$

式 (4-3) 和式 (4-4) 中, a_{ij}^+ 和 a_{ij}^- 分别表示符号网络中符号为正和负的连接.

4.2.2 符号网络的特征量

作为复杂网络的一个特例, 符号网络同样具有聚集系数、节点的度及平均路径长度等特征量.

(1) 聚集系数

传统网络中聚集系数通常用于表示网络内部节点间连接的紧密程度, 详见 2.3.1.2 节, 如某个人与其朋友的朋友也是朋友的概率. 在网络中, 当节点 v_i 与其他节点都不能形成三角形时, v_i 的聚集系数是 0; 当 v_i 与所有邻居节点都能形成三角形时, v_i 的聚集系数是 1, 此时该节点与其邻居节点形成一个完全连通网络. 整个网络的聚集系数通过对所有节点聚集系数求和再求平均值得到. 随着网络规模的增大, 整个网络的聚集系数会逐步趋向于一个非 0 常数, 因此复杂网络具有 "物以类聚, 人以群分" 的特征.

然而, 在符号网络中, 负边的存在使得传统聚集系数中封闭三角形的概念不再适用. Kunegis 等对普通网络的聚集系数进行了改进, 加入了边的符号特征, 除能构成三角形外, 还需要满足结构平衡条件, 如果任意两条边的符号乘积与第三条边的符号相同, 则认为是结构平衡的. 由以上分析可知, 符号网络的聚集系数要比普通复杂网络的聚集系数低, 但是仍具有很明显的聚类特征.

(2) 节点的度及度分布

在传统网络中, 节点的度表示与这个节点直接相连的节点的数量. 在某种意义上, 一个节点在网络中越重要, 它的度越大. 随机网络节点度的分布与泊松分布函数相似; 而现实中社会网络节点度的分布更接近幂律分布, 详见 2.3.1.2 节.

因为包含负边, 符号网络的度分布与传统网络有所不同, Ciotti 等对符号网络度分布进行研究, 将符号网络分成两个网络: 仅包含负边的全负子网络和仅包含正边的全正子网络. 研究表明两个子网络均服从幂律分布. Tang 等对符号网络的度分布进行研究, 有两个重要发现. ① 在符号网络中, 存在较多的正连接, 而负连接较少, 甚至许多节点没有负连接. ② 对于带有负连接的节点, 其负连接也遵循幂律分布: 少数节点有大量的负连接, 多数节点的负连接数较少.

(3) 平均路径长度

平均路径长度是复杂网络的重要特征之一, 表示网络中所有节点对的路径长度的平均值, 详见 2.3.1.2 节. 研究发现, 现实中许多社会网络规模虽然很大, 但平均路径长度却比较小, 这是网络小世界特征的体现.

符号网络平均路径长度的计算方法与传统网络一样, 计算过程中不考虑正负边的区别, 因此符号网络也具有与传统网络一样的小世界特性.

4.2.3 结构平衡理论

结构平衡理论和地位理论是符号网络的两个基本理论, 结构平衡理论通常用于无向符号网络, 地位理论通常用于有向符号网络, 本节仅就结构平衡理论进行介绍, 并将该理论应用到符号网络社区发现算法中.

1946 年, Heider 对个人的观念和态度进行研究, 并引入了结构平衡理论, 拉开了符号网络研究的序幕. 1956 年, Cartwright 和 Harary 进一步对该理论进行研究, 并针对有正负两种关系的网络引入了平衡符号网络的概念.

结构平衡理论是基于社会心理学理论提出的, 主要是研究三人之间的友好与敌对关系[51]. 判断三角形是否为平衡三角形经常依据四个直观认识: ① 敌人的敌人是朋友; ② 敌人的朋友是敌人; ③ 朋友的敌人是敌人; ④ 朋友的朋友是朋友. 以最简单的三角形即可表示上述四种模式, 如图 4-3(a) 所示 (实线表示正边, 虚线表示负边). 图 4-3(a) 中三角形是平衡的, 而图 4-3(b) 则因与现实直观认识不相符认为是非平衡的. 由图 4-3 可知, 平衡三角形存在性质: 包含偶数条负边. 也就是, 三角形三条边或者全是正边, 或者仅包含一条正边.

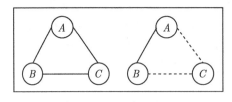 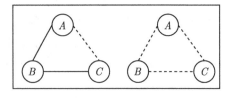

(a) 平衡关系   (b) 非平衡关系

图 4-3 符号网络中的三角关系组合

Cartwright 和 Harary 将结构平衡理论扩展到环的平衡和网络的平衡, 认为具有偶数条负边的环是平衡的; 如果网络中所有的环都是平衡的, 则整个网络是平衡的. 如果一个网络是平衡的, 那么这个网络可以被分为两个集合, 集合内都是正边, 集合间都是负边, 如图 4-4 所示 (实线表示正边, 虚线表示负边). 平衡的完全符号网络, 如图 4-4(a) 所示; 平衡的完全符号网络被分成了两个完全平衡的 A 和 B 子社区, 如图 4-4(b) 所示, 社区内部均为正边, 社区之间均为负边. 但现实生活中很少存在这种完全平衡的网络, 因此 Davis 对 Heider 的结构平衡理论进行拓展, 提出了弱平衡理论. 弱平衡理论扩展了一种直观认识, 认为 "敌人的敌人是敌人" 也是平衡的. 并基于此提出了 "k-平衡网络", 即可以将网络中的节点分为 k 个不相交的社区, 社区内节点之间互为朋友关系, 社区间节点为敌人关系. Leskovec 等和 Szell 等在多个在线社区网络中进行统计发现, 满足结构平衡三角形的数量明显多于不满足结构平衡三角形的数量, 并且满足结构平衡三角形的数量随着时间变化日益增多, 这表明现实中的网络会从非平衡状态向平衡状态转化. 这进一步验证了结构平衡理论在符号网络中重要性.

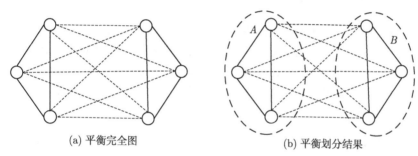

(a) 平衡完全图　　　　　　　　(b) 平衡划分结果

图 4-4　平衡完全图及其划分

结构平衡理论经常作为符号网络社区发现的理论依据, 一个符号网络是平衡网络的充分必要条件是: 这个网络能被分割为两个子社区, 每个子社区内的所有边均是正边, 而子社区间的边均为负边, 如图 4-4(b) 所示. 也就是说, 符号网络社区划分的标准可以理解为: 社区内部全部为正边, 而社区间全部为负边.

真实网络经常存在多个对立的社区, 对二分网络进行扩展, 基于平衡理论符号网络社区划分标准为: 给定符号网络 SN, 网络 SN 被划分为 k 个社区, 社区集合为 $C\{C_1, C_2, \cdots, C_k\}$, 则 SN 的划分满足如下条件:

$$\begin{cases} \text{sign}_{ij} = +1, & (v_i, v_j) \in E \cap (v_i \in C_m) \cap (v_j \in C_m) \\ \text{sign}_{ij} = -1, & (v_i, v_j) \in E \cap (v_i \in C_m) \cap (v_j \in C_n)(m \neq n) \end{cases}$$

其中, C_m 和 C_n 为网络中的两个社区, sign_{ij} 表示节点 v_i 和 v_j 的边的符号.

但是, 现实中的网络很少满足社会平衡理论, 尽管随着时间的推移很多大规模的网络会由不平衡向平衡发展, 网络中平衡三角形的个数也会不断增加, 但是整体而言, 网络甚至不满足 "弱平衡理论".

4.2.4　符号网络的应用领域

符号网络应用主要分为个性化推荐、用户聚类和用户特征分析三个方面. 个性化推荐以社区发现、节点分类和节点预测为基础, 用户聚类、用户特征分析以社区发现为基础. 个性化推荐的研究者们致力于将正负边融合以达到推荐效果, 主要基于协同过滤模型, 也有人从其他角度进行研究, 如因子分析、用户特征分析, 结合符号特性可以精确识别重要用户或者一些特殊用户, 例如, 识别偏好用户、煽动性用户、防御女巫攻击等. 用户聚类经常根据不同的场景、用户立场、观点或兴趣的相近性等进行, 用于聚类话题更为集中的团体、识别不同层次的政治集团等.

4.3　基于共同邻居的符号网络社区发现

现有符号网络社区发现算法, 由于访问先后顺序的不同, 存在划分的结果不一致和划分不准确问题[90]. 在传统的社会网络中, 越相似的实体联系越紧密, 越容易聚成群, 同属一个社区的成员有着极大的相似性, 但这并不适用于符号网络[91]. 符号网络中边的符号特性对社区发现有重要影响, 因此有必要基于此研究适用于符号网络的社区发现算法.

4.3.1　符号网络相似性度量

节点的相似性度量标准可以分为: 局部相似性和全局相似性. 全局相似性指标有 Katz、ACT 和 LHN 等, 这些度量方法利用邻接矩阵来计算节点的相似性, 其复杂度高不适用于规模较大的网络. 局部相似性经常表示两个节点连接的紧密程度或关联程度. 最典型的代表为 Jaccard 指标, 该指标利用两个节点的共同邻居数来计算节点相似度, 很多局部相似性定义是在此基础上进行的改进. 基于此思想的基本相似度如公式 (4-5)—(4-9) 所示.

$$Sim_{ij}^{\text{Jaccard}} = \frac{|N(v_i)_1 \cap N(v_j)_1|}{|N(v_i)_1 \cup N(v_j)_1|} \tag{4-5}$$

$$Sim_{ij}^{\text{Cosine}} = \frac{|N(v_i)_1 \cap N(v_j)_1|}{\sqrt{|N(v_i)_1| \, |N(v_j)_1|}} \tag{4-6}$$

$$Sim_{ij}^{\min} = \frac{|N(v_i)_1 \cap N(v_j)_1|}{\min(|N(v_i)_1|, |N(v_j)_1|)} \tag{4-7}$$

$$Sim_{ij}^{\text{Sorenson}} = \frac{2 |N(v_i)_1 \cap N(v_j)_1|}{|N(v_i)_1| + |N(v_j)_1|} \tag{4-8}$$

$$Sim_{ij}^{\text{Lhn-I}} = \frac{|N(v_i)_1 \cap N(v_j)_1|}{|N(v_i)_1| \times |N(v_j)_1|} \tag{4-9}$$

符号网络因为负边的加入, 使得共同邻居可能是正邻居, 也可能是负邻居. 基于 Huang 等提出的相似度方法上, MEAs-SN 算法中给出了适用于符号网络的相似度公式, 如式 (4-10) 所示.

$$Sim_{ij}^{\text{signed}} = \frac{\sum\limits_{v_k \in N(v_i) \cap N(v_j)} \psi(v_k)}{\sqrt{\sum\limits_{v_k \in N(v_i)} w^2(v_i, v_k)} \sqrt{\sum\limits_{v_k \in N(v_j)} w^2(v_j, v_k)}} \tag{4-10}$$

式 (4-10) 中, $\psi(v_k)$ 如式 (4-11) 所示.

$$\psi(v_k) = \begin{cases} 0, & w(v_i, v_k) < 0, \ w(v_j, v_k) < 0 \\ w(v_i, v_k) \times w(v_j, v_k), & \text{其他} \end{cases} \tag{4-11}$$

该相似度公式存在问题: 当节点与其共同邻居的连接均为负连接时, 取值 0 即不考虑其相似性. 事实上, 当两个节点的共同邻居均为负连接时, 也就是 "具有共同敌人的两个人", 也应该能表示出两者的相似性.

其他符号网络相关文献中的相似度概念多数应用到预测和演化方面, 如 Chen 等[92] 在动态演化算法中针对有向网络, 在式 (4-8) 基础上结合结构平衡理论提出了相似度的概念, 如式 (4-12) 所示.

$$Sim_{ij} = \begin{cases} \dfrac{2(w_{ij} + p_{ij})}{d_i^+ + d_j^+}, & w_{ij} > 0 \\ 0, & w_{ij} = 0 \\ \dfrac{2(w_{ij} + n_{ij})}{d_i^- + d_j^-}, & w_{ij} < 0 \end{cases} \tag{4-12}$$

式 (4-12) 中, w_{ij} 表示节点 v_i 和 v_j 的连接情况, 取值为 1, −1 和 0; d_i^+ 和 d_i^- 分别表示节点 v_i 的正度和负度; p_{ij} 和 n_{ij} 分别表示节点 v_i 和 v_j 之间为正连接和负连接时的平衡三角形个数.

基于相似度进行符号网络社区发现时可以从两个方面进行: ① 基于传统相似度公式计算其相似度, 之后在社区发现过程中考虑负边的影响; ② 改变传统相似度公式, 直接通过公式体现负边带来的影响.

4.3.2 基于共同邻居的符号网络建模

通常, 两个节点的相似度越高, 它们的联系越紧密, 在同一个社区中的可能性越大. 基于节点相似度思想和符号网络的特点, 提出一种适用于符号网络的基于节点相似度的算法 BNS_SNCD(Signed Networks Community Detection Based on Node

Similarity)[93]. 算法可以分为三个步骤: 首先, 依据相似度找出邻居中的相似节点, 形成初步社区; 其次, 依据定理 4.1 正密度判断初始社区中带负边节点是否应该保留在集合中, 以确定社区成员; 最后, 根据符号网络社区结构定义对社区进行合并. 为提高聚集效率, 本节对传统相似度式进行了改进, 通过实验证明了算法社区划分的正确性.

为了叙述方便给出如下定义.

定义 4.1   共同邻居 给定符号网络 $SN = (V, E, \mathrm{Sign})$, $N(v_i)_1$ 表示节点 v_i 的邻居集, $CN(v_i, v_j) = N(v_i)_1 \cap N(v_j)_1$ 表示传统网络节点 v_i 和 v_j 的共同邻居. 为了提高聚类效率, 重新定义符号网络共同邻居如式 (4-13) 所示.

$$CN(v_i, v_j) = \{N(v_i)_1 \cup v_i\} \cap \{N(v_j)_1 \cup v_j\} \tag{4-13}$$

则符号网络共同邻居数记为 $|CN(v_i, v_j)| = |\{N(v_i)_1 \cup v_i\} \cap \{N(v_j)_1 \cup v_j\}|$.

定义 4.2   节点相似度 节点连接的紧密程度或者节点间的关联程度称为节点相似度, 记为 Sim_{ij}, 如式 (4-14) 所示.

$$Sim_{ij} = \frac{|CN(v_i, v_j)|}{\max(|N(v_i)_1 \cup v_i|, |N(v_j)_1 \cup v_j|)} \tag{4-14}$$

定义 4.3   符号网络社区结构 将满足式 (4-15) 条件的社区称为符号网络社区.

$$\begin{aligned} \sum_{v_i \in C} L_{v_i}^{\mathrm{in}+}(C) &> \sum_{v_i \in C} L_{v_i}^{\mathrm{out}+}(C) \\ \sum_{v_i \in C} L_{v_i}^{\mathrm{in}+}(C) &> \sum_{v_i \in C} L_{v_i}^{\mathrm{in}-}(C) \end{aligned} \tag{4-15}$$

式 (4-15) 中, $\sum_{v_i \in C} L_{v_i}^{\mathrm{in}+}(C)$ 和 $\sum_{v_i \in C} L_{v_i}^{\mathrm{in}-}(C)$ 分别表示 C 社区内部节点间的正连接数和负连接系数; $\sum_{v_i \in C} L_{v_i}^{\mathrm{out}+}(C)$ 表示 C 社区内部节点与社区外部节点间的正连接数.

传统网络社区结构以 "社区内部节点之间联系较紧密, 社区之间的节点间联系较稀疏" 为基础. 符号网络社区结构以 "社区内正联系紧密负联系稀疏, 社区间负联系紧密正联系稀疏" 为基础.

由式 (4-15) 可知, 同一社区内部节点间的正连接比节点与此社区外部节点间正连接和社区内节点间的负连接都更紧密, 即从整体上看, 同一社区内正边数之和大于社区内节点与其他社区节点间的正边数之和, 同一社区内负边数之和小于社区内节点正边数之和.

定义 4.4   网络正密度 给定符号网络 $SN = (V, E, \mathrm{Sign})$, 带负边的节点 v_i 在符号网络 SN 中的正密度, 记为 $\sigma^+(v_i(SN))$, 如式 (4-16) 所示.

$$\sigma^+(v_i(SN)) = \frac{|E^+(v_i(SN))|}{|E(v_i(SN))|} \tag{4-16}$$

式 (4-16) 中, $|E^+(v_i(SN))|$ 表示网络与节点 v_i 连接的正边数, $|E(v_i(SN))|$ 表示网络中与节点 v_i 连接的所有边数.

对于一个社区 C, $\sigma^+(v_i(SN))$ 表示节点 v_i 在社区 C 中的正密度. 当 v_i 在 C 中的网络正密度最大时, 意味着 v_i 与社区 C 的连接紧密度大于 v_i 与其他社区的连接紧密度, 因此将 v_i 归入 C 社区更合适. 基于此提出定理 4.1.

定理 4.1　设符号网络 $SN = (V, E, \text{Sign})$, 如果存在 C, 满足条件 $C \subset SN$, 设 SN 中的节点 v_i 含有负边, 当 $\sigma^+(v_i(C)) < \sigma^+(v_i(SN))$ 时, 将 v_i 归入社区 C 能使 v_i 在当前的社区划分中的网络正密度最大.

证明　假设节点 v_i 与 C 相连的正边数为 $|E^+(v_i(C))|$, 总边数为 $|E(v_i(C))|$; v_i 与 $(SN - C)$ 相连的正边数为 $|E^+(v_i(SN - C))|$, 总边数为 $|E(v_i(SN - C))|$.

由式 (4-16) 有

$$\sigma^+(v_i(C)) = \frac{|E^+(v_i(C))|}{|E(v_i(C))|} = \frac{|E^+(v_i(C))| + |E^+(v_i(SN - C))|}{|E(v_i(C))| + |E(v_i(SN - C))|}$$

假设 $\sigma^+(v_i(C)) < \sigma^+(v_i(SN))$, 则有

$$\frac{|E^+(v_i(C))|}{|E(v_i(C))|} < \frac{|E^+(v_i(C))| + |E^+(v_i(SN - C))|}{|E(v_i(C))| + |E(v_i(SN - C))|}$$

$$\Rightarrow \frac{|E^+(v_i(C))|}{|E(v_i(C))|} - \frac{|E^+(v_i(C))| + |E^+(v_i(SN - C))|}{|E(v_i(C))| + |E(v_i(SN - C))|} < 0$$

$$\Rightarrow |E^+(v_i(C))| \times |E(v_i(SN - C))| - |E(v_i(C))| \times |E^+(v_i(SN - C))| < 0$$

$$\Rightarrow \frac{|E^+(v_i(C))|}{|E(v_i(C))|} < \frac{|E^+(v_i(SN - C))|}{|E(v_i(SN - C))|}$$

根据符号网络划分原则, 节点 v_i 归入社区 C, 则意味着当前 v_i 在 C 中的网络正密度最大, 则有 $\dfrac{|E^+(v_i(C))|}{|E(v_i(C))|} > \dfrac{|E^+(v_i(SN - C))|}{|E(v_i(SN - C))|}$, 这与假设得出结论相反. 所以当 $\sigma^+(v_i(C)) \geqslant \sigma^+(v_i(SN))$ 时可以将节点 v_i 归入 C 社区中.　　　　　证毕.

4.3.3　基于共同邻居的社区发现算法

4.3.3.1　BNS_SNCD 算法设计

如果两个节点有较多的共同邻居, 那他们之间有可能相互连接. 即如果两个人有越多的共同朋友, 那么这两个人认识的可能性就越大, 他们属于一个社区的可能性也就越大. 因此, 基于节点共同邻居数量来衡量同属于一个社区的可能性, 提出 BNS_SNCD 算法. 该算法分为两个阶段: 相似度聚类和小社区合并过程. 具体过程如下.

(1) 相似度聚类

给定符号网络 $SN = (V, E, \text{Sign})$, 选取正度最大的节点 v_i, 并判断与其有正联系的邻居节点 v_j 的正边个数 $D^+(v_j)$, 如果 $D^+(v_j) \leqslant 2$, 节点直接聚类; 否则依据式 (4-14) 计算 Sim_{ij}. 当 $Sim_{ij} \geqslant 1/2$ 时, v_i 和 v_j 进行聚类, 也就是当 v_i 和 v_j 共同邻居数比 v_i 和 v_j 任何一个节点的邻居数一半还多时, 两个节点形成一个聚类. 依次对 v_i 的所有邻居节点进行判断, 形成初始聚类 C, 对 C 中带负边的节点 v_k 进行判断, 如果 $\sigma^+(v_k(C)) \geqslant \sigma^+(v_k(SN))$ 成立, 则 v_k 聚类到 C 社区中, 否则留待以后考虑.

以图 4-5 中节点 v_2 为例进行说明, 聚类形成过程如表 4-1 所示.

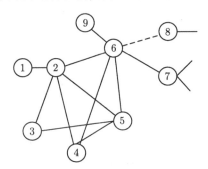

图 4-5   符号网络示例图

表 4-1   BNS_SNCD 算法聚类形成过程

步骤	v_i	$N(v_i)_1 \cup v_i$	$CN(v_i, v_j)$	Sim_{ij}	聚类节点
	v_2	$\{v_1, v_2, v_3, v_4, v_5, v_6\}$	$\{v_1, v_2, v_3, v_4, v_5, v_6\}$	$6/6 > 1/2$	v_2
	v_1	$\{v_1, v_2\}$	$D^+ = 1$		v_1
1	v_3	$\{v_2, v_4, v_6\}$	$D^+ = 2$		v_3
	v_4	$\{v_2, v_4, v_5, v_6\}$	$\{v_2, v_4, v_5, v_6\}$	$4/6 > 1/2$	v_4
	v_5	$\{v_2, v_3, v_4, v_5, v_6\}$	$\{v_2, v_3, v_4, v_5, v_6\}$	$5/6 > 1/2$	v_5
	v_6	$\{v_2, v_4, v_5, v_6, v_7, v_8, v_9\}$	$\{v_2, v_4, v_5, v_6\}$	$4/7 > 1/2$	v_6
2	经过第 1 步相似度的比较, 确定临时聚类集合 C 为 $\{v_1, v_2, v_3, v_4, v_5, v_6\}$, C 中 v_6 是带负边节点, 而 $\sigma^+(v_6(C)) = 1$, $\sigma^+(v_6(G)) = 5/6$, 则 $\sigma^+(v_6(C)) > \sigma^+(v_6(SN))$, 所以节点 v_6 留在集合 C 中, 对节点 v_2 进行访问形成的最终社区为 $\{v_1, v_2, v_3, v_4, v_5, v_6\}$				

如果 v_2 的邻居节点用 v_i 表示, 表 4-1 是访问节点 v_2 的邻居节点 v_i 都没有聚类时的处理过程, 当 v_i 的邻居节点为已经聚类时, 将节点 v_i 合并到正联系最多且正密度最大的那个聚类中. 每个节点 v_i 含有三个参数:

MLN: 与节点 v_i 正联系最多的聚类中的联系个数.

NCN: 与节点 v_i 有正联系的未聚类节点个数.

$MCCN$: 节点 v_i 入度与其正联系最多且正密度最大的聚类的编号.

节点 v_i 聚类时可能会出现两种情况:

1) $MLN < NCN$ 依照表 4-1 所示处理过程形成新的聚类或者不形成聚类留待以后考虑, 如图 4-6(a) 所示.

2) $MLN \geqslant NCN$ 将当前访问节点 v_i 并入与其有最多连接数, 并且正密度最大的聚类中. 如果聚类中节点有负边, 按照定理 4.1 确定节点是否保留, 如图 4-6(b) 所示.

图 4-6(a) 中, 当访问节点 v_8 时, v_8 的邻居节点集合 $\{v_1, v_9, v_{10}, v_{11}\}$, 仅有 1 节点已经在聚类 A 中, $MLN < NCN$, 所以仍然按表 4-1 所示步骤进行聚类. 最终聚类形成 $\{v_8, v_9, v_{10}, v_{11}\}$. 图 4-6(b) 中, 当访问节点 v_7 时, v_7 的邻居节点集合为 $\{v_1, v_9, v_{10}\}$, 其中 $\{v_9, v_{10}\}$ 在聚类 B 中, 即 $MLN = 2 > NCN$, 所以 v_7 并入到 $\{v_9, v_{10}\}$ 所在的集合 B 中.

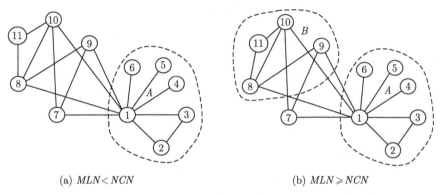

(a) $MLN < NCN$ (b) $MLN \geqslant NCN$

图 4-6 不同情况下节点聚类示例

(2) 小社区合并过程

当网络中所有节点处理完后, 对已经形成的社区按照式 (4-15) 进行判断, 对不满足符号网络社区结构条件的社区进行合并. 每次合并均选取挫败值最小的两个社区进行, 意味着选取挫败值减少值最大的社区进行合并. 当挫败值相同时, 则将社区合并到规模较大的社区. 现实中的网络节点一般满足幂律分布, 也就是只有少数节点的度非常大. 基于启发式算法思想, 当以某两个度数非常高的节点为中心形成社区时, 如果它们的相似性非常高, 也意味着它们有很多共同邻居, 那么在第一阶段聚类过程中, 两个节点已经聚类到一起, 否则会形成以两个节点为中心的两个社区, 而这两个社区进行合并的概率远远小于与其他小社区合并的概率. 因此, 在多次实验基础上将 N/K 作为循环停止条件, K 表示除去节点个数小于等于 2 的社区外的社区数. 也就是每次循环进行时, 仅对社区节点个数小于 N/K 的小社区与其他社区进行合并, 而社区节点个数大于 N/K 的社区则不再考虑. 对于孤立节点, 先处理正度小于等于 2 的节点, 再处理其他.

社区划分算法 BNS_SNCD 的具体描述如算法 4.1 所示.

算法 4.1　BNS_SNCD

输入: 符号网络 $SN = (V, E, \text{Sign})$, $C_z = \varnothing$, $z = 1$.

输出: 社区集合 $C\{C_1, \cdots, C_m\}$.

BEGIN

1) 选取 $\max(D^+(v_i))$ 并且 $\max(\sigma^+(v_i(SN))$ 的节点, 将 v_i 作为初始节点, $C_z = v_i$

2) $\forall v_j \in N(v_i)_1$

3) v_i 与 v_j 及其共同邻居聚合为初始社区. 如果 v_j 没有聚类, 执行 4), 否则执行 5)

4) 计算 $D^+(v_j)$, 依据如下两种情况进行聚类

a) 如果 $D^+(v_j) \leqslant 2$, 则 v_i 与 v_j 聚类, $C_z = C_z \cup v_j$

b) 如果 $D^+(v_j) > 2$, 则依据式 (4-14) 计算 Sim_{ij}, 当 $Sim_{ij} \geqslant 1/2$ 时, v_i 与 v_j 进行聚类, $C_z = C_z \cup v_j$, 否则 v_j 不聚类

5) 按如下两种情况, 选取 v_i 应该并入的聚类

a) 如果 $MLN \geqslant NCN$, 找到 $MCCN$ 并将 v_i 并入 $MCCN$

b) 如果 $MLN < NCN$, 执行 4)

6) 重复执行 3), 直到所有 v_i 邻居全部被处理

7) 对 C_z 中带负边的节点进行处理, 按照定义 4.1, 如果满足条件, 则将带负边节点留在社区中, 否则从社区中删除; 将 C_z 中所有节点从节点集合中删除

8) $z = z + 1$, 重复执行 1), 直到所有节点都被处理

9) 对节点数小于 N/K 的社区 C_z 按照式 (4-15) 进行判断, 如果 C_x 不满足条件, 则执行 10)

10) 设 $\exists C_y$, $\forall v_x \in C_x$, $\forall v_y \in C_y$, 按照如下情况判断 C_x 归属

a) 如果 $\forall(v_x, v_y) \in E^+$, 选取与 C_x 连接边数最多的 C_y 与其合并, 即 $C_x = C_x \cup C_y$

b) 如果 $\forall(v_x, v_y) \in E^-$, 两个社区不合并

c) 如果 $\forall(v_x, v_y) \in E^-$ 并且 $\exists(v_x, v_y) \in E^+$, 选取与 C_x 合并后挫败值减少值最大的 C_y 社区与其合并, 即 $C_x = C_x \cup C_y$

11) 循环执行 9), 直到所有的社区都满足式 (4-14)

END

4.3.3.2　实验数据集

实验数据集为两个示例网络、两个真实网络和一个人工生成网络. 网络详细描述如下.

(1) FEC 算法示例网络, 简记 FEC 网络. 该网络共 28 个节点, 41 条边, 其中, 正关系 29 条边, 负关系 12 条边, 如图 4-7 所示.

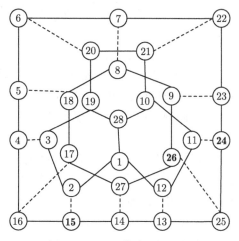

图 4-7　FEC 算法示例网络

(2) CRA 算法示例网络, 简记 CRA 网络. 该网络共有 36 个节点、74 条边, 其中, 正关系 69 条边, 负关系 5 条边, 如图 4-9 所示.

(3) Gahuku Gama Subtribes 网络, 简记 GGS 网络. GGS 网络描述了新几内亚高地 16 个网络成员间的政治同盟及反对派关系. 1954 年 Read 在新几内亚高地文化的阅读研究的基础上, 描述了 16 个子部落之间的政治联盟和对立, 它们分布在不同的地区, 并在 1954 年参与了同一场战争. 该网络共 16 个节点, 58 条边, 其中, 正关系 29 条边, 负关系 29 条边. 如图 4-11 所示, 网络中的正负连接分别代表政治格局的正负关系.

(4) Zachary's Karate Club 网络, 简记 Karate 网络, 详见 3.3.3.3 节.

(5) 人工生成网络 $\mathrm{SRN}(n, k, \max k, t_1, t_2, \min c, \max c, on, om, \mu, P_-, P_+)$, 简记 SRN 网络. 网络参数设置为: n 为 5000, k 设置为 40, $\max k$ 设置为 100, $\min c$ 设置为 20, $\max c$ 设置为 50, t_1, t_2 设置为 2 和 1, on, om 设置为 0; μ 取值从 0.1—0.5, P_-, P_+ 取值为 0—1.

4.3.3.3　评价指标

符号网络采用 NMI、模块度和挫败值作为社区划分的评价指标. 其中, NMI 指标详见 3.3.3.4 节. 下面详细介绍符号网络的模块度和挫败值指标.

(1) 符号网络模块度

对于符号网络, 因为增加了负边这一干扰因素, 原来的模块度不再适用, Gomez 等[69] 将划分好的符号网络分解为全正和全负子网络, 分别计算其模块度, 再进行融合, 得到了一种改进的适用于符号网络的模块度函数, 如式 (4-17) 所示.

$$Q_{\text{sign}} = \frac{1}{2m^+ + 2m^-} \sum_{ij} \left[a_{ij} - \left(\frac{d_i^+ d_j^+}{2m^+} - \frac{d_i^- d_j^-}{2m^-} \right) \right] \delta \left(C_i, C_j \right) \tag{4-17}$$

式 (4-17) 中, 相对于式 (3-13), a_{ij} 增加了取值 "−1", $a_{ij} = -1$ 表示节点 v_i 与 v_j 之间存在负连接; d_i^+ 和 d_i^- 分别表示节点 v_i 正度和负度; m^+ 和 m^- 分别表示网络中正边数和负边数. 由于模块度本身定义的限制, Fortunato 等证明模块度不能分辨小社区, 也称为分辨率极限问题, 相应的基于模块度的算法也存在此问题.

(2) 挫败值

依据符号网络社区划分原则, 应尽量使正边在社区内, 负边在社区间. 挫败值指的是不同社区间的正连接数与同一社区内负连接数之和.

对于符号网络 $SN = (V, E, \text{Sign})$, 假设被划分为 k 个社区, 社区集合为 $C\{C_1, C_2, \cdots, C_k\}$, 挫败值记为 $F(C_1, C_2, \cdots, C_k)$, 如式 (4-18) 所示.

$$F(C_1, C_2, \cdots, C_k) = \sum_{ij} \left(n_{ij} \delta \left(C_i, C_j \right) + p_{ij} \left(1 - \delta \left(C_i, C_j \right) \right) \right) \tag{4-18}$$

式 (4-18) 中, 罚函数 $\delta(C_i, C_j)$ 表示的意思与式 (3-14) 相同, 即两个节点在一个社区时, 值为 1, 否则值为 0; P_{ij} 表示全正网络邻接矩阵; N_{ij} 表示全负网络邻接矩阵.

假设符号网络的邻接矩阵为 A, 忽略掉负边的邻接矩阵为 $|A|$, 则有 $a_{ij}' = |a_{ij}|$.
全正和全负网络邻接矩阵相应元素分布为 $p_{ij} = (a_{ij} + a_{ij}')/2$ 和 $n_{ij} = (a_{ij}' - a_{ij})/2$.

式 (4-18) 中, 第一部分用于计算同一社区内的负连接数, 第二部分用于计算不同社区间的正连接数. 由式 (4-18) 可见社区间的正连接增加, 或者社区内的负连接增加会增大挫败值, 反之, 则挫败值减小. 挫败值越小, 意味着社区内的负连接越少, 社区间正连接越少, 越符合符号网络社区特征. 因此, 挫败值也可被用作符号网络划分效果的一个评价指标.

挫败值作为社区合并的目标函数, 当多个社区可以与某个社区进行合并时, 采取挫败值最小的方式进行两个社区合并.

4.3.3.4　实验及结果分析

(1) FEC 网络实验

在图 4-7 中, 节点最大度为 3, 且多个节点相同. 从度最大的 3 个节点中任意选择一个节点, 例如选择节点 v_1, 按照 BNS_SNCD 算法的相似度概念对节点进行聚类后形成社区为 $C_1\{v_1, v_2, v_{12}, v_{28}\}$, $C_2\{v_{10}, v_{11}, v_{21}\}$, $C_3\{v_3, v_{19}, v_{20}\}$, $C_4\{v_4, v_5, v_{16}\}$, $C_5\{v_6, v_7\}$, $C_6\{v_8, v_9, v_{18}\}$, $C_7\{v_{13}, v_{14}, v_{25}\}$, $C_8\{v_{17}, v_{27}\}$, $C_9\{v_{22}, v_{23}\}$, 另外还有三

个孤立节点 v_{15}, v_{24} 和 v_{26}. 因为该网络中多数节点的度相同, 所以产生了较多小社区, 此情况是算法运行效率最差的情况. 按照算法步骤 9)—11), 对这些小社区合并过程, 如图 4-8 所示.

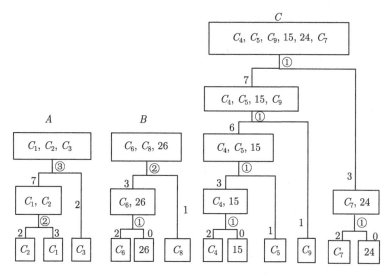

图 4-8 FEC 网络社区合并过程

在图 4-8 中, 线旁数字表示社区中有几条正边, 带圆圈的数字表示待合并的两个社区间的正边数. 因为网络第一步划分出来的社区内部没有负边, 社区间没有正边, 因此在社区合并时没有考虑两个社区间的负边数量. A 和 B 社区间没有正联系, 也没有负联系, 不再进行合并, A 和 C, B 和 C 之间只有负联系也不进行合并. 图 4-7 最终划分结果为图 4-8 中所示三个社区.

(2) CRA 网络实验

在 CRA 网络中, 运行 BNS_SNCD 算法, 网络及社区合并结果, 如图 4-9 所示. 图中 B,D,H,E,F 社区满足符号网络社区结构, 不需进行合并. 而 C,J 社区和孤立节点 v_1,v_3,v_4,v_5,v_{21} 需要合并, 合并过程如图 4-10 所示. 在图 4-10 中, 节点 v_5 为带负边节点, 虚线旁数字分别表示 v_5 节点与 A,B 和 C,J 合并后社区的挫败值减少值, 三角形中数字表示选中的节点 v_5 加入的社区挫败值减少值, 节点 v_5 合并到 B 社区. CRA 网络最后划分结果为图 4-9 和图 4-10 中所示的 A',B',C',D,E,F,H.

(3) GGS 网络实验

BNS_SNCD 算法在 GGS 网络上的最终运行结果将网络分为 A,B,C 三个社区, 如图 4-11 所示. 其中, A,B 直接形成, C 社区由 $\{v_{13},v_9,v_{10}\}$ 和孤立节点 v_5 和 v_{14} 合并而来, 节点 v_{14} 的度等于 v_3, 节点 v_{14} 先并入 $\{v_{13},v_9,v_{10}\}$ 社区, 形成 $\{v_{13},v_9,v_{10},v_{14}\}$, 之后节点 v_5 也并入, 最终形成 C 社区.

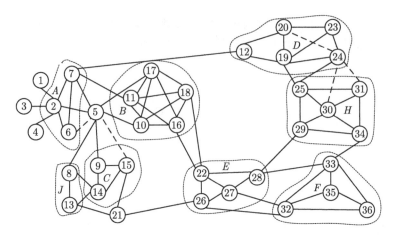

图 4-9   CRA 示例网络及社区划分结果

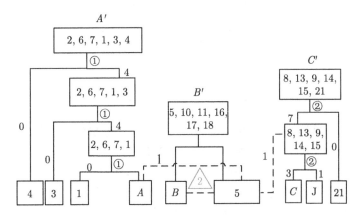

图 4-10   CRA 网络社区合并过程

(4) Karate 网络实验

在 Karate 网络中, 运行 BNS_SNCD 算法, 最终能得到的社区划分结果, 如图 4-12 所示. 由图 4-12 可见, 社区划分结果为虚线框中的 A', B', C' 三个社区. 合并前 A', B' 社区已经形成, C' 合并前划分出的小社区为 $\{v_{34}, v_{10}, v_{33}, v_{16}, v_{19}, v_{15}, v_{21}, v_{23}, v_{27}, v_{30}, v_{29}\}$, $\{v_{31}, v_9\}$, $\{v_{24}, v_{28}\}$, $\{v_{25}, v_{26}\}$ 和孤立节点 v_{32}, 按照社区间联系的紧密程度节点 v_{32} 首先并入 C', 之后各个小社区依次并入.

由示例网络和真实网络的实验可知, 与 TFCRA 算法对比, BNS_SNCD 算法的正确率均有所提高, 其 NMI 值和 Q_{sign} 值如表 4-2 所示.

由表 4-2 可见, 在几个基准符号网络上的实验, 除 Karate 网络外, BNS_SNCD 算法的 NMI 值都为 1; 相对于 TRCRA 算法, NMI 值都有所提高. Karate 网络的 NMI 值有所降低, 是因为 BNS_SNCD 算法将 Karate 网络划分为 3 个社区, 而现实中该网络是两个社区. 除 Karate 网络外, Q_{sign} 值相对都有所提高. 对于 Karate 网络, TFCRA 算法所得结果与出发节点有关, 分为三种情况: ① 划分情况与本算法一致; ② 被划分为两个社区, 这与真实网络划分情况相同, 此时 Q_{sign} 值为 0.371; ③ 划分出错, 导致 TFCRA 算法 Q_{sign} 值较低.

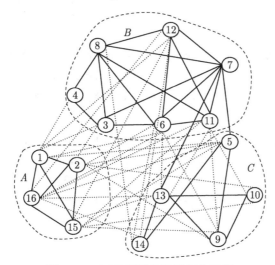

图 4-11   GGS 网络及社区划分结果

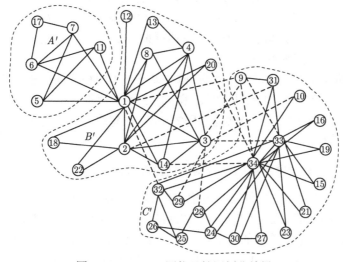

图 4-12   Karate 网络及社区划分结果

(5) 人工网络实验

为了进一步验证 BNS_SNCD 算法的性能, 通过人工网络 SRN 生成的网络进行实验.

表 4-2   两种算法的 NMI 和 Q_{sign} 比较

算法	FEC 网络		CRA 网络		GGS 网络		Karate 网络	
	NMI	Q_{sign}	NMI	Q_{sign}	NMI	Q_{sign}	NMI	Q_{sign}
TFCRA	0.96	0.467	0.98	0.563	0.93	0.429	0.9	0.362
BNS_SNCD	1	0.564	1	0.637	1	0.429	0.89	0.402

1) NMI 值

因为 P_- 对社区影响较大, 因此随着 P_- 的改变社区划分结果变化很大, 且基于符号网络划分标准, 社区内负边不应太多, 因此 P_- 选取 0, 0.2, 0.4 几个数值, P_+ 取值范围为 0—1, μ 取值从 0.1—0.5, 不同参数设置下对应的 NMI 值如图 4-13 所示.

由图 4-13 可见, 随着 μ 值不断增大, 算法的 NMI 值越来越低, 变化越来越明显. 当 μ 值小于 0.3, P_- 小于等于 0.2 时, 算法划分的正确性较高, 在 0.8—1 内变化. 随着 μ, P_-, P_+ 值的不断增大, 社区内负边不断增加, 社区结构越来越不明显, 算法划分正确性越来越低. 这也与算法第一阶段进行划分时需要对负边进行判断有关, 负边增多则判断增多, 导致错误率提高. 由实验结果可见, P_+ 对 NMI 值的影响要远小于 P_- 对 NMI 的影响.

2) Q_{sign} 值

以 μ, P_+ 均为 0.2 为例说明参数变化对 Q_{sign} 值的影响, Q_{sign} 值的范围一般为 0—0.7. 因为当 P_- 的值为 0.5 时, Q_{sign} 已经接近 0.1, 所以 P_- 取值 0.1—0.5, 步长为 0.1, 最终效果如图 4-14 所示. 由图可见, P_- 对 Q_{sign} 的影响很大, 随着 P_- 的逐步增加, Q_{sign} 成线性急剧减少.

通过基准网络和人工网络的实验可知, 基于相似度概念的算法 BNS_SNCD 能较好地对符号网络实现划分, 从 NMI 和 Q_{sign} 两个评价指标上看, 整体都有所提高. 但本节相似度概念仅考虑共同邻居的个数, 而忽略了节点之间的连边情况, 因此算法还有待改进.

4.3.4   基于共同邻居紧密度的符号网络社区发现算法

在社区发现的研究中, 通常仅考虑共同邻居数会忽略掉节点之间的连边情况. 针对符号网络的局部特征, 从节点与其邻居的共同邻居更容易形成社区的观点出发, 提出一种兼顾共同邻居连边的启发式社区发现算法 BTCN_SNCD (Signed Networks Community Detection Based on the Tightness of Common Neighbors).

首先, 针对传统局部相似性度量指标仅考虑节点间共同邻居数量存在的不足, 通过节点的贡献度和紧密度表示共同邻居间的聚集程度, 以发现结构更紧密的初始社区; 其次, 针对初始社区间存在重叠节点的情况, 提出社区重叠系数和社区密度的度量方法, 将存在重叠的初始社区进行再合并, 可以提高社区发现的准确度. 最后, 通过实验验证 BTNC_SNCD 算法正确性和有效性.

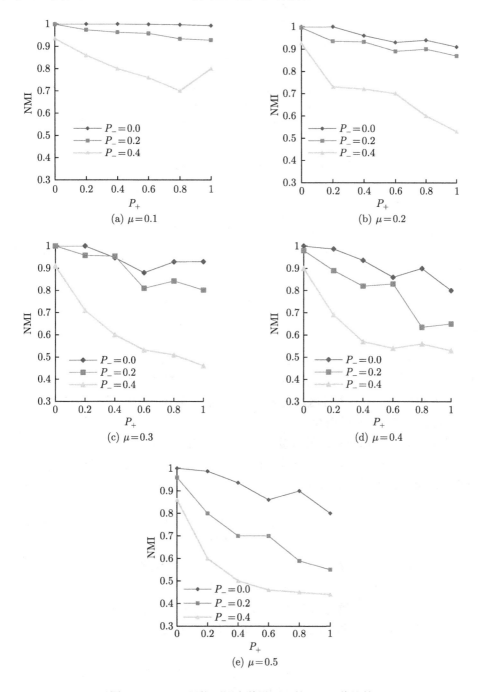

图 4-13 SRN 网络不同参数设置下的 NMI 值比较

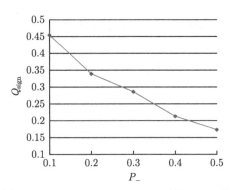

图 4-14 $\mu = 0.2$ 和 $P_+ = 0.2$ 时的 Q_{sign} 值

4.3.4.1   相关定义

定义 4.5   贡献度   给定符号网络 $SN = (V, E, \text{Sign})$, $\forall v_i, v_j \in V$, $(v_i, v_j) \in$ E^+, $v_k \in CN(v_i, v_j)$, 存在社区 C, 且 $C \subset SN$. 带负边的节点 v_k 在 C 中的贡献度, 记为 $CD(v_k^C)$, 如式 (4-19) 所示.

$$CD(v_k^C) = \frac{|E^+(v_k^{CN(v_i,v_j)})|}{|E^-(v_k^{CN(v_i,v_j)})|} \tag{4-19}$$

式 (4-19) 中, $|E^+(v_k^{CN(v_i,v_j)})|$ 表示共同邻居 $CN(v_i, v_j)$ 中与 v_k 连接的正边数; $|E^-(v_k^{CN(v_i,v_j)})|$ 表示共同邻居 $CN(v_i, v_j)$ 中与 v_k 连接的负边数.

贡献度表示节点加入社区对社区间联系紧密性做出的贡献, 正边越多做出贡献越大, 负边越多做出贡献越少.

定义 4.6   节点与社区紧密度   给定符号网络 $SN = (V, E, \text{Sign})$, $\forall v_i, v_j \in V$, $v_k \in CN(v_i, v_j)$, $(v_i, v_j) \in E^+$, 存在社区 C, 且 $C \subset SN$. 节点 v_k 与社区 C 联系的紧密度记为 $TV^+(v_k^C)$, 如式 (4-20) 所示.

$$TV^+(v_k^C) = \frac{|E^+(v_k^{CN(v_i,v_j)})|}{|E(v_k^{SN})|} \tag{4-20}$$

节点与社区紧密度表示节点与相对于整个网络与社区联系的紧密程度, 用于判断节点归属, 当 $TV^+(v_k^C) \geqslant 1/2$ 时, 节点 v_k 留在社区 C 中.

定义 4.7   社区密度   给定符号网络 $SN = (V, E, \text{Sign})$, $\forall v_i \in V$, 存在社区 C 且 $C \subset SN$. 社区 C 密度记为 $CT(C)$, 如式 (4-21) 所示.

$$CT(C) = \frac{\sum\limits_{i=1}^{n} |E^+(v_i^C)|}{n(n-1)/2} \tag{4-21}$$

社区密度用于判断重叠节点归属, 将节点归入密度较大、联系较紧密的社区.

定义 4.8 重叠系数 给定符号网络 $SN = (V, E, \text{Sign})$, 存在社区 C_i 和 C_j, 且 $C_i \subset SN$. 基于 min 相似度定义, 不同社区间节点重叠系数记为 OC_{ij}, 如式 (4-22) 所示.

$$OC_{ij} = \frac{|C_i \cap C_j|}{\min(|C_i|, |C_j|)} \tag{4-22}$$

定理 4.2 设符号网络 $SN = (V, E, \text{Sign})$, 如果存在社区 C, 满足条件 $C \subset SN$, 设 SN 中的节点 v_k 含有负边, 当 $CD(v_k^C) > 1$ 并且 $TV^+(v_k^C) \geqslant 1/2$ 时, 将 v_k 节点归入社区 C 能满足符号网络社区结构定义.

证明 由式 (4-19)—(4-20) 可知, $CD(v_k^C) = |E^+(v_k^C)|/|E^-(v_k^C)|$, $TV^+(v_k^C) = |E^+(v_k^C)|/|E^+(v_k^{SN})|$, 对于满足符号网络社区结构定义的社区 C, 满足式 (4-4) 所示式, 即 $\sum_{v_k \in C} L_{v_k}^{\text{in}+}(C) > \sum_{v_k \in C} L^{\text{out}+}(C)$ 和 $\sum_{v_k \in C} L_{v_k}^{\text{in}+}(C) > \sum_{v_k \in C} L^{\text{in}-}(C)$.

$CD(v_k^C) > 1$ 成立, 意味着 $CD(v_k^C) = |E^+(v_k^C)|/|E^-(v_k^C)| > 1$, 即 $|E^+(v_k^C)| > |E^-(v_k^C)|$, 则

$$\sum_{v_k \in C} L_{v_k}^{\text{in}+}(C) > \sum_{v_k \in C} L_i^{\text{in}-}(C)$$

$$\Rightarrow \sum_{v_k \in C} L_{v_k}^{\text{in}+}(C) + |E^+(v_k^C)| > \sum_{v_k \in C} L_{v_k}^{\text{in}-}(C) + |E^-(v_k^C)|$$

$$\Rightarrow \sum_{v_k \in C} L_{v_k}^{\text{in}+}(C \cup v_k) > \sum_{v_k \in C} L_{v_k}^{\text{in}-}(C \cup v_k)$$

$$TV^+(v_k^C) = |E^+(v_k^C)|/|E^+(v_k^{SN})| \geqslant 1/2$$

$$\Rightarrow |E^+(v_k^C)| \geqslant |E^+(v_k^{SN})| - |E^+(v_k^C)|$$

$$\Rightarrow |E^+(v_k^C)| \geqslant |E^+(v_k^{SN-C})|$$

则有

$$\sum_{v_k \in C} L_{v_k}^{\text{in}+}(C) > \sum_{v_k \in C} L_{v_k}^{\text{out}+}(C)$$

$$\Rightarrow \sum_{v_k \in C} L_{v_k}^{\text{in}+}(C) + |E^+(v_k^C)| > \sum_{v_k \in C} L_{v_k}^{\text{out}+}(C) - |E^+(v_k^C)| + |E^+(v_k^{SN-C})|$$

$$\Rightarrow \sum_{v_k \in C} L_{v_k}^{\text{in}+}(C \cup v_k) > \sum_{v_k \in C} L_{v_k}^{\text{out}+}(C \cup v_k)$$

综上所述, 当 v_k 节点满足定理 4.2 的条件时, 将其归入社区 C 后新的社区 $C \cup v_k$ 仍满足符号网络社区结构定义. 证毕.

4.3.4.2　BTCN_SNCD 算法

如果两个节点有较多的共同邻居, 那么它们之间很有可能相互连接. 也就说, 如果两个人有越多的共同朋友, 那么这两个人认识的可能性就越大, 他们以及共同朋友同属一个社区的可能性也就越大, 因此可以通过两个节点及共同邻居联系的紧密度来衡量它们同属于一个社区的可能性.

算法分为三个阶段: 第一, 基于节点度选取社区的初始点, 为了获取结构更紧密的初始社区, 通过节点的贡献度和紧密度, 找到初始节点与其每个邻居节点的共同邻居形成的初始社区; 第二, 通过社区重叠系数和社区密度, 将初始社区进一步合并, 以获取更准确的社区结构; 第三, 对发现的小社区进行合并. 具体如下.

(1) 聚类阶段

给定符号网络 $SN = (V, E, \mathrm{Sign})$, 从网络节点中选择正度最大的节点 v_i, 并判断其邻居节点 v_j 的正边个数, 用 $D^+(v_j)$ 表示, 当 $D^+(v_j) \leqslant 2$ 时, 节点 v_i 和 v_j 及它们的共同邻居 v_k 直接聚类. 否则, 对 v_i 和 v_j 的共同邻居中的成员 v_k, 按照定理 4.2 中的条件 $CD^+(v_k^C) > 1$, $VT^+(v_k^C) \geqslant 1/2$ 进行判断. 如果满足条件则形成初始临时社区, 依次对 v_i 的所有邻居节点的共同邻居进行判断, 形成多个初始重叠社区 C_x. 详细过程以图 4-15 中节点 v_2 为例进行说明. 节点的聚类过程如表 4-3 所示.

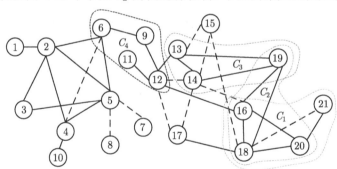

图 4-15　符号网络示例

表 4-3　BTCN_SNCD 算法聚类过程

v_i	v_j	$N(v_j)_1 \cup v_i$	$CN(v_i, v_j)$	聚类条件	CX
	v_1	$\{v_1, v_2\}$	$\{v_1, v_2\}$	$D^+ = 1$	$C_1\{v_1, v_2\}$
	v_3	$\{v_2, v_3, v_4\}$	$\{v_2, v_3, v_5\}$	$D^+ = 2$	$C_2\{v_2, v_3, v_5\}$
1	v_4	$\{v_2, v_4, v_5, v_6, v_{10}\}$	$\{v_2, v_4, v_5, v_6\}$	全部节点满足 $CD(v_k^{CN_{14}}) > 1$, $VT^+(v_k^{CN_{14}}) \geqslant 1/2$	$C_3\{v_2, v_4, v_5, v_6\}$
	v_5	$\{v_2, v_3, v_4, v_5, v_6, v_7, v_8\}$	$\{v_2, v_3, v_4, v_5, v_6\}$	$CD(v_k^{CN_{14}}) > 1$, $VT^+(v_k^{CN_{14}}) \geqslant 1/2$	$C_4\{v_2, v_3, v_4, v_5, v_6\}$
	v_6	$\{v_2, v_4, v_5, v_6, v_9, v_{11}\}$	$\{v_2, v_4, v_5, v_6\}$	同上	$C_4\{v_2, v_4, v_5, v_6\}$

表 4-3 是节点 v_i 的邻居节点都没有聚类的处理过程, 当 v_i 的邻居节点有已经聚类的节点时, 已聚类节点不再考虑, 未聚类节点与表 4-1 处理方式相同. 当 v_i 的所有邻居都已经聚类时, v_i 成为孤立节点, 在第三阶段的小社区合并时考虑.

(2) 重叠社区合并过程

对第一阶段形成的社区按照成员数从大到小的顺序进行排序, 对于 C_i 和 C_j, 当重叠系数 $OC_{ij} = 0$ 时, 直接将成员数少的社区删除. 当重叠系数 $OC_{ij} \neq 0$ 时, 如果两个社区之间没有负边联系, 则进行社区合并 (因为没有增加负联系, 合并后的社区仍然会满足第一阶段条件), 如果两个社区 C_i 和 C_j 有负连接且无法按照第一阶段条件实现合并时, 则依据社区紧密度 $CT(C_i)$ 和 $CT(C_j)$ 的大小, 留下紧密度大的社区, 另一个社区中的非重叠节点按照定理 4.2 中的条件进行判断, 满足条件则作为一个小社区记录下来, 不满足条件则重新聚类.

以图 4-15 中节点 v_{16} 为例, 第一阶段形成 3 个重叠社区, 图中 C_1 和 C_2 之间没有负联系, 则 $C_1 = C_1 \cup C_2$, 即 $C_1\{v_{16}, v_{18}, v_{19}, v_{20}, v_{21}\}$, 合并后的 C_1 与 C_3 之间存在负联系. 为了便于叙述, 合并后的 C_1 用 CTE 表示. 因为 $CT(CTE) = 0.6$ 且 $CT(C_3) = 1$, 所以 C_3 保留, 而 $CTE = CTE - (CTE \cap C_3)$. CTE 恢复为最初的 C_1, 所以第二阶段最终形成两个社区 $C_3\{v_{13}, v_{14}, v_{19}\}$ 和 $C_1\{v_{16}, v_{18}, v_{20}, v_{21}\}$.

图 4-15 中第二阶段在进行重叠社区合并过程中, CTE 被拆分, 在拆分过程中节点 v_{19} 将被删除, 在删除后可能会影响整个社区的结构, 因此判断划分后的小社区是否满足符号网络社区结构定义. 图 4-15 中 CTE 恢复为最初的 C_1, 因此不需要再进行处理.

(3) 小社区合并过程

当网络中所有节点处理完后, 可能会形成一些满足符号网络结构条件的小社区和孤立节点, 对这些社区依据 4.3.3.1 节的社区合并过程进行合并, 使得所有社区满足符号网络社区结构式.

BTCN_SNCD 算法描述如算法 4.2 所示.

算法 4.2 BTCN_SNCD

输入: 符号网络 $SN = (V, E, \text{Sign})$.

输出: 社区集合 $C\{C_1, \cdots, C_m\}$.

BEGIN

1) 选取 $\max(D^+(v_j))$, 当正度相同时, 按照式 (4-16) 选取 $\max(\sigma^+(v_j(SN)))$ 节点, 将 v_i 作为初始节点

2) $\forall v_j \in N(v_i)_1$, 根据如下条件, 对 v_i 与 v_j 及其共同邻居进行合并, 形成初始社区

a) 如果 $D^+(v_j) \leqslant 2$, v_j 直接与 v_i 形成社区, 记为 CX_n

b) 如果 $D^+(v_j) > 2$, 对所有 $v_k \in CN(v_i, v_j)$ 按照定理 4.2 进行聚合条件判断, 如果 $CD(v_k^{CN(v_i,v_j)}) > 1$ 和 $VT^+(v_k^{CN(v_i,v_j)}) \geqslant 1/2$, 则 v_i, v_j 和 v_k 一起形成社区, 记为 CX_n

3) 循环执行 2), 形成初始社区集合 $CX\{CX_1, \cdots, CX_n\}$

4) 对初始社区集合 $CX\{CX_1, \cdots, CX_n\}$ 进行合并. 按照式 (4-22) 计算 CX_i 和 CX_j 的重叠系数 OC_{ij}, 如果 $OC_{ij} = 1$, 选取 $\max(|C_i|, |C_j|)$, 删除另一社区. 否则, 当 $OC_{ij} \neq 0$ 时, 按如下两条件执行操作

a) 如果 CX_i 和 CX_j 之间连接全为正边, 则 $CX_i = CX_i \cup CX_j$, $CX_j = \varnothing$

b) 如果 CX_i 和 CX_j 之间存在负边, 判断负边的加入是否仍然满足定理 4.2, 如果满足直接合并, 否则选取 $\max\{CT(CX_i), CT(CX_j)\}$, 删除另一个社区中的重叠节点和不满足聚类条件的节点

5) 循环执行 4), 直到所有 $OC_{ij} = 0$

6) 重复执行 1)—5), 直到所有节点都无法聚类, 形成社区集合 $CS\{CS_1, \cdots, CS_n\}$

7) 对 $CS\{CS_1, \cdots, CS_n\}$ 中的社区, 按照式 (4-15) 进行合并, 循环执行直到所有社区都满足符合网络社区结构

END

4.3.4.3　实验及结果分析

实验在五个网络中, FEC 和 CRA 示例网络、GGS 和 Karate 真实网络以及人工生成网络 $SRN(n, k, \max k, t_1, t_2, \min c, \max c, on, om, \mu, P_-, P_+)$ 中对算法 BTCN_SNCD 的正确性和有效性进行验证.

(1) FEC 网络实验

FEC 网络, 如图 4-7 所示. 由于该网络不满足幂律分布, 每个节点的连接情况基本相同, 因此产生很多小社区, 也是本算法效率最低的一种情况. 从 3 个正度最大的节点中选择节点 v_1. BTCN_SNCD 算法按照共同邻居紧密度进行聚类后形成社区如图 4-16 中所示第一阶段结果. 第一阶段进行合并后结果与 BNS_SNCD 结果相同, 第三阶段合并过程不再累述.

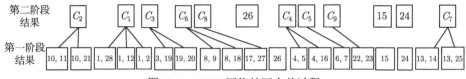

图 4-16　FEC 网络社区合并过程

(2) CRA 网络实验

CRA 网络运行 BTCN_SNCD 算法后, 从不同节点出发得到的重叠社区, 如表 4-4 所示.

表 4-4 CRA 上产生的重叠社区及重叠社区合并结果

节点	产生的重叠社区	合并结果
v_2	$\{v_1,v_2\}\{v_3,v_2\}\{v_4,v_2\}\{v_6,v_2\}$	$A\{v_1,v_2,v_3,v_4,v_6\}$
v_{10}	$\{v_{10},v_{17}\}\{v_{10},v_{17},v_{11},v_6,v_{18}\}\{v_{10},v_{17},v_{11},v_{16}\}$	$B\{v_{10},v_{17},v_{11},v_{16}\}$
v_{22}	$\{v_{22},v_{26},v_{27},v_{28}\}$	$C\{v_{22},v_{26},v_{27},v_{28}\}$
v_{19}	$\{v_{12},v_{19},v_{20},v_{23},v_{24}\}\{v_{19},v_{20},v_{23},v_{24}\}$	$D\{v_{12},v_{19},v_{20},v_{23},v_{24}\}$
v_{25}	$\{v_{30},v_{31},v_{25},v_{29}\}$	$E\{v_{30},v_{31},v_{25},v_{29}\}$
v_{32}	$\{v_{32},v_{33},v_{35},v_{36}\}$	$F\{v_{32},v_{33},v_{35},v_{36}\}$
v_{14}	$\{v_8,v_{13},v_{14}\}\{v_9,v_{14},v_{15}\}$	$H\{v_8,v_9,v_{13},v_{14}\}$

由表 4-4 可见, 在第二阶段划分结束后, 仅剩余 v_5, v_7, v_{21} 三个孤立节点, 而其他社区结构都已经满足符号网络社区结构定义, 因此不需要合并. 第三阶段小社区和孤立节点合并过程与 BNS_SNCD 算法类似, 最终划分结果也相同, 不再赘述.

(3) GGS 网络实验

BTCN_SNCD 算法在 GGS 网络上的最终运行结果也将网络分为 A, B, C 三个社区, 如图 4-11 所示. 其中, A 直接形成, B 社区由孤立节点 v_4 和 $\{v_3,v_6,v_7,v_8,v_{11}, v_{12}\}$ 合并而来, C 社区由 $\{v_{13},v_9,v_{10}\}$ 和孤立节点 v_5 和 v_{14} 合并而来.

(4) Karate 网络实验

在 Karate 网络中, 如图 4-12 所示, 运行 BTCN_SNCD 算法, 访问节点 v_{34} 时形成社区 $B_1\{v_{31},v_{34},v_{10},v_{33},v_{16},v_{19},v_{15},v_{21},v_{23}, v_{27},v_{30},v_{24},v_9,v_{29}\}$, 访问 v_1 节点时形成社区 $A_1\{v_1,v_2,v_3,v_4,v_8,v_{14},v_{20},v_{12}, v_{13},v_{18},v_{22}\}$, 访问节点 v_6 时形成社区 $A_2\{v_6,v_7, v_{17}\}$, 剩余孤立节点 $v_{25}, v_{26}, v_{28}, v_{32}, v_5$ 和 v_{11}. 算法第三阶段合并过程如图 4-17 所示, 最终形成与实际网络划分相同的 A, B 两个社区.

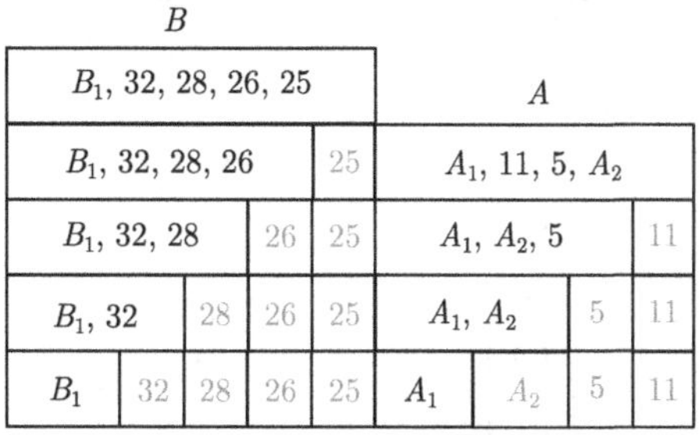

B				A			
B_1, 32, 28, 26, 25							
B_1, 32, 28, 26			25	A_1, 11, 5, A_2			
B_1, 32, 28		26	25	A_1, A_2, 5			11
B_1, 32	28	26	25	A_1, A_2		5	11
B_1	32	28	26	25	A_1	A_2	5	11

图 4-17 Karate 网络社区合并顺序

由基准网络实验可知, BTCN_SNCD 算法相对于 BNS_SNCD 算法在 FEC 网络、CRA 网络、GGS 网络划分结果都相同, 但对 Karate 网络划分上出现了不同, BTCN_SNCD 算法的 NMI 值为 1, 与实际网络划分情况相同.

(5) SRN 网络实验

为了进一步验证 BTCN_SNCD 算法的性能, 通过人工网络 SRN 生成的网络进行实验. 网络参数设置与 4.3.3.2 节相同.

1) NMI 值

因为 P_- 对社区影响较大, 所以随着 P_- 的改变社区划分结果变化很多, 且基于符号网络划分标准, 社区内负边不应太多, 因此 P_- 选取 0, 0.2, 0.4 几个数值, P_+ 取值范围为 0—1, μ 取值从 0.1—0.5, 对应的 NMI 值, 如图 4-18 所示.

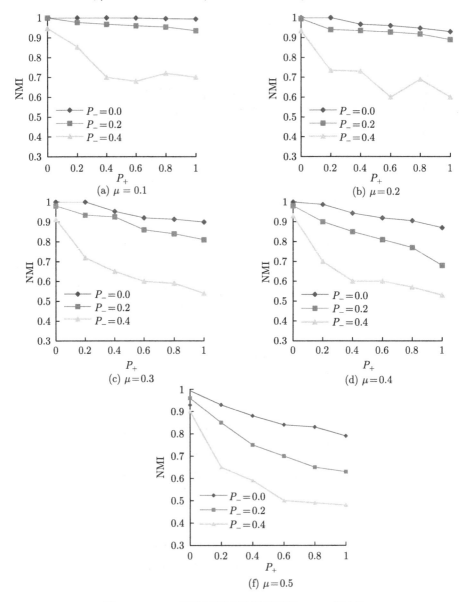

图 4-18　SRN 网络不同参数设置下的 NMI 值比较

由图 4-18 可知, 算法 BTCN_SNCD 与 BNS_SNCD 的情况基本类似, 同样随着 μ 值不断增大, 算法的 NMI 值越来越低. 当 $\mu \leqslant 0.3$, $P_- \leqslant 0.2$ 时, 算法划分的 NMI 值在 0.8—1 变化, 正确性高. 在 $\mu = 0.5$, $P_- \leqslant 0$ 时, 虽然随着 μ 的增加社区划分的正确性不断降低, 但 NMI 值都在 0.8 以上, 因此算法效果较好. 随着 μ, P_-, P_+ 值的不断增大, NMI 值越来越小, 社区划分正确性越来越低.

2) Q_{sign} 值

同样以 μ, P_+ 均为 0.2, P_- 取值 0.1—0.5, 步长为 0.1 为例说明参数变化对 Q_{sign} 值的影响, 最终效果如图 4-19 所示. 由图可见, P_- 对 Q_{sign} 的影响很大, 随着 P_- 的逐步增加, Q_{sign} 成线性急剧减少.

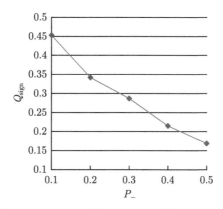

图 4-19　$\mu = 0.2$ 和 $P_+ = 0.2$ 时的 Q_{sign} 值

4.3.4.4　实验对比

为验证算法 BTCN_SNCD 的有效性, 选取符号网络经典社区发现算法 CRA 和 TFCRA 算法, 从 NMI, Q_{sign} 值和运行时间三个方面进行了对比.

BNS_SNCD, BTCN_SNCD 算法对基准网络 (除 Karate 网络) 的划分结果相同, 因此, NMI 值和 Q_{sign} 也基本相同, 且前面在基准网络上的 NMI 值、Q_{sign} 的对比已有叙述, 这里不再累述. 本节仅通过人工网络 SRN 进行对比, 基于符号网络划分标准, 社区内负边不应太多, 因此, P_+ 取值为 0—1, 步长为 0.2, P_- 选取 0, 0.2, 0.4 几个数值; 其余参数设置与 4.3.3.2 节相同.

(1) NMI 值对比

不同参数设置下 NMI 值的实验对比结果, 如图 4-20 所示. 由图 4-20 可见, CRA 算法相对于其他算法稳定性较差; 随着 μ 值变大、P_- 变大, 社区结构越来越不明显, 负边越来越多, TFCRA 算法效果越来越差; 当 $\mu \geqslant 0.3$ 且 $P_- \geqslant 0.2$ 时, TFCRA 运行正确性反而比 CRA 算法差, 因为在算法执行过程中判断带负边节点的归属与正边是同时进行的, 当社区内负边较多时, 调整会增多, 会导致局部震荡

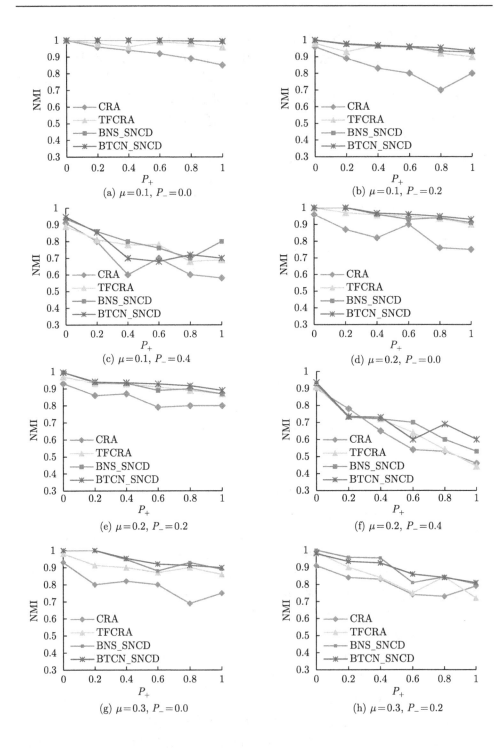

(a) $\mu=0.1$, $P_-=0.0$

(b) $\mu=0.1$, $P_-=0.2$

(c) $\mu=0.1$, $P_-=0.4$

(d) $\mu=0.2$, $P_-=0.0$

(e) $\mu=0.2$, $P_-=0.2$

(f) $\mu=0.2$, $P_-=0.4$

(g) $\mu=0.3$, $P_-=0.0$

(h) $\mu=0.3$, $P_-=0.2$

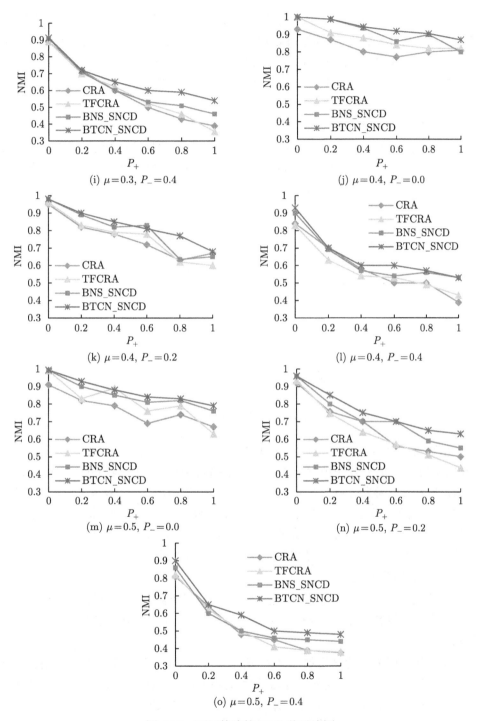

图 4-20 不同算法的 NMI 值对比图

的产生. 当 $P_- = 0.4$ 时, TFCRA 算法正确性下降很快, 进一步对该情况进行解释. 当 $P_- \leqslant 0.2$, $\mu \leqslant 0.2$ 时 TFCRA, BNS_SNCD 和 BTCN_SNCD 算法的划分正确性均在 0.8 以上. BNS_SNCD 和 BTCN_SNCD 算法正确性多数情况下相对于 TFCRA 和 CRA 算法要高, 当 $P_- \leqslant 0.2$, $\mu \leqslant 0.3$ 时, 两种算法的划分正确性均在 0.8 以上.

(2) Q_{sign} 值对比

以 μ, P_+ 为 0.2, P_- 为 0.1—0.5 为例, 将不同参数下的 SRN 网络在 CRA, TFCRA, BNS_SNCD 和 BTCN_SNCD 算法上运行, 划分结果对应的 Q_{sign} 值, 如图 4-21 所示.

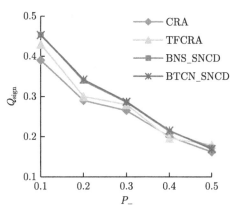

图 4-21　不同算法的 Q_{sign} 值对比

由图 4-21 可见, BNS_SNCD 和 BTCN_SNCD 算法的 Q_{sign} 高于 TFCRA 和 CRA 算法; TFCRA 算法相对于 CRA 算法稳定性有所提高, 但当社区内负边增多时情况则相反, 因为 TFCRA 算法需要调整的负边增加, 产生震荡的可能性增加. 由图 4-21 可见, 当 $P_- \geqslant 0.4$ 时, TFCRA 算法的 Q_{sign} 比 CRA 算法低. 随着 P_- 的变化, 几个算法的 Q_{sign} 变化都很快, 从 0.46 降低到 0.16. 尽管几个算法的 Q_{sign} 相差不大, 但 BTCN_SNCD 算法的 Q_{sign} 相对更高些, 取得较好的运行结果.

(3) 运行时间对比

采用人工网络 SRN 生成三个随机网络进行算法运行时间的对比, 对随机网络参数进行如下设置: $\min c = 20$, $\max c = 50$, $t_1 = 2$, $t_2 = 1$, 其他参数设置如表 4-5 所示.

平均运行时间对比结果如图 4-22 所示, 相应的数据列于表 4-6 中. 由图 4-22 可见, 本节提出的基于共同邻居算法运行时间相对于 CRA 和 TFCRA 算法增加较多. BNS_SNCD 和 BTCN_SNCD 算法相比, BTCN_SNCD 算法的运行时间明显高于 BNS_SNCD 算法, 并且随着网络规模的增大, BNS_SNCD 和 BTCN_SNCD 两个算法运行时间增加较多, 远远大于 TFCRA 算法.

表 4-5 SRN 参数设置

n	k	$\max k$
1000	20	50
5000	40	100
10000	40	100

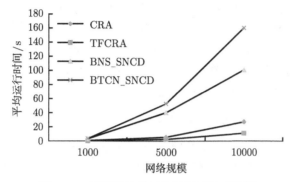

图 4-22 不同算法的平均运行时间对比图

表 4-6 不同算法平均运行时间对比数据 (单位: s)

	1000	5000	10000
CRA	0.9	5.5	27
TFCRA	0.5	2.6	11
BNS_SNCD	3.23	40.2	100.71
BTCN_SNCD	3.57	52.7	160.2

总体而言, 基于共同邻居的两个算法 BNS_SNCD 和 BTCN_SNCD 在划分正确性方面较 TFCRA 和 CRA 算法有较大提高, 但运行时间增加相对较多. 其中, BTCN_SNCD 算法利用共同邻居紧密度实现社区划分, 同 BNS_SNCD 算法相比, BTCN_SNCD 算法的 NMI 值有所提高, 主要因为相似度概念仅仅考虑的是共同邻居的个数, 而基于共同邻居紧密度的算法在考虑共同邻居个数的基础上, 增加了对连边的考虑. 但也因为考虑连边情况, 增加了重叠社区合并部分内容, 因此其相对于 BNS_SNCD 算法的运行时间增加较多. 另外, 通过前面实验可知, 本节两个算法对于度不满足幂律分布的网络, 运行效果差, 需要进行社区合并次数多, 如 FEC 网络; 通过人工网络参数变化对应的 NMI 值和 Q_{sign} 变化可知, BNS_SNCD 和 BTCN_SNCD 随着社区内负边的增加, 正确性降低很多, 也即此两种算法均不适合于社区含负边较多的网络.

4.4 基于结构平衡理论的符号网络社区发现

在符号网络社区发现过程中, 初始节点选取不同会很大程度影响划分结果的正确性, 如 CRA 算法及改进的 TFCRA 算法[94]、FEC 算法采用随机选取节点的方式, 导致划分结果不稳定, 正确性受到很大影响. FEC 改进算法增加了初始节点选取步骤, 但仅仅考虑了节点正度. 同样, 前面所述的 BNS_SND 和 BTCN_SNCD 算法在初始节点选取时也仅仅考虑了正度, 而没有考虑负度, 更没有考虑邻居间的连边情况. 另外, BNS_SND 和 BTCN_SNCD 算法, 在社区形成后需要利用带负边节点的正密度调整节点归属, 当社区中负边较多时容易产生一些小社区, 产生局部震荡, 甚至导致划分出错. 为了更好地解决这些问题, 本节从结构平衡理论和相似度的角度出发研究适合符号网络的社区划分算法.

4.4.1 基于结构平衡理论的符号网络建模

结构平衡理论是符号网络最基础理论之一, 起源于社会心理学理论, 用于定义三角形等微观结构, 也能判断网络全局结构的平衡性, 在符号网络中结构平衡理论主要用在两个方面: 一方面用于判断整个网络是否平衡, 另一方面用于找出满足结构平衡的节点进行划分. 采用结构平衡理论寻找影响范围广和相似度高的节点. 基于结构平衡和节点相似度, 提出一种符号网络社区发现算法 SBTNS_SNCD (Signed Networks Community Detection Based on Structural Balance Theory and Node Similarity)[95].

定义 4.9 节点影响力 给定符号网络 $SN = (V, E, \text{Sign})$, $\forall v_i \in V$, 节点 v_i 在 SN 中的节点影响力, 记为 $NI(v_i)$, 如式 (4-23) 所示.

$$NI(v_i) = \frac{e^{D^+(v_i)}}{e^{D^-(v_i)}} \tag{4-23}$$

定义 4.10 节点聚集系数 给定符号网络 $SN = (V, E, \text{Sign})$ 中, $\forall v_i \in V$, 节点 v_i 的聚集系数, 记为 $SNCC(v_i)$, 如式 (4-24) 所示.

$$SNCC(v_i) = \frac{2T(v_i)}{D(v_i)(D(v_i) - 1)} \tag{4-24}$$

式 (4-24) 中, $T(v_i)$ 表示网络 SN 中包含节点 v_i 的结构平衡三角形的数量, 依据结构平衡三角形定义, 只有 $D(v_i) > 2$ 时, 才有可能形成三角形, 因此 $D(v_i)(D(v_i)-1) \neq 0$.

定义 4.11 节点相似度 给定符号网络 $SN = (V, E, \text{Sign})$, $\forall v_i, v_j \in V$, $v_k \in N(v_i)_1 \cap N(v_j)_1$; sign_{ik} 表示节点 v_i 和 v_k 之间的连接符号, 当 $Sim_{ij} > 0$ 时, 节点 v_i 和 v_j 的相似度, 记为 $NSD(v_i, v_j)$, 如式 (4-25) 所示.

$$NSD(v_i, v_j) = \frac{\sum\limits_{v_k \in N(v_i)_1 \cap N(v_j)_1} \delta(\mathrm{sign}_{ik}, \mathrm{sign}_{jk})}{|N(v_i)_1 \cup N(v_j)_1 \cup v_i \cup v_j|} \quad (4\text{-}25)$$

式 (4-25) 中, $|N(v_i)_1 \cup N(v_j)_1 \cup v_i \cup v_j|$ 表示包含节点 v_i 和 v_j 在内的邻居总数; $\delta(\mathrm{sign}_{ik}, \mathrm{sign}_{jk})$ 表示判断函数, 如式 (4-26) 所示.

$$\delta(\mathrm{sign}_{ik}, \mathrm{sign}_{jk}) = \begin{cases} 1, & \mathrm{sign}_{ik} = \mathrm{sign}_{jk}(v_i \neq v_k, v_i \neq v_j) \\ -1, & \mathrm{sign}_{ik} = \mathrm{sign}_{jk}(v_i \neq v_k, v_i \neq v_j) \end{cases} \quad (4\text{-}26)$$

由式 (4-25) 和式 (4-26) 可见, 找相似度最大的节点的过程实际是计算结构平衡三角形和非平衡三角形个数差的过程, 即求 $|V_{ij}^+| - |V_{ij}^-|$ 的过程.

定义 4.12　节点参与度　给定符号网络 $SN = (V, E, \mathrm{Sign})$, $\forall v_i \in V$, 社区 $C \subset SN$ 且 $v_i \notin C$, 则节点 v_i 在社区 C 中的参与度, 记为 $NPD(v_i(C))$, 如式 (4-27) 所示.

$$NPD(v_i(C)) = \frac{|E^+(v_i(C))| - |E^-(v_i(C))|}{|E^+(v_i(C))|} \quad (4\text{-}27)$$

参与度 $NPD(v_i(C))$ 表示节点 v_i 与社区 C 联系的紧密程度, $NPD(v_i(C))$ 值越大, 表示节点 v_i 与社区 C 联系越紧密, 则节点 v_i 在社区 C 中的参与度越大.

定义 4.13　相对贡献增量　给定符号网络 $SN = (V, E, \mathrm{Sign})$, $\forall v_i \in V$, 社区 $C \subset SN$, 节点 v_i 加入社区 C 后相对贡献增量, 记为 $RCI(C)$, 如式 (4-28) 所示.

$$RCI(C) = \frac{|E_{\mathrm{out}}^+(C \cup v_i)| - |E_{\mathrm{out}}^-(C \cup v_i)|}{|C| + 1} - \frac{|E_{\mathrm{out}}^+(C)| - |E_{\mathrm{out}}^-(C)|}{|C|} \quad (4\text{-}28)$$

式 (4-28) 中, $E_{\mathrm{out}}^+(C)$ 表示社区 C 外部的正连接数, $E_{\mathrm{out}}^-(C)$ 表示社区 C 外部的负连接数.

当 $RCI(C) \leqslant 0$ 时, 即节点对社区外部的贡献小于 0, 则节点对社区内部的贡献大于 0, 节点 v_i 加入社区 C, 否则节点不加入该社区.

定理 4.3　给定符号网络 $SN = (V, E, \mathrm{Sign})$, $\forall v_i \in V$, 社区 $C \subset SN$ 且 $v_i \notin C$, 则 $NPD(v_i(C)) < 1/2$ 和 $RCI(C \cup v_i) \leqslant 0$ 是 v_i 划分出错的必要条件.

证明　假设 v_i 被划分到 C 中且划分出错, 则必然有 $RCI(C \cup v_i) < 0$, 划分出错则意味着存在社区, 使得节点 v_i 在社区中的正负边之差大于 C 中的正负边之差, 则必然存在满足条件社区, 即

$$|E^+(v_i(G - C))| - |E^-(v_i(SN - C))| > |E^+(v_i(C))| - |E^-(v_i(C))|$$

$$\Rightarrow (|E^+(v_i(SN))| - |E^-(v_i(SN))|) - (|E^+(v_i(C))| - |E^-(v_i(C))|)$$

$$> |E^+(v_i(C))| - |E^-(v_i(C))|$$

$$\Rightarrow |E^+(v_i(SN))| - |E^-(v_i(SN))| > 2(|E^+(v_i(C))| - |E^-(v_i(C))|)$$

$$\Rightarrow (|E^+(v_i(C))| - |E^-(v_i(C))|)/(|E^+(v_i(SN))| - |E^-(v_i(SN))|) < 1/2$$

$$\Rightarrow (|E^+(v_i(C))| - |E^-(v_i(C))|)/|E^+(v_i(SN))| < 1/2$$

$$\Rightarrow NPD(v_i(C)) < 1/2$$

反之, 当 $RCI(C \cup v_i) < 0$ 成立时, 则有

$$RCI(C)$$
$$= \frac{|E_{\text{out}}^+(C \cup v_i)| - |E_{\text{out}}^-(C \cup v_i)|}{|C|+1} - \frac{|E_{\text{out}}^+(C)| - |E_{\text{out}}^-(C)|}{|C|}$$
$$= ((|E_{\text{out}}^+(C)| - |E_{\text{out}}^-(C)|) - (|E^+(v_i,C)| - |E^-(v_i,C)|) + (|E^+(v_i(SN-C))|$$
$$- |E^-(v_i(SN-C))|))/(|C|+1) - \frac{|E_{\text{out}}^+(C)| - |E_{\text{out}}^-(C)|}{|C|}$$
$$= \frac{(|E_{\text{out}}^+(C)| - |E_{\text{out}}^-(C)|) + (|E^+v_i(C)| - |E^-v_i(C)|) - 2(|E^+(v_i(C))| - |E^-(v_i(C))|)}{|C|+1}$$
$$- \frac{|E_{\text{out}}^+(C)| - |E_{\text{out}}^-(C)|}{|C|}$$
$$= (|C| \times ((|E^+v_i(SN)| - |E^-v_i(SN)|) - 2(|E^+(v_i(C))| - |E^-(v_i(C))|)$$
$$- (|E_{\text{out}}^+(C)| - |E_{\text{out}}^-(C)|)))/((|C|+1) \times |C|) < 0$$

可得 $(|E^+v_i(SN)| - |E^-v_i(SN)|) - 2(|E^+v_i(C)| - |E^-v_i(C)|) < (|E_{\text{out}}^+(C)| - |E_{\text{out}}^-(C)|)/|C|$. 当 $(|E_{\text{out}}^+(C)| - |E_{\text{out}}^-(C)|)/|C| > 0$ 时, $(|E^+v_i(SN)| - |E^-v_i(SN)|) - 2(|E^+v_i(C)| - |E^-v_i(C)|) > 0$ 可能会成立, 则 $(|E^+v_i(C)| - |E^-v_i(C)|)/|E^+v_i(SN)| < 1/2$ 可能成立, 即 $RCI(v_i,C) < 1/2$ 可能成立. 此时如果存在 C_x 使得 v_i 在 C_x 中的正负边之差大于在社区 C 中的正负边之差, 则划分出错, 否则划分正确.　　　证毕.

4.4.2　基于结构平衡理论的社区发现算法

4.4.2.1　SBTNS_SNCD 算法

　　将网络中的每个节点看作一个实体, 首先选出影响力最大和聚集系数最大的节点作为初始节点, 因为这种节点的邻居节点很容易受其影响加入其所在社区; 其次, 计算此节点与邻居节点的相似度, 寻找相似度最大的节点与初始节点一起形成初始社区; 再次, 从初始社区的邻居节点中找参与度最大的节点加入社区, 实现社区更新; 重复计算, 通过不断向社区中添加参与度最大的节点继续更新社区, 直到待添加节点的相对贡献增量大于 0 时停止添加; 循环以上过程, 直到网络中所有节点得到划分.

(1) 初始节点选取

作为一个社区的初始节点应该是一个社区的核心, 在社区内部既要有影响力又需要有凝聚力. 影响力用以衡量节点在社区内部的延伸程度, 用式 (4-23) 表示; 凝聚力用以衡量节点在社区内部的扩展程度, 用式 (4-24) 表示.

衡量节点影响力经常通过与节点直接相连的邻居, 节点影响力大, 则与其相连的邻居数多. 但对于有负连接的节点来说, 需要考虑负面影响, 式 (4-23) 不但体现了节点的连接密度, 同时考虑了连接符号, 并能表示出节点影响的深度.

在传统网络中, 聚集系数中的 $T(v_i)$ 代表节点与任意两相邻节点形成的三角形的个数, 式 (4-24) 中则表示结构平衡三角形的个数, 公式同时考虑了节点的连接符号和连接密度, 不仅可以表示局部社区的稳定性, 也可以反应出节点与邻居节点之间的连边情况.

先选取影响力最大且聚集系数不为 0 的节点作为初始节点, 当多个节点有相同影响力时, 选取聚集系数最大的节点作为初始节点.

符号网络示例, 如图 4-23 所示, 图中实线表示两个节点之间存在正联系, 虚线表示节点之间存在负联系. 图 4-23 中节点 v_4, 虽然度很大, 但网络中有一定的正连接, 也有一定的负连接, 即存在一定的支持者, 也存在一定的反对者, 因此不适宜作为初始节点; 节点 v_6 虽然在网络中存在最多的正连接数, 但这些连接被分配到了不同的社区, 使得分布在每个社区的连接数都很少, 因此该节点无法将其他节点凝聚在一起, 不适宜选作初始节点.

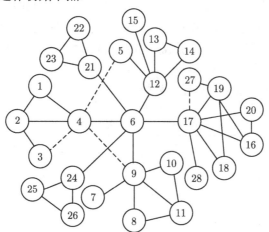

图 4-23 符号网络示例图

由式 (4-23), 对于节点 v_6, $NI(v_6) = e^{D^+(v_6)}/e^{D^-(v_6)} = e^6/e^0 = e^6$, $SNCC(v_6) = 0$, 因此节点 v_6 不能被选作初始节点. 同理, 节点 v_{17} 和 v_{12} 的节点影响力均为 e^5, 是影响力次大节点, 此时需选择两个节点中聚集系数较大节点作为初始节点. 包

含节点 v_{17} 和 v_{12} 的结构平衡三角形个数分别为 $T(v_{17}) = 3$ 和 $T(v_{12}) = 1$, 依据式 (4-24) 可得 $SNCC(v_{17}) = 3/10$ 和 $NCC(v_{17}) = 1/10$, 因此, 选择 v_{17} 作为初始节点.

(2) 初始社区形成

初始社区作为一个社区的基础, 也应具有较高的影响力和凝聚力, 因此需要选择一个与初始节点具有高度相似性的节点与之形成初始社区. 依据式 (4-25), 图 4-23 中节点 v_{17} 与邻居节点相似度的计算结果, 如表 4-7 所示. 由表 4-7 可见, 节点 v_{17} 与 v_{16} 和 v_{18} 的相似度最高, 任意从中选择一个与 v_{17} 形成初始社区, 如 $\{v_{16}, v_{17}\}$.

表 4-7   节点相似度计算

v_j	$|N(v_j)_1 \cap N(v_{17})_1|$	$|V_{17j}|$	$|V_{17j}^+|$	$|V_{17j}^-|$	$NSD\,(v_{17}, v_j)$
v_6	13	0	0	0	0
v_{16}	8	2	2	0	1/4
v_{18}	8	2	2	0	1/4
v_{19}	8	2	1	1	0
v_{20}	8	1	1	0	1/6
v_{28}	8	0	0	0	0

(3) 社区更新

社区更新阶段即在初始社区的邻居中选取与社区联系紧密的节点, 并将其添加入社区的过程. 一个节点如果属于某个社区, 那么该节点对此社区的贡献应大于节点对网络中剩余社区的贡献, 考虑负边的作用, 用参与度式 (4-27) 来表示节点与社区联系的紧密性. 为了提高社区形成效率和社区的稳定性, 按照节点参与度的强弱将节点加入社区. 图 4-23 初始社区 $\{v_{16}, v_{17}\}$ 的邻居集合为 $\{v_{16}, v_{18}, v_{19}, v_{20}, v_{27}, v_{28}\}$, 其邻居节点在社区中参与度计算如表 4-8 所示.

表 4-8   节点参与度计算

v_j	$|E^+(v_j(C))|$	$|E^-(v_j(C))|$	$|E^+(v_j(SN))|$	$NPD(v_j(C))$
v_6	1	0	6	1/6
v_{18}	1	0	2	1/2
v_{19}	2	0	3	2/3
v_{20}	2	0	2	1
v_{28}	1	0	1	1
v_{27}	0	1	1	−1

由表 4-8 可知, 节点 v_{20} 和 v_{28} 参与度最高, 先加入社区, 任意选择节点 v_{20} 加入社区, 则需要重新计算被影响节点的参与度, 再次选出参与度最高的节点加入社区.

(4) 社区终止

邻居节点不一定都与初始社区有密切联系, 即有的邻居节点不一定被划分到初始社区, 这就需要终止条件.

节点加入社区的条件是能对社区产生积极影响. 对于带有负连接的节点, 假如节点在社区内部只有正连接, 在计算该节点对社区的影响时, 则无法体现出负连接在网络中存在的意义以及正负连接在社区形成过程中的相互作用关系. 因此, 式 (4-28) 中利用节点加入社区前后, 节点在社区外部的连接变化来计算节点对社区的相对贡献. 表 4-8 中邻居节点加入社区的过程及相对贡献增量计算如表 4-9 所示.

表 4-9 节点加入社区过程和 $RCI(C)$ 计算

v_j	$|E_{\text{out}}^+(v_j(C \cup v_j))|$	$|E_{\text{out}}^-(v_j(C \cup v_j))|$	$|E_{\text{out}}^+(v_j(C))|$	$|E_{\text{out}}^-(v_j(C))|$	$|C|$	$RCI(C)$
v_{20}	5	1	7	1	2	$4/3 - 6/2 < 0$
v_{28}	4	1	5	1	3	$3/4 - 4/3 < 0$
v_{19}	4	1	4	1	4	$3/5 - 3/4 < 0$
v_{18}	2	1	4	1	5	$1/6 - 3/5 < 0$
v_6	6	1	2	1	6	$4/7 - 1/6 > 0$

在表 4-9 中, 邻居节点按照参与度大小依次加入社区, 当某一节点加入社区后, 如果对未加入社区节点产生影响, 则需要重新计算这些节点参与度, 并选择出参与度最大节点加入社区. 节点 v_6 因相对贡献增量大于 0 不加入社区, 停止划分过程. 因此以 v_{17} 为初始节点的社区划分结果为 $\{v_{16}, v_{18}, v_{19}, v_{20}, v_{27}, v_{28}\}$, v_6 和 v_{27} 留待以后考虑.

(5) 特殊节点处理

计算节点参与度过程中, 可能出现多个节点参与度相同的情况, 此时一般随机选择一个加入社区. 如果随机选择的是临界节点, 则可能会导致出错, 如图 4-9 所示 CRA 网络.

图 4-9 中 $v_{10}, v_{16}, v_{17}, v_{18}$ 几个节点的节点影响力相同均为 e^5, 而节点聚集系数也相同均为 7/10, 因此从 4 个节点中任意选择一个作为初始节点. 假如选择节点 v_{10} 和 v_{17}, 则划分正确, 但如果选择节点 v_{16} 和 v_{18}, 则可能 v_{22} 划分出错. 以 v_{16} 为例, 节点 v_{18} 与其相似度最高, 形成初始社区 $C\{v_{16}, v_{17}\}$, 其邻居 $v_{10}, v_{11}, v_{17}, v_{22}$ 的参与度均为 2/5, 可以任选一个节点加入社区. 由图 4-9 可见, 如果选取节点 v_{10}, v_{11}, v_{17} 可实现正确划分, 但如果选取 v_{22}, 因 $RCI(C) \leqslant 0$ 成立, 节点也会被加入社区, 划分结果为 $C_1\{v_{16}, v_{18}, v_{10}, v_{11}, v_{17}, v_{22}\}$, 但节点 v_{22} 与 v_{26}, v_{27}, v_{28} 所在社区联系更紧密, 划分出错. 定理 4.3 与这一情形相呼应.

根据定理 4.3, 当 $RCI(C_z) \leqslant 0$, 针对某初始节点的执行过程结束时, 对社区 C_z 的所有节点进行判断, 如果 $NPD(v_i(C)) \geqslant 1/2$, 则执行 $V = V - v_i$, 否则该节点仍

然留在 V 中重新进行划分, 并准备临时存储空间存储满足 $NPD(v_i(C)) < 1/2$ 条件的节点. 最后对临时存储空间中的节点和 V 中剩余节点按照参与度确定其归属, 将其归于参与度最大的社区, 并从其他社区删除.

算法 SBTNS_SNCD 的具体描述如算法 4.3 所示.

算法 4.3 SBTNS_SNCD

输入: 符号网络 $SN = (V, E, \text{Sign})$, $z=1$.

输出: 社区集合 $C\{C_1, \cdots, C_m\}$.

BEGIN

1) 根据符号网络 $SN = (V, E, \text{Sign})$, 计算所有节点影响力 $NI(v_i)$, 存入集合 NI, 定义初始社区 C_z 和临时存储空间 CT 为空

2) 选取 $\max(NI(v_i))$ 节点 v_i

a) 如果 $|\max(NI(v_i))| = 1$, 计算 $SNCC(v_i)$, 如果 $SNCC(v_i) \neq 0$, 将 v_i 作为初始节点, 执行步骤 4); 如果 $SNCC(v_i) = 0$, 执行 3)

b) 如果 $|\max(NI(v_i))| > 1$, 则计算这些节点的聚集系数 $SNCC(v_i)$; 选择 $\max(SNCC(v_i))$ 并将 v_i 作为初始节点; 如果 $SNCC(v_i) \neq 0$, 令 $V = V - v_i$, $C_z = C_z + v_i$, 执行步骤 4); 如果 $SNCC(v_i) = 0$, 执行步骤 3)

3) 令 $NI = NI - v_i$, 重新执行 2)

4) 选取 v_j, $v_j \subset N(v_i)$, 根据式 (4-25) 计算邻居 v_j 与节点 v_i 的相似度 $NSD(v_i, v_j)$, 如果所有的 $NSD(v_i, v_j) \leqslant 0$, 则重新执行 2)

5) 选取 $\max(NSD(v_i, v_j))$, v_j 与 v_i 形成初始社区, 令 $V = V - v_j$, $C_z = C_z + v_j$, 执行 6)

6) 选取 v_z, $v_z \subset N(C_z)$, 根据式 (4-26) 计算参与度 $NPD(v_z(C_z))$, 选取 $\max(NPD(v_z(C_z)))$, 根据式 (4-28) 计算 $RCI(C_z)$; 如果 $RCI(C_z) \leqslant 0$, 则令 $C_z = C_z + v_x$, $N(C_z) = N(C_z) - v_x$; 循环此步骤, 直到 $RCI(C_z) > 0$ 或 $N(C_z)$ 为空时, 停止将节点加入到社区 C_z, 执行 7)

7) 对 C_z 中节点进行判断, 如果 $NPD(v_z(C_z)) \geqslant 1/2$, 则执行 $V = V - v_i$, 否则 $CT = CT + v_i$; 初始社区 C_z 划分完成, 令 $z = z + 1$, 返回 2)

8) 合并小社区, 并对 V 和 CT 中的剩余节点, 按照式 (4-27) 计算参与度, 将节点归入参与度大的社区

END

算法 SBTNS_SNCD 及复杂度分析如下: 该算法, 首先计算网络中所有 n 个节点的度, 如代码 1), 时间复杂度为 $O(n)$; 其次, 选取影响力最大节点, 如代码 2)—3), 时间复杂度为 $O(n)$, 一般影响力最大且相同的节点个数经常非常少, 可以省略; 再次, 计算节点与其邻居的相似度, 如代码 4)—5), 假设节点平均度为 d, 则时间复杂度为 $O(d)$; 最后, 计算参与度时间, 如代码 6)—7), 假设最终形成社区最多有

p 个节点, 则需要计算 $p(p-1)$ 次, 则时间复杂度为 $O(p^2)$; 同理, 计算相对贡献的时间复杂度为 $O(p^2)$. 代码 2)—5) 的时间复杂度为 $O(n+d+p^2)$, d 远远小于 n, 则为 $O(n+p^2)$; 如果划分为 k 个社区, 则需要循环 k 次, 则总的时间复杂度为 $O(k(n+p^2))$, 当社区中元素个数远远小于节点个数时, 算法复杂度为 $O(kn)$.

4.4.2.2 实验及结果分析

实验在六个网络: 图 4-23 示例网络, CRA 示例网络, SPP, GGS 和 Karate 真实网络以及人工生成网络 $\mathrm{SRN}(n, k, \max k, t_1, t_2, \min c, \max c, on, om, \mu, P_-, P_+)$ 中对算法 BTCN_SNCD 的正确性和有效性进行验证.

(1) 图 4-23 示例网络

对图 4-23 网络中剩余节点进行分析, v_{12}, v_9, v_2, v_{21} 和 v_{24} 分别被选为初始节点, 初始节点对应的初始社区如表 4-10 所示.

表 4-10   图 4-23 的初始节点和初始社区

初始节点	初始社区
v_{12}	$\{v_{12}, v_{13}\}$ 或 $\{v_{12}, v_{14}\}$
v_9	$\{v_9, v_{11}\}$
v_2	$\{v_2, v_{11}\}$
v_{21}	$\{v_{22}, v_{21}\}$ 或 $\{v_{23}, v_{21}\}$
v_{24}	$\{v_{24}, v_{25}\}$ 或 $\{v_{24}, v_{26}\}$

以初始社区 $\{v_{12}, v_{13}\}$ 为例, 邻居节点加入过程如图 4-24 所示. 在图 4-24 中 x 轴表示加入初始社区的节点, y 轴表示待加入节点的相对贡献增量. 当 $RCI(C) > 0$ 时, 停止将节点加入社区, 得到该初始社区对应的划分结果 $C_2\{v_{12}, v_{13}, v_{15}, v_5, v_{14}\}$.

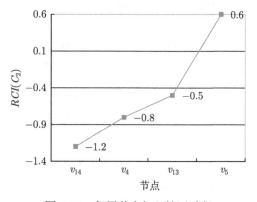

图 4-24   邻居节点加入社区过程

同理, 初始社区 $\{v_9, v_{11}\}$, $\{v_2, v_{11}\}$, $\{v_{22}, v_{21}\}$ 和 $\{v_{24}, v_{25}\}$ 得到划分结果, 如表 4-11 所示. 表 4-11 是程序执行到步骤 7) 的结果, 剩余节点 v_6 和 v_3 没有被划分.

对于节点 v_3, $NPD(v_3, C_4) = 0$, 但因只与一个社区 C_4 相联系, 所以划分到 C_4 社区. 对于节点 v_6, $NPD(v_6, C_z) = 1/6 (1 \leqslant z \leqslant 6)$, 即与 v_6 相联系的所有社区的参与度相同, 可以划分到任意社区, 例如归入 C_1.

表 4-11　图 4-23 的初始社区和划分结果

初始社区	划分结果
$\{v_9, v_{11}\}$	$C_3\{v_9, v_{11}, v_7, v_8, v_{10}\}$
$\{v_2, v_1\}$	$C_4\{v_2, v_1, v_4\}$
$\{v_{22}, v_{21}\}$	$C_5\{v_{22}, v_{21}, v_{23}\}$
$\{v_{24}, v_{25}\}$	$C_6\{v_{24}, v_{25}, v_{26}\}$

(2) CRA 网络实验

在图 4-9 中选取可能会导致划分出错的初始社区 $C_2\{v_{16}, v_{18}\}$, 根据节点 v_{22} 加入的顺序不同会得到两个相对增量. 如果首先加入 v_{22}, 则有 $RCI(C_2) = -1$; 如果其他节点先加入, 节点 v_{22} 最后加入社区, 有 $RCI(C_2) = 0$, 无论首先加入还是最后加入, 都满足节点加入社区的条件. 因此会形成社区 $C_2\{v_{16}, v_{18}, v_{10}, v_{11}, v_{17}, v_{22}\}$. 因为 $NPD(v_3(C_2)) < 1/2$, 所以 v_{22} 不从节点集合 V 中删除, 并将其存入临时存储集合 TC.

算法依次执行, 节点 v_{22} 会被选为初始节点, 其未被划分的邻居节点有 $\{v_{27}, v_{28}, v_{26}\}$, 根据相似度得到初始社区 $\{v_{22}, v_{26}\}$, 依据参与度和节点相对增量, 可以得到社区 $C_5\{v_{27}, v_{28}, v_{26}, v_{21}, v_{22}\}$, 对 C_5 中节点进行判断, $NPD(v_{22}(C_5)) \geqslant 1/2$, 因此可以将 v_{22} 从 TC 中删除, 同时从原来社区 C_2 中删除; 同理可知 v_{21} 需要加入 TC 中. 算法最后需要对临时存储空间 TC 中的节点 v_{21} 和 v_5 依据参与度确定归属, 算法执行结束, 最终划分结果, 如表 4-12 所示.

表 4-12　图 4-9 的划分结果

社区编号	划分结果
C_1	$\{v_2, v_1, v_3, v_4, v_6, v_7\}$
C_2	$\{v_{11}, v_{10}, v_{18}, v_{16}, v_{17}\}$
C_3	$\{v_{12}, v_{19}, v_{20}, v_{23}, v_{24}\}$
C_4	$\{v_{32}, v_{33}, v_{35}, v_{36}\}$
C_5	$\{v_{22}, v_{26}, v_{27}, v_{28}\}$
C_6	$\{v_{29}, v_{25}, v_{30}, v_{31}, v_{34}\}$
C_7	$\{v_{14}, v_9, v_{15}, v_8, v_{13}, v_{21}\}$

(3) SPP 网络实验

SPP 网络的社区结构是已知的, 包括两个社区 $A\{v_1, v_2, v_3, v_4, v_5\}$ 和 $B\{v_6, v_7, v_8, v_9, v_{10}\}$, 如图 4-25 所示. 利用 SBTNS_SNCD 算法对网络进行社区划分, 得到的

社区结构与实际结果相同, 划分为 A, B 两个社区.

该网络的特点是除去 v_8, v_9 和 v_{10} 外, 任何其他节点的节点影响力和聚集系数都是相同的, 因此可以在剩余节点中任意选择初始节点; 社区 A 中所有与初始节点有正联系的邻居节点与初始节点相似度也是相同的, 可以选取任意节点与初始节点形成初始社区; 初始社区的邻居节点的参与度只有两个值, 与初始社区存在正联系的节点参与度均为 1/2, 存在负联系的节点参与度均为负值. 假如初始社区选为 $\{v_1, v_2\}$, 那么节点 v_3, v_4 和 v_5 的参与度均为 1/2, 通过相对增量判断, 所有存在正联系的并入同一社区. 对于 B 社区 $\{v_6, v_7\}$ 选为初始社区, 先是 v_8, v_9 节点, 最后 v_{10} 节点也并入社区.

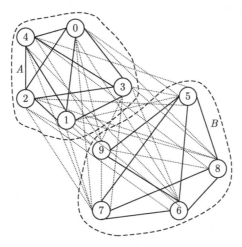

图 4-25 SPP 网络及划分结果

(4) GGS 网络实验

GGS 网络, 如图 4-11 所示, 运行该算法后网络被分为 A, B, C 三个社区. 其中 A 社区直接形成, 以 v_7 为初始节点的划分过程, 节点 v_5 先被划分到 B 社区, 并被存储到临时存储社区 TC 中. 由图 4-11 可见, 节点 v_5 与 B 和 C 社区联系仅差一条边, $NPD(v_5, B)) = 1/3$, $NPD(v_5, C)) = 2/3$, 因此 v_5 在社区 C 形成过程中又被划分到了 C. 网络最终划分结果与真实结果相同.

(5) Karate 网络实验

带负边的 Karate 网络, 如图 4-12 所示, 对该网络运行 SBTNS_SNCD 算法. 节点 v_1 被选为初始节点, $\{v_1, v_2\}$ 被选为初始社区, 算法运行最终结果为图中的 B'. 小社区 A' 未被并入 B', 因为以 $\{v_1, v_2\}$ 为中心的节点依次加入, 形成社区 $BT\{v_1, v_2, v_{12}, v_{18}, v_{20}, v_{22}, v_{13}, v_8, v_4, v_{14}, v_3\}$, 当对 v_{11} 或 v_5 进行判断时, 相对于 BT 社区, $RCI(BT)) = 0.11$, 两个节点无法加入社区, 之后以 $\{v_6, v_7\}$ 为核心形成

社区 A'. 当 v_{34} 被选为初始节点时, $\{v_{34}, v_{33}\}$ 被选为初始社区, C' 中除去节点 v_{25}, v_{26}, v_9 和 v_{31} 外全部被划分在一个社区, 最后剩余 4 个孤立节点, 按照参与度计算式判断, 最后形成三个社区, 网络 NMI 值为 0.88.

对不含负边的 Karate 网络, 运行情况与含负边的网络有所不同, 当对 v_{11} 或 v_4 进行判断时相对于 BT 社区, $RCI(BT)) = -0.023$, 节点 v_{11}, v_5, v_6 和 v_7 依次被加入, 但合并小社区前, 因 v_{17} 与 $\{v_1, v_2\}$ 没有直接联系, 所以形成孤立节点. 另因为 RCI 值的不同, 形成小社区 $\{v_{25}, v_{26}, v_{29}, v_{32}\}$, 在算法 4.3 的步骤 8) 进行合并, 最终形成与现实相同的两个社区, 网络 NMI 为 1.

(6) 人工网络实验

人工网络 SRN 参数配置与 4.3.3.2 节相同. 为了进一步验证 SBTNS_SNCD 算法的性能, 从 NMI 值和 Q_{sign} 值两方面进行实验, 实验结果如图 4-26 和图 4-27 所示.

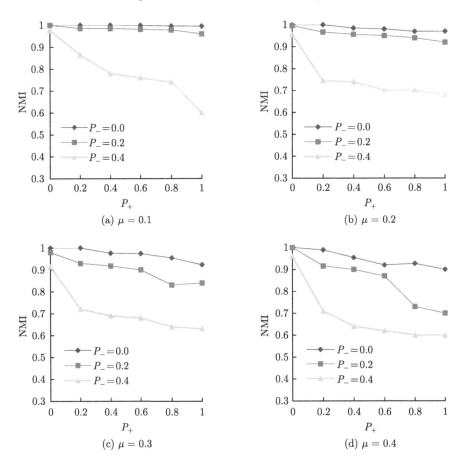

(a) $\mu = 0.1$

(b) $\mu = 0.2$

(c) $\mu = 0.3$

(d) $\mu = 0.4$

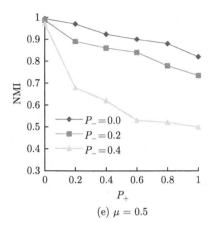

图 4-26 SRN 网络不同参数设置下的 NMI 值比较

1) NMI 值

随着 μ 值不断增大算法的 NMI 值越来越低. 当 $\mu \leqslant 0.2$ 且 $P_- \leqslant 0.2$ 时, 划分结果的正确性非常高, 几乎为水平直线; 当 $\mu \leqslant 0.3$, $P_- \leqslant 0.2$ 时, 算法划分的 NMI 值在 0.8—1 变化, 正确性高; 当 $\mu = 0.4$ 时, 仅 $P_- = 0$ 时, NMI 取值在 0.8—1, 并且随着 μ, P_-, P_+ 值的不断增大, SBTNS_SNCD 算法划分正确性越来越低.

2) Q_{sign} 值

同样以 μ, P_+ 均为 0.2, P_- 取值 0.1—0.5, 步长为 0.1 为例, 参数变化对 Q_{sign} 值的影响, 如图 4-27 所示, 由图 4-27 可见, P_- 对 Q_{sign} 的影响很大, 随着 P_- 的逐步增加, Q_{sign} 呈线性急剧减小.

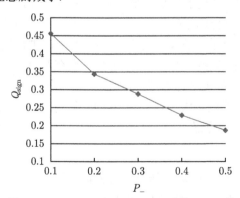

图 4-27 $\mu = 0.2$ 和 $P_+ = 0.2$ 时的 Q_{sign} 值

通过基准网络和人工生成网络的实验可知, 算法 SBTNS_SNCD 利用结构平衡理论和相似度的概念能取得较好的划分效果, 在基准网络上的实验取得划分结果与实际情况完全相同. 但因为该算法在计算相似度和参与度时的依据是结构平衡理论. 所以, 算法不适用于存在很少平衡三角形的网络, 如 FEC 网络.

4.4.2.3   实验对比

为验证提出算法 SBTNS_SNCD 的有效性, 选取算法 BNS_SNCD, BTCN_SNCD 和经典算法 FEC 和 MEAs_SN, 从 NMI 值、Q_{sign} 和运行时间方面进行对比.

BNS_SNCD, BTCN_SNCD, SBTNS_SNCD 算法对基准网络划分结果上基本相同, 因此 NMI 值和 Q_{sign} 也基本相同, 运行时间在小网络上变化不大, 且前面在基准网络上的 NMI 值、Q_{sign} 的对比已有叙述, 这里不再累述.

本节仅通过人工网络 SRN 进行对比, 网络的参数设置与 4.3.4.4 节相同.

(1) NMI 值对比

不同参数设置下 NMI 值的实验对比结果, 如图 4-28 所示. 由图 4-28 可知, 整体而言, 除了一些个别节点外, SBTNS_SNCD 算法在 NMI 值上相对于 FEC 算法都有很大程度的提高, 相对于 FEC 随机游走的不确定性, 算法相对更稳定些. 相对于 MEAs_SN 算法, SBTNS_SNCD 算法性能与其相差不多, 多数情况下划分的正确性相对差一些, 但是稳定性更好一些. 而 BTCN_SNCD 算法和 BNS_SNCD 算法多数情况下相对于 MEAs_SN 算法社区划分的正确性要差一些, 但在 $\mu \leqslant 0.3$, 且 $P_- \leqslant 0.2$ 的情况下, 正确率大于 0.8, 在 $\mu \leqslant 0.3$ 且 $P_- = 0.0$ 时, 算法 NMI 值基本在 0.9 以上.

另外, 在 $\mu \geqslant 0.4$ 和 $P_- = 0.0$, 社区结构不明显且负边较多的情况下, 虽然算法的 NMI 值降低很快, 甚至于不足原来一半, 但相对于 FEC 算法提高很多. 其中, BNS_SNCD 算法社区划分的正确性较 BTCN_SNCD 算法更低一些, 且在一些情况下有较大波动, 主要由于在社区划分过程中需要对负边进行调整, 导致局部震荡的产生, 从而降低正确性, 虽然 BTCN_SNCD 算法也有对负边的调整, 但由于是在重叠社区的小社区形成过程中进行的, 而在重叠社区形成后依据符号网络社区结构进行调整, 因此对正确性影响不大. SBTNS_SNCD 算法则没有依据负边进行调整的步骤, 因此对正确性的影响更低.

(2) Q_{sign} 值对比

五种算法的 Q_{sign} 值实验对比结果, 如图 4-29 所示. 由图 4-29 可见, 各种算法的 Q_{sign} 值相差不大. 当 μ 和 P_+ 均为 0.2 时, 随着 P_- 的变化, 算法的 Q_{sign} 减小非常快, 从 0.46 降低到了 0.16 左右, 除去 MEAs_SN 算法的 Q_{sign} 在一些情况下比较高外, 其他算法的 Q_{sign} 均比 FEC 算法有所提高, 取得较好的运行效果; 但同时由图 4-29 可见在相同的参数设置下, Q_{sign} 在几个算法中变化不大.

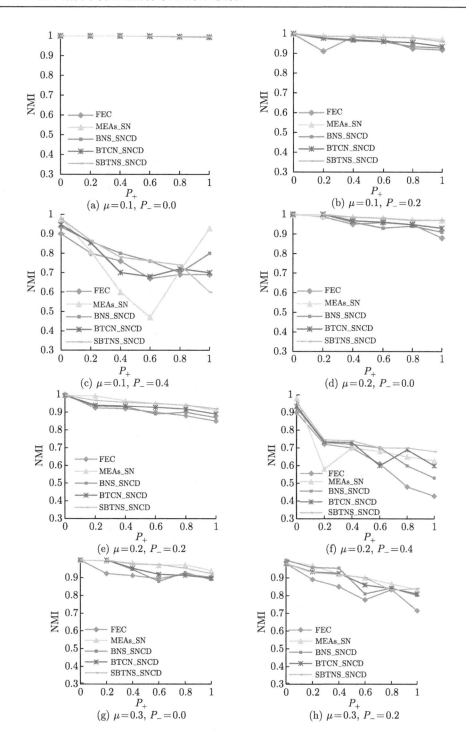

(a) $\mu=0.1$, $P_-=0.0$

(b) $\mu=0.1$, $P_-=0.2$

(c) $\mu=0.1$, $P_-=0.4$

(d) $\mu=0.2$, $P_-=0.0$

(e) $\mu=0.2$, $P_-=0.2$

(f) $\mu=0.2$, $P_-=0.4$

(g) $\mu=0.3$, $P_-=0.0$

(h) $\mu=0.3$, $P_-=0.2$

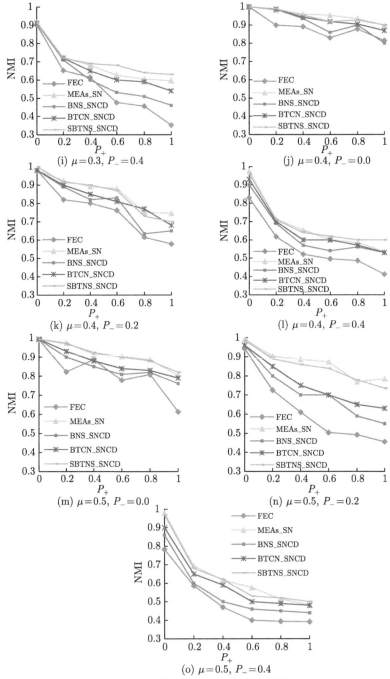

图 4-28 不同算法的 NMI 值对比图

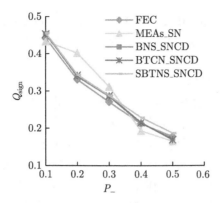

图 4-29 不同算法的 Q_{sign} 值对比图

(3) 运行时间对比

采用 SRN 网络生成的三个随机网络进行算法运行时间的对比, 平均运行时间对比结果, 如图 4-30 所示, 相应的数据列于表 4-13.

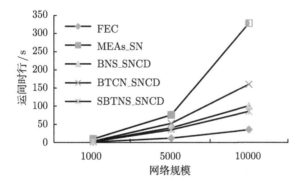

图 4-30 不同算法的运行时间对比图

表 4-13　不同算法平均运行时间对比数据　(单位: s)

	1000	5000	10000
FEC	1.6	12	35
MEAs_SN	9.9	75.7	328.1
BNS_SNCD	3.23	40.2	100.71
BTCN_SNCD	3.57	52.7	160.2
SBTNS_SNCD	2.44	35.07	85.21

由图 4-30 可见, 在 1000 节点时, BNS_SNCD, BTCN_SNCD 和 SBTNS_SNCD 三个算法运行时间相对于 FEC 算法有所增加, 但变化不明显. 需要注意的是随着网络规模的增大, 这三个算法的运行时间增加较多, 甚至超过 FEC 算法一倍, 但却远远小于 MEAs_SN 算法. 另外, 随着网络规模的不断增大, SBTNS_SNCD 算

法运行时间增长缓慢. 而 MEAs_SN 算法的运行时间则是急剧增加, 出现此种情况的原因是进化算法需要在进化过程中维持一定量的种群, 因此与启发式算法相比, 计算的复杂程度更高. 由图 4-30 可见, SBTNS_SNCD 算法相对于 BNS_SNCD 算法运行时间稍低, 但变化不明显, 因为 BNS_SNCD 算法计算相似度的时间与 SBTNS_SNCD 算法计算参与度和相对贡献增量的时间复杂度相当, 而在小社区合并部分, SBTNS_SNCD 算法形成的小社区相对少, 这样就减少了社区合并时间, BTCN_SNCD 算法因为重叠社区合并而增加了算法复杂度, 延长了运行时间.

　　总体而言, 虽然 SBTNS_SNCD 算法在运行时间方面不如 FEC 算法, 但在划分正确性方面有较大程度提高; 与 MEAs_SN 算法相比, 划分正确性方面相差不大, 但运行时间降低很多. 因此, SBTNS_SNCD 算法能取得较好的社区划分效果, 相对于以往算法有较高的正确性和较低的运行时间.

第 5 章 集对复杂网络建模及应用

5.1 引　　言

现有社会网络主要分为三类: 第一类是传统社会网络, 该网络中的节点代表单一类型的实体, 节点之间存在单一类型的关系, 如图 5-1(a) 所示, 图中节点 A—F 表示网络中的实体, 如人等; 边表示节点之间的关系, 如人与人之间的联系关系. 第二类是符号网络, 该网络中节点代表单一类型的实体, 节点之间同时存在两种对立关系, 如朋友和敌人、信任与不信任、赞成与反对等对立关系, 如图 5-1(b) 所示; 图中节点 A—F 表示网络中的实体, 图中实线表示节点之间的正连接关系, 图中虚线表示节点之间负连接关系. 第三类是多模社会网络, 简称多模或异构网络, 该网络中同时存在多种类型的实体节点, 不同类型的节点之间存在不同类型的关系. 图 5-1(c) 所示的是一种最简单的多模网络 —— 二模网络, 其中, 节点 A—C 表示一种类型的实体, 如人等; 节点 D—F 表示另一种类型实体, 如微博中的主题或兴趣爱好等; 边表示两类实体之间的关系, 如人对主题的关注关系. 因此, 基于人与主题两类实体构造了主题关注网络 (详见 5.3.4 节), 将这个特殊的多模网络作为一个研究网络.

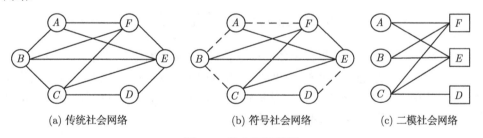

(a) 传统社会网络　　　　　(b) 符号社会网络　　　　　(c) 二模社会网络

图 5-1　社会网络模型

当前学术界对传统网络的研究比较广泛和深入. 无论是对网络模型, 还是对社区发现、影响最大化、群体行为预测等方面, 都有学者进行了深入的研究. 其中, 节点间相似性度量方法作为各类社会网络分析的基础, 对网络社区发现、社区演化和链接预测等均具有重要的理论意义和实用价值.

传统社会网络中已经基于网络结构的局部、全局、半全局特征提出了多种节点间相似性的度量方法 [140]. 其中, 全局相似性方法需要考虑网络的整体结构关系, 通常利用网络的邻接矩阵计算逆矩阵、矩阵的特征根, 或通过遍历节点间路径度量相似性等, 该方法虽然拥有相对较高的精度, 但却具有较高的时间和空间复杂度, 不适宜较大规模的网络. 局部相似性方法由于仅考虑节点的最近邻, 具有较低的时间复杂度, 却低估了直接连接节点间和通过关联路径连接的节点间的相似性. 同时, 传统相似性度量方法均仅考虑了确定的网络拓扑结构信息. 然而, 现实世界是一个同时具有确定性和不确定性的矛盾统一体. 社会网络作为描述现实世界实体间关系的抽象方法, 也具有不确定性. 如在局部结构的影响下, 下一时刻网络中两实体可能从陌生人变为朋友, 或从朋友变为敌人, 或变为最熟悉的陌生人等. 因此, 忽略网络实体间的不确定性, 不能准确刻画网络中实体间的关系.

2011 年, 文献 [96] 首先将集对理论应用到社会网络分析中, 提出了集对社会网络分析模型及其性质, 为基于集对理论的社会网络分析研究拉开了序幕. 文献 [97] 和文献 [98] 分别提出了基于集对理论和共同邻居的节点间相似性度量方法. 然而, 这两个方法仅考虑了网络中不确定的共同邻居属性数量对社区形成及网络分析的影响, 忽略了节点间有无路径、节点间直接或间接路径、节点间路径的数量和长度、节点的度、网络密度 (聚集系数) 等因素对节点间相似性的影响.

因此, 重点研究集对社会网络建模研究. 基于集对分析理论, 将各类社会网络分别刻画为一个同异反 (确定与不确定) 系统. 针对各类社会网络的特点, 将网络拓扑结构特性与网络的确定性和不确定性关系相融合, 采用联系度刻画节点间的同异反属性, 从而提出新的节点间相似性度量指标; 并基于该指标进行社会网络分析的相关研究.

5.2　集对分析理论简介

集对分析理论以经典集合论作为理论基础, 其核心思想是任何系统 (事物) 都由确定性和不确定性信息构成, 随机的、模糊的不确定性在一定条件下可转化为确定性, 可用处理变量的数学方法来处理这些不确定性. 因此, 可以利用集对理论来解决各类社会网络中存在的不确定性问题.

5.2.1　集对的定义

若用集合表示成对事物中的任意一方, 则成对事物就是一个由两个集合组成的对子, 因此, 集对的定义如下.

定义 5.1　集对[57]　由具有一定联系的两个集合所作成的对子称为集对.

若用 H 表示集对, A, B 表示集对 H 中一对有联系的集合, 则集对与集合的关系可表示为 $H = (ARB)$ 或 $H = ARB$, 其中 R 表示 "关系". 为了方便, 也可把 "R" 省略不写, 将集对记为 $H = (A, B)$.

集对现象普遍存在, 如平面直角坐标系中的横轴 X 和纵轴 Y 即可构成一个集

对 $H = (X, Y)$; 还如正数和负数、输入与输出、人脑和电脑、男人和女人、教师和学生、过去和将来等等, 均可构成相应的集对关系.

5.2.2 联系理论

构造集对的目的是要从事物相互联系的角度去研究这两个事物的联系状况以及这种联系的发展趋势. 因此, 给出集对联系度、联系势和联系熵的相关概念, 并通过这三个指标给出两个事物的联系状况的定量分析, 具体定义如下.

定义 5.2 联系度[56] 给定集对 $H = (A, B)$, 在某个具体的问题背景下, 对集合 A 和集合 B 的特性展开分析, 共得到 N 个特性, 其中, S 个为集对的共有 (相同) 特性, P 个为集对的对立 (相反) 特性, 其余 $F = N - S - P$ 个为集对的不确定 (相异, 既不相同又不相反) 特性, 则两个集合 A 和集合 B 的联系度 μ, 如式 (5-1) 所示.

$$\mu(A, B) = \frac{S}{N} + \frac{F}{N}i + \frac{P}{N}j \tag{5-1}$$

式 (5-1) 中, S/N 表示为两个集合的同一度, F/N 表示为两个集合差异度, P/N 表示为两个集合的对立度. 若令 $S/N = a$, $F/N = b$, $P/N = c$, 则两个集合的联系度 μ 可简写成如式 (5-2) 所示.

$$\mu = a + bi + cj \tag{5-2}$$

式 (5-2) 中, $i \in [-1, 1]$ 表示差异标记, 即异属性向同或反转换的概率, 在区间 $[-1, 1]$ 上视不同情况取值; 当 $i \in [0, 1]$ 时差异部分趋向同一化, 当 $i \in [-1, 0)$ 时差异部分趋向对立化, 必要时 i 的取值区间可放大到 $(-\infty, +\infty)$; $|i|$ 值越大, 表示转换概率大; $j = -1$ 仅起标记作用. 集合 A 和集合 B 的同异反属性, 如图 5-2 所示.

图 5-2 2 个集合的同异反属性[56]

定义 5.3 联系势[56] 给定联系度 $\mu = a + bi + cj$, 当 $c \neq 0$ 时, 同一度 a 与对立度 c 的比值 a/c 为所论集对在指定问题背景下的势, 又称联系势, 记为 Shi, 如式 (5-3) 所示.

$$Shi(H) = \frac{a}{c} \quad (c \neq 0) \tag{5-3}$$

定义 5.4 联系熵[56] 给定联系度 $\mu = a + bi + cj$, 当 $a \neq 0, b \neq 0,$ 且 $c \neq 0$ 时, 同熵 S_S、异熵 S_F 及反熵 S_P 之和为集对熵, 又称为联系熵, 记为 S^{SP}, 如式

(5-4) 所示.

$$S^{SP} = S_S + S_F + S_P = \sum_{k=1}^{N} a_k \ln a_k + i \sum_{k=1}^{N} b_k \ln b_k + j \sum_{k=1}^{N} c_k \ln c_k \qquad (5\text{-}4)$$

5.2.3　集对分析理论应用领域

集对分析理论是在对集合论罗素悖论和哥德尔不完全性定理长期思考基础上, 对研究对象和研究过程中的不确定性采用 "客观承认, 系统描述, 定量刻画, 具体分析" 的方针, 用联系度统一处理不确定性的系统理论和方法. 目前, 集对分析的理论和方法已经在人工智能、信息安全、数据挖掘、电力能源、生态环境、航天航空、水力资源、医药卫生、教育文化与体育、海洋、社会经济等 20 余个领域得到了广泛的应用.

5.3　集对网络建模

5.3.1　集对相似性度量

在社会网络中, 任意两个研究对象节点 v_k 和节点 v_s 具有对象属性和关系属性, 其属性集合分别为 $A(v_k)$ 和 $A(v_s)$. 设 $|A(v_k)| = n_1$, $|A(v_s)| = n_2$, 则两个对象共有 $N = |A(v_k) \cup A(v_s)|$ 个属性. 若两个研究对象共有 S 个相同属性, P 个不同属性, F 个不确定属性, 并令 $S/N = a$, $F/N = b$, $P/N = c$, 其中, $a + b + c = 1$. 则两个节点的联系度记为 $\mu(v_k, v_s) = a + bi + cj$.

例如, 给定社会网络, 如图 5-3 所示, 研究对象的论域集为节点集 $V = \{v_1, v_2, \cdots, v_{10}\}$, 以节点 v_1 和 v_3 作为研究对象, 节点间的同异反关系如表 5-1 所示. 其中, 节点 v_1 和 v_3 共有 10 个属性为 $\{v_1, v_2, v_3, v_4, v_5, v_6, v_7, v_8, v_9, v_{10}\}$, 节点 v_1 和 v_3 对应的属性值分别为 $\{1,1,1,1,0,0,0,0,0,1\}$ 和 $\{1,1,1,1,0,0,0,0,1,0\}$. 由此可见, 两个节点共有 4 个相同属性, 记为 $S = 4$; 2 个相反属性, 记为 $P = 2$; 4 个不确定属性, 记为 $F = 4$. 节点 v_1 和 v_3 的联系度记为 $\mu(v_1, v_3) = \dfrac{4}{10} + \dfrac{2}{10}i + \dfrac{4}{10}j$. 因此, 可以采用集对联系度刻画社会网络中任意两个节点的相似性. 其本质就是基于集对的同异反思想刻画节点间的同异反属性.

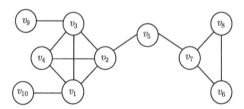

图 5-3　示例网络 I

表 5-1 社会网络-同异反系统的实例

	网络	实例
研究对象	一对节点	(v_1, v_3)
属性	$A(v_k) = \{a_{k_1}, a_{k_2}, \cdots, a_{k_{n1}}\}$	$A(v_1) = \left\{ \begin{array}{cccccccccc} v_1, & v_2, & v_3, & v_4, & v_5, & v_6, & v_7, & v_8, & v_9, & v_{10} \\ 1, & 1, & 1, & 1, & 0, & 0, & 0, & 0, & 0, & 1 \end{array} \right\}$
	$A(v_s) = \{a_{s_1}, a_{s_2}, \cdots, a_{s_{n2}}\}$	$A(v_3) = \left\{ \begin{array}{cccccccccc} v_1, & v_2, & v_3, & v_4, & v_5, & v_6, & v_7, & v_8, & v_9, & v_{10} \\ 1, & 1, & 1, & 1, & 0, & 0, & 0, & 0, & 1, & 0 \end{array} \right\}$
N	$N = \|A(v_k) \cup A(v_s)\|$	$N = 10 = \|\{v_1, v_2, v_3, v_4, v_5, v_6, v_7, v_8, v_9, v_{10}\}\|$
同/S	$S(v_k, v_s) = A(v_k) \cap A(v_s)$	$S = \|S(v_1, v_3)\| = \|A(v_1) \cap A(v_3)\| = \|\{v_1, v_2, v_3, v_4\}\| = 4$
反/P	$P(v_k, v_s) = A(v_k) \cap -A(v_s)$	$P = \|P(v_k, v_s)\| = \|A(v_k) \cap -A(v_s)\| = \|\{v_9, v_{10}\}\| = 2$
异/F	$F(v_k, v_s) = N - S - P$	$F = 10 - 4 - 2 = 4$

目前, 基于网络的确定性与不确定性, 已经提出两种节点间相似性度量指标. 其中, 文献 [97] 将节点间的共同邻居 (非共同邻居) 定义为确定的同 (反) 属性, 将其余节点定义为不确定 (异) 属性. 文献 [98] 对共同邻居进行细化, 将节点间的共同 1 级邻居 (共同 2 级邻居) 定义为同 (异) 属性, 将其余节点定义为反属性. 上述两个指标仅考虑了同异反属性个数对相似性的影响, 忽略了每个属性的差异和网络拓扑结构. 因此, 有必要进一步完善节点间的同异反属性, 提出更全面准确的节点间相似性度量指标.

文献 [97] 首先将联系度应用于社会网络分析领域, 以网络结构为基础, 令节点 v_k 和 v_s 为两个研究对象, 将节点间的邻接关系作为节点属性, 两个节点的共有属性记为 N, 则节点间相似性度量指标定义如下.

第一种基于联系度的节点间相似性度量指标[97], 记为 Sim_{ks}^{SPCD1}, 如式 (5-5) 所示.

$$Sim_{ks}^{SPCD1} = \frac{|N(v_k)_1^G \cap N(v_s)_1^G|}{N} + \frac{|V| - |N(v_k)_1^G \cup N(v_s)_1^G|}{N} i$$
$$+ \frac{|N(v_k)_1^G \cup N(v_s)_1^G| - |N(v_k)_1^G \cap N(v_s)_1^G|}{N} j \tag{5-5}$$

式 (5-5) 中, $S = |N(v_k)_1^G \cap N(v_s)_1^G|$ 表示相同属性的个数, $F = |V| - |N(v_k)_1^G \cup N(v_s)_1^G|$ 表示相异 (不确定) 属性的个数, $P = |N(v_k)_1^G \cup N(v_s)_1^G| - |N(v_k)_1^G \cap N(v_s)_1^G|$ 表示相反属性的个数.

第二种基于联系度的节点间相似性度量指标[98], 记为 Sim_{ks}^{SPCD2}, 如式 (5-6) 所示.

$$Sim_{ks}^{SPCD2} = \frac{|N(v_k)_1^G \cap N(v_s)_1^G|}{N} + \frac{|N(v_k)_2^G \cap N(v_s)_2^G|}{N} i$$

$$+ \frac{|V| - |N(v_k)_1^G \cap N(v_s)_1^G| - |N(v_k)_2^G \cap N(v_s)_2^G|}{N} j \qquad (5\text{-}6)$$

式 (5-6) 中, $S = |N(v_k)_1^G \cap N(v_s)_1^G|$ 表示相同属性的个数, $F = |N(v_k)_2^G \cap N(v_s)_2^G|$ 表示相异属性的个数, $P = |V| - |N(v_k)_1^G \cap N(v_s)_1^G| - |N(v_k)_2^G \cap N(v_s)_2^G|$ 表示相反属性的个数.

在图 5-3 所示的网络中, 基于 Sim_{ks}^{SPCD1} 指标, 以节点 v_1 和 v_3 作为研究对象, 它们有两个相同属性为节点 v_2 和 v_4, 有两个相反属性为节点 v_9 和 v_{10}, 其余节点为相异 (不确定) 属性. 联系度主要考虑不确定属性如何转化为确定属性, 与反属性相比, 该不确定属性与节点 v_1 和节点 v_3 的关系很小; 基于朋友的朋友具有更高成为朋友的概率, 可推断出节点的反属性相比于异属性更容易转换为同属性, 因此, 该方法并不合理.

基于 Sim_{ks}^{SPCD2} 指标, 节点 v_1 和 v_6, 节点 v_1 和 v_7 都分别仅有一个共同 2 级邻居为节点 v_5 和 v_2, 则 $Sim_{17}^{SPCD2} = Sim_{16}^{SPCD2}$; 然而, 由网络的结构可见, 节点 v_1 到 v_7 的距离比节点 v_1 到 v_6 的距离近, Sim_{17}^{SPCD2} 应该更大. 由于 Sim_{ks}^{SPCD2} 指标中没有考虑 $N(v_1)_1^G \cap N(v_7)_2^G$ 和 $N(v_1)_2^G \cap N(v_7)_1^G$, 从而导致 $Sim_{17}^{SPCD2} = Sim_{16}^{SPCD2}$. 同时, 该方法仅考虑了共同邻居数量对节点间相似性的影响, 没有考虑不同的网络密度 (聚集系数) 和节点度等对节点间相似性的影响, 不能更好地反映网络社区结构. 因此, 需要对上述方法进行改进, 基于联系度提出更准确的节点间相似性度量方法.

5.3.2 社会网络集对建模

基于联系度刻画节点间相似性工作的重点是, 如何定义影响节点间相似性的节点集合的同异反属性. 为了更好地表达邻居节点对节点间相似性的影响, 介绍相关定义如下.

定义 5.5 社会网络节点邻居集 给定社会网络 $G = (V, E)$, $\forall v_i \in V$, 节点 v_i 的 1 级邻居集记为 $N(v_i)_1^G$, 如式 (5-8) 所示.

$$N(v_i)_1^G = \{v_q | (v_q, v_i) \in E \cap v_q \in V\} \cup \{v_i\} \qquad (5\text{-}7)$$

同理, 节点 v_i 的 2 级邻居集记为 $N(v_i)_2^G$, 如式 (5-7) 所示.

$$N(v_i)_2^G = \{v_q | (v_q, v_p) \in E, \quad v_p \in N(v_i)_1^G, \ v_q \notin N(v_i)_1^G\} \qquad (5\text{-}8)$$

定义 5.6 社会网络共同邻居集 给定社会网络 $G = (V, E)$, $\forall v_i, v_k, v_s \in V$, 若节点 $v_i \in N(v_k)_1^G$, 且节点 $v_i \in N(v_s)_1^G$, 则节点 v_i 为节点 v_k 和 v_s 的共同 1 级邻居. 节点 v_k 和 v_s 的共同 1 级邻居集记为 $CN(v_k, v_s)_1^G$, 如式 (5-9) 所示.

$$CN(v_k, v_s)_1^G = N(v_k)_1^G \cap N(v_s)_1^G \qquad (5\text{-}9)$$

同理, 节点 v_k 和 v_s 的共同 2 级邻居集记为 $CN(v_k, v_s)_2^G$, 如式 (5-10) 所示.

$$CN(v_k, v_s)_2^G = N(v_k)_2^G \cap N(v_s)_2^G \tag{5-10}$$

若节点 $v_i \in N(v_k)_1^G$, 且节点 $v_i \in N(v_s)_2^G$, 则节点 v_i 为节点 v_k 的 1 级邻居集与节点 v_s 的 2 级邻居集中相交的邻居. 节点 v_k 的 1 级邻居集 $N(v_k)_1^G$ 与节点 v_s 的 2 级邻居集 $N(v_s)_2^G$ 的交集简称为共同 1,2 级邻居集, 记为 $CN(v_k, v_s)_{1,2}$, 如式 (5-11) 所示.

$$CN(v_k, v_s)_{1,2}^G = N(v_k)_1^G \cap N(v_s)_2^G \tag{5-11}$$

同理, 节点 v_k 的 2 级邻居集 $N(v_k)_2^G$ 与节点 v_s 的 1 级邻居集 $N(v_s)_1^G$ 的交集简称为共同 2,1 级邻居集, 记为 $CN(v_k, v_s)_{2,1}^G$, 如式 (5-12) 所示.

$$CN(v_k, v_s)_{2,1}^G = N(v_k)_2^G \cap N(v_s)_1^G \tag{5-12}$$

节点 v_k 和 v_s 的邻居集关系如图 5-4 所示. 其中, 日代表 $CN(v_k, v_s)_1^G$, 代表 $CN(v_k, v_s)_{1,2}^G$ 或 $CN(v_k, v_s)_{2,1}^G$, 代表 $CN(v_k, v_s)_2^G$.

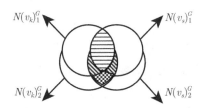

图 5-4 节点 v_k 和 v_s 的邻居集关系

在基于网络拓扑结构的节点间相似性度量方法中, 如果两个节点间的共同邻居和短路径越多, 那么两个节点间的相似性越强. 基于这一思想, 将两个节点的共同 1 级邻居作为相同属性, 将 1,2 级、2,1 级和 2 级邻居作为相异 (不确定) 属性, 可以更好地刻画不确定属性对相同的确定属性的影响. 具体节点间同异反属性定义如下.

定义 5.7 社会网络节点间同异反属性 给定社会网络 $G = (V, E)$, $\forall v_k, v_s \in V$, 相同属性为节点 v_k 和 v_s 的共同 1 级邻居, 即 $S = |CN(v_k, v_s)_1^G|$; 相异属性为节点 v_k 和 v_s 的共同 1,2 级、2,1 级和 2 级邻居, 即 $F = |CN(v_k, v_s)_{1,2}^G| + |CN(v_k, v_s)_{2,1}^G| + |CN(v_k, v_s)_2^G|$; 其余为节点 v_k 和 v_s 的相反属性, 即 $P = N - S - F$, 其中, $N = |V|$.

然而, 如果仅从节点间同异反属性的个数方面刻画节点间的相似性, 将存在明显的局限性和不合理性. 因此, 为了更准确地刻画节点间的相似性, 综合考虑网络密度和节点度等特征, 对各属性进行加权, 提出基于加权聚集系数的节点间联系度, 具体定义如下.

定义 5.8　加权聚集系数联系度　给定社会网络 $G = (V, E)$, $\forall v_k, v_s \in V$, 基于加权聚集系数的节点间联系度, 记为 Sim_{ks}^{WCCD}, 如式 (5-13) 所示.

$$Sim_{ks}^{WCCD} = \frac{(1)_{1 \times S} \times (w(v_i)^G)_{S \times 1}}{N} + \frac{(w(v_i)^G)_{1 \times F}}{N}$$
$$\times (i(v_i)^G)_{F \times 1} + \frac{(1)_{1 \times P} \times (w(v_i)^G)_{P \times 1}}{N} \times j^G \qquad (5-13)$$

式 (5-13) 中, N, S, F, P 的表示如定义 5.7 中所示; $(1)_{1 \times S}$ 表示相同属性的行向量, 向量值为 1; $(*)_{1 \times F}$ 表示相异属性的行向量; $(1)_{1 \times P}$ 表示相反属性的行向量, 向量均为 1; $w(v_i)^G$ 表示节点 v_i 的权值; $i(v_i)^G$ 表示节点 v_i 的差异值; j^G 表示相反属性的标记值.

式 (5-13) 中存在 $i(v_i)^G$, $w(v_i)^G$ 和 j^G 三个参数, 这三个参数如何取值对计算节点间联系度起着至关重要的影响, 下面主要介绍这三个参数的取值方法.

5.3.2.1　i 的取值方法

在集对理论中, i 作为不确定属性的差异标记, 如何取值对不确定属性如何向确定属性转换有着至关重要的影响. 现有的灰度等取值方法不能直接应用于社会网络中节点间相似性的度量方法中, 需要重新定义差异标记 i 的取值方法.

在图 5-3 所示的网络中, $v_2 \in CN(v_1, v_7)_{1,2}^G$, $v_5 \in CN(v_1, v_7)_{2,1}^G$, 由于节点 v_2 和 v_5 的不同, 使得它们转化为 $CN(v_1, v_7)_1^G$ 的可能性也是不同的. 考虑到不同的不确定属性向确定属性转换的不同可能性, 针对不同属性将 i 的取值转化为一个向量组; 考虑到网络的密度结构特性, 采用节点的聚集系数值 (如式 (2-13)) 来量化不确定属性的 i 值. 由于不确定属性包括节点对的共同 1,2 级、2,1 级和 2 级邻居, 因此分别考虑上述三种情况转换为共同 1 级邻居的可能性来量化 i 值, 具体计算方法如下.

(1) 当 $v_i \in CN(v_k, v_s)_{1,2}^G$, 且 $v_p \in CN(v_i, v_s)_1^G$ 时, 则

$$i(v_i)^G = \frac{\sum\limits_{v_p \in CN(v_i, v_s)_1^G} NCC(v_p)}{|CN(v_i, v_s)_1^G|}$$

(2) 当 $v_i \in CN(v_k, v_s)_{2,1}^G$, 且 $v_q \in CN(v_k, v_i)_1^G$ 时, 则

$$i(v_i)^G = \frac{\sum\limits_{v_q \in CN(v_k, v_i)_1^G} NCC(v_q)}{|CN(v_k, v_i)_1^G|}$$

(3) 当 $v_i \in CN(v_k, v_s)_2^G$, 且 $v_q \in CN(v_k, v_i)_1^G$, $v_p \in CN(v_i, v_s)_1^G$, 则

$$i(v_i)^G = \frac{\sum\limits_{v_q \in CN(v_k, v_i)_1^G} NCC(v_q)}{|CN(v_k, v_i)_1^G|} \times \frac{\sum\limits_{v_p \in CN(v_i, v_s)_1^G} NCC(v_p)}{|CN(v_i, v_s)_1^G|}$$

5.3.2.2 w 的取值方法

在图 5-3 所示的网络中, $v_2, v_4 \in CN(v_1, v_3)_1^G$, 由于节点 v_2 和 v_4 的度值不同, 可见它们对节点 v_1 和 v_3 联系度的贡献也不尽相同. 基于 "节点度越小对联系度的贡献越大, 节点度越大对联系度的贡献越小" 的启发式思想, 以及路径的可达性和转移概率来描述节点对联系度的贡献. 节点类型主要分为: 共同 1,2 级、2,1 级和 2 级邻居节点等, 下面分别介绍以上类型的节点权值 $w(v_i)^G$ 的计算方法, 其中, $D(v_i)^G$ 表示节点 v_i 的度.

(1) 当 $v_i \in CN(v_k, v_s)_1^G$ 且 $(v_k, v_s) \in E$, 即 $v_i = v_k$ 或 v_s 时, 则权重

$$w(v_i)^G = \frac{1}{D(v_k)^G} + \frac{1}{D(v_s)^G}$$

(2) 当 $v_i \in CN(v_k, v_s)_1^G$ 且 $(v_k, v_s) \notin E$, 即 $v_i \neq v_k$ 且 $v_i \neq v_s$ 时, 则权重

$$w(v_i)^G = \frac{1}{D(v_i)^G} \times \left(\frac{1}{D(v_k)^G} + \frac{1}{D(v_s)^G} \right)$$

(3) 当 $v_i \in CN(v_k, v_s)_{1,2}^G$ 时, 则权重

$$w(v_i)^G = \frac{1}{D(v_i)^G + 1} \times \left(\frac{1}{D(v_k)^G} + \frac{1}{D(v_s)^G + 1} \right)$$

(4) 当 $v_i \in CN(v_k, v_s)_{2,1}^G$ 时, 则权重

$$w(v_i)^G = \frac{1}{D(v_i)^G + 1} \times \left(\frac{1}{D(v_k)^G + 1} + \frac{1}{D(v_s)^G} \right)$$

(5) 当 $v_i \in CN(v_k, v_s)_2^G$ 时, 则权重

$$w(v_i)^G = \frac{1}{D(v_i)^G + 2} \times \left(\frac{1}{D(v_k)^G + 1} + \frac{1}{D(v_s)^G + 1} \right)$$

5.3.2.3 j 的取值方法

在社会网络中, 主要通过节点间的紧密关系进行链接预测和社区发现的研究. 期望考虑节点间的最大相似性值, 即期望考虑节点间相同属性, 以及异 (不确定) 属性转向同属性的程度, 对节点间相似性的贡献值. 因此, 令式 (5-13) 中 $j^G = 0$, 忽略反属性的影响, 认为异属性全部转向同属性.

5.3.3　符号网络集对建模

在符号网络中, 将拥有共同正边 (朋友) 或负边 (敌人) 关系的邻居节点映射为的两个节点 (实体) 间的同属性, 如图 5-5 所示, 节点 v_4 同时与节点 v_5, v_k 为正关系, 所以节点 v_4 为节点 v_5 和 v_k 的同属性; 节点 v_s 同时与节点 v_2, v_6 为负关系, 所以节点 v_s 也为节点 v_2 和 v_6 的同属性. 将具有一正一负关系的邻居节点映射为两个节点间的反属性, 如图 5-5 所示, 节点 v_4 与 v_7 为正关系, 节点 v_4 与 v_6 为负关系, 则节点 v_4 为节点 v_6 和 v_7 的反属性. 将符号网络中非共同邻居节点映射为两个节点间的异 (不确定性) 属性, 如图 5-5 所示, 节点 v_k 与 v_s 非直接相连, 则非直接邻居节点 v_4 为节点 v_k 与 v_s 的一个异属性. 异属性某些情况下可以向同或反属性转化. 在图 5-5 中, 如果节点 v_4 与 v_s 之间产生一条正边, 则节点 v_4 将转换成节点 v_k 与 v_s 的同属性; 如果节点 v_4 与 v_s 之间产生一条负边, 则节点 v_4 将转换成节点 v_k 与 v_s 的反属性. 因此, 仅考虑节点间的确定性关系, 不能全面准确地刻画节点间的相似性. 同时, 网络中的任意节点对 (v_k, v_s) 会同时具有许多同异反属性的节点. 如何基于联系度, 针对符号网络的节点和结构特征, 更准确地刻画符号网络中节点间的相似性是本节的主要研究内容.

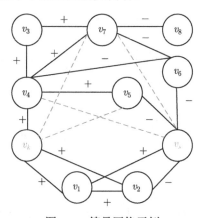

图 5-5　符号网络示例

定义 5.9　符号网络 L 级邻居集　给定符号网络 $SN = (V, E, \text{Sign})$, $v_k \in V$, 节点 v_k 的 L 级邻居集记为 $N(v_k)_L^{SN}$, 如式 (5-14) 所示.

$$N(v_k)_L^{SN} = \begin{cases} \{v_i | (v_i, v_k) \in E\}, & L = 1 \\ \left\{v_i | (v_i, v_j) \in E,\ v_j \in N(v_k)_{L-1}^{SN},\ v_i \notin \bigcup\limits_{l=1}^{L-1} N(v_k)_l^{SN}\right\}, & L \geqslant 2 \end{cases} \quad (5\text{-}14)$$

在图 5-5 所示的符号网络中, 以节点 v_k 为研究对象, 节点 v_k 的 1 级邻居集是 $N(v_k)_1^{SN} = \{v_1, v_2, v_4\}$, 即 $N(v_k)_1^{SN}$ 中的每一个元素都与节点 v_k 直接相连. 节点

v_k 的 2 级邻居集是 $N(v_k)_2^{SN} = \{v_3, v_s, v_5, v_6, v_7\}$. 例如, $(v_1, v_s) \in E$, $v_1 \in N(v_k)_1^{SN}$ 且 $v_s \notin N(v_k)_1^{SN}$, 则 $v_s \in N(v_k)_2^{SN}$. 节点 v_k 的其他邻居集同理可得. 由式 (5-14), 可以获得一个性质如下.

性质 5.1 如果 $v_i \in N(v_k)_L^{SN}$, 则节点 v_k 到 v_i 的最短路径长度为 L.

当两个节点拥有同一个邻居节点 v_i 时, 节点 v_i 被称为这两个节点的共同邻居. 共同邻居集的定义如下.

定义 5.10 符号网络共同邻居集 给定符号网络 $SN = (V, E, \text{Sign})$, $\forall v_k, v_s, v_i \in V$, 若节点 $v_i \in N(v_k)_L^{SN}$, 节点 $v_i \in N(v_s)_M^{SN}$ 时, 节点 v_i 为节点 v_k 的 L 级邻居集 $N(v_k)_L^{SN}$ 和节点 v_s 的 M 级邻居集 $N(v_s)_M^{SN}$ 相交的邻居, 则节点 v_k 的 L 级邻居集 $N(v_k)_L^{SN}$ 和节点 v_s 的 M 级邻居集 $N(v_s)_M^{SN}$ 的交集简称为共同 L, M 级邻居集, 记为 $CN(v_k, v_s)_{L,M}^{SN}$, 如式 (5-15) 所示.

$$CN(v_k, v_s)_{L,M}^{SN} = N(v_k)_L^{SN} \cap N(v_s)_M^{SN} = \{v_i | v_i \in N(v_k)_L^{SN} \cap v_i \in N(v_s)_M^{SN}\} \quad (5\text{-}15)$$

若 $L = M$, 节点 v_i 为节点 v_k 和 v_s 的共同 L 级邻居, 共同 L 级邻居集记为 $CN(v_k, v_s)_L^{SN}$.

如图 5-6 所示, 节点 v_i 在图 5-6(a) 中为节点 v_k 和 v_s 的共同 1 级邻居, 节点 v_i 在图 5-6(b) 和图 5-6(c) 中为节点 v_k 和 v_s 的共同 1,2 级邻居, 节点 v_i 在图 5-6(d) 和图 5-6(e) 中为节点 v_k 和 v_s 的共同 2 级邻居, 其他共同邻居同理可得.

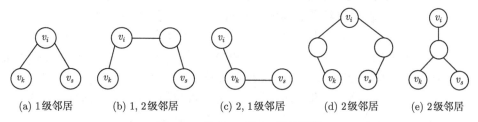

(a) 1 级邻居　　(b) 1, 2 级邻居　　(c) 2, 1 级邻居　　(d) 2 级邻居　　(e) 2 级邻居

图 5-6 节点 v_k 和 v_s 的邻居集

由图 5-6 可见, $CN(v_k, v_s)_1^{SN}$ 是 $CN(v_k, v_s)_L^{SN}$ 的一个特例. $\forall v_i \in CN(v_k, v_s)_1^{SN}$, 表示节点 v_i 分别与节点 v_k 和 v_s 直接相连. 根据边符号的异同, 进一步将共同邻居分为两类, 如定义 5.11 所示.

定义 5.11 同邻居集和反邻居集 给定符号网络 $SN = (V, E, \text{Sign})$, $\forall v_k, v_s, v_i \in V$, 当节点 $v_i \in N(v_k)_1^{SN}$, 且节点 $v_i \in N(v_s)_1^{SN}$ 时. 若边 (v_i, v_k) 和边 (v_i, v_s) 具有相同的符号, 则节点 v_i 为节点 v_k 和 v_s 的同符号共同 1 级邻居. 同符号共同 1 级邻居集记为 $SCN(v_k, v_s)_1^{SN}$, 如式 (5-16) 所示.

$$SCN(v_k, v_s)_1^{SN} = \{v_i | v_i \in N(v_k)_1^{SN} \cap N(v_s)_1^{SN}, \text{sign}(v_i, v_k) = \text{sign}(v_i, v_s)\} \quad (5\text{-}16)$$

若边 (v_i, v_k) 和边 (v_i, v_s) 具有不同的符号, 则节点 v_i 为节点 v_k 和 v_s 的反符号共同 1 级邻居. 反符号共同 1 级邻居集记为 $PCN(v_k, v_s)_1^{SN}$, 如式 (5-17) 所示.

$$PCN(v_k, v_s)_1^{SN} = \{v_i | v_i \in N(v_k)_1^{SN} \cap N(v_s)_1^{SN}, \text{sign}(v_i, v_k) = -\text{sign}(v_i, v_s)\} \quad (5\text{-}17)$$

以图 5-7 为例说明节点 v_k 和 v_s 的同符号和反符号共同 1 级邻居属性. 在图 5-7(a) 中, $\text{sign}(v_i, v_k) = \text{sign}(v_i, v_s) = 1$, 在图 5-7(b) 中, $\text{sign}(v_i, v_k) = \text{sign}(v_i, v_s) = -1$, 则节点 $v_i \in SCN(v_k, v_s)_1^{SN}$; 在图 5-7(c) 和图 5-7(d) 中, $\text{sign}(v_i, v_k) = -\text{sign}(v_i, v_s)$, 则节点 $v_i \in PCN(v_k, v_s)_1^{SN}$.

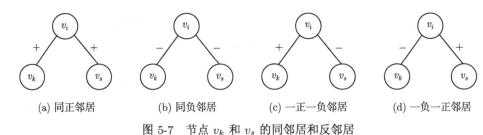

图 5-7　节点 v_k 和 v_s 的同邻居和反邻居

基于同异反的思想, 在符号网络中, 如果两个节点拥有共同 1 级邻居节点, 则该节点被认为是这两个节点的确定 (同或反) 属性; 如果未拥有共同 1 级邻居节点, 则这些节点被认为是两个节点的异属性. 节点间的同异反属性的具体定义如下.

定义 5.12　符号网络节点间同异反属性　给定符号网络 $SN = (V, E, \text{Sign})$, $\forall v_k, v_s \in V$, 节点 v_k 和 v_s 共有 $N = S + P + F$ 个属性. 其中, 节点 v_k 和 v_s 的同属性为节点间的同符号共同 1 级邻居 $SCN(v_k, v_s)_1^{SN}$, 即 $S = |SCN(v_k, v_s)_1^{SN}|$; 节点 v_k 和 v_s 的反属性为节点间的反符号共同 1 级邻居 $PCN(v_k, v_s)_1^{SN}$, 即 $P = |PCN(v_k, v_s)_1^{SN}|$; 节点 v_k 和 v_s 的异属性为节点间的共同 L,M 级邻居 $CN(v_k, v_s)_{L,M}^{SN}$, 即 $F = \sum_{L=1}^{X} \sum_{M=1}^{Y} |CN(v_k, v_s)_{L,M}^{SN}|(L + M \in (2, N-1)$ 且 $L + M > 2)$, 其中 X 和 Y 分别表示节点 v_i 到节点 v_k 和 v_s 的最短路径长度.

由定义 5.2 可知, $SCN(v_k, v_s)_1^{SN} \cap PCN(v_k, v_s)_1^{SN} = \varnothing$, $SCN(v_k, v_s)_1^{SN} \cap CN(v_k, v_s)_{L,M}^{SN} = \varnothing$ 且 $PCN(v_k, v_s)_1^{SN} \cap CN(v_k, v_s)_{L,M}^{SN} = \varnothing$.

根据定义 5.2, 将定义 5.12 中 S, F, P 和 N 的值代入式 (5-1) 中, 即可通过节点间的同异反属性数量计算符号网络中任意两个节点的联系度, 如式 (5-18) 所示.

$$\mu(v_k, v_s) = \frac{|SCN(v_k, v_s)_1^{SN}|}{N} + \frac{\sum_{L=1}^{X} \sum_{M=1}^{Y} |CN(v_k, v_s)_{L,M}^{SN}|}{N} i + \frac{|PCN(v_k, v_s)_1^{SN}|}{N} j$$

$$(5\text{-}18)$$

在图 5-5 中, 对于节点对 (v_k, v_s), 集合 $A = \{v_1, v_2, v_3, v_4, v_5, v_6, v_7, v_8, v_s, v_k\}$ 和 $B = \{v_1, v_2, v_3, v_4, v_5, v_6, v_7, v_8, v_k, v_s\}$ 分别表示节点 v_k 和 v_s 与网络中所有节点的连接关系. 由图 5-5 可知, $N(v_k)_1^{SN} = \{v_1, v_2, v_4\}$, $N(v_k)_2^{SN} = \{v_3, v_5, v_6, v_7, v_s\}$, $N(v_s)_1^{SN} = \{v_1, v_2, v_5, v_6\}$ 和 $N(v_s)_2^{SN} = \{v_4, v_7, v_k\}$ 等. 因此, 节点 v_k 和 v_s 的同属性为节点 v_1, 即 $S=1$; 节点 v_k 和 v_s 的反属性为节点 v_2, 即 $P=1$; 其他节点为节点 v_k 和 v_s 的异属性, 即 $F=8$; 总属性 $N=10(=|V|)$. 因此, 节点 v_k 和 v_s 的联系度为 $\mu(v_k, v_s) = \dfrac{1}{10} + \dfrac{8}{10}i + \dfrac{1}{10}j$.

然而, 如果仅从节点间同异反属性的个数上量化节点间的相似性, 无法体现出不同属性对节点间相似性的贡献及影响. 例如, 在图 5-5 中, 节点 v_2 和 v_6 均有 3 个邻居, 其中拥有一个共同邻居 v_s; 节点 v_7 和 v_s 均有 4 个邻居, 其中拥有一个共同邻居 v_6. 如果仅通过共同邻居数度量节点之间的相似性, 则节点对 (v_2, v_6) 和 (v_7, v_s) 的相似性相同; 然而由网络结构可见, 它们具有相同的相似性是不合理的. 同时, 共同邻居本身的邻居数也会影响其对相似性的贡献值. 因此, 为了更准确地刻画节点间的相似性, 考虑网络局部属性对相似性的影响, 采用节点度为各属性节点进行加权; 考虑不确定属性转化为确定属性对相似性的影响, 为不确定属性设置不同的转化差异值. 因此, 符号网络节点间联系度的定义如下.

定义 5.13 符号网络节点间联系度 给定符号网络 $SN = (V, E, \text{Sign})$, $\forall v_k, v_s \in V$, 节点 v_k 和 v_s 的联系度记为 Sim_{ks}^{SNCD}, 如式 (5-19) 所示.

$$Sim_{ks}^{SNCD} = \frac{(1)_{1 \times S} \times (w(v_i)^{SN})_{S \times 1}}{N} + \frac{(w(v_i)^{SN})_{1 \times F}}{N} \times (\text{sign} \times i(v_i)^{SN})_{F \times 1}$$

$$+ \frac{(1)_{1 \times P} \times (w(v_i)^{SN})_{P \times 1}}{N} j^{SN} \tag{5-19}$$

式 (5-19) 中, N, S, F, P 如定义 5.12 中所示; $(1)_{1 \times S}$ 表示相同属性的行向量, 向量值为 1; $(1)_{1 \times P}$ 表示相反属性的行向量, 向量值为 1; $w(v_i)^{SN}$ 表示节点 v_i 的权值; $i(v_i)^{SN}$ 表示节点 v_i 的差异值; sign 表示差异值符号的正负; $j^{SN} = -1$ 表示相反属性的标记值.

式 (5-19) 中存在 $w(v_i)^{SN}$, $i(v_i)^{SN}$ 和 sign 三个参数, 这三个参数如何取值对计算节点间联系度起着至关重要的影响, 下面主要介绍这三个参数的取值方法.

5.3.3.1 w 的取值法

权值 $w(v_i)^{SN}$ 表示节点 v_i 对联系度 Sim_{ks}^{SNCD} 的贡献程度. 基于节点度越大对相似性贡献越小的思想[99], 考虑到不同节点的度属性对节点间联系度均有不同程度的影响, 采用节点度 $D(v_i)^{SN}$ 量化权值 $w(v_i)^{SN}$. 根据节点 v_i 转换节点 v_k 和 v_s 的共同 1 级邻居节点时, 需要新添加的边的数量, 分别为 0, 1 和 2; 将节点 v_i 分为三类: $CN(v_k, v_s)_1^{SN}$, $CN(v_k, v_s)_{L,1}^{SN}$ 或 $CN(v_k, v_s)_{1,M}^{SN}$, $CN(v_k, v_s)_{L,M}^{SN}$ ($L > 1$ 且 $M > 1$). 因此, 从上述三方面介绍具体计算方法, 如下.

(1) 若 $v_i \in SCN(v_k, v_s)_1^{SN}$ 或 $PCN(v_k, v_s)_1^{SN}$ 时, 则权重 $w(v_i)^{SN} = \dfrac{1}{D(v_i)^{SN}}$.

(2) 若 $v_i \in CN(v_k, v_s)_{L,M}^{SN}$, $L = 1$ 或 $M = 1$ 时, 则权重 $w(v_i)^{SN} = \dfrac{1}{D(v_i)^{SN} + 1}$.

(3) 若 $v_i \in CN(v_k, v_s)_{L,M}^{SN}$, $L > 1$ 且 $M > 1$ 时, 则权重 $w(v_i)^{SN} = \dfrac{1}{D(v_i)^{SN} + 2}$.

在图 5-5 所示的符号网络中, 以节点 v_k 和 v_s 作为研究对象, 由于节点 $v_1 \in SCN(v_k, v_s)_1^{SN}$, 则 $w(v_1)^{SN} = 1/D(v_1)^{SN} = 1/3$; 由于节点 $v_4 \in CN(v_k, v_s)_{1,2}^{SN}$, 如果节点 v_4 和 v_s 之间产生一条边, 则节点 v_4 转换为节点 v_k 和 v_s 确定性属性, 因此, $w(v_4)^{SN} = 1/(D(v_4)^{SN} + 1) = 1/6$; 由于节点 $v_7 \in CN(v_k, v_s)_2^{SN}$, 如果节点 v_7 和 v_k 之间产生一条边, 且节点 v_7 和 v_s 之间也产生一条边时, 则节点 v_7 才被转换为节点 v_k 和 v_s 确定性属性, 因此, $w(v_7)^{SN} = 1/(D(v_7)^{SN} + 2) = 1/6$.

5.3.3.2　i 的取值法

差异值 $i(v_i)^{SN}$ 表示共同 L,M(当 $L=1$ 时, $M \neq 1$) 级邻居等不确定属性节点 v_i 转为确定 (同或反) 属性的概率. 如图 5-5 所示, $v_4 \in CN(v_k, v_s)_{1,2}^{SN}$, 如果节点 v_4 和 v_s 之间产生一条边, 节点 v_4 即变为节点 v_k 和 v_s 的共同 1 级邻居; 同时, $v_5 \in CN(v_k, v_s)_{2,1}^{SN}$, 如果节点 v_5 和 v_k 之间产生一条边, 节点 v_5 也变为节点 v_k 和 v_s 的共同 1 级邻居; 由于节点 v_4 和 v_5 的不同, 使得它们转化为节点 v_k 和 v_s 共同 1 级邻居的可能性也是不同. 因此, 应为不同的节点设置不同的 i 值, 将不同异属性的差异值 i 转化为一个向量组. 考虑到网络的密度结构特性, 采用节点的聚集系数量化产生边的可能性的差异值 $i(v_i)^{SN}$.

聚集系数主要通过节点 v_k 的 1 级邻居间构成三角形的个数计算节点 v_k 的凝聚力, 从而推断节点 v_k 的邻居也成为邻居的概率. 因此, 采用聚集系数刻画不确定属性转化向确定属性的概率. 受聚集系数限制, 这里仅考虑共同 1,2 级、2,1 级和 2 级邻居转换为共同 1 级邻居的情况下, 如何量化 i 值. 因为, 对于 $\forall v_i \in CN(v_k, v_s)_{L,M}^{SN}$, 当 $L > 3$ 或 $M > 3$ 时, 由于节点 v_i 和 v_k 或节点 v_i 和 v_s 间无三角形关系, 无法通过聚集系数计算节点 v_i 和 v_k 或节点 v_i 和 v_s 边的产生概论. 例如, 在图 5-5 中, 当 $L = 2$, $M = 3$ 时, 节点 $v_3 \in CN(v_k, v_s)_{2,3}^{SN}$, 此时 $|CN(v_3, v_s)_1^{SN}| = 0$, 它们之间无共同邻居, 没有构成三角形关系, 因此, 无法通过聚集系数计算节点 v_3 和 v_s 产生边的概率. 同理可见, 当 $L > 3$ 和 $M > 3$ 时, 均无法使用聚集系数计算边产生的概率. 因此, 仅考虑共同 1,2 级、2,1 级和 2 级邻居节点, 量化 i 值的计算方法如下.

(1) 若 $v_i \in CN(v_k, v_s)_{1,2}^{SN}$, 且 $v_p \in CN(v_i, v_s)_1^{SN}$ 时, 则

$$i(v_i)^{SN} = \frac{\displaystyle\sum_{v_p \in CN(v_i,v_s)_1^{SN}} NCC(v_p)}{|CN(v_i,v_s)_1^{SN}|}$$

(2) 若 $v_i \in CN(v_k,v_s)_{2,1}^{SN}$, 且 $v_q \in CN(v_i,v_k)_1^{SN}$ 时, 则

$$i(v_i)^{SN} = \frac{\displaystyle\sum_{v_q \in CN(v_i,v_k)_1^{SN}} NCC(v_q)}{|CN(v_i,v_k)_1^{SN}|}$$

(3) 若 $v_i \in CN(v_k,v_s)_2^{SN}$, 且 $v_q \in CN(v_i,v_k)_1^{SN}$ 和 $v_p \in CN(v_i,v_s)_1^{SN}$ 时, 则

$$i(v_i)^{SN} = \frac{\displaystyle\sum_{v_q \in CN(v_i,v_k)_1^{SN}} NCC(v_q)}{|CN(v_i,v_k)_1^{SN}|} \times \frac{\displaystyle\sum_{v_p \in CN(v_i,v_s)_1^{SN}} NCC(v_p)}{|CN(v_i,v_s)_1^{SN}|}$$

在图 5-5 中, 以节点 v_k 和 v_s 作为研究对象. 当 $L=1$, $M=2$ 时, 如节点 $v_4 \in CN(v_k,v_s)_{1,2}^{SN}$, 节点 v_s 和 v_4 产生边的可能性由它们共同邻居节点的聚集系数决定, 因此, $i(v_4)^{SN} = (NCC(v_5) + NCC(v_6))/2$. 当 $L=2$, $M=1$ 时, 同理可得. 当 $L=2$, $M=2$ 时, 如 $v_7 \in CN(v_k,v_s)_2^{SN}$, 如果节点 v_k 和 v_7 之间产生一条边, 且节点 v_s 和 v_7 之间产生一条边, 节点 v_7 将变为节点 v_k 和 v_s 的共同 1 级邻居; 节点 v_k 和 v_7 产生边的可能性由节点 v_4 的聚集系数决定, 节点 v_s 和 v_7 产生边的可能性由节点 v_6 的聚集系数决定, 则 $i(v_7)^{SN} = NCC(v_4) \times NCC(v_6)$.

5.3.3.3 sign 的取值法

sign 表示可能生成边的符号. 在图 5-5 中, 如果 $sign(v_4,v_s) = 1$, 则节点 v_4 由节点 v_k 和 v_s 的不确定属性转换为相同的确定属性; 如果 $sign(v_4,v_s) = -1$, 则节点 v_4 由节点 v_k 和 v_s 的不确定属性转换为相反的确定属性. 由此可见, 节点由不确定关属性向确定属性转换时, 节点间的符号符合结构平衡理论的基本性质. 结构平衡理论分析得出网络中不平衡状态倾向于转向平衡状态, 使得网络中有更多平衡三角形. 然而在网络中仅考虑平衡三角形使得条件过于严格, 因此, 基于弱平衡理论量化差异值 i 的符号 sign.

由于符号网络中的边值只有正负两种情况, 若令 $sign(v_k,v_s) = +1$, 由边 (v_k,v_s) 形成的弱平衡三角形的个数记为 $Pos(v_k,v_s)$; 若令 $sign(v_k,v_s) = -1$, 由边 (v_k,v_s) 形成的弱平衡三角形的个数记为 $Neg(v_k,v_s)$. 当 $Pos(v_k,v_s) > Neg(v_k,v_s)$ 时, $sign(v_k, v_s) = +1$; 否则 $sign(v_k,v_s) = -1$.

综上, 基于联系度刻画了符号网络节点间的相似性, 提出了一个新的相似性度量指标 SNCD, 并给出该指标中各参数的具体取值方法. 为了进一步验证 SNCD 指标的合理性和正确性, 将其应用于符号网络的链接预测和动态社区演化实验中.

5.3.4 主题关注网络集对建模

为了应用联系度定义主题关注网络中节点间的相似性, 针对主题关注网络同时具有用户和主题两类实体的特性, 给出主题关注网络及节点邻居集等相关定义.

定义 5.14 主题关注网络 主题关注网络定义为一个二元组 $TAN = (V, E)$. $V = \{U, T\}$ 表示节点集, 其中, $U = \{u_1, u_2, \cdots, u_n\}$ 表示用户实体集, $T = \{t_1, t_2, \cdots, t_m\}$ 表示主题实体集; $E = \{EU, EUT\}$ 表示边集, 其中, $EU = \{(u_i, u_j)|u_i, u_j \in U\}$ 表示用户之间的关系, $EUT = \{(u_i, t_j)|u_i \in U, t_j \in T\}$ 表示用户与主题之间的关系.

主题关注网络的邻接矩阵为 $A = \{\text{AU}, \text{AUT}\}$.

用户间邻接矩阵为 $\text{AU} = (u_i, u_j)_{n \times n} = \begin{cases} 1, & (u_i, u_j) \in EU, \\ 0, & (u_i, u_j) \notin EU. \end{cases}$

用户主题的邻接矩阵为 $\text{AUT} = (u_i, t_k)_{n \times m} = \begin{cases} 1, & (u_i, t_k) \in EUT, \\ 0, & (u_i, t_k) \notin EUT. \end{cases}$

定义 5.15 主题关注网络节点邻居集 给定主题关注网络 $TAN = (V, E)$, $\forall u_i, u_j \in U$, $\forall t_k \in T$, 节点 u_i 的 L 级邻居集记为 $N(u_i)_L^{TAN}$, 如式 (5-20) 所示.

$$N(u_i)_L^{TAN} = NU(u_i)_L^{TAN} \cup NT(u_i)_L^{TAN} \tag{5-20}$$

式 (5-20) 中, $NU(u_i)_L^{TAN}$ 表示节点 u_i 的 L 级用户邻居集, 如式 (5-21) 所示; $NT(u_i)_L^{TAN}$ 表示节点 u_i 的 L 级主题邻居集, 如式 (5-22) 所示.

$$\begin{aligned} &NU(u_i)_L^{TAN} \\ &= \begin{cases} \{u_j|(u_i, u_j) \in EU\}, & L=1 \\ \{u_j|(u_j, u_p) \in EU, \ u_p \in NU(u_i)_{L-1}^{TAN}, \ u_j \notin \bigcup_{l=1}^{L-1} NU(u_j)_l^{TAN}\}, & L \geqslant 2 \end{cases} \end{aligned} \tag{5-21}$$

$$\begin{aligned} &NT(u_i)_L^{TAN} \\ &= \begin{cases} \{t_k|(u_i, t_k) \in EUT\}, & L=1 \\ \{t_k|(u_j, t_k) \in EUT, \ u_j \in NU(u_i)_{L-1}^{TAN}, \ t_k \notin \bigcup_{l=1}^{L-1} NT(u_i)_l^{TAN}\}, & L \geqslant 2 \end{cases} \end{aligned} \tag{5-22}$$

在式 (5-20) 中, 当 $L=1$ 时, $NU(u_i)_1^{TAN}$ 表示节点 u_i 的 1 级用户邻居集, 即与节点 u_i 直接相连的用户节点 u_j 的集合; $NT(u_i)_1^{TAN}$ 表示为节点 u_i 的 1 级主题邻居集, 即与节点 u_i 直接相连的主题节点 t_k 的集合. 当 $L > 1$ 时, 表示用户 u_j 和主题 t_k 需要通过路径与用户 u_i 相连.

定义 5.16 主题关注网络共同邻居集 给定主题关注网络 $TAN = (V, E)$, $\forall u_i, u_j \in U$, 节点 u_i 和 u_j 的共同 L 级邻居集为 $CN(u_i, u_j)_L^{TAN}$, 如式 (5-23)

所示.

$$
\begin{aligned}
CN(u_i, u_j)_L^{TAN} &= N(u_i)_L^{TAN} \cap N(u_j)_L^{TAN} \\
&= (NU(u_i)_L^{TAN} \cup NT(u_i)_L^{TAN}) \cap (NU(u_j)_L^{TAN} \cup NT(u_j)_L^{TAN}) \\
&= (NU(u_i)_L^{TAN} \cap NU(u_j)_L^{TAN}) \cup (NT(u_i)_L^{TAN} \cap NT(u_j)_L^{TAN}) \\
&= CNU(u_i, u_j)_L^{TAN} \cup CNT(u_i, u_j)_L^{TAN}
\end{aligned}
\tag{5-23}
$$

式 (5-23) 中, $CNU(u_i, u_j)_L^{TAN}$ 表示节点 u_i 和 u_j 的共同 L 级用户邻居集, $CNT(u_i, u_j)_L^{TAN}$ 表示节点 u_i 和 u_j 的共同 L 级主题邻居集.

为了计算简便, 仅考虑 4 步内的节点邻居集间的关系. 因此, 节点 u_i 和 u_j 的共同 1 级邻居集为 $CN(u_i, u_j)_1^{TAN} = N(u_i)_1^{TAN} \cap N(u_j)_1^{TAN} = CNU(u_i, u_j)_1^{TAN} \cup CNT(u_i, u_j)_1^{TAN}$; 共同 2 级邻居集为 $CN(u_i, u_j)_2^{TAN} = N(u_i)_2^{TAN} \cap N(u_j)_2^{TAN} = CNU(u_i, u_j)_2^{TAN} \cup CNT(u_i, u_j)_2^{TAN}$; 共同 1,2 级邻居集为 $CN(u_i, u_j)_{1,2}^{TAN} = N(u_i)_1^{TAN} \cap N(u_j)_2^{TAN} = CNU(u_i, u_j)_{1,2}^{TAN} \cup CNT(u_i, u_j)_{1,2}^{TAN}$; 共同 2,1 级邻居集为 $CN(u_i, u_j)_{2,1}^{TAN} = N(u_i)_2^{TAN} \cap N(u_j)_1^{TAN} = CNU(u_i, u_j)_{2,1}^{TAN} \cup CNT(u_i, u_j)_{2,1}^{TAN}$.

基于联系度刻画节点间相似性工作的重点是如何定义节点间的同异反属性. 基于两个节点间共同主题邻居和短路径越多, 两个节点的相似性越强, 不确定属性转化为确定性属性的概率越高的思想, 刻画节点间的同异反属性, 定义如下.

定义 5.17 **主题关注网络节点间同异反属性** 给定主题关注网络 $TAN = (V, E)$, $\forall u_i, u_j \in U$, 相同属性为节点 u_i 和 u_j 的共同 1 级邻居, 即 $S = S_1 + S_2 + S_3$, 其中, S_1 表示节点 u_i 和 u_j 的共同 1 级主题邻居的个数, 即 $S_1 = |CNT(u_i, u_j)_1^{TAN}|$, S_2 表示节点 u_i 和 u_j 的共同 1 级用户邻居的个数, 即 $S_2 = |CNU(u_i, u_j)_1^{TAN}|$, S_3 表示节点 u_i 和 u_j 是否直接相连, 如果 $(u_i, u_j) \in EU$, 则 $S_3 = 2$, 否则 $S_3 = 0$; 相异 (不确定) 属性为节点 u_i 和 u_j 的共同 1,2 级、2,1 级和 2 级邻居共同主题邻居, 即 $F = |CNT(u_i, u_j)_{1,2}^{TAN}| + |CNT(u_i, u_j)_{2,1}^{TAN}| + |CNT(u_i, u_j)_2^{TAN}|$; 其余为节点 u_i 和 u_j 的相反属性, 即 $P = N - S - F$, 其中, $N = |V|$.

定义 5.18 **主题关注网络节点间联系度** 给定主题关注网络 $TAN = (V, E)$, $\forall u_i, u_j \in U$, $\forall t_k \in T$, 节点间联系度记为 Sim_{ks}^{TANCD}, 如式 (5-24) 所示.

$$
Sim_{ij}^{TANCD} = \frac{S_1 \times w_1 + S_2 \times w_2 + S_3 \times w_3}{N} + \frac{(1)_{1 \times F}}{N}(i(t_k)^{TAN})_{F \times 1} + \frac{P}{N}j^{TAN}
\tag{5-24}
$$

式 (5-24) 中, N, S, F, P 的表示如定义 5.17 中所示; w_1, w_2 和 w_3 分别表示相同属性 S_1, S_2 和 S_3 的权值; $(1)_{1 \times F}$ 表示相异属性的行向量, 向量值均为 1; j^{TAN} 表示相反属性的标记值.

式 (5-24) 中存在 $i(t_k)^{TAN}$, w 和 j^{TAN} 三类参数, 这三类参数如何取值对计算节点间联系度起着至关重要的影响, 下面主要介绍参数的取值方法.

5.3.4.1 i 的取值方法

$i(t_k)^{TAN}$ 作为不确定主题属性节点 t_k 对应的差异值, 如何取值对异属性如何向同或反属性转换有着至关重要的影响. 同样采用聚集系数量化主题关注网络中的 i 值. 由于异属性包括共同 1,2 级、2,1 级和 2 级主题邻居, 下面分别考虑上述三种情况转换共同 1 级邻居的可能性, 来量化 i 值, 其中, $NCC(u_p)$ 表示节点 u_p 对应的聚集系数.

(1) 当 $t_k \in CNT(u_i, u_j)_{1,2}^{TAN}$, $u_p \in CN(t_k, u_j)_1^{TAN}$ 时, 则

$$i(t_k)^{TAN} = \frac{\sum\limits_{u_p \in CN(t_k, u_j)_1^{TAN}} NCC(u_p)}{|CN(t_k, u_j)_1^{TAN}|}$$

(2) 当 $t_k \in CNT(u_i, u_j)_{2,1}^{TAN}$, $u_q \in CN(u_i, t_k)_1^{TAN}$ 时, 则

$$i(t_k)^{TAN} = \frac{\sum\limits_{u_q \in CN(u_i, t_k)_1^{TAN}} NCC(u_q)}{|CN(u_i, t_k)_1^{TAN}|}$$

(3) 当 $t_k \in CNT(u_i, u_j)_2^{TAN}$, $u_q \in CN(u_i, t_k)_1^{TAN}$, $u_p \in CN(t_k, u_j)_1^{TAN}$ 时, 则

$$i(t_k)^{TAN} = \frac{\sum\limits_{u_q \in CN(u_i, t_k)_1^{TAN}} NCC(u_q)}{|CN(u_i, t_k)_1^{TAN}|} \times \frac{\sum\limits_{u_p \in CN(t_k, u_j)_1^{TAN}} NCC(u_p)}{|CN(t_k, u_j)_1^{TAN}|}$$

5.3.4.2 w 的取值方法

w_1, w_2 和 w_3 分别为 S_1, S_2 和 S_3 的权值. 考虑到主题影响的重要性, 令 $w_1 > w_3 \geqslant w_2$ 且 $w_1 + w_2 + w_3 = 1$. 实验结果显示, 当 $w_1 = 0.7, w_2 = 0.15$ 和 $w_3 = 0.15$ 时, 效果最佳.

5.3.4.3 j 的取值方法

j^{TAN} 作为反属性 P 的标记. 在主题关注网络中, 期望考虑节点间具有最大相似性值, 即期望节点间的异属性全部转向同属性, 并忽略反属性的影响. 因此, 令式 (5-24) 中 $j^{TAN} = 0$.

定义 5.19 主题关注网络节点联系度 给定主题关注网络 $TAN = (V, E)$, $\forall u_i \in U$, 节点 u_i 与所有节点的联系度之和为节点 u_i 的联系度, 记为 $\mu(u_i)^{TAN}$, 如式 (5-25) 所示.

$$\mu(u_i)^{TAN} = \sum_{j=1}^{|U|} Sim_{ij}^{TANCD} \tag{5-25}$$

5.3.4.4 实例

主题关注网络, 如图 5-8 所示, 其中, 用户实体集为 $U = \{u_1, u_2, u_3, u_4, u_5, u_6, u_7\}$, 主题实体集为 $T = \{t_1, t_2, t_3\}$; 用户关系集为 $EU = \{(u_1, u_2), (u_1, u_4), (u_2, u_3), (u_3, u_4), (u_3, u_5), (u_5, u_6), (u_5, u_7), (u_6, u_7)\}$, 用户主题关系集为 $EUT = \{(u_1, t_1), (u_2, t_1), (u_3, t_1), (u_6, t_1), (u_3, t_2), (u_4, t_2), (u_5, t_2), (u_5, t_3), (u_6, t_3), (u_7, t_3)\}$.

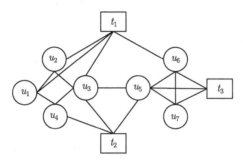

图 5-8　主题关注网络

用户关系矩阵 AU, 如图 5-9(a) 所示; 用户主题关系矩阵 AUT, 如图 5-9 (b) 所示. 在主题关注网络中, 没有考虑主题之间的关联关系, 只考虑了用户对主题的关注关系和用户之间的联系关系.

$$AU = \begin{bmatrix} 0 & 1 & 0 & 1 & 0 & 0 & 0 \\ 1 & 0 & 1 & 0 & 0 & 0 & 0 \\ 0 & 1 & 0 & 1 & 1 & 0 & 0 \\ 1 & 0 & 1 & 0 & 0 & 0 & 0 \\ 0 & 0 & 1 & 0 & 0 & 1 & 1 \\ 0 & 0 & 0 & 0 & 1 & 0 & 1 \\ 0 & 0 & 0 & 0 & 1 & 1 & 0 \end{bmatrix} \qquad AUT = \begin{bmatrix} 1 & 0 & 0 \\ 1 & 0 & 0 \\ 1 & 1 & 0 \\ 0 & 1 & 0 \\ 0 & 1 & 1 \\ 1 & 0 & 1 \\ 0 & 0 & 1 \end{bmatrix}$$

(a) 用户间矩阵　　　　　　　(b) 用户主题矩阵

图 5-9　主题关注网络邻接矩阵

同样, 在图 5-8 中, 以节点 u_1 和 u_3 为研究对象. 节点 u_1 的 1 级用户邻居集为 $NU(u_1)_1^{TAN} = \{u_2, u_4\}$, 节点 u_1 的 1 级主题邻居集为 $NT(u_1)_1^{TAN} = \{t_1\}$. 节点 u_3 的 1 级用户邻居集为 $NU(u_3)_1^{TAN} = \{u_2, u_4, u_5\}$, 节点 u_3 的 1 级主题邻居集为 $NT(u_3)_1^{TAN} = \{t_1, t_2\}$. 节点 u_1 和 u_3 的共同主题邻居集为 $CNT(u_1, u_3)_1^{TAN} = \{t_1\}$, 即 $S_1 = 1$; 节点 u_1 和 u_3 其共同用户邻居集为 $CNU(u_1, u_3)_1^{TAN} = \{u_2, u_4\}$, 即 $S_2 = 2$; $(u_1, u_3) \notin EU$, 即 $S_3 = 0$. 同理, 节点 u_1 和 u_3 的其他共同邻居节点集分别为 $CNT(u_1, u_3)_{1,2}^{TAN} = \varnothing$, $CNT(u_1, u_3)_{2,1}^{TAN} = \{t_2\}$ 和 $CNT(u_1, u_3)_2^{TAN} = \varnothing$, 即 $F = 1$. 其余为节点 u_1 和 u_3 的反属性, 即 $P = 10 - 3 - 1 = 6$. 因此, 节点 u_1 和 u_3 的

联系度为 $Sim_{ij}^{TANCD} = \dfrac{1 \times 0.7 + 2 \times 0.15 + 0 \times 0.15}{10} + \dfrac{(1)_{1 \times 1}}{10} \times \dfrac{1}{3} + \dfrac{6}{10} \times 0 = 0.133.$
通过计算每对节点间的联系度, 可以得到节点间联系度矩阵 RU, 如图 5-10(a) 所示; 进而得到节点联系度的计算结果, 如图 5-10(b) 所示.

$$RU = \begin{bmatrix} 0.000 & 0.125 & 0.133 & 0.110 & 0.073 & 0.083 & 0.063 \\ 0.125 & 0.000 & 0.145 & 0.092 & 0.085 & 0.082 & 0.062 \\ 0.133 & 0.145 & 0.000 & 0.147 & 0.195 & 0.165 & 0.100 \\ 0.110 & 0.092 & 0.147 & 0.000 & 0.098 & 0.072 & 0.056 \\ 0.073 & 0.085 & 0.195 & 0.098 & 0.000 & 0.210 & 0.190 \\ 0.083 & 0.082 & 0.165 & 0.072 & 0.210 & 0.000 & 0.916 \\ 0.063 & 0.062 & 0.100 & 0.056 & 0.190 & 0.196 & 0.000 \end{bmatrix} \qquad \mu(u_i)^{TAN} = \begin{bmatrix} 0.587 \\ 0.591 \\ 0.885 \\ 0.575 \\ 0.851 \\ 0.808 \\ 0.667 \end{bmatrix}$$

(a) 节点间联系度　　　　　　　　　　　　　　(b) 节点联系度

图 5-10　联系度矩阵

5.4　集对网络社区发现

5.4.1　基于集对理论的社会网络社区发现算法

5.4.1.1　社会网络社区发现算法

社会网络社区发现的主要目的是将社会网络划分为 K 个互不相交的子社区, 保证同一社区内节点间的关系紧密, 不同社区间关系稀疏[100]. 因此, 基于相似性的社区发现问题就可以转化为基于相似性的凝聚型层次聚类问题. 为了实现社区发现, 首先给出社区间相似性的度量方法, 如定义 5.20 所示.

定义 5.20　社会网络社区间相似性　给定社会网络 $G = (V, E)$, 设 $C_K = (V_K, E_K)$ 和 $C_S = (V_S, E_S)$ 为网络中的两个社区, 则社区 C_K 和 C_S 间的相似性表示社区间节点对相似性的均值, 记为 $Sim(C_K, C_S)^G$, 如式 (5-26) 所示.

$$Sim(C_K, C_S)^G = \dfrac{\sum\limits_{s=1}^{|V_S|} \sum\limits_{k=1}^{|V_K|} Sim_{ks}^{WCCD}}{|V_K| \times |V_S|} \tag{5-26}$$

经典凝聚层次聚类 AGNES 算法在进行社区合并时, 首先计算节点间的相似性值 $Sim(v_k, \, v_s)^G$, 其次选取 $\max\{Sim(v_k, \, v_s)^G\}$, 然后将节点 v_k 和 v_s 合并, 记为 C_{new}. 该方法在每次合并后, 均需要重新计算 C_{new} 与其他节点或社区的相似性值, 因此有大量 $Sim(C_{\text{new}}, v_i)^G$ 值的更新操作. $Sim(C_{\text{new}}, \, v_i)^G$ 实质上是计算社区间节点对的相似性均值, 由于大社区中某节点与独立社区中节点相似性较大,

容易导致 $Sim(C_{\text{new}}, v_i)^G \geqslant Sim(v_j, v_i)^G$, 即均值降低 v_i 对大社区中相对距离较远节点 (即相似性较低的节点) 的敏感性, 导致 v_i 不断聚合到大社区中的现象, 而不是优先合并相似性大的节点对. 为了保证两两相似性大的节点对优先聚合, 另一种方法实质上是比较每个节点对的相似性值是否均为最大值. $\forall v_k \in V$, 当且仅当 $Sim(v_j, v_i)^G \geqslant Sim(v_j, v_k)^G$, 且 $Sim(v_j, v_i)^G \geqslant Sim(v_i, v_k)^G$ 时, 将节点 v_i 与 v_j 合并, 否则不合并. 由于聚合条件严格, 很难形成大规模社区. 基于上述两个方法的优缺点, 考虑将两种方法相结合. 即将相似性值比较法融入到 AGNES 算法中, 以减少社区间相似性值的计算次数, 并避免节点不断聚合到大社区的现象; 然后再将初步合并的社区按照 AGNES 算法进行聚合, 以避免比较法中无法形成大规模社区的现象. 因此, 基于加权聚集系数联系度 WCCD, 提出一种新的层次聚类算法 VSFCM(Vertices Similarity First and Communities Mean)[101]. 算法的具体描述如下.

算法 5.1 VSFCM

输入: 社会网络 $G = (V, E)$ 的邻接矩阵 A.

输出: 层次聚类树.

BEGIN

1) $C1 = \{C_1, C_2, \cdots, C_k, \cdots, C_{|V|}\}$, $C2 = \varnothing$, $C3 = \varnothing$

2) Calculate $Sim_{ks}^{WCCD} = \dfrac{(1)_{1\times S} \times (w(v_i)^G)_{S\times 1}}{N} + \dfrac{(w(v_i)^G)_{1\times F}}{N} \times (i(v_i)^G)_{F\times 1}$

3) While $C1 \neq \varnothing$

4)   Select $\max\{Sim_{ks}^{WCCD}\}$ and $\forall C_i \in C1$

5)   If $Sim_{ks}^{WCCD} \geqslant Sim_{ki}^{WCCD}$ and $Sim_{ks}^{WCCD} \geqslant Sim_{si}^{WCCD}$ Then

6) $H = C_k \cup C_s$, $C1 = C1 - C_k - C_s$, $C2 = C2 \cup H$

7)   ElseIf $C_i \in H_i$ and $Sim_{ks}^{WCCD} \geqslant Sim_{ki}^{WCCD}$ Then $H_i = H_i \cup C_k$, $C1 = C1 - C_k$

8)   ElseIf $C_i \in H_i$, $Sim_{ks}^{WCCD} \geqslant Sim_{si}^{WCCD}$ Then $H_i = H_i \cup C_s$, $C1 = C1 - C_s$

9)   Else $C3 = C3 \cup C_k \cup C_s$, $C1 = C1 - C_k - C_s$

10) End

11) For each C_k in $C3$ do

12)   Select $\max\{Sim_{ks}^{WCCD}\}$

13)   If $C_s \in H_i$ Then $H_i = H_i \cup C_k$

14) End For

15) Calculate $Sim(H_k, H_s)^G = \sum_{s=1}^{|V_s|} \sum_{k=1}^{|V_k|} Sim_{ks}^{WCCD} \Big/ (|V_k| \times |V_s|)$

16) While $C2 \neq \varnothing$

17)   Select $\max\{Sim(H_k, H_s)^G\}$, $H_{\text{new}} = H_k \cup H_s$, $C2 = C2 - H_k - H_s$

18)　　Calculate $Sim(H_{\text{new}},\ H_i)^G = \sum_{\text{new}=1}^{|V_{\text{new}}|} \sum_{i=1}^{|V_i|} Sim_{\text{new}i}^{WCCD} \big/ (|V_{\text{new}k}| \times |V_i|)$

19) End While

END

　　算法 VSFCM 主要分为三步: 计算节点间相似性、初始社区合并、非独立社区合并. 首先, 计算节点 v_k 和 v_s 间的相似性值 Sim_{ks}^{WCCD}. 设社会网络中节点数为 $N = |V|$, 基于联系度思想的计算路径长度为 1—4 步, 路径长度为 5 的节点间相似性值为 0. 因此, 仅需计算和存储任意节点 v_k 与其 4 步内邻居的相似性值, 令任意节点 v_k 的 4 步内邻居集个数为 L, 则空间复杂度为 $O(NL)$, 对于大部分实际网络中, 节点的 4 级内邻居集个数 L 的取值远小于 N, 且 L 值不会随着网络规模的增长而快速增长, 因此, 适用于大规模网络节点间相似性的存储. 其次, 初始独立社区合并, 如代码 3)—14) 行所示. 此步选取最大值的节点对进行合并, 因此, 时间复杂度为 $O(NL)$. 最后, 非独立社区合并, 如代码 15)—19) 行所示. 设有 K 个社区, K 远小于 N, 时间复杂度为 $O(K^2)$. 社区发现算法 VSFCM 最终的时间复杂度为 $O(NL + K^2)$.

　　VSFCM 算法是对经典层次聚类算法的改进, 主要区别是在聚类初期仅通过判断节点间相似性值先生成小规模的初始社区, 并不进行新社区与原有社区间值的更新操作; 再聚类期间, 对初始社区进行合并, 最终生成层次聚类树. 尽管合并顺序不同, 但 VSFCM 算法保证了其产生的结果和经典方法是相同的.

5.4.1.2　实验数据集和评价指标

　　实验数据集为一个模拟网络和两个真实网络. 其中, 模拟网络为 CRA 网络 (详见 4.3.3.2 节), 真实网络为 Karate 网络 (详见 3.3.3.3 节) 和 Dolphins 网络 (详见 3.4.2.4 节).

　　实验采用社会网络模块度作为社会划分的评价指标, 模块度指标详见式 (3-13).

5.4.1.3　实验及结果分析

　　实验主要从两个方面进行验证: ① 与现有节点间相似性指标进行比较, 验证 WCCD 指标的合理性和正确性; ② 与经典社区发现方法比较, 验证 WCCD 指标在解决社区发现问题的正确性和有效性. 其中, 利用模块度函数评价社区结构的优劣.

　　(1) 相似性度量指标的实验

　　为了验证采用联系度综合刻画网络局部关系和网络拓扑结构的节点间相似性度量指标 WCCD 比单一考虑局部关系、路径及同异反数量的相似性度量指标具有更高的准确性, 选取了经典的最具代表性的 CN、RA 和 Katz 指标, 以及现有基于联系度的 SPCD1 和 SPCD2 指标, 与 WCCD 指标进行比较. 在 CRA, Karate 和

Dolphins 三种网络中, 应用 VSFCM 算法进行社区挖掘, 通过社区的划分效果对六种节点间相似性度量指标定义的合理性和正确性进行验证. 应用六种节点间相似性度量指标, 利用 VSFCM 算法进行层次聚类, 聚类结果如图 5-11— 图 5-13 所示. 在图中选取模块度最大的层作为社区划分结果, 各度量指标的网络最大模块度值、社区个数对比情况如表 5-2 所示. 在表 5-2 中, 加粗的斜体为模块度的最大值, 带下划线的粗体为模块度的次大值.

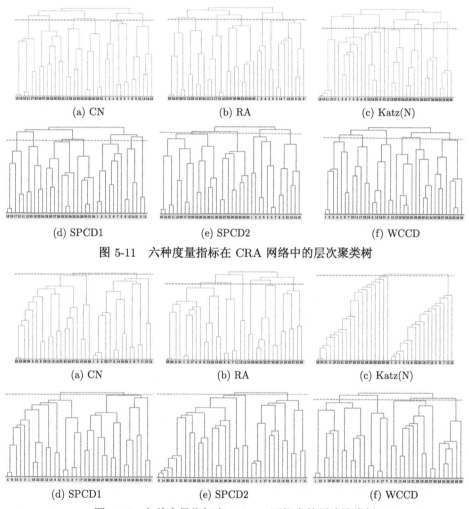

(a) CN (b) RA (c) Katz(N)

(d) SPCD1 (e) SPCD2 (f) WCCD

图 5-11 六种度量指标在 CRA 网络中的层次聚类树

(a) CN (b) RA (c) Katz(N)

(d) SPCD1 (e) SPCD2 (f) WCCD

图 5-12 六种度量指标在 Karate 网络中的层次聚类树

在 CRA 网络中, 不同社区个数对应的模块度值的大小变化曲线如图 5-14 所示. 由于各度量指标在 VSFCM 算法中形成的初始社区个数不同, 所以各度量指标的模块度曲线在图 5-14 中的长短不同. 在 CRA 网络中, 采用 CN 指标的网络最大模块度

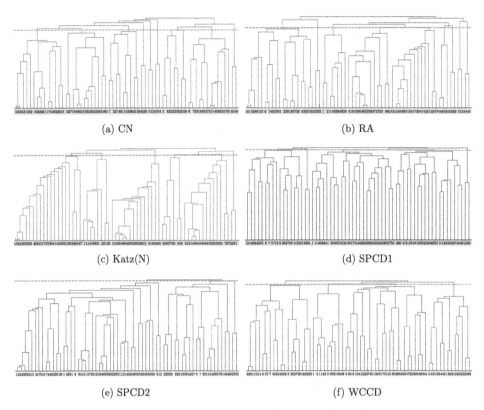

(a) CN

(b) RA

(c) Katz(N)

(d) SPCD1

(e) SPCD2

(f) WCCD

图 5-13　六种指标在 Dolphins 网络中的层次聚类树

为 0.624, 划分为 6 个社区, 分别为 $(v_{16}, v_{18}, v_{10}, v_{11}, v_{17}, v_{22})$, $(v_{26}, v_{27}, v_{28}, v_{32}, v_{36}, v_{35},$ $v_{33})$, $(v_{12}, v_{23}, v_{19}, v_{20}, v_{24})$, $(v_{25}, v_{34}, v_{30}, v_{29}, v_{31})$, $(v_{1}, v_{3}, v_{4}, v_{2}, v_{6}, v_{7}, v_{5})$ 和 $(v_{8}, v_{9}, v_{21},$ $v_{13}, v_{14}, v_{15})$; 采用 RA 指标的网络最大模块度为 0.589, 划分为 6 个社区, 分别为 (v_{3}, v_{1}, v_{4}), $(v_{18}, v_{16}, v_{11}, v_{10}, v_{17})$, $(v_{34}, v_{25}, v_{30}, v_{31}, v_{29})$, $(v_{20}, v_{19}, v_{24}, v_{23}, v_{12})$, $(v_{33}, v_{32},$ $v_{36}, v_{35}, v_{27}, v_{22}, v_{28}, v_{26})$ 和 $(v_{6}, v_{2}, v_{14}, v_{5}, v_{7}, v_{13}, v_{15}, v_{21}, v_{8}, v_{9})$; 采用 Katz 指标的网络最大模块度为 0.637, 划分为 6 个社区, 分别为 $(v_{1}, v_{2}, v_{3}, v_{4}, v_{6}, v_{7}, v_{5})$, $(v_{8}, v_{13}, v_{14}, v_{21},$ $v_{9}, v_{15})$, $(v_{16}, v_{18}, v_{10}, v_{11}, v_{17})$, $(v_{20}, v_{23}, v_{19}, v_{24}, v_{12})$, $(v_{30}, v_{31}, v_{34}, v_{29}, v_{25})$ 和 $(v_{35}, v_{36}, v_{32},$ $v_{33}, v_{26}, v_{27}, v_{22}, v_{28})$; 采用 SPCD1 指标的网络最大模块度为 0.603, 划分为 7 个社区, 分别为 $(v_{16}, v_{18}, v_{17}, v_{10}, v_{11})$, $(v_{35}, v_{36}, v_{32}, v_{33}, v_{26}, v_{27}, v_{22}, v_{28})$, $(v_{30}, v_{31}, v_{29}, v_{34}, v_{25})$, $(v_{1}, v_{3}, v_{4}, v_{2}, v_{6}, v_{7}, v_{5})$, $(v_{8}, v_{13}, v_{14}, v_{21})$, (v_{9}, v_{15}) 和 $(v_{12}, v_{20}, v_{23}, v_{24}, v_{19})$; 采用 SPCD2 指标的网络最大模块度为 0.596, 划分为 5 个社区, 分别为 $(v_{5}, v_{7}, v_{4}, v_{2}, v_{6}, v_{1}, v_{3})$, $(v_{8}, v_{9}, v_{21}, v_{13}, v_{14}, v_{15})$, $(v_{16}, v_{18}, v_{10}, v_{11}, v_{17}, v_{19}, v_{20}, v_{12}, v_{23})$, $(v_{22}, v_{27}, v_{33}, v_{26}, v_{28}, v_{32}, v_{35},$ $v_{36})$ 和 $(v_{24}, v_{25}, v_{34}, v_{29}, v_{31}, v_{30})$; 采用 WCCD 指标的网络最大模块度为 0.637, 划分为 6 个社区, 分别为 $(v_{1}, v_{2}, v_{3}, v_{4}, v_{6}, v_{7}, v_{5})$, $(v_{8}, v_{13}, v_{14}, v_{21}, v_{9}, v_{15})$, $(v_{16}, v_{18}, v_{10}, v_{11},$

v_{17}), ($v_{20}, v_{23}, v_{19}, v_{24}, v_{12}$), ($v_{30}, v_{31}, v_{34}, v_{29}, v_{25}$) 和 ($v_{35}, v_{36}, v_{32}, v_{33}, v_{26}, v_{27}, v_{22}, v_{28}$). 由此可见, WCCD 指标与全局性 Katz 指标具有最大的网络模块度值, 优于其他四种局部度量指标; 在不同社区划分层次中, 都取得了较大的模块度值, 并实现了社区的正确划分.

表 5-2 两种算法的错误率六种指标的实验结果

相似性指标	CRA 网络		Karate 网络		Dolphins 网络	
	Q_{max}	社区数	Q_{max}	社区数	Q_{max}	社区数
CN	0.624	6	0.360	2	0.424	9
RA	0.589	6	0.113	6	0.413	9
Katz	*0.637*	6	**0.372**	2	**0.506**	5
SPCD1	0.603	7	0.355	2	0.454	5
SPCD2	0.596	5	0.313	2	0.379	2
WCCD	*0.637*	6	*0.419*	4	*0.515*	4

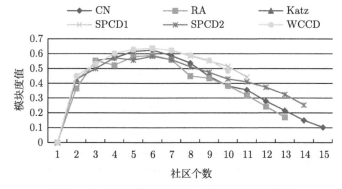

图 5-14 六种指标在 CRA 网络中的实验结果

同样, 采用六种相似性度量指标, 在 Karate 网络和 Dolphins 网络中进行社区划分, 不同社区个数对应的模块度值的大小变化曲线如图 5-15 和图 5-16 所示; 各度量指标的网络最大模块度值、社区个数对比情况如表 5-2 所示. 通过对模块度值大小的比较, 采用 WCCD 指标进行社区划分, 均可得到最大的模块度值; 且在不同的社区划分层次中, 也取得了较大的模块度值, 较好地体现了社区划分结果. 由此可见, WCCD 指标接近甚至优于全局性 Katz 指标, 明显优于其他局部相似性度量指标, 合理地刻画了网络中节点间的相似性.

(2) 各种社区发现算法的实验

现有多种社区发现算法, 主要分为基于分裂的方法, 如 GN(Girvan-Newman) 算法; 基于模块度的方法, 如 CNM(Clauset-Newman Modularity) 算法; 基于标签传播的方法, 如 LP(Label Propagation) 算法; 基于谱聚类的方法, 如 SC(Spectral

Clustering) 等经典社区发现算法. 为了验证基于 WCCD 指标在 VSFCM 算法下社区划分结构的优劣, 在十种具有代表性的真实网络中 (Karate 网络、Dolphins 网络和表 5-3 所示的八个网络), 与上述四种算法进行比较实验. 研究表明, 很多真实网络中的节点具有模块性特征, 且真实网络的社区发现比模拟网络更具挑战, 不能事先预知其社区结构, 因此只能采用模块度进行比较. 实验结果如表 5-4 所示.

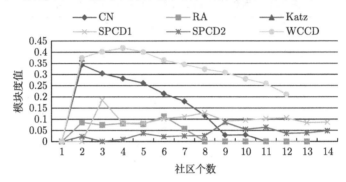

图 5-15　六种指标在 Karate 网络中的实验结果

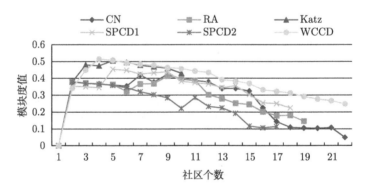

图 5-16　六种指标在 Dolphins 网络中的实验结果

表 5-3　社会网络拓扑结构性质

数据集	N	M	$\langle k \rangle$	de	NCC	H	Nc
FB	115	613	10.6609	0.0935	0.3965	1.0067	115/1
Jazz	198	2742	27.6969	5.269E−5	0.6175	1.3951	198/1
Neural	297	2148	14.4647	0.4450	0.2924	1.8010	297/1
USAir	332	2126	12.8072	1.469E−4	0.7490	3.1300	332/1
Email	1133	5451	9.6222	7.628E−5	0.2202	1.9421	1133/1
NS	1461	2742	3.7536	3.888E−4	0.6937	1.8490	379/268
PB	1490	16715	22.4362	1.067E−5	0.2627	3.6217	1222/2
PG	4941	6594	2.6691	3.273E−4	0.0801	1.4504	4941/1

表 5-4   五个算法社区划分结果的比较

数据集	GN	CNM	LP	SC	VSFCM
Karate	**0.401**/5	0.381/3	0.371/3/	0.360/2	*0.419*/4
Dolphins	*0.519*/5	0.496/4	**0.509**/4/	0.394/6	*0.519*/4
FB	*0.594*/10	0.548/6	0.576/12	0.507/12	**0.578**/7
Jazz	**0.405**/39	*0.439*/4	0.284/2	0.351/8	0.365/4
Neural	0.302/33	*0.369*/4	0.322/28	0.103/33	**0.348**/3
USAir	0.136/125	**0.319**/7	0.001/2	0.267/16	*0.328*/13
Email	*0.532*/61	**0.504**/10	0.014/4	0.412/45	0.474/20
NS	*0.958*/91	0.955/276	0.781/38	0.684/33	*0.957*/27
PB	0.418/205	0.426/77	0.433/3	0.328/62	0.365/3
PG	0.857/39	*0.934*/42	0.871/38	0.830/42	**0.931**/38

在表 5-4 中, 第 1 列为真实网络列表, 第 2 至 6 列为五种社区发现算法, 对每种算法统计了社区发现的最大模块度值和社区数目. 例如, 在 Karate 网络中, 采用 GN 算法得出的最大模块度值为 0.401, 划分的社区数为 5, 在表 5-4 中表示为 0.401/5. 考虑到具有较高复杂度的 GN 算法具有较好的社区划分结果, 因此, 在表 5-4 中取每个网络模块度值的前两位, 其中加粗的斜体数据表示最大值, 加粗加下划线表示次大值.

由表 5-4 可见, 从模块度值角度比较, 基于 WCCD 指标的 VSFCM 算法取得了 7 次领先, 而基于全局性的 GN 算法取得了 6 次领先, 尤其是在 USAir 网络的社区发现中, GN 算法和 LP 算法给出了接近零的模块度值, 而 VSFCM 算法仍取得了较好的社区结构效果; 考虑模块度增量作为社区划分标准的 CNM 算法取得了 5 次领先, 相对较好, 而 LP 算法与 SC 算法表现较差, LP 算法仅取得了 1 次领先, SC 算法 1 次领先也没有. 从社区划分数目角度比较, GN 算法倾向于给出较多的社区划分数目, 例如 PB 网络分为 205 个社区, 显著高于其他算法; 此外 LP 和 VSFCM 为 3 个社区, 较为接近真实的社区数目, 其余方法给出的社区数均为 10 个以上, 显然相应的方法有过于拟合的倾向.

五种算法在不同数据集上的运行时间, 如图 5-17 所示, 其中, 横坐标表示节点数及真实网络, 纵坐标表示算法的运行时间. 由图 5-17 可见, 随着网络中节点数和边数的增加, 各个算法的运行时间显著增长. 总体来看, 贪婪的 CNM 算法和 LP 算法运行速度较快, 比较适合处理大型网络. SC 算法由于采用了 ARPACK 加速特征根的计算方法, 随着网络规模的增加, 运行时间增加缓慢. 但 LP 算法和 SC 算法获得的模块度值偏低, 其速度的增加是以社区划分效果为代价的. 消耗时间最多的是 GN 算法, 该算法需要从全局角度计算边界数. VSFCM 算法的运行效率明显优于 GN 算法, 虽然逊于 SC 算法和 LP 算法, 但社区划分效果明显优于 SC 和 LP 算法.

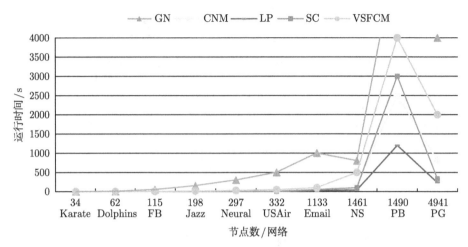

图 5-17　节点数与运行时间对比

　　由此可见, 与其他四种算法相比, 采用 WCCD 指标的社区发现算法 VSFCM 均取得了较大社区模块度值, 表明 WCCD 指标更准确地刻画了节点间的相似性, 可以应用于具有相似性特征的社会网络划分中, 并取得了较好的社区划分结果.

　　综上, 首先将社会网络视为一个同异反系统; 其次, 分析了传统节点间相似性度量指标和现有基于联系度的相似性度量指标中存在的问题; 再次, 针对现有问题, 基于集对分析理论, 采用联系度重新刻画了节点间的同异反属性, 提出了一种新的加权聚集系数联系度的节点间相似性度量模型的表示及计算方法; 然后, 通过定理证明了该相似性度量指标 WCCD 的合理性; 最后, 为了进一步考察 WCCD 指标的实际性能, 将其应用于社会网络实现链接预测和社区发现. 实验结果表明, WCCD 指标可以准确和有效地实现链接预测, 并能得到具有最大模块度的社区划分结果.

5.4.2　基于集对理论的符号网络动态社区发现算法

　　现有符号网络的社区发现主要基于静态网络拓扑结构. 然而, 在符号网络中节点个数和节点间的关系都是随着时间不断变化的, 从而导致整个网络的结构发生变化. 现有静态网络分析方法掩盖了这种动态变化情况, 无法探测到网络结构的变化过程. 因此, 动态社区发现及演化的研究成为当前符号网络研究的热点之一.

　　为了在符号网络上研究动态社区演化, 需要将整个符号网络建模为一个具有时间轴 T 的动态网络. 本节主要研究, 在网络演化过程中, 在网络节点数目保持不变的情况下, 根据节点行为可能发生的某种变化, 研究其对社区结构变化的影响. 针对每个时刻的符号网络, 基于集对势可以分析网络中实体及社区结构的变化情况, 网络是不断聚合, 还是不断分解, 以探讨动态社区的变化态势; 基于集对熵可以分析网络社区什么情况下处于稳定状态, 处于何种稳定状态. 最后, 通过实验验证网络演化及动态社区划分算法的准确性和有效性.

5.4.2.1 符号网络联系度相关定义

基于边的预测与添加, 使得网络下一时刻节点间关系也发生了一定的变化. 在这种预测机制下, 考虑随着时间的推移, 在网络规模不变的情况下, 网络关系的变化情况. 在原有静态网络分析下, 加入时间轴 T, 整个网络被建模为一个具有 T 个离散时间点上的快照 $SN = \{SN_1, SN_2, \cdots, SN_T\}$, 符号网络的初始快照 SN_1 为给定的初始网络, 网络中间快照 $SN_t (t = 1, \cdots, T-1)$ 为在 SN_{t-1} 中加入预测边的网络, 终止时刻 SN_T 为无预测边添加的稳定状态网络. 基于上述思想, 为式 (5-19) 添加时间标签的节点间联系度如式 (5-27) 所示.

$$
\begin{aligned}
(Sim_{ks}^{SNCD})_t ={}& \frac{(1)_{1\times S} \times (w(v_i)_t^{SN})_{S\times 1}}{N} + \frac{(w(v_i)_t^{SN})_{1\times F}}{N} \\
& \times (\text{sign} \times i(v_i)_t^{SN})_{F\times 1} + \frac{(1)_{1\times P} \times (w(v_i)_t^{SN})_{P\times 1}}{N} j
\end{aligned} \tag{5-27}
$$

定义 5.21 **符号网络联系度矩阵** 给定符号网络 $SN = (V, E, \text{Sign})$, 在 t 时刻网络的联系度矩阵记为 $R_t = ((Sim_{ks}^{SNCD})_t)_{|N|\times|N|}$, 如式 (5-28) 所示.

$$
R_t = \begin{pmatrix}
(Sim_{11}^{SNCD})_t & (Sim_{12}^{SNCD})_t & \cdots & (Sim_{1n}^{SNCD})_t \\
(Sim_{21}^{SNCD})_t & (Sim_{22}^{SNCD})_t & \cdots & (Sim_{2n}^{SNCD})_t \\
\vdots & \vdots & & \vdots \\
(Sim_{n1}^{SNCD})_t & (Sim_{n2}^{SNCD})_t & \cdots & (Sim_{nn}^{SNCD})_t
\end{pmatrix} \tag{5-28}
$$

由式 (5-28) 可以得出一个性质如下.

性质 5.2 在联系度矩阵 R_t 中, $\forall v_k, v_s \in V$, 则 $(Sim_{ks}^{SNCD})_t = (Sim_{sk}^{SNCD})_t$, 即联系度矩阵 R_t 是一个对称矩阵.

定义 5.22 **符号网络节点的联系度** 给定符号网络 $SN = (V, E, \text{Sign})$, $\forall v_k, v_s \in V$, 在 t 时刻节点 v_k 的联系度为节点 v_k 与其他节点间联系度的均值, 记为 $\mu(v_k)_t$, 如式 (5-29) 所示.

$$
\mu(v_k)_t = a(v_k)_t + b(v_k)_t i + c(v_k)_t j = \frac{\sum\limits_{s=1}^{N} (Sim_{ks}^{SNCD})_t}{N} \tag{5-29}
$$

定义 5.23 **符号网络联系度** 给定符号网络 $SN = (V, E, \text{Sign})$, 在 t 时刻整个网络的联系度为所有节点联系度的均值, 记为 $\mu(SN)_t$, 如式 (5-30) 所示.

$$
\mu(SN)_t = a(SN)_t + b(SN)_t i + c(SN)_t j = \frac{\sum\limits_{k=1}^{N} \mu(v_k)_t}{N} = \frac{\sum\limits_{k=1}^{N}\sum\limits_{s=1}^{N} (Sim_{ks}^{SNCD})_t}{N \times N} \tag{5-30}
$$

定义 5.24 符号网络社区间联系度 给定符号网络 $SN = (V, E, \mathrm{Sign})$, 设 $C_K = (V_K, E_K, \mathrm{Sign}_K)$ 和 $C_S = (V_S, E_S, \mathrm{Sign}_S)$ 为符号网络中的两个社区, 则在 t 时刻社区 C_K 和 C_S 间的联系度为社区间节点对联系度的均值, 记为 $\mu(C_K, C_S)_t^{SN}$, 如式 (5-31) 所示, 其中, $v_k \in C_K$ 且 $v_s \in C_S$.

$$
\mu(C_K, C_S)_t^{SN} = \begin{cases} \dfrac{\displaystyle\sum_{s=1}^{|V_S|}\sum_{k=1}^{|V_K|}(Sim_{ks}^{SNCD})_t}{|V_K| \times |V_S|}, & \exists\, \mathrm{sign}(v_k, v_s) = 1 \\[3mm] -1, & \forall\, \mathrm{sign}(v_k, v_s) = -1 \text{ 或 } 0 \end{cases}
\tag{5-31}
$$

5.4.2.2 联系势及联系熵的相关定义及性质

基于对联系度 $\mu = a + bi + cj$ 中 a, b 和 c 关系的分析以及 i 和 j 的不同取值分析, 可以通过联系势和联系熵得到整个网络的态势变化及稳定状态的分析结果, 相关定义及性质如下. 其中, 联系势, 如定义 5.3 所示, 反映了两个研究对象同异反联系的程度, 可以对两个研究对象联系度的发展趋势进行分析. 但联系势的定义中需要保证分母不为零, 为了扩展其通用性, 将同一度 a、差异度 b 和对立度 c 扩展为相对同一度 e^a、相对差异度 e^b 和相对对立度 e^c.

定义 5.25 符号网络联系势 给定 t 时刻网络联系度 $\mu(SN)_t = a(SN)_t + b(SN)_t i + c(SN)_t j$, 网络联系势为网络同一度 $e^{a(SN)_t}$ 与相对对立度 $e^{c(SN)_t}$ 的比值, 记为 $\mathrm{Trend}(SN)_t$, 如式 (5-32) 所示.

$$
\mathrm{Trend}(SN)_t = \frac{e^{a(SN)_t}}{e^{c(SN)_t}}
\tag{5-32}
$$

定义 5.26 符号网络紧密势 给定 t 时刻符号网络联系度 $\mu(SN)_t = a(SN)_t + b(SN)_t i + c(SN)_t j$, 网络紧密势为网络同一度 $e^{a(SN)_t}$ 和相对差异 $e^{b(SN)_t}$ 与相对对立 $e^{c(SN)_t}$ 的比值, 记为 $\mathrm{CTrend}(SN)_t$, 如式 (5-33) 所示.

$$
\mathrm{CTrend}(SN)_t = \frac{e^{(a(SN)_t + b(SN)_t)}}{e^{c(SN)_t}}
\tag{5-33}
$$

定义 5.27 符号网络松散势 给定 t 时刻符号网络联系度 $\mu(SN)_t = a(SN)_t + b(SN)_t i + c(SN)_t j$, 网络松散势为网络同一度 $e^{a(SN)_t}$ 与相对对立度 $e^{c(SN)_t}$ 和相对差异度 $e^{b(SN)_t}$ 的比值, 记为 $\mathrm{LTrend}(SN)_t$, 如式 (5-34) 所示.

$$
\mathrm{LTrend}(SN)_t = \frac{e^{a(SN)_t}}{e^{(b(SN)_t + c(SN)_t)}}
\tag{5-34}
$$

基于符号网络的联系势得到一些相关性质如下.

性质 5.3 若 $a(SN)_t > c(SN)_t$, 网络趋于同势, 即网络向紧密聚合的趋势发展; 若 $a(SN)_t > c(SN)_t > b(SN)_t$, 则网络趋于强同势; 若 $a(SN)_t > b(SN)_t > c(SN)_t$, 则网络趋于弱同势; 若 $b(SN)_t > a(SN)_t > c(SN)_t$, 则网络趋于微同势.

由于 $a(SN)_t > c(SN)_t$, 所以网络趋于同势. 由于不确定性 $b(SN)_t$ 比例的不同, 对网络的发展趋势有着不同程度的影响. 随着 $b(SN)_t$ 的增大, 网络趋于同势的程度不断减弱.

性质 5.4 若 $a(SN)_t = c(SN)_t$, 则网络趋于均势; 若 $a(SN)_t = c(SN)_t > b(SN)_t$, 则网络趋于强均势; 若 $a(SN)_t = c(SN)_t = b(SN)_t$, 则网络趋于弱均势; 若 $b(SN)_t > a(SN)_t = c(SN)_t$, 则网络趋于微均势.

性质 5.5 若 $a(SN)_t < c(SN)_t$, 则网络趋于反势, 即网络向松散对立的趋势发展; 若 $c(SN)_t > a(SN)_t > b(SN)_t$, 则网络趋于强反势; 若 $c(SN)_t > b(SN)_t > a(SN)_t$, 则网络趋于弱反势; 若 $b(SN)_t > a(SN)_t > c(SN)_t$, 则网络趋于微反势.

性质 5.6 若 $a(SN)_t + b(SN)_t > c(SN)_t$, 且 $c(SN)_t = 0$, 网络趋于紧密全同势; 若 $a(SN)_t + b(SN)_t = c(SN)_t$, 网络趋于紧密均势; 若 $a(SN)_t + b(SN)_t < c(SN)_t$, 且 $c(SN)_t = 1$, 网络趋于紧密全反势.

性质 5.7 若 $a(SN)_t > b(SN)_t + c(SN)_t$, 且 $b(SN)_t + c(SN)_t = 0$, 网络趋于松散全同势; 若 $a(SN)_t = b(SN)_t + c(SN)_t$, 网络则趋于松散均势; 若 $a(SN)_t < b(SN)_t + c(SN)_t$, 且 $b(SN)_t + c(SN)_t = 1$, 网络趋于松散全反势.

网络中确定性关系决定网络的当前状态, 如 $a(SN)_t > c(SN)_t$, 网络趋于同势; $a(SN)_t = c(SN)_t$, 网络趋于均势; $a(SN)_t < c(SN)_t$, 网络趋于反势. 然而网络下一步的发展趋势主要取决于由网络中不确定性 $b(SN)_t$ 的比例和转变方式. 随着 $b(SN)_t$ 值的不断增大, 网络与原有趋势同向转化的程度不断减弱. 如果 $b(SN)_t$ 全部转向同势, 则网络趋于向聚合的紧密势; 如果 $b(SN)_t$ 全部转向反势, 则网络趋于向松散的分裂势.

网络的聚合和分散的稳定性, 可以通过联系熵确定, 具体定义如下.

联系熵, 如定义 5.4 所示, 需要保证对数的指数不为零, 为了扩展其通用性, 将同一度 a、差异度 b 和对立度 c 扩展为相对同一度 $(a+1)/2$、相对差异度 $(b+1)/2$、相对对立度 $(c+1)/2$.

定义 5.28 符号网络联系熵 给定 t 刻符号网络中所有节点的联系度 $\mu(v_k)_t^{SN} = a(v_k)_t + b(v_k)_t i + c(v_k)_t j (k = 1, \cdots, N)$, 网络的联系熵记为 $S(SN)_t$, 如式 (5-35) 所示.

$$S(SN)_t = S_S(SN)_t + S_F(SN)_t + S_P(SN)_t$$
$$= \sum_{k=1}^{N} S_S(v_k)_t + i \sum_{k=1}^{N} S_F(v_k)_t + j \sum_{k=1}^{N} S_P(v_k)_t$$

$$= \sum_{k=1}^{N} \frac{1+a(v_k)_t}{-2} \ln \frac{1+a(v_k)_t}{2} + i \sum_{k=1}^{N} \frac{1+b(v_k)_t}{-2} \ln \frac{1+b(v_k)_t}{2}$$
$$+ j \sum_{k=1}^{N} \frac{1+c(v_k)_t}{-2} \ln \frac{1+c(v_k)_t}{2} \tag{5-35}$$

性质 5.8　若 $S_S(SN)_t > S_P(SN)_t > S_F(SN)_t$, 则网络趋于相对稳定的聚合状态; 若 $S_S(SN)_t = S_P(SN)_t$, 则网络趋于不稳定的互斥状态; 若 $S_P(SN)_t > S_S(SN)_t > S_F(SN)_t$, 则网络趋于相对稳定的分散状态.

5.4.2.3　符号网络动态社区发现算法

符号网络社区发现的主要目的是将网络划分为 K 个互不相交的子社区, 保证社区内正连接紧密且负连接稀疏, 社区间负连接紧密且正连接稀疏. 针对符号网络与集对理论中确定与不确定系统之间的对应性, 基于节点间联系度 SNCD 指标提出一种新的符号网络动态社区发现算法 DCD(Dynamic Community Discovering in Signed Networks)[102]. 在社区聚类过程中, 采用符号网络模块度确定层次聚类中社区划分所在层次. 符号网络模块度函数作为衡量网络划分质量的标准得到广泛应用.

动态社区发现算法 DCD, 如算法 5.2 所示. 主要分为两步. 第一步, 变量初始化: 设置循环变化 t(即网络的当前演化阶段)、网络邻居矩阵 $A_1 = A$、网络初始模块度 $Q_1^{SN} = 0$, 以及循环标识 Flag = False, 如代码行 1) 所示. 第二步, 动态社区挖掘, 如代码行 2)—8) 所示. 首先, 计算节点间的联系度 $(Sim_{ks}^{SNCD})_t$, 并得到网络联系度矩阵 R_t; 其次, 计算当前时刻网络的联系势 $\text{Trend}(SN)_t$、紧密势 $\text{CTrend}(SN)_t$、松散势 $\text{LTrend}(SN)_t$ 以及联系熵 $S(SN)_t$; 再次, 通过 Community Discovering (A_t, t) 挖掘网络当前时刻的社区, 详见算法 5.3; 然后, 为网络添加预测边; 依次循环, 直到网络中无新边加入, 网络演化结束.

算法 5.2　DCD

输入: 符号网络 $SN = (V, E, \text{Sign})$ 的邻接矩阵 A.

输出: $\mu(SN)_t$, $\text{Trend}(SN)_t$, $\text{CTrend}(SN)_t$, $\text{LTrend}(SN)_t$, $S(SN)_t$, $C_t = \{C_{ti}\}$.

BEGIN

1)　$t = 1$, $A_t = A$, $Q_t = 0$, Flag = False

2)　do

3)　　Calculate $(Sim_{ks}^{SNCD})_t$, obtain R_t

4)　　Calculate $\text{Trend}(SN)_t$, $\text{CTrend}(SN)_t$, $\text{LTrend}(SN)_t$, $S(SN)_t$

5)　　Community Discovering (A_t, t)

6)　　Insert to the prediciton edges, obtain A_{t+1}

7)　If $A_{t+1} \neq A_t$ Then Flag = True, $t = t + 1$

8) While Flag

END

社区发现过程具体描述如算法 5.3 所示. 首先, 变量初始化, 将每个节点初始为一个社区, 如代码行 1) 所示. 其次, 独立社区合并, 优先将联系度大的节点对合并为一个社区, 如代码行 2)—10) 所示. 再次, 将第二步中未合并的节点, 合并到与其联系度最大的节点所在的社区, 形成最终的初始社区, 如代码行 11)—14) 所示. 最后, 初始社区合并, 并选取模块度值最大时对应的社区, 为网络的社区的最终划分结果, 如代码行 15)—23) 所示. 基于社区间的联系度, 将小规模社区逐一进行合并, 直到所有节点合并为一个社区.

算法 5.3　Community Discovering (A_t, t)

输入: A_t, t.

输出: $C_t = \{C_{ti}\}$.

BEGIN

1) $V = \{v_k\}(k = 1, \cdots, |V|)$, $VN = |V|$, $C_t = \{C_{ti}\} = \varnothing$, $CN = 0$, $UV = \varnothing$, $UVN = 0$

2) While $VN \neq 0$

3)　　Select max$\{(Sim_{ks}^{SNCD})_t\}$

4)　　If $\forall v_i \in V$, $(Sim_{ks}^{SNCD})_t \geqslant (Sim_{ki}^{SNCD})_t$ and $(Sim_{ks}^{SNCD})_t \geqslant (Sim_{si}^{SNCD})_t$ Then

5)　　　　$C_{\text{new}} = v_k \cup v_s$, $C_t = C_t \cup C_{\text{new}}$, $VN = VN - 2$

6)　　Else If $\forall v_i \in C_{ti}$, $(Sim_{ki}^{SNCD})_t \geqslant (Sim_{ks}^{SNCD})_t$ Then

7)　　　　$C_{\text{new}} = C_{ti} \cup v_k$, $C_t = (C_t - C_{ti}) \cup C_{\text{new}}$, $VN = VN - 1$

8)　　Else $UV = UV \cup \{v_k, v_s\}$, $VN = VN - 2$, $UVN = UVN + 2$

9)　　End If

10) End While

11) For each v_k in UV do

12)　　Select max$\{(Sim_{ks}^{SNCD})_t\}$

13)　　If $v_s \in C_{ti}$ Then $C_{ti} = C_{ti} \cup v_k$

14) End For

15) QFlag = True

16) While QFlag

17)　　Calculate $\mu(C_{ti}, C_{tj})$

18)　　Select max$\{\mu(C_{ti}, C_{tj})\}$ Then $C_{\text{new}} = C_{ti} \cup C_{tj}$

19)　　Calculate Q_{t+1}

20)　　　If $Q_{t+1} \leqslant Q_t$ Then QFlag = False

21)　　　Else $C_t = (C_t - C_{ti} - C_{tj}) \cup C_{\text{new}}$, update $\mu(C_{ti}, C_{\text{new}})$

22)　　　End IF

23) End While

END

5.4.2.4　实验数据集及评价指标

实验数据集为两个真实网和两个示例网络. 其中, 真实网络为 GGS(详见 4.3.3.2
节) 和 SPP(详见 3.3.3.3 节); 示例网络为 FEC 算法中的网络, 简记 A(详见 4.3.3.2
节) 和 B 网络. B 网络共 28 个节点, 48 条边, 其中, 正关系 29 条边, 负关系 19 条
边, 如图 5-23 所示.

四个符号网络数据集的基本信息如表 5-5 所示, 其中, V 和 E 分别表示网络的
节点数和边数, +Edge/% 表示网络的正边数及比例, −Edge/% 表示网络的负边数
及比例, Density 表示网络的密度.

表 5-5　符号网络拓扑结构性质

数据集	V	E	+Edge/%	−Edge/%	Density
SPP	10	45	18/40.0	27/60.0	1.000
GGS	16	58	29/50.0	29/50.0	0.483
A	28	41	29/70.7	12/29.3	0.085
B	28	48	29/60.4	19/39.6	0.130

实验采用 NMI 作为社区演化的评价指标, NMI 指标详见式 (3-17).

5.4.2.5　实验结果及分析

实验的主要目的是验证基于 SNCD 的预测方法在符号网络动态社区发现中的
合理性和正确性. 实验首先对初始网络 $SN_{(1)}$ 进行社区发现, 得到社区 $C_{(1)}$; 其
次, 在网络 $SN_{(1)}$ 中加入预测新边得到网络 $SN_{(2)}$, 继续对网络 $SN_{(2)}$ 进行社区
发现, 得到社区 $C_{(2)}$; 依次类推, 直到网络中无新边加入, 网络演化结束, 得到网
络 $SN_{(T)}$ 及对应的社区 $C_{(T)}$. 网络添加新边时, 主要分为 3 种情况: ① 当差异值
$i(v_i) \geqslant 0$ 时, 添加预测边; ② 当差异值 $i(v_i) \geqslant$ Threshold 时, 添加预测边; ③ 当差
异值 $i(v_i) \geqslant \overline{i(v_i)}$ 时, 添加预测边. 因此, 本节分三种情况介绍符号网络的演化及动
态社区发现. 通过 NMI 验证社区发现结果的正确性, 并通过集对理论分析网络态
势及稳定状态.

(1) $i(v_i) \geqslant 0$ 时符号网络动态演化分析

1) SPP 网络

SPP 网络中共 120 个三角形, 其中, 105 个平衡三角形, 116 个弱平衡三角形.

在 SPP 网络上, 应用算法 DCD 进行符号网络动态社区挖掘, 输出的网络相关信息如表 5-6 所示. SPP 网络仅经过 1 轮演化, 就达到稳定状态, 得到两个社区, 分别为: $(v_1, v_3, v_6, v_8, v_9)$ 和 $(v_2, v_4, v_5, v_7, v_{10})$, 如图 5-18 所示.

表 5-6　SPP 网络演化信息表

序列	正/负边数	总/平衡/弱平衡三角形数	网络联系度	网络集对势	网络集对熵	NMI
$\mathrm{SPP}_{(1)}$	18/27	120/105/116	0.20978 $+0.0i$ $+0.15022j$	1.06136	0.30405 $+0.34657i$ $+0.31811j$	1

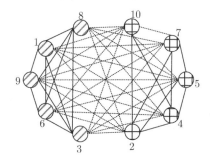

图 5-18　SPP 网络及社区划分结果

由表 5-6 可见, t_1 时刻整个网络的联系度 $\mu(\mathrm{SPP})_1 = 0.20978 + 0.0i + 0.15022j$. $a(\mathrm{SPP})_1 > c(\mathrm{SPP})_1 > b(\mathrm{SPP})_1 = 0$, 表明网络趋于强同势状态, 网络会向紧密聚合趋势发展; $a(\mathrm{SPP})_1 + b(\mathrm{SPP})_1 > c(\mathrm{SPP})_1$, 但 $c(\mathrm{SPP})_1 = 0.15022 \neq 0$, 表明网络属于紧密非全同势, 网络中存在对立关系; $a(\mathrm{SPP})_1 > c(\mathrm{SPP})_1 + b(\mathrm{SPP})_1$, 表明网络属于松散非全同势, 网络中也存在对立关系; $b(\mathrm{SPP})_1 = 0$, 表明网络中不存在不确定关系, 无需在网络中添加新边, 这与 SPP 网络本身为一个完全图相一致.

SPP 网络密度为 1, 平衡三角形数比例为 87.50%, 弱平衡三角形比例为 96.67%, 且同熵 $\approx$ 异熵, 即 $S_S(\mathrm{SPP})_1 = 0.30405 \approx S_P(\mathrm{SPP})_1 = 0.31811$, 表明网络处于稳定状态, 由于存在反势, 且同势与反势比例为 7:5, 所以网络处于具有两个完全对立社区的稳定状态.

2) GGS 网络

GGS 网络共 68 个三角形, 其中, 59 个平衡三角形, 66 个弱平衡三角形. 在 GGS 网络上, 应用算法 CDC 进行符号网络动态社区挖掘, 网络演化过程如图 5-19 所示, 动态社区发现过程如图 5-20 所示, 输出的演化网络相关信息如表 5-7 所示. GGS 网络经过 3 轮演化, 达到稳定状态, 得到三个社区, 分别为 $(v_1, v_2, v_{15}, v_{16})$, $(v_3, v_4, v_6, v_7, v_8, v_{11}, v_{12})$ 和 $(v_5, v_9, v_{10}, v_{13}, v_{14})$.

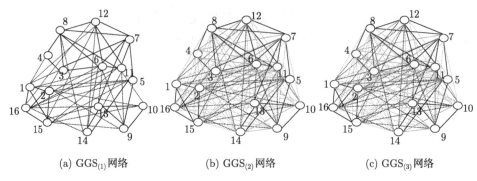

(a) GGS$_{(1)}$网络　　(b) GGS$_{(2)}$网络　　(c) GGS$_{(3)}$网络

图 5-19　GGS 网络的演化过程 (后附彩图)

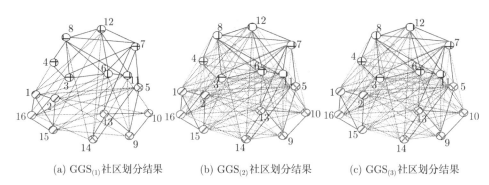

(a) GGS$_{(1)}$社区划分结果　　(b) GGS$_{(2)}$社区划分结果　　(c) GGS$_{(3)}$社区划分结果

图 5-20　GGS 网络的动态社区划分结果 (后附彩图)

表 5-7　GGS 网络演化信息表

序列	正/负边数	总/平衡/弱平衡三角形数	网络联系度	网络集对势	网络集对熵	NMI
GGS$_{(1)}$	29/29	68/59/66	0.10319 $+0.07326i$ $+0.04061j$	1.06459 1.14551 0.98938	0.32813 0.33402 0.33987	1
GGS$_{(2)}$	40/77	521/380/496	0.13042 $+0.00282i$ $+0.09957j$	1.03131 1.03423 1.02840	0.32245 0.34614 0.32884	1
GGS$_{(3)}$	40/80	560/406/534	0.13145 $+0.0i$ $+0.10293j$	1.02893 1.02893 1.02893	0.32222 0.34657 0.32818	1

　　由表 5-7 可见, t_1 时刻整个网络的联系度 $\mu(\text{GGS})_1 = 0.10319 + 0.07326i + 0.04061j$. $a(\text{GGS})_1 > b(\text{GGS})_1 > c(\text{GGS})_1$, 表明网络趋于弱同势状态, 网络会向紧密聚合趋势发展, 但发展速度缓慢; $a(\text{GGS})_1 + b(\text{GGS})_1 > c(\text{GGS})_1$, 但 $c(\text{GGS})_1 = 0.04061 \neq 0$, 表明网络属于紧密非全同势, 网络中存在对立关系; $a(\text{GGS})_1 > c(\text{GGS})_1 + b(\text{GGS})_1$, 表明网络属于松散非全同势; $b(\text{GGS})_1 = 0.07326$, 网络中具有很强的

不确定关系, 网络中有新边的添加. GGS 网络密度为 0.48, 平衡三角形数比例为 10.53%, 弱平衡三角形比例为 11.79%, 表明网络处于非常不平衡的状态, 与联系度的计算结果相一致, 网络会继续演化.

在网络演化的过程中, 虽然网络仍以紧密的同势为主, 但同势 $a(\text{GGS})_1$ 增长缓慢, 反势 $c(\text{GGS})_1$ 快速增长, 说明网络中有很强的对立状态, 在一定状态下趋于分裂; 异势 $b(\text{GGS})_1$ 不断降低, 直至为零, 说明网络中所有不确定性关系全部转换为确定性关系, 而不确定性关系大多转为对立关系, 也说明网络中存在很强的对立势力, 使得网络中存在对立社区.

GGS 网络最终演化成了一个完全网络, 平衡三角形比例为 72.50%, 弱平衡三角形比例为 95.36%, 且同熵 ≈ 异熵, 即 $S_S(\text{GGS})_t \approx S_P(\text{GGS})_t$, 表明网络处于稳定状态, 由于存在反势, 且同势与反势比例为 13:10, 网络中存在对立社区. 同时, 在网络演化的不同时刻的社区划分结果一致, 也说明网络处于三个社区是稳定状态.

3) A 网络

A 网络共有 0 个三角形, 其中, 0 个平衡三角形, 0 个弱平衡三角形. 在 A 网络上, 应用算法 DCD 进行符号网络动态社区挖掘, 输出的网络相关信息如表 5-8 所示. A 网络仅经过 1 轮演化, 就达到稳定状态, 得到三个社区, 分别为 $(v_1, v_2, v_3, v_{10}, v_{11}, v_{12}, v_{19}, v_{21}, v_{20}, v_{28})$, $(v_8, v_9, v_{17}, v_{18}, v_{26}, v_{27})$ 和 $(v_4, v_5, v_6, v_7, v_{13}, v_{14}, v_{15}, v_{16}, v_{22}, v_{23}, v_{24}, v_{25})$, 如图 5-21 所示.

表 5-8 A 网络演化信息表

序列	正/负边数	总/平衡/弱平衡三角形数	网络联系度	网络集对势	网络集对熵	NMI
$A_{(1)}$	29/12	0	0.05002	1.04315	0.33828	1
		0	$+0.03609i$	1.08148	$+0.34072i$	
		0	$+0.00777j$	1.00618	$+0.34536j$	

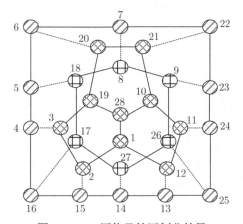

图 5-21 A 网络及社区划分结果

由表 5-8 可见, t_1 时刻整个网络的联系度 $\mu(\mathrm{A})_1 = 0.05002 + 0.03609i + 0.00777j$. $a(\mathrm{A})_1 > b(\mathrm{A})_1 > c(\mathrm{A})_1$, 表明网络趋于弱同势状态, 网络会向紧密聚合趋势发展; $a(\mathrm{A})_1 + b(\mathrm{A})_1 > c(\mathrm{A})_1$, 但 $c(\mathrm{A})_1 = 0.00777 \neq 0$, 表明网络属于紧密非全同势, 网络中存在较弱对立关系; $a(\mathrm{A})_1 > c(\mathrm{A})_1 + b(\mathrm{A})_1$ 表明网络属于松散非全同势, 网络中也存在对立关系. $b(\mathrm{A})_1 = 0.03609$, 表明网络中存在不确定关系, A 网络的密度为 0.085, 平衡三角形数比例为 0%, 弱平衡三角形比例为 0%, 表明网络是一个稀疏的不平衡网络. 由于网络中不存在三角形, 使得每个节点的聚集系数为 0, 即 $i = 0$, 网络中不确定性关系不会向确定性关系转换, 所以网络中无边的添加与变化, 网络相对稳定. 由于存在反势, 且同势与反势比例为 50:7, 所以网络处于三个对立社区的稳定状态.

4) B 网络

B 网络共有 4 个三角形, 其中, 4 个平衡三角形, 4 个弱平衡三角形. 在 B 网络上, 应用算法 CDC 进行符号网络动态社区挖掘, 网络演化过程如图 5-22 所示, 动态社区发现过程如图 5-23 所示, 输出的网络相关信息如表 5-9 所示. 图 5-22(b)—(d) 中, 横坐标和纵坐标表示节点的标号, 横纵坐标相交的值为节点间新增加的边值. B 网络经过 4 轮演化, 达到稳定状态, 得到三个社区, 分别为 $(v_1, v_2, v_3, v_{10}, v_{11}, v_{12}, v_{19}, v_{21}, v_{20}, v_{28})$, $(v_8, v_9, v_{17}, v_{18}, v_{26}, v_{27})$ 和 $(v_4, v_5, v_6, v_7, v_{13}, v_{14}, v_{15}, v_{16}, v_{22}, v_{23}, v_{24}, v_{25})$.

由表 5-9 可见, t_1 时刻整个网络的联系度 $\mu(\mathrm{B})_1 = 0.04837 + 0.04092i + 0.00947j$. $a(\mathrm{B})_1 > b(\mathrm{B})_1 > c(\mathrm{B})_1$, 表明网络趋于弱同势状态, 网络会向紧密聚合趋势发展, 但发展速度缓慢; $a(\mathrm{B})_1 + b(\mathrm{B})_1 > c(\mathrm{B})_1$, 但 $c(\mathrm{B})_1 = 0.00947 \neq 0$, 表明网络属于紧密非全同势, 网络中存在对立关系; $a(\mathrm{B})_1 > c(\mathrm{B})_1 + b(\mathrm{B})_1$, 表明网络属于松散非全同势; $b(\mathrm{B})_1 = 0.04092$, 网络中具有较强的不确定关系, 网络中有新边的添加. B 网络

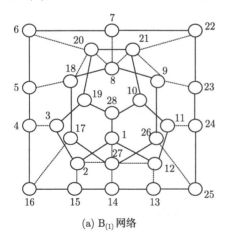

(a) $\mathrm{B}_{(1)}$ 网络

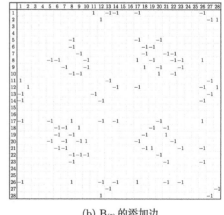

(b) $\mathrm{B}_{(2)}$ 的添加边

(c) $B_{(3)}$ 的添加边

(d) $B_{(4)}$ 的添加边

图 5-22　B 网络的动态演化过程

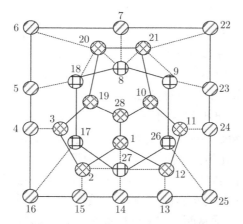

图 5-23　B 网络动态社区划分结果

密度为 0.13, 平衡三角形数比例为 0.15%, 弱平衡三角形比例为 0.15%, 表明网络处于非常不平衡的状态, 与联系度的计算结果相一致, 网络会继续演化.

在网络演化的过程中, 虽然网络仍以紧密的同势为主, 但同势 $a(B)_t$ 增长缓慢, 反势 $c(B)_t$ 快速增长, 说明网络中有很强的对立状态, 在一定状态下趋于分裂; 异势 $b(B)_t$ 不断降低, 直至为零, 说明网络中所有不确定性关系全部转换为确定性关系, 而不确定性关系大多转为对立关系, 也说明网络中存在很强的对立势力, 使得网络中存在对立社区.

B 网络最终演化成了一个完全网络, 平衡三角形比例为 58.91%, 弱平衡三角形比例为 96.49%, 且同熵 ≈ 异熵, 即 $S_S(B)_t \approx S_P(B)_t$, 表明网络处于稳定状态, 由于存在反势, 且同势与反势比例为 7:6, 网络中存在对立社区. 同时, 在网络演化的不同时刻的社区划分结果一致, 也说明网络处于三个社区是稳定状态.

表 5-9　B 网络演化信息表

序列	正/负边数	总/平衡/弱平衡三角形数	网络联系度	网络集对势	网络集对熵	NMI
B$_{(1)}$	29/19	5/5/5	0.04837 +0.04092i +0.00947j	1.03967 1.08309 0.99798	0.33857 0.33988 0.34509	1
B$_{(2)}$	42/65	150/111/150	0.04916 +0.05074i +0.01796j	1.03169 1.08539 0.98065	0.33843 0.33814 0.34372	1
B$_{(3)}$	76/198	1417/922/1380	0.06352 +0.02275i +0.04581j	1.01787 1.04129 0.99497	0.33583 0.34295 0.33899	1
B$_{(4)}$	95/283	3276/1930/3161	0.07343 +0.0i +0.06432j	1.00915 1.00915 1.00915	0.33399 0.34657 0.33569	1

通过对四个符号网络动态社区的研究发现: ① 网络结构明显 (社区内正边稠密社区间负边稠密), 网络演化过程中, 社区结构相对稳定; ② 网络的紧密度大, 网络演化速度快; ③ 网络中不确定性关系少, 网络演化速度快; ④ 网络中不存在三角形关系, 一定程度上阻碍了网络的演化.

(2) $i(v_i) \geqslant$ Threshold 时符号网络动态演化分析

上述网络演化的轮数均在 1—4 轮内, 网络很快无新边的增加, 并达到稳定状态. 经过分析得知, 网络演化的快慢由新边增加的速度决定, 而新边增加的速度由 i 值决定. 上述演化过程中, 当 $i(v_i) > 0$ 时, 就添加新边. 当不考虑符号时, $i(v_i) \in [0,1]$, $i(v_i)$ 的取值对网络的演化具有什么影响? 即设定阈值, 如果 $i(v_i) \geqslant$ Threshold, 加入新边, 否则不加边. 下面从两个方法进行考虑: ① $i(v_i)$ 的取值对演化次数的影响; ② $i(v_i)$ 的取值对演化结果的影响.

随着 Threshold 的增加, 网络的演化次数呈现正态分布, 即演化次数先是增加, 然后减少, 如图 5-24 所示. 当 Threshold 较小时, 与 0 值类似, 对网络的演化几乎没有影响; 当 Threshold 值太大时, 网络演化次数骤减, 或不发生演化. 例如, 当 Threshold = 0.6 时, GGS 和 B 网络发生演化; 当 Threshold = 0.7 时, 仅有 GGS 网络发生演化; 当 Threshold $\geqslant$ 0.8 时, 无网络发生演化; 可见 $i(v_i)$ 值主要密集在 0.2—0.6, 此时网络的演化次数适当. 然而, 网络规模、密度等不同, Threshold 值对网络演化的影响也不同, 所以取固定阈值不合适.

图 5-25 分别为 GGS 和 B 网络演化到最后时刻的联系度值. 当网络可以演化为一个完全图时, 异值为 0, 且 Threshold 的变化不会影响网络联系度值, 也就是网络最终的演化状态不变; 随着 Threshold 的增加, 网络无法演化为一个完全图, 异值

增加, 同和反值减少, 且网络联系度值也减少. 对应社区结构明显的图, 当网络无法演化为完全图后, 虽然演化状态发生变化, 但最终得到的网络联系度值趋于一致.

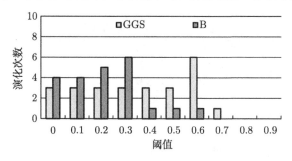

图 5-24　不同阈值下网络的演化次数

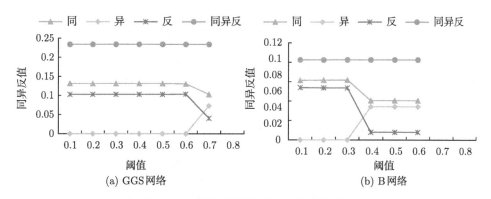

图 5-25　不同阈值下的同异反值变化情况

(3) $i(v_i) \geqslant \overline{i(v_i)}$ 时符号网络动态演化分析

经过综合分析, 网络规模、密度、平衡三角形数不同对网络的演化有着直接的影响; 同时, 随着网络的演化 i 值也在发生变化, 因此为 $i(v_i)$ 设置固定的阈值是不合理的, 考虑设定阈值为所有节点 $i(v_i)$ 的均值. 由于 SPP 网络为完全图, A 网络中 $i(v_i)$ 为 0, 均无演化过程. 下面主要分析在 $i(v_i) \geqslant \overline{i(v_i)}$ 情况下, GGS 网络和 B 网络的动态网络演化过程, 如表 5-10 所示.

GGS 网络的联系度为 $\mu(\text{GGS})_1 = 0.04069 + 0.07326i + 0.04060j$. $b(\text{GGS})_1 > a(\text{GGS})_1 > c(\text{GGS})_1$ 表明网络趋于微同势状态, 网络中同关系与反关系势均力敌; $b(\text{GGS})_1 = 0.07326$, 表明网络中有很强的不确定性, 网络会发生演化. 网络经过 5 轮演化, 最终形成一个完全图, 此时网络联系度 $\mu(\text{GGS})_5 = 0.06816 + 0.0i + 0.10371j$. $c(\text{GGS})_5 > a(\text{GGS})_5 > b(\text{GGS})_5 = 0$, 表明网络趋于强反势状态, 网络中存在强烈的对立关系, 趋于分裂状态. 在网络的演化过程中, 大多数不确定性关系都转化为对立关系, 这与网络存在对立社区一致. 在不同时刻, 网络均划分为三个相同的社区, 分别为 $(v_1, v_2, v_{15}, v_{16})$, $(v_3, v_4, v_6, v_7, v_8, v_{11}, v_{12})$ 和 $(v_5, v_9, v_{10}, v_{13}, v_{14})$, 也说明网络处于三个社区是稳定状态.

表 5-10　网络演化信息表

序列	社区数	正/负边数	阈值/可增边/实际增边数	总/平衡/弱平衡三角形数	网络联系度	网络集对势	网络集对熵	NMI
			0.51405	68	0.04069	1.00008	0.33988	
GGS$_{(1)}$	3	29/29	59	59	$+0.07326i$	1.07611	0.33401	1
			25	66	$+0.04060j$	0.92944	0.33987	
			0.72122	206	0.04972	0.98193	0.33829	
GGS$_{(2)}$	3	31/52	37	157	$+0.04253i$	1.02459	0.33959	1
			22	200	$+0.06796j$	0.94104	0.33488	
			0.87742	415	0.05823	0.96712	0.33677	
GGS$_{(3)}$	3	33/72	15	295	$+0.01774i$	0.98442	0.34377	1
			4	399	$+0.09167j$	0.95012	0.33036	
			0.89524	461	0.06110	0.96700	0.33624	
GGS$_{(4)}$	3	35/74	11	333	$+0.01379i$	0.98043	0.34439	1
			11	445	$+0.09466j$	0.95377	0.32977	
			0	560	0.06816	0.96508	0.33494	
GGS$_{(5)}$	3	39/81	0	410	$+0.0i$	0.96508	0.34657	1
			0	542	$+0.10371j$	0.96508	0.32802	
			0.09608	5	0.01266	1.00319	0.34459	
B$_{(1)}$	3	30/19	102	5	$+0.04093i$	1.04509	0.33988	1
			51	5	$+0.00947j$	0.96297	0.34509	
			0.43174	123	0.01303	0.99642	0.34453	
B$_{(2)}$	3	41/59	174	102	$+0.05352i$	1.05120	0.33764	1
			87	123	$+0.01662j$	0.94449	0.34394	
			0.62533	662	0.01982	0.98982	0.34342	
B$_{(3)}$	3	61/126	184	484	$+0.05309i$	1.04378	0.33773	1
			66	657	$+0.03005j$	0.93864	0.34169	
			0.66016	1321	0.02544	0.98314	0.34249	
B$_{(4)}$	3	69/184	125	878	$+0.02855i$	1.01162	0.34199	1
			41	1309	$+0.04244j$	0.95547	0.33958	
			0.76068	1806	0.02994	0.98098	0.34175	
B$_{(5)}$	3	82/212	84	1174	$+0.01798i$	0.99878	0.34373	1
			0	1771	$+0.04914j$	0.96349	0.33841	

　　B 网络的联系度为 $\mu(B)_1 = 0.01266 + 0.04093i + 0.00947j$. $b(B)_1 > a(B)_1 > c(B)_1$, 表明网络趋于微同势状态; $b(B)_1 = 0.04093$, 表明网络中有很强的不确定性, 网络会发生演化. 网络经过 5 轮演化, 无新边添加, 此时网络联系度 $\mu(B)_5 = 0.02994 + 0.01798i + 0.04914j$. $c(B)_5 > a(B)_5 > b(B)_5$, 表明网络趋于弱反势状态, 网

络中存在很强的对立关系, 趋于分裂状态. 在网络的演化过程中, 大多数不确定性关系都转化为对立关系, 这与网络存在对立社区相一致. 在不同时刻, 网络均划分为三个相同的社区, 分别为 $(v_1,v_2,v_3,v_{10},v_{11},v_{12},v_{19},v_{21},v_{20},v_{28})$, $(v_8,v_9,v_{17},v_{18},v_{26},v_{27})$ 和 $(v_4,v_5,v_6,v_7,v_{13},v_{14},v_{15},v_{16},v_{22},v_{23},v_{24},v_{25})$, 也说明网络处于三个社区是稳定状态.

综上, 当阈值为 $\overline{i(v_i)}$ 时, 使得网络的演出速度放慢; 由于阈值大于零, 使得某些网络不能演化为一个完全网络, 但最终网络都能达到一个稳定状态.

5.4.3 基于集对理论的主题关注网络的社区发现算法

5.4.3.1 相关定义及社区发现算法

主题关注网络社区发现的主要目标是将网络划分为 K 个互不相交的子社区, 并使得社区内节点与相同主题关系紧密. 基于主题关注网络的社区发现问题, 可以转化为基于联系度的凝聚型聚类问题. 为了描述方便首先给出社区间联系度和网络联系度的定义.

定义 5.29 **主题关注网络社区间联系度** 给定主题关注网络 $TAN = (V, E)$, 设 $C_I = (V_I, E_I)$ 和 $C_J = (V_J, E_J)$ 为主题关注网络中的两个社区, 则社区 C_I 和 C_J 间的联系度表示社区间节点对联系度的均值, 记为 $\mu(C_I, C_J)^{TAN}$, 如式 (5-36) 所示.

$$\mu(C_I, C_J)^{TAN} = \frac{\sum_{i=1}^{|U_I|} \sum_{j=1}^{|U_J|} Sim_{ij}^{TANCD}}{|U_I| \times |U_J|} \tag{5-36}$$

定义 5.30 **主题关注网络联系度** 给定主题关注网络 $TAN = (V, E)$, 整个网络的联系度记为 $\mu(TAN)$, 如式 (5-37) 所示.

$$\mu(TAN) = \frac{\sum_{i=1}^{|U|} \sum_{j=1}^{|U|} Sim_{ij}^{TANCD}}{|U| \times |U|} = \frac{\sum_{i=1}^{|U|} \mu(u_i)^{TAN}}{|U|} \tag{5-37}$$

主题关注网络的社区发现算法 CMTC(Compare and Mean with Stop Threshold Clustering)[103] 的具体描述如算法 5.4 所示.

算法 5.4 CMTC

输入: 主题关注网络的邻居矩阵 AU 和 AUT.

输出: 子社区 $C_k \, (k = 1, \cdots, K)$.

BEGIN

1) $C1 = \{u_1, u_2, \ldots, u_i, \ldots, u_{|U|}\}$, $C2 = \varnothing$, $C3 = \varnothing$

2) Calculate $Sim_{ij}^{TANCD} = \dfrac{S_1 \times w_1 + S_2 \times w_2 + S_3 \times w_3}{N} + \dfrac{(1)_{1 \times F}}{N}(i(t_k)^{TAN})_{F \times 1} + \dfrac{P}{N}j^{TAN}$

3) Calculate $\mu(TAN) = \sum_{i=1}^{|U|}\sum_{i=1}^{|U|} Sim_{ij}^{TANCD}/(|U| \times |U|)$

4) While $C1 \neq \varnothing$

5) 　　Select $\max\{Sim_{ij}^{TANCD}\}$ and $\forall u_k \in C1$

6) 　　If $Sim_{ij}^{TANCD} \geqslant Sim_{ik}^{TANCD}$ and $Sim_{ij}^{TANCD} \geqslant Sim_{jk}^{TANCD}$ Then

7) 　　　　$C_{\text{new}} = u_i \cup u_s$, $C1 = C1 - u_i - u_j$, $C2 = C2 \cup C_{\text{new}}$

8) 　　Else $C3 = C3 \cup u_i \cup u_j$, $C1 = C1 - u_i - u_j$

9) 　　End If

10) End While

11) For each u_i in $C3$ do

12) 　　Select $\max\{Sim_{ij}^{TANCD}\}$

13) 　　If $u_j \in C_j$ Then $C_j = C_j \cup u_i$

14) End For

15) Calculate $\mu(C_i, C_j)^{TAN} = \sum_{i=1}^{|U_i|}\sum_{j=1}^{|U_j|} Sim_{ij}^{TANCD}/(|U_i| \times |U_j|)$

16) do

17) 　　Select $\max\{\mu(C_i, C_j)^{TAN}\}$

18) 　　If $\max\{\mu(C_i, C_j)^{TAN}\} \geqslant \mu(TAN)$ Then

19) 　　　　$C_{\text{new}} = C_i \cup C_j$, $C2 = C2 - C_i - C_j$

20) 　　End If

21) 　　Calculate $\mu(C_{\text{new}}, C_j)^{TAN} = \sum_{\text{new}=1}^{|U_{\text{new}}|}\sum_{j=1}^{|U_j|} Sim_{ij}^{TANCD}/(|U_{\text{new}}| \times |U_j|)$

22) While $\max\{\mu(C_i, C_j)^{TAN}\} < \mu(TAN)$

END

基于主题关注网络的社区发现算法 CMTC, 首先将每个节点视为一个独立社区, 如代码行 1) 所示; 其次, 计算节点间的联系度, 如代码行 2) 所示; 然后, 对独立节点进行聚合, 形成初始社区, 如代码行 3)—14) 所示; 最后, 对初始社区进行聚合, 直到不满足合并阈值为止, 如代码行 15)—22) 所示.

5.4.3.2　实验数据集及评价指标

实验数据集是两个真实网络, 分别为 Karate 网络 (详见 3.3.3.3 节) 和豆瓣网.

在豆瓣网上抓取了 2012 年用户影评信息的数据集. 数据集的基本结构信息如表 5-11 所示, 该数据集, 包含 2253 个用户, 36 类电影 (共 290009 部), 如表 5-12 所示 (表中数据来源于文献 [103]), 用户观看电影的记录为 563173 条, 用户评论电影的记录为 1197666 条. 将电影视为主题, 构造主题关注模型, 共有 2253 个用户实体, 36 个主题实体, 27988 条用户实体间连边, 34818 条用户对主题的关注连边.

表 5-11　豆瓣网基本信息

类型		数	总数
节点	用户/主题	2253/36	2289
边	用户间关系/用户与主题间关系	27988/34818	62806

表 5-12　电影分类信息

编号	电影类别	编号	电影类别	编号	电影类别	编号	电影类别
1	动画	10	悬疑	19	爱情	28	古装
2	动作	11	战争	20	纪录片	29	歌舞
3	冒险	12	传记	21	音乐	30	鬼怪
4	奇幻	13	喜剧	22	运动	31	荒诞
5	科幻	14	家庭	23	灾难	32	惊栗
6	剧情	15	犯罪	24	儿童	33	悬念
7	短片	16	同性	25	情色	34	戏曲
8	惊悚	17	恐怖	26	黑色电影	35	舞台艺术
9	历史	18	西部	27	武侠	36	记录

为了进一步验证主题对社区划分的影响, 在数据集上, 针对有无主题两种状态进行社区划分, 从社区数量、大小及分布情况等方面进行分析, 并采用主题关注度指标进行评价. 主题关注度用来描述社区内的用户关注主题的百分比, 记为 $TAD(t_k)$, 如式 (5-38) 所示.

$$TAD(t_k) = \frac{\sum\limits_{i=1}^{n}(u_i, t_k)}{\sum\limits_{k=1}^{m}\sum\limits_{i=1}^{N}(u_i, t_k)} \tag{5-38}$$

式 (5-38) 中, $\sum_{k=1}^{m}\sum_{i=1}^{N}(u_i, t_k)$ 表示网络成员对所有主题的关注度之和, $\sum_{i=1}^{n}(u_i, t_k)$ 表示某个社区内成员对主题 t_k 的关注度之和, m 表示网络中的主题总数, n 表示某个社区内的用户数.

在主题关注网络中, 一个好的社区划分, 社区内部节点间链接稠密且主题相似, 因此, 可以通过比较社区内外节点间的主题相似性比值来评价社区划分效果, 评价指标如式 (5-39) 所示[104].

$$F = \frac{1}{K}\sum_{k=1}^{K}\frac{W_{\text{in}}^{C_k}}{W_{\text{in}}^{C_k} + W_{\text{out}}^{C_k}} \tag{5-39}$$

式 (5-39) 中, $W_{\text{out}}^{C_k}$ 表示社区内节点与社区外节点间的主题相似性, $W_{\text{in}}^{C_k}$ 表示社区内节点间的主题相似性, K 表示社区个数.

可见, F 值越大, 社区内部节点的连接越紧密, 主题越相似.

5.4.3.3　实验及结果分析

5.4.3.3.1　Karate 网络实验结果与分析

在 Karate 网络中, 实验通过设置有无主题、在指定位置添加主题、随机添加主题等方面, 分析和验证主题对社区划分结果的影响.

(1) 无主题的社区划分结果分析

采用 CMTC 算法, 在 Karate 网络中进行社区划分, 如图 4-12 所示, 得到 3 个社区, 分别为社区 $1(v_5, v_{11}, v_6, v_7, v_{17})$、社区 $2(v_1, v_2, v_3, v_4, v_8, v_{12}, v_{13}, v_{14}, v_{18}, v_{20}, v_{22})$ 和社区 $3(v_9, v_{10}, v_{15}, v_{16}, v_{19}, v_{21}, v_{23}, v_{24}, v_{25}, v_{26}, v_{27}, v_{28}, v_{29}, v_{30}, v_{31}, v_{32}, v_{33}, v_{34})$.

与 Karate 网络的真实社区相比, 社区 3 与原始社区划分结果相同, CMTC 算法将原始以节点 v_1 为中心的真实社区拆分为社区 1 和社区 2. 由图 4-12 可见, 社区 1 与社区 2 中的节点 (除节点 v_1 以外节点) 无更紧密的连接关系, 所以社区间的联系度小于聚合阈值, 未聚合成为一个整体. 同时社区 1 是一个结构紧密的独立团体, 因此, 该社区划分结果也是较为合理的.

(2) 在社区间添加一个主题的社区划分结果的分析

1) 为社区 1 和社区 2 的社区间节点 v_1、节点 v_5 和节点 v_{11} 赋予一个共同的主题 T, 其他节点间关系不变, 采用 CMTC 算法进行社区划分, 最终得到 2 个社区, 如图 5-26(a) 所示. 在无主题情况下, $Sim_{1,5}^{TANCD} = ((Sim_{1,5}^{TANCD})_S + (Sim_{1,5}^{TANCD})_F) / N = (0.75 + 0)/34 = 0.0221, Sim_{1,11}^{TANCD} = ((Sim_{1,11}^{TANCD})_S + (Sim_{1,11}^{TANCD})_F)/N = (0.75 + 0)/34 = 0.0221$; 在一个主题的情况下, $Sim_{1,11}^{TANCD} = ((Sim_{1,11}^{TANCD})_S + (Sim_{1,11}^{TANCD})_F)/N = (0.75 + 0)/34 = 0.0221, ((Sim_{1,11}^{TANCD})_S + (Sim_{1,11}^{TANCD})_F)/N = (1.45 + 0)/35 = 0.0414$. 由于 v_1、节点 v_5 和节点 v_{11} 关注了共同的主题, 增加了节点之间的联系度; 同时, v_1、节点 v_5 和节点 v_{11} 的直接邻居有可能关注主题 T, 使得不确定属性 (非 1 级邻居) 转换为确定属性 (1 级邻居) 的概率增大, 即 $Sim_{1,17}^{TANCD}, Sim_{5,8}^{TANCD}, Sim_{5,4}^{TANCD}$ 等联系度的值增加. 由图 5-26(a) 可见, 在共同主题 T 的影响下, 增强了节点间和社区间的联系度, 最终将图 4-12 中的社区 1 和社区 2 合并为一个社区, 并得到与真实社区相同的社区划分结果, 可见共同关注主题可以使社区结构更紧密.

2) 为社区 2 和社区 3 的社区间节点 v_9、节点 v_3、节点 v_{14} 和节点 v_{20} 赋予一个共同的主题 T, 其他结构不变, 采用 CMTC 算法进行社区划分, 最终得到 3 个社区, 如图 5-26 (b) 所示. 由图 5-26(b) 可见, 由于加入主题 T, 社区 2 和社区 3 之间的节点间的联系度增强, 又由于社区 2 中有 3 个节点关注了主题 T, 社区 3 中仅有节点 v_9 关注了主题 T, 因此, 社区 3 中的边缘点被聚合到社区 2 中. 以节点 v_3 和节点 v_{10} 为例, 在无主题的情况下, $Sim_{3,10}^{TANCD} = 0.0129$; 在有主题的情况下,

$Sim_{3,10}^{TANCD} = ((Sim_{3,10}^{TANCD})_s + (Sim_{3,10}^{TANCD})_F)/N = (0.45 + 0.24)/35 = 0.0197$, 由于加入主题 T, 节点 v_3 与节点 v_{10} 的 1,2 级邻居增加, 因此联系度 $S_{3,10}^{TANCD}$ 增大. 同理整体联系度值增大, 因此, 社区间节点 v_9、节点 v_{31}、节点 v_{10}、节点 v_{28} 和节点 v_{29} 被聚合到社区 2 中.

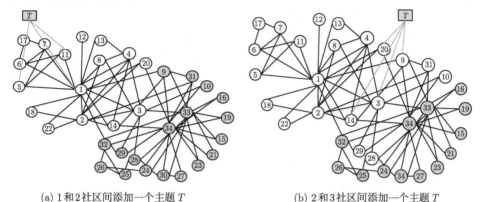

(a) 1和2社区间添加一个主题 T　　　　　　　(b) 2和3社区间添加一个主题 T

图 5-26　社区间添加一个主题的 Karate 网络

(3) 在 Karate 网络中添加两个主题的社区划分结果分析

1) 在 Karate 网络中, 为所有节点添加两个主题, 采用 CMTC 算法进行社区划分, 得到 2 个社区, 如图 5-27(a) 所示. 由图 5-27(a) 可见, 社区划分结果为真实的社区划分结果; 与无主题的划分结果相比, 由于增加了共同关注的主题, 节点间和社区间的联系度值增加, 社区 1 与社区 2 间的联系度也大于了阈值, 二者合并为一个社区, 由此可见, 主题使得社区结构更紧密.

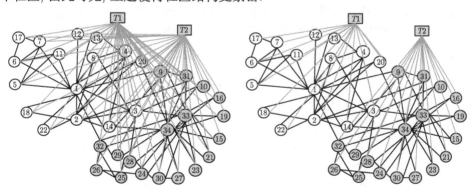

(a) 同时关注两个主题网络　　　　　　　(b) 分别关注不同两个主题的网络

图 5-27　社区间添加两个主题的 Karate 网络

2) 在 Karate 网络中, 为社区 1 和社区 2 中节点添加一个共同的主题 $T1$, 为社区 3 中节点添加一个共同的主题 $T2$, 用 CMTC 算法对其进行社区划分, 得到 2 个社区, 如图 5-27(b) 所示. 由图 5-27(b) 可知, 主题 $T1$ 将社区 1 和社区 2 之间的节点和社区间联系度值增加, 促使社区 1 和社区 2 聚合为一个社区; 主题 2 增加了社区 3 中节点间的联系度值, 使得社区 3 的结构更加稳定.

(4) 在 Karate 网络中随机添加主题的划分结果分析

1) 在 Karate 网络中, 随机添加一个主题, 选取其中差异性较大的两个主题网络, 采用 CMTC 算法对其进行社区划分, 社区划分如图 5-28 所示. 与真实网络社区相比, 社区结构发生了很大变化, 社区结构会随着主题分布的不同, 时而紧密时而分散.

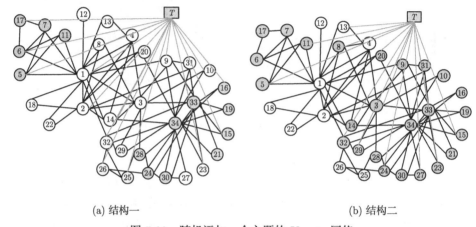

　　　　(a) 结构一　　　　　　　　　　　　　　　　　(b) 结构二

图 5-28　随机添加一个主题的 Karate 网络

2) 在 Karate 网络中, 随机添加两个主题, 选取其中差异性较大的两个主题网络, 采用 CMTC 算法对其进行社区划分, 社区划分结果如图 5-29 所示. 在图 5-29(a) 中, 大部分节点都共同关注了主题 $T1$ 和 $T2$, 使得网络中形成了一个大社区和两个边缘小社区; 在图 5-29(b) 中, 主题比较分散, 使得社区结构也比较分散.

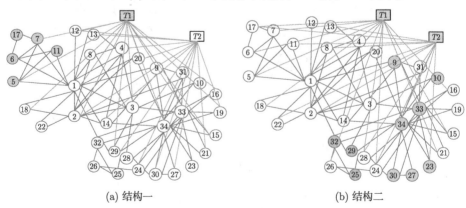

　　　　(a) 结构一　　　　　　　　　　　　　　　　　(b) 结构二

图 5-29　随机添加两个主题的 Karate 网络

综上可见, 主题 T 不仅增强了节点间的联系度, 而且主导了社区的划分结果. 这与具有共同兴趣爱好的人更有可能成为朋友的启发式思想相一致.

5.4.3.3.2 豆瓣网数据集实验结果与分析

在用户影评数据集上, 考虑有主题和无主题两种情况, 分别采用 CMTC 算法进行社区划分. 为了使对社区划分结果的分析更有意义, 清洗掉少于 10 个节点的零散小社区. 最终的社区划分结果如表 5-13 所示. 由表 5-13 可见, 在不考虑主题的情况下, 得到 23 个社区, 最大社区规模为 1065, 社区的平均规模为 31.79; 在考虑主题的情况下, 得到 13 个社区, 最大社区规模为 1559, 社区的平均规模为 34.42. 由此可见, 与传统网络相比, 加入主题扩大了社区的规模, 降低了社区的数量, 使社区结构更加紧密和稳定.

表 5-13 豆瓣网中社区数量和规模比较

网络	平均值	社区数量	最大社区规模
非主题网络	31.79	23	1065
主题网络	34.42	13	1559

为了更多地从社会学意义上来分析实验得到的社区, 分别从上述两种网络中取出规模最大的社区, 分析用户对 36 个主题电影关注的分析, 实验结果如图 5-30 所示. 由图 5-30 可知, 在不考虑主题的情况下, 主题集中度不高, 主题关注相对较为平均; 而在考虑主题的情况下, 社区内用户对主题的关注度比较集中, 可见关注度最高的五个电影主题依次为主题 6(剧情)、主题 19(爱情)、主题 13(喜剧)、主题 8(惊悚) 和主题 15(犯罪).

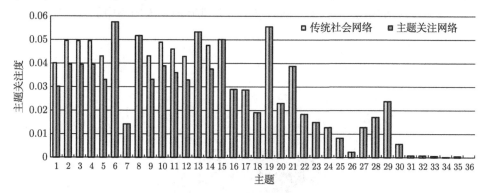

图 5-30 主题关注度

为了验证实验结果的合理性, 获取了 2013 年 2 月艾瑞咨询集团 Click 调研的观影观众喜爱的影片类型及比例, 如图 5-31 所示. 由图 5-31 可见, 动作、喜剧、科幻、爱情、剧情、惊悚剧等均为用户关注高的影片. 图 5-30 中分析的结果与图 5-31

真实情况基本一致, 主要区别如下. ① 在图 5-30 中主题 6(剧情) 的关注度最高, 在图 5-31 中排第 5. 因为电影分类中有交叉. 例如, 电影《贫民窟的百万富翁》既属于剧情类又属于爱情类, 电影《少年派的奇幻漂流》既属于剧情类又属于奇幻类, 从而使得剧情类占比最高. ② 在图 5-31 中动作片受到观众的喜爱程度最高, 而图 5-30 中未排在最前面. 因为图 5-31 中将功夫、武侠及枪战等都归类为动作片; 而图 5-30 中对电影的分类更细, 将功夫、武侠等分别统计.

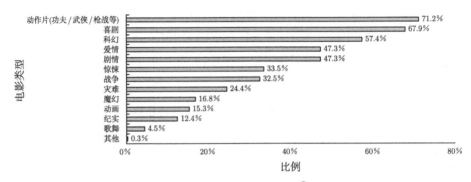

图 5-31　电影类型的比例①

考虑主题情况下的社区划分结果如图 5-32 所示. 由于颜色的局限性, 所以仅将社区成员较多的 5 个社区分别用红色、深蓝色、浅蓝色、绿色和紫色等 5 种颜色标记显示, 其余社区成员均为黑色. 由图 5-32 可知, 红色节点结构上联系紧密, 同时主题相似性高, 故被划分到同一个社区; 深蓝色、浅蓝色、绿色和紫色节点结构上联系并不十分紧密, 但是由于其在主题上的相似性较高, 故被划分到同一个社区. 因此, 与传统网络相比, 主题关注网络能更有效准确地发现网络中的社区结构.

图 5-32　CMTC 算法下的豆瓣网络社区结构 (后附彩图)

① http://www.entgroup.cn/views/18746.shtml

接下来将 CMTC 社区发现方法与文献 [104] 和文献 [105] 中社区发现算法进行实验对比. 实验结果如表 5-14 所示. 由表 5-14 可见, 与其他两种方法相比, CMTC 算法具有最大的 F 值.

表 5-14 社区发现实验结果

算法	社区数量	F 值
文献 [179] 算法	19	0.2682
文献 [180] 算法	17	0.3986
CMTC 算法	13	0.5965

第6章 影响最大化建模及应用

6.1 引　言

在病毒式营销中, 通过为一些 "具有影响力" 的用户提供免费产品等方式, 让其采纳或接受该产品, 再通过朋友间的相互推荐, 使得该营销产品会产生一系列的级联效应, 从而实现尽可能多的用户决定使用该产品. 可见, 日常生活中, 人们做出的某种决定, 往往会受到朋友、亲人或同事等社会关系的影响. 随着互联网技术的发展, 各类在线社会网络平台已经成为社会关系维系和信息传播的重要渠道和载体. 在社会网络中, 基于病毒营销和口碑效应的影响能够在短时间内影响到网络中的很多成员. 这种社会影响力体现在用户受他人的影响, 在情感、观点或者行为上发生改变的现象. 影响最大化研究致力于准确度量社会网络中用户的影响力, 并且将用户的社会影响力融入各类社交应用中以提升应用的效果, 从而满足用户的复杂需求. 因此, 社会网络的影响最大化问题引起了商家和广大学者的广泛关注, 已成为近年来的研究热点之一.

影响最大化问题是指在社会网络中寻找影响力最大的用户节点 (种子节点) 集合, 这些集合中的节点可以使得信息在某种模型下获得最大范围的传播. 本章重点研究社会网络中的影响最大化问题. 通过对网络结构和信息传播模型等方面的分析, 在负面影响、竞争环境和成本控制等不同应用背景下建立影响最大化模型. 通过解决影响力最大化问题, 可以发现社交网络当中最具影响力、信息传播能力最强的网络节点. 从而为市场营销、广告发布、舆情分析等领域提供决策支持.

关于影响最大化问题的相关研究工作, 针对当前该领域的研究热点, 主要做了如下三个方面的研究工作. 从提高算法的运行效率方面, 提出了改进的贪心算法 Lv_NewGreedy、Lv_MixedGreedy[106], Lv_CELF 和 Lv_CELF++ 算法[107], IM_GA_SA[108] 和 StaticGreedy 算法[109]; 还提出了基于社区的影响最大化算法 CGINA 算法[110]、DC_ID 算法[111]. 在改进传播模型方面, 提出了主题偏好 E_IC[112]、主题关注的独立级联模型 TA_IC[113]; 集成负面影响传播的社会影响传播新模型 LTN[114]. 在影响最大化问题进行扩展方面, 提出了成本控制下的影响最大化算法[115,116].

6.2 影响最大化基本知识

6.2.1 影响最大化的定义

影响最大化问题可以概括为, 在一个社会网络, 一种影响传播模型中, 在给定了初始传播的种子节点个数的前提下, 如何在网络中选择 "最好" 的节点作为种子节点进行传播, 使得这些节点能通过自己的影响在整个网络中产生级联效应, 从而使得最大范围的节点接受所传播的社会影响[117].

影响最大化问题的形式化定义为: 给定一个社会网络 $G(V,E)$, 其中, V 表示节点集, E 表示边集. 对于给定的参数 k (k 是一个正整数), 如何从网络中找到 k 个节点组成种子节点集 A, 满足 $|A| = k$, 且 $A \subseteq V$; 按照某种传播策略, 以 A 作为种子节点集在 G 中传播影响, 传播结束后, 受到影响的节点数最大, 记为 $\max\{\sigma(A)||A| = k, A \subseteq V\}$, 其中, $\sigma(A)$ 表示 A 最终影响的节点数.

6.2.2 社会影响力传播模型

社会影响力传播模型是研究社会网络影响最大化问题的基础. 现有的影响力传播模型主要分为 5 类: 独立级联 IC 模型、线性阈值 LT 模型、加权级联传播模型 (Weighted Cascade Model, WC)、病毒传播模型 (Epidemic Model) 和博弈论传播模型 (Game Theoretical Model, GT) 等. 其中, IC 和 LT 模型是应用最为广泛的模型, 它们通过用户间社交关系及影响分析用户间相互作用的规律; 通过节点间社交关系的紧密度预测信息传播的成功概率; 再通过考虑多个邻居用户对节点的共同影响力. 这两个模型采用随机生成节点间的影响概率和信息量等模拟数据, 虽然一定程度上反映了信息在节点间的传播方式, 但无法对信息在网络中传播的深度和广度进行真实准确地描述. 下面详细介绍 IC 和 LT 模型.

6.2.2.1 IC 模型

在 IC 模型中, 将社会网络 $G = (V, E)$、边的影响概率 p 和初始种子节点集 S_0 作为输入; 将任意时刻 $t(t \geqslant 1)$ 产生的活动节点集记为 S_t. 对于任意在 t 时刻新被激活的节点 v_i, 在 $t+1$ 时刻, 节点 v_i 会以概率 $p(v_i, v_j)$ 激活其每个非活动的邻居节点 v_j. 如果在 $t+1$ 时刻, 节点 v_j 有多个新被激活的节点 v_i, 则它们将会以任意顺序尝试激活节点 v_j. 但是, 如果在 $t+1$ 时刻, 节点 v_i 不能激活节点 v_j, 则在以后的任意时刻, 节点 v_i 都不能再次尝试激活节点 v_j. 同时, 对于任意节点 v_j, 一旦其被激活, 它就将一直处于激活状态. 如果在 $t+1$ 时刻, 没有新的节点被激活, 即 $S_t = S_{t+1}$, 则传播过程结束, 返回活动节点集 S_t.

6.2.2.2 LT 模型

在 LT 模型中, 将社会网络 $G = (V, E)$、边影响权重 w 和初始种子节点集 S_0 作为输入; 也将任意时刻 $t(t \geqslant 1)$ 产生的活动节点集记为 S_t. 在初始时刻, 为网络中的每一个节点 v_i 随机地、独立地选择一个阈值 $\theta(v_i)(\theta(v_i) \in [0, 1])$. 在 t 时刻, 首先, 设 $S_t = S_{t-1}$; 然后, 对每一个非活动节点 $v_i(v_i \notin S_{t-1})$, 如果节点 v_i 的所有处于激活状态的邻居节点 v_j 的影响权重之和大于等于阈值 $\theta(v_i)$ 时, 即 $\sum_{v_j \in S_{t-1} \cap N(v_i)_1} w(v_j, v_i) \geqslant \theta(v_i)$, 节点 v_j 被激活. 如果在 t 时刻, 没有新的节点被激活, 即 $S_t = S_{t-1}$, 则传播过程结束, 返回活动节点集 S_t.

6.2.3 影响最大化的应用领域

影响最大化问题在社会网络中具有重要的研究意义. 通过求解影响最大化可发现网络中传播范围最广泛的节点集, 因此, 可将其广泛应用在市场营销、广告发布、舆情预警、水质监测、疫情监控等重要场景中. 例如, 在基于社会网络的口碑营销和广告发布中, 利用哪些用户进行商品和广告推广, 通过在社会网络中进行信息和影响的传播, 才能最大化品牌的推广效益和广告的传播范围; 在水质监测和疫情监控中, 需要定位在哪些地点进行水质监测和疫情监控, 才能最大化监控范围, 及时发现水质污染和疫情暴发. 影响最大化问题的求解直接影响到市场营销、水质监测等应用策略的制定和部署, 对系统的有效性、可扩展性等方面都有着重要的影响.

6.3 影响最大化建模

6.3.1 基于社区结构的影响最大化建模及算法

针对改进算法效率的问题, 研究者们提出利用网络的社区结构, 将网络中种子节点的发现问题转化为各社区内种子节点的发现问题. 由于社区的规模远远小于整个网络, 因此, 在社区内挖掘种子节点, 大大提高了算法效率. 基于此思想, 将社会网络中的信息传播建模为社区之间的协作博弈, 利用协作博弈论中的 Shapley 值和种子节点的分配策略, 提出一种新的基于社区结构的影响最大化算法 CGINA[110].

6.3.1.1 协作博弈和 Shapley 值

博弈论是一门研究理性的智能决策者之间冲突和协作的学科. 通常, 一个具有可转移支付的协作博弈 (TU Game) 定义为 $G(N, v)$, 其中 $N = \{1, 2, \cdots, n\}$ 表示博弈方的集合; v 定义为从 2^N 到实数域 R, 且满足 $v(\varnothing) = 0$ 的实值映射, 其中, 2^N 表示 N 的所有可能子集, 映射 v 称作效用函数. 给定 N 的一个子集 S, $v(S)$ 称作联盟 S 的值, 表示仅由 S 中的博弈方取得的可转移效用.

在协作博弈的分析方法中, Shapley 值是一种最重要的概念. 考虑到每个成员的相对重要性, 在为联盟中每个成员分配收益时, Shapley 以公理的形式给出 Shapley 值的概念. 它为一个协作博弈的联盟成员所取得的总体效用给出了一种公平有效的收益分配方法. 对于一个协作博弈 $G(N,v)$, 其 Shapley 值为 $\varphi(N,v) = (\varphi_1(N,v), \varphi_2(N,v), \cdots, \varphi_n(N,v))$. $\varphi_i(N,v)$ 表示博弈方 i 的 Shapley 值, 如式 (6-1) 所示.

$$\varphi_i(N,v) = \sum_{C \subseteq N\setminus\{i\}} \frac{|C|!(n-|C|-1)!}{n!}\{v(C \cup \{i\}) - v(C)\} \tag{6-1}$$

文献 [67] 中, 作者提出一种 Shapley 值计算的近似算法. 给定 $i \in N$、子集 $C \subseteq N$ 并且 $i \notin C, \forall C \subseteq N\setminus\{i\}$, i 对联盟 C 的边际贡献定义为 $v(C \cup \{i\}) - v(C)$. 现在考虑 N 的所有可能的 $n!$ 排列形成的集合 Ω, π 表示 Ω 中的一个排列, 定义 $C_i(\pi)$ 为排列 π 中所有出现在 i 之前的节点集, 计算 i 对于给定联盟博弈的平均贡献, 如式 (6-2) 所示.

$$\varphi_i(N,v) = \frac{1}{n!}\sum_{\pi \in \Omega}[v(C_i(\pi) \cup \{i\}) - v(C_i(\pi))] \tag{6-2}$$

容易证明式 (6-2) 的计算复杂度为 $O((n/e)^n)$. 所以, 当博弈方集合较大时, 直接计算 Shapley 值是不可行的.

6.3.1.2 基于社区结构的影响最大化算法

在基于社区结构的信息传播过程中, 节点在信息传播中的作用有两种, 一种是在社区内的传播, 另一种是在社区间的传播. 关键节点也分为两类. 一类称作 "桥" 节点, 这些节点与其他社区关联密切, 非常容易在社区间传播. 另一类称作 "影响" 节点, 这些节点在社区内有极强的影响力, 能使得信息在社区内迅速传播.

基于上述思想, 提出 CGINA 算法, 该算法主要分为三步. 首先, 以社区作为博弈方, 建立协作博弈, 计算每个社区的 Shapley 值. 基于各个社区的 Shapley 值计算分配到每个社区 C_i 的关键节点数 KN_i. 其次, 根据指定的启发因子 l, 对于每个社区 C_i, 计算该社区要挖掘的桥节点数 KBN_i 和影响节点数 KIN_i. 最后, 在每个社区内挖掘桥节点和影响节点.

为了便于描述, 首先介绍 CGINA 算法中的相关思想及定义如下.

(1) 信息传播合作博弈

与文献 [67] 中的 SPIN 算法类似, 思想是以社区在传播过程中的边际贡献发现影响社区. 在此给出的信息传播合作博弈定义如下.

设 N 表示网络中的社区集, 2^N 表示 N 的所有子集, 则效用函数 v 定义为从 2^N 到实数域 R 的实值映射. 表明每个社区在信息传播博弈中的贡献取决于两个因素: 一是社区的节点数, 二是社区的权密度. 前者表示信息传播的最大范围, 后者表示社区内信息传播的难易程度. 所以, 对于每个社区子集 $S \subseteq N$, S 的效用如式 (6-3) 所示.

$$v(S) = wd_s \times |N_s| \tag{6-3}$$

式 (6-3) 中, wd_s 和 N_s 分别表示联盟 S 的权密度和节点集.

由于直接计算每个社区精确的 Shapley 值非常困难, 则可以基于抽样技术, 计算近似的 Shapley 值. 为简单起见, 当一些社区形成一个联盟时, 可以忽略社区之间的影响, 从而把这些社区的贡献累加起来. 因此, S 的效用如式 (6-4) 所示.

$$v(S) = \sum_{C_i \in S} wd_i \times |N_i| \tag{6-4}$$

式 (6-4) 中, wd_i 和 N_i 分别表示社区 C_i 的权密度和节点集. 社区 C_i 的权密度如式 (6-5) 所示.

$$wd_i = \frac{\sum\limits_{e \in E_i} e.\text{weight}}{P_{|N_i|}^2} \tag{6-5}$$

式 (6-5) 中, E_i 表示社区 C_i 的边集. 根据式 (6-4), 在式 (6-2) 中, 对 Ω 中的每个 π, 项 $[v(C_i(\pi) \cup \{i\}) - v(C_i(\pi))]$ 都相同. 因此, 社区 C_i 的 Shapley 值如式 (6-6) 所示.

$$\varphi_i(N, v) = v(C_i) = wd_i \times |N_i| \tag{6-6}$$

(2) 每个社区待挖掘关键节点数的确定

由于每个社区的 Shapley 值表示了该社区在整个社会网络信息传播中所做贡献的大小. 因此, 根据各自的 Shapley 值来确定各个社区待挖掘的节点数. 社区 C_i 中待挖掘的关键节点数, 记为 KN_i, 如式 (6-7) 所示.

$$KN_i = \varphi_i(N, v) \bigg/ \sum_{i=1}^{|C|} \varphi_i(N, v) \tag{6-7}$$

社区中的关键节点由桥节点和影响节点组成. 对于不同的社区, 两类节点的比例不尽相同. 为简单起见, 引入启发因子 l 来调节这一比例. 则社区 C_i 中桥节点的数目记为 $KBN_i = [l \times KN_i]$, 影响节点数目记为 $KIN_i = KN_i - KBN_i$.

(3) 桥节点的发现

桥节点发现的主要思想为: 设 E 表示 G 的边集, EC 表示覆盖每个社区的社区内部边集, EB 表示 G 中社区之间的边集, 即 $EB = E - EC$. 对于每个社区 C_i, 由社区间的边集 EB, 能得到所有的出节点和出边. 社区 C_i 的出节点指位于社区 C_i 内, 且与其他社区有联系的节点. 为社区 C_i 内的每个出节点定义属性 "桥权", 用于表示该节点在社区间传播信息的重要程度. 该属性取决于两个因素: 一是相应边的权重, 二是该边所指向社区的 Shapley 值. 所以, 外节点 v 的桥权, 记为 $v.\text{bweight}$, 如式 (6-8) 所示.

$$v.\text{bweight} = \sum_{e.\text{from}=v, e \in EC} e.\text{weight} \times \varphi(N, e.\text{to.cLabel}) \tag{6-8}$$

式 (6-8) 中, $e.\text{from}$ 和 $e.\text{to}$ 分别表示边 e 的源节点和目的节点, cLabel 属性用于指示该节点所在的社区标号. 对于社区 C_i, 如果其所有出节点数目超过该社区的桥节点数 KBN_i, 选择前 KBN_i 个具有最大桥权的出节点作为要挖掘的桥节点. 否则, 将所有的出节点作为待挖掘的桥节点, 并用出节点数目更新社区的桥节点数 KBN_i, 继而用新的 KBN_i 更新 KIN_i.

(4) 影响节点的发现

对于社区内影响节点的发现, 理论上, 可以使用任何现有的影响节点发现算法. 本节采用 MixedGreedy 算法.

(5) 算法描述

算法 6.1   CGINA

输入: 社会网络 G 连同其社区信息, 启发因子 l, 节点集的大小 K.

输出: 关键节点集 topknodes.

BEGIN

1) $SSP = 0$ //SSP 用于保存所有社区的 Shapley 值

2) For each ac in C do

3) $SP[ac] = v[ac]$//SP 数组用于保存每个社区的 Shapley 值

4) $SSP = SSP + SP[ac]$

5) $CON[ac] = 0$//CON 数组用于保存每个社区出节点的数量

6) End For

7) For each ac in C do

8) $KN[ac] = SP[ac]/SSP$

9) End For

10) For each edge ae in EB do

11) $e.\text{from.bweight} = 0$

12) $CON[e.\text{from.cLabel}] = CON[e.\text{from.cLabel}] + 1$

13) End For

14) For each edge ae in EB do //计算每个社区的 bweight 属性值

15) $e.\text{from.bweight} = e.\text{from.bweight} + e.\text{weight} \times SP[e.\text{to.cLabel}]$

16) End For

17) For each ac in C do //挖掘所有的桥节点

18)　　If $CON[ac] >= KN[ac] \times l$ then

19)　　　将具有最大 bweight 的 top$KN[ac] \times l$ 个出节点插入集合 topknodes

20)　　　$KIN[ac] = KN[ac] - KN[ac] \times l$

21)　　Else

22)　　　将所有出节点加入集合 topknodes

23)　　　$KIN[ac] = KN[ac] - CON[ac]$

24)　　End If

25) End For

26) For each ac in C do //每个社区中, 挖掘所有的影响节点

27)　　$RC = \{\}$//RC 用于存储社区 ac 中的影响节点

28)　　For $i = 1$ to $KIN[ac]$ do //在每个社区中挖掘 top $KIN[ac]$ 个影响节点

29)　　　vmax = argmax(influencedset($RC \cup \{v_i\}$) − influencedset(RC))

30)　　　$RC = RC \cup \{vmax\}$

31)　　End For

32)　　topknodes = topknodes $\cup RC$

33) End For

END

在算法 6.1 中, 首先, 计算每个社区的 Shapley 值, 如代码 1)—6), 时间复杂度为 $O(|C|)$, 其中, $|C|$ 是社区数目. 其次, 为每个社区计算关键节点数, 如代码 7)—9), 时间复杂度为 $O(|C|)$. 然后, 初始化和计算每个出节点的桥权, 如代码 10)—16), 复杂度为 $O(|EB|)$, 其中, $|EB|$ 为社区间的边数. 再次, 发现所有的桥接点, 如代码 19)—25), 复杂度为 $O(|C|)$. 最后, 在每个社区内发现所有的影响节点, 如代码 26)—33). 影响集的计算是在社区内而不是在整个网络上计算, 采用 MixedGreedy 算法复杂度要低得多. 对于所有社区, 假设在一个社区内发现影响节点的最大时间为 h, 则时间复杂度为 $O(h \times |C|)$. 综上, 算法 6.1 的时间复杂度为 $O(|C| + |C| \times h + |EB|)$.

6.3.1.3　实验数据集和评价指标

实验数据集为采用 Andreag 等开发的基准程序获取的人工网络. 该网络拥有 30000 节点和 1498772 条边.

实验中, 以 MixedGreedy 作为评估算法性能的基准. 算法参数主要有启发因子 l, 种子集大小 K. 通过社区发现实验, 将社区划分的组合熵阈值 θ 设为 0.3, 共得到 39 个社区, 其中, 最大的社区有 35918 个节点, 最小社区有 45 个节点.

实验采用影响度和运行时间作为影响最大化的评价指标.

节点集 A 的影响度, 记为 $R(A) = V_A/|N|$, 其中, V_A 表示传播过程中被 A 所影响的节点数, $|N|$ 整个网络的节点数.

6.3.1.4 实验及结果分析

为了验证算法 CGINA 的性能与效率, 选取经典的 CGA 和 MixedGreedy 算法, 从社区探测结果、启发因子 l 的变化情况、关键节点集的大小 K 的变化情况和算法的可伸缩性等四方面进行实验, 实验结果及分析如下.

(1) 社区探测实验

实验用以评估社区探测算法的性能. 基于 IC 模型, 将仿真次数设为 50, 当在 50 次影响模拟中, 一个节点被其邻居激活 25 次以上者, 该节点被其邻居激活. 为了选择一个合适的组合熵阈值 θ, 在一个具有 1000 个节点的子网络 (从原网络中随机选取 1 个点, 然后从该节点进行广度优先搜索, 得到 1000 个节点) 上进行实验. 实验中, 将 θ 从 0.1 取到 0.6 对划分阶段产生的社区进行组合. 当 $\theta = 0.2$ 时, 绝大部分社区组合在一起, 仅余下 4 个社区. 当 $\theta = 0.5$ 时, 产生了很多小而分散的社区, 很多社区的节点数低于 10. 当 $\theta = 0.3$ 时, 得到 12 个社区. 在实验中, 取 $\theta = 0.3$, 在整个数据集中得到 39 个社区.

(2) 启发因子实验

评估启发因子 l 对 CGINA 算法的影响度和运行时间的影响. 实验在整个网络上进行, 将 K 值固定为 30. 实验中, 将 l 的值由 0 变化到 1, 影响度与运行时间的实验结果分别如图 6-1 和图 6-2 所示.

启发因子 l 表示桥节点占关键节点总数的比重. 当 $l = 0$ 时, 该算法就退化为 CGA 算法. 如图 6-1 所示, 随着 l 的增长, 算法的影响度先增长, 然后慢慢递减. 在社区中, 桥节点占有一个实际比例, 当 l 接近这个比例时, 算法会有最好的性能, 随着 l 对此值的偏离, 算法的性能也越来越差.

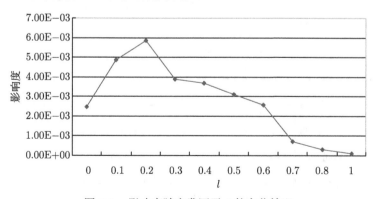

图 6-1　影响度随启发因子 l 的变化情况

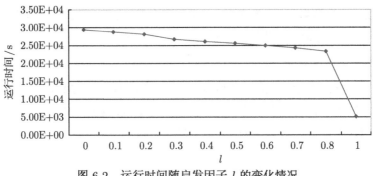

图 6-2 运行时间随启发因子 l 的变化情况

在运行时间方面, 如图 6-2 所示, 算法的运行时间随着 l 的增长不断减少, 当 $l = 1$ 时, 运行时间有一个快速递减. 由 CGINA 算法的复杂性分析可知, 影响节点的发现远比桥节点的发现复杂. 所以, 当 l 变为 1 时, CGINA 的运行时间迅速减少.

(3) 关键节点集实验

实验用于评估关键节点集的大小 K 对算法的影响度和运行时间的影响. 当 l 固定为 0.2 时, 影响度与运行时间的实验结果分别如图 6-3 和图 6-4 所示.

由图 6-3 可见, MixedGreedy 算法的影响度是最好的. CGA 的影响度略好于 CGINA. 就运行时间而言, MixedGreedy 是最差的. 随着 K 的增长, MixedGreedy 的运行时间迅速增长. 因为 CGA 和 CGINA 运行在社区之上的, 所以其效率要远高于 MixedGreedy 算法. 由图 6-4 可见, CGINA 的效率略强于 CGA.

(4) 算法可伸缩性实验

实验目的是评估 CGINA 算法相对于其他算法在可伸缩性上的性能. 在实验中, 设 $K = 30$, $l = 0.2$, 将网络规模 N 由 3 万变化到 30 万. 随着网络规模的变化, 算法 MixedGreedy, CGA 和 CGINA 的影响度与运行时间的实验结果分别如图 6-5 和图 6-6 所示.

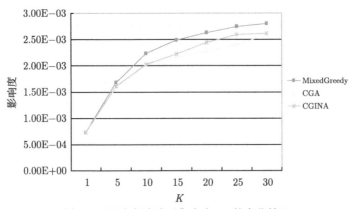

图 6-3 影响度随种子集大小 K 的变化情况

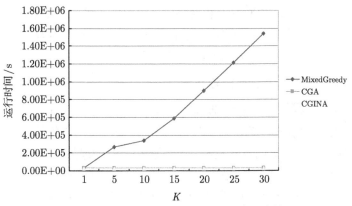

图 6-4　运行时间随种子集大小 K 的变化情况

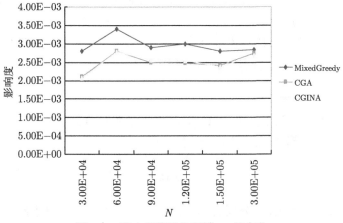

图 6-5　影响度随网络规模 N 的变化

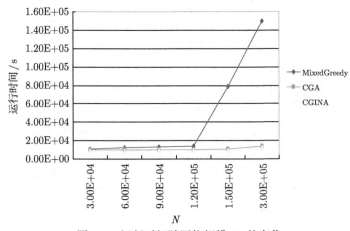

图 6-6　运行时间随网络规模 N 的变化

由图 6-5 可见, 算法的影响度相对稳定. 由图 6-6 可见, 当网络规模超过某个值时, MixedGreedy 的运行时间迅速增加, 而 CGA 和 CGINA 算法的运行时间相对稳定. 所以, CGINA 和 CGA 更适用于大型的社会网络.

6.3.2　基于偏好的影响最大化建模及算法

在影响最大化的改进算法中, 通常基于某种启发策略、影响函数的性质或社会网络的结构特性, 仅提高了算法的运行效率, 未增加种子节点集的影响范围.

为了改进种子节点集的影响范围, 基于文献 [118] 的思想, 结合用户对信息主题的偏好, 提出一种 2 阶段的影响最大化算法 L_GAUP(L_Greedy Algorithm Based on User Preference, L_GAUP)[112]. 第 1 阶段, 根据用户的行为日志, 计算用户对于所传播信息主题的偏好值, 通过引入偏好阈值, 得到原始网络对于特定信息的易感染网络; 第 2 阶段, 基于 IC 的扩展模型 E_IC (Extended-Independent Cascade Model, E_IC), 根据易感染网络的拓扑结构和节点的活跃程度, 采用贪心策略进行影响节点的挖掘. 由于易感染网络的规模远小于原网络, 该算法能取得较高的效率.

6.3.2.1　E_IC 模型及其影响最大化问题

(1) E_IC 模型

针对传统 IC 模型的不足, 文献 [118] 考虑了用户对信息主题 T 的偏好, 得到节点 u 对 v 的影响概率 p_{uv}, 如式 (6-9) 所示.

$$p_{uv} = p \times F(C_{uT}, C_{vT}) \tag{6-9}$$

式 (6-9) 中, C_{uT} 和 C_{vT} 分别表示节点 u 和 v 对同一信息主题 T 的偏好值; $F(C_{uT}, C_{vT}) = (C_{uT} \times C_{vT})^2$. 但是, 该计算方法存在两个问题如下.

1) 当 C_{uT} 和 C_{vT} 有一个为 0 时, p_{uv} 即为 0. 这显然与事实不符. 比如, 许多原来对足球毫无兴趣的女生受其男朋友的影响, 对足球产生兴趣, 乐于接受相关的信息. p 可以看作 u 对 v 在所有信息主题范围内的总体影响力. 对于某一特定的信息主题 T, 当 p 足够大时, 即使 C_{uT} 和 C_{vT} 较小, u 也可能激活 v.

2) IC 模型中将激活概率 p 看作一个取值范围为 [0,1] 的常数. 该方法过于简单, 很难与事实相符. 因为, u 对 v 的总体影响力 p_{uv} 与边 (u,v) 的权重 W_{uv} 和 u 与 v 之间的亲密度 A_{uv} 有关. 设定权重 W_{uv} 服从 [0,1] 内的均匀分布, 亲密度 A_{uv} 由节点 u 和 v 的活动共现情况估计.

针对上述问题, 基于 IC 模型提出扩展模型 E_IC 模型, 具体描述如下.

针对问题 1), 引入一个调和因子 a, 用于表示总体影响力在特定信息主题 T 下 u 对 v 影响力中所占的比重. 因此, 在给定的信息主题向量 t 下, 节点 u 对 v 的激活概率记为 $p(u, v, t)$, 式 (6-10) 所示.

$$p(u, v, t) = a \times p_{uv} + (1-a) \times F(C_{ut}, C_{vt}) \tag{6-10}$$

式 (6-10) 中, C_{ut} 和 C_{vt} 分别表示节点 u 和 v 对于信息主题向量 t 的偏好值; $F(C_{ut}, C_{vt})$ 表示 C_{ut} 和 C_{vt} 对于 $p(u, v, t)$ 的影响作用, 即定义为 C_{ut} 和 C_{vt} 的算术平均值, 如式 (6-11) 所示; p_{uv} 表示节点 u 对 v 的总体影响力, 如式 (6-12) 所示.

$$F(C_{ut}, C_{vt}) = \frac{C_{ut} + C_{vt}}{2} \tag{6-11}$$

针对问题 2), 在 p_{uv} 中引入调和因子 b, 表示 W_{uv} 在 p_{uv} 中所占比重. 由此, u 对 v 的总体影响力 p_{uv} 的估计, 如式 (6-12) 所示.

$$p_{uv} = b \times W_{uv} + (1-b) \times A_{uv} \tag{6-12}$$

式 (6-12) 中, 以 u 和 v 共现对 u 和 v 之间的亲密度 A_{uv} 进行估计, 其计算方法, 如式 (6-13) 所示.

$$A_{uv} = \frac{|S_u \cap S_v|}{|S_u \cup S_v|} \tag{6-13}$$

式 (6-13) 中, S_u 和 S_v 分别表示节点 u 和 v 的行为集合. 以本节中的豆瓣电影评论数据集来讲, S_u 和 S_v 分别表示节点 u 和 v 看过的电影集合.

(2) E_IC 模型的性质

在 E_IC 模型下, 规模为 k 的影响节点的挖掘是 NP-hard 问题. 但是, 可通过一个贪心的爬山算法得到近似解. E_IC 模型是 IC 模型的一个边权重版本, Kempe 等[66]已经给出 IC 模型下影响函数子模性和单调性的证明. 由于影响函数显然是一个非负单调的, 因而, 其近似因子为 $1 - 1/e$.

(3) 基于 E_IC 模型的影响最大化问题

与传统影响最大化问题类似, 基于 E_IC 模型的影响最大化问题即为, 对于给定的基础社会网络 G, 用户对于信息种类集 T 的偏好矩阵 M, 给定的信息向量 t、种子集的规模 k, 寻找 G 中规模为 k 的节点集 S^*, 使得在 E_IC 模型下, 以 S^* 为初始种子节点集进行传播时, 其影响集最大.

在 E_IC 模型下, 给定偏好矩阵 M, 以 S 作为初始种子集在社会网络 G 中传播信息向量 t 时, 传播过程结束后所得的最终影响集的节点个数记为 $\sigma(G, M, S, t)$. 那么, 基于节点偏好的影响最大化问题的形式化定义如下.

给定基础网络 G、偏好矩阵 M、信息向量 t 和种子集的规模 k, 在 G 中寻找一个基数为 k 的节点集 S^*, 使得, 对于 G 中任意一个基数为 k 的节点集 S, 都有

$$\sigma(G, M, S^*, t) \geqslant \sigma(G, M, S, t)$$

6.3.2.2　算法设计

本算法的实现分为两步, 首先计算用户的偏好, 然后, 基于用户信息偏好设计影响最大化算法.

(1) 用户偏好的计算

用户偏好的分类是在线营销和推荐系统中一种重要技术. 通过对客户偏好的合适的预分类, 为系统把合适的商品或服务推荐给合适的客户提供保证. 与之类似, 在社会网络的信息传播过程中, 通过对用户行为日志的研究, 预测用户对不同主题的偏好程度, 对于传播的最终结果有着重要影响.

主要考虑 LSI 和 VSM 两种不同的偏好计算技术.

1) 基于潜在语义索引 (Latent Semantic Indexing, LSI) 的用户偏好计算

LSI 是一种基于模型的协同过滤技术, 能够有效估计用户对特定类型信息或产品的偏好. 在协同过滤的应用中, LSI 假设项目中存在一系列共有的隐含特征, 用户对项目的评价是用户对隐含特征偏好的表现. LSI 利用矩阵分解的方法, 将用户对项目的评分分解成一系列的特征. 然后, 以用户对这些隐含特征的偏好来预测用户对没有评过分的项目的评价.

奇异值分解 (Singular Value Decomposition, SVD) 是 LSI 中一种常用的矩阵分解技术. 利用 SVD, 可以将用户对项目的偏好投影到一个低维的隐空间中.

设有一个给定的用户–主题矩阵 $R_{n\times c}$, SVD 将 R 分解为如式 (6-14) 所示的 3 个矩阵.

$$R = U \times \sum \times V^{\mathrm{T}} \tag{6-14}$$

式 (6-14) 中, $U_{n\times n}$ 和 $V_{c\times c}$ 是两个正交矩阵, $\sum_{n\times c}$ 为对角矩阵, 该矩阵以 R 的奇异值作为其对角元素, 且按降序排列. 矩阵 R 和 $\sum$ 的秩为 $r(r \leqslant c \leqslant n)$, 对于 Frobenius 范数, SVD 提供了矩阵 R 的最佳低维近似. 只保留 $\sum_{n\times c}$ 的 k 个最大的对角元素, 从而将 $\sum$ 简化为对角阵 $\sum_k$. 利用同样的方法, 将矩阵 U 和 V 分别简化, 由式 (6-15), 便得到 R 的近似矩阵 R_k.

$$R_k = U_k \times \sum_k \times V_k^{\mathrm{T}} \tag{6-15}$$

对于一个给定的用户话题矩阵, LSI 计算用户偏好的步骤如下.

① 利用式 (6-15), 将 M 分解为 $U, \sum$ 和 V;
② 将 $\sum$ 降至 k 维, 得到 $\sum_k$, 并计算 $\sum_k^{1/2}$;
③ 计算矩阵 X 和 Y, $X = U_k \sum_k^{1/2}$, $Y = \sum_k^{1/2} V_k^{\mathrm{T}}$;
④ 预测用户 a 对话题 T 的偏好, $C_{a,T} = C_0 + X(a) \times Y(T)$, 其中, C_0 是一个常数.

2) 基于向量空间模型 (Vector Space Model, VSM) 的用户偏好计算

在向量空间模型中, 为一个用户撰写的所有文档建立一个用户文档. 类似地, 为某一话题的所有文档建立一个话题文档. 所有文档形成一个集合 $L = \{t_1, t_2, \cdots, t_{|L|}\}$. 然后, 计算所有用户文档和话题文档的向量, 其中, 向量的第 i 个元素是集合 L 中第 i 个元素 t_i 的 TF-IDF 权重. 最后, 一个用户对特定话题 T 的偏好 $C_{a,T}$ 就定义为其相应向量的余弦相似性, 如式 (6-16) 所示.

$$
C_{a,T} = \frac{\sum_{j=1}^{|L|} a_j \times D(T)_j}{\sqrt{\sum_{j=1}^{|L|} a_j^2} \times \sqrt{\sum_{j=1}^{|L|} D(T)_j^2}}
\tag{6-16}
$$

式 (6-16) 中, a 是一个用户–文档向量, $D(T)$ 是一个话题–文档向量.

3) 两种方法的比较

向量空间模型是一种基于内容的偏好计算方法, 适用于能方便提取内容的对象, 如文章, 而对其他对象推荐效果较差, 并且无法挖掘用户新的潜在兴趣. LSI 则是一种基于模型的协同推荐技术, 与基于内容的向量空间模型相比, 它可以处理难以进行内容分析的对象, 可以发现用户新的偏好. 另外, 与一般的协同过滤技术相比, 基于 SVD 的 LSI 技术可以解决数据稀疏性的问题.

实验时采用的数据是豆瓣网上的电影评论数据. 因为电影评论以文章的形式呈现, 因而, 这两种方法都适用. 由于电影的种类不多, 共 36 种, 根据用户对某部电影的评分、电影所属的种类, 可以直接计算出用户对各个电影种类的偏好值, 因而, 无需采用 LSI 模型中降维技术. 但是, 对于其他种类特别多或者难以分清种类的评价对象, 可以采用 LSI 或者 VSM 技术.

4) 用户偏好的计算

对于任意电影 m, 根据其类型, 可得其向量表示 $m = [t_{m1}, t_{m2}, \cdots, t_{mi}, \cdots, t_{m|T|}]$. 对于某一信息, 用户可以有不同的行为. 而不同的行为往往表示用户对信息的不同偏好程度. 比如, 在豆瓣网的电影评论中, 用户往往看过很多部电影, 但只对很少的电影写过影评. 因此, 在进行偏好计算时, 为这两种行为赋予不同的权重. 看过电影的权重为 w_s, 写过评论的权重为 $w_r (0 \leqslant w_s \leqslant w_r \leqslant 1,$ 且 $w_s + w_r = 1)$. 设有用户 v, 他看过的电影集合为 $M_v = [m_{v1}, m_{v2}, \cdots, m_{v|Mv|}]$, 其中, 每部电影都表示为一个具有 $|T|$ 个元素的向量, 对这些电影的评分为 $R_{Mv} = [r_{v1}, r_{v2}, \cdots, r_{v|Mv|}]$. 用户 v 评论过的电影集合为 $MR_v = [mr_{v1}, mr_{v2}, \cdots, mr_{v|MRv|}]$, 对应的评分为 $R_{MRv} = [r_{v1}, r_{v2}, \cdots, r_{v|MRv|}]$. 那么, 用户 v 对电影类型集合 T 的偏好值为一个具有 $|T|$ 个元素的向量, 其中, 第 i 个元素值为 v 对种类 i 的偏好值. 用户 v 对电影

种类 T 的偏好计算方法, 如式 (6-17) 所示.

$$C(v,T) = w_s \times \frac{1}{|M_v|} \sum_{i=1}^{|M_v|} R_{M_v}[i] \times M_v[i] + w_r \times \frac{1}{|MR_v|} \sum_{i=1}^{|MR_v|} R_{MR_v}[i] \times MR_v[i]$$

$$(6\text{-}17)$$

那么, 对于一个特定的电影种类向量 t, 用户 v 的偏好值, 记为 $C(v,t)$, 如式 (6-18) 所示.

$$C(v,t) = C(v,T) \times t^{\mathrm{T}} \tag{6-18}$$

(2) 基于用户信息偏好的影响最大化算法 L_GAUP

L_GAUP 算法分为 2 个阶段. 第 1 阶段, 根据待传播的信息向量 t, 根据式 (6-18) 估计网络 G 中任意节点 v 的偏好 $C(v,t)$. 然后, 根据设定的阈值 l, 得到信息 t 的易感网络 G_t. 第 2 阶段, 在网络 G_t 中运行影响节点的挖掘算法, 从而得到特定于消息向量 t 的 top-k 影响节点集.

1) 获取信息 t 的易感染网络 G_t

对于特定的消息向量 t, 根据 G 中所有节点 v 的偏好值 $C(v,t)$, 得到网络 G 的平均偏好值 $AVC(G,t)$. 设易感染阈值为 l, 得到易感染节点集 $S_1 = \{v|v \in V,$ $C(v,t) \geqslant l \times AVC(G,t)\}$. 将易感染节点集 S_1 中的节点, 连同其出边邻居和入边邻居, 作为易感染网络中的节点. 综上, 易感染网络记为 $G_t(V_t, E_t)$, 其中, $V_t = \{v|u,$ $v \in V, (u,v) \in E, u \in S_1$ 或 $v \in S_1\}$; $E_t = \{(u,v)|(u,v) \in E, u,v \in V_t\}$.

2) 易感染网络 G_t 内 top-k 影响节点的挖掘

在过去关于影响节点的挖掘算法中, 很少考虑到影响传播过程中被影响节点的重要性. 在基于偏好的影响最大化问题求解场景中, 对于任意节点 v, 以节点 v 的活跃度 Activity(v) 和节点的出度来估计节点在信息传播中的重要程度. 也就是说, 节点 v 的出度越大, 越是活跃, v 在传播过程中的重要性越强. 节点 v 的重要度, 记为 $IP(v)$, 如式 (6-19) 所示.

$$IP(v) = \text{Activity}(v) \times (1 + v.\text{outdegree}) \tag{6-19}$$

式 (6-19) 中, Activity(v) 表示节点 v 的活跃度. 结合本节采用的豆瓣影评数据集, 如式 (6-20) 所示, 由在给定时间段内, 节点 v 的活跃度 Activity (v) 可以由在给定时间段内, 节点 v 看过的电影数与发过的电影评论数来估计.

$$\text{Activity}(v) = w_s \times \frac{|SM_v|}{AVSM} + w_r \times \frac{|RM_v|}{AVRM} \tag{6-20}$$

式 (6-20) 中, SM_v 表示节点 v 看过的电影集; RM_v 表示节点 v 发过评论的电影集; $AVSM$ 和 $AVRM$ 分别表示网络中用户看过的电影数量与发过的电影评论数量的平均值; w_s 和 w_r 的含义与式 (6-17) 中 w_s 和 w_r 的含义相同.

在信息传播过程中, 节点集 S 的影响集表示为 influencedSet(S), influencedset IP(S) 表示 S 的影响集中所有节点 v 的重要度 $IP(v)$ 之和, 如式 (6-21) 所示.

$$\text{influencedset}IP(S) = \sum_{v \in \text{influencedSet}(S)} IP(v) \tag{6-21}$$

借鉴经典的贪心算法, 可以得到一个普通的贪心算法. 与原算法相比, 目标函数由种子集 S 的影响集规模 |influencedSet(S)| 变为 S 的影响集中所有节点的重要度之和 influencedset$IP(S)$.

实际上, 在 L_GAUP 算法的第 2 阶段, 可以采用现有的基于 IC 模型的任何优化算法. 主要目的在于比较引入易感染网络后, L_GAUP 在影响范围和运行时间上对 GAUP 算法的改善情况. 因此, 基于 CELF 算法[8]的思想提出了 L_GAUP 算法, 如算法 6.2 所示.

算法 6.2 L_GAUP(G, M, t, l, k)

输入: 社会网络 G, 用户偏好矩阵 M, 信息类型 t, 易感染网络阈值 l, 种子规模 k.

输出: 种子集 S.

BEGIN

1) $S = \varnothing; Q = \varnothing$

2) $G_t = \text{getSubGraph}(G, M, t, l)$

3) For each u in V do

4)　　$u.\text{mg} = \text{influencedset}IP(G_t\{u\})$

5)　　$u.\text{flag} = 0$

6)　　根据 $u.\text{mg}$ 的降序, 将 u 加入到队列 Q 中

7) End For

8) While $|S| < k$ do

9)　　$u = Q[\text{top}]$

10)　　If $u.\text{flag} == |S|$ then

11)　　　　$S = S + \{u\}$

12)　　　　$Q = Q - \{u\}$

13)　　Else

14)　　　　$u.\text{mg} = \text{influencedset}IP(G_t S + \{u\}) - \text{influencedset}IP(G_t S)$

15)　　　　$u.\text{flag} = |S|$

16)　　　　根据 $u.\text{mg}$ 对 Q 重新排序

17)　　End If

18) End For

19) Return S

END

在算法 6.2 中, 函数 getSubGraph(G, M, t, l) 的功能是, 根据给定的原始社会网络 G、用户对信息主题的偏好矩阵 M、信息类型向量 t 和易感网络的偏好阈值 l 得到原始网络对于 t 的易感网络 G_t. 其具体实现如算法 6.3 所示.

算法 6.3　getSubGraph(G, M, t, l)

输入: 社会网络 G, 用户偏好矩阵 M, 信息类型 t, 易感染网络阈值 l.

输出: 易感染网络 G_t.

BEGIN

/* 计算所有节点对于 t 的偏好值 */

1) $Avc = 0$

2) For each v in V do

3) 　　$v.\text{preference} = M[v] * t^{\mathrm{T}}$

4) 　　$Avc = Avc + v.\text{preference}$

5) End For

6) $Avc = Avc/|V|$

/* 从网络 G 中获取易感染网络 G_t*/

7) $S_1 = \varnothing$

8) For each v in V do

9) 　if $v.\text{preference} >= l * Avc$ then

10) 　　$S_1 = S_1 + \{v\}$

11) End For

12) $V_t = \varnothing$

13) For each v in S_1 do

14) 　For each u in V do

15) 　　If (u, v) in E or (v, u) in E then

16) 　　　$V_t = V_t + \{u\}$

17) End For

18) $V_t = V_t \cup S_1$

19) $E_t = \{(u, v)|(u, v) \in E, u, v \in V_t\}$

20) Return G_t $(V_t E_t)$

END

在算法 6.2 中, 函数 influencedset$IP(G, S)$ 的功能是, 根据给定的原始社会网络 G、初始种子集 S, 得到 S 在 G 中影响节点集的重要度之和. 其具体实现如算法 6.4 所示.

算法 6.4 influencedset$IP(G, S)$

输入：社会网络 G, 种子集 S.

输出：S 在 G 中所得影响节点的重要度之和 sumIP.

BEGIN

1) For each e in E do

2)   compute e.probablity

3) END For

4) $Infs = $ influencedSet(GS)

5) sum$IP = 0$

6) For each v in S do

7)   compute $v.IP$

8)   sum$IP = $ sum$IP + v.IP$

9) End For

10) Return sumIP

END

6.3.2.3 实验数据集和评价指标

实验数据集为豆瓣网 (www.douban.com) 上获取的用户之间的关注及电影评论信息, 详见 5.4.3.2 节. 根据用户间的关注关系, 建立社会网络 G, 共包含节点 2253 个, 有向边 34580 条, 平均度为 15.3484.

为了评价算法的性能, 与文献 [23] 类似, 使用运行时间、ISST(Influence Spread of a Seed Set on a Specific Topic) 和 IS(Influence Spread) 等三种指标.

(1) 运行时间：用于评价算法的效率.

(2) ISST(S, t)：与文献 [23] 类似, 指种子集对于特定信息类型 t 的影响传播, 如式 (6-22) 所示, 即为在考虑用户偏好的基础上评估种子集 S 对特定消息类型的影响.

$$\text{ISST}(S, t) = \sum_{v \in \text{influenceSet}(S)} C(v, t) \tag{6-22}$$

(3) IS(S)：在不考虑节点偏好的基础上, 传统的种子集 S 的影响传播.

6.3.2.4 实验及结果分析

为了验证 L_GAUP 算法性能和效率, 选取了两个经典算法：基于 IC 模型的 CELF 算法和基于 E_IC 模型的 GAUP 算法, 算法描述如表 6-1 所示, 分别从易感染阈值 l 的变化情况、运行效率和影响范围等三个方面, 在豆瓣数据集上进行了实验验证.

表 6-1　实验算法列表

算法	描述
CELF	基于 IC 模型的 CELF 算法
GAUP	基于 E_IC 模型和 CELF 算法的 GAUP 算法
L_GAUP	基于 E_IC 模型和 CELF 算法, 该算法运行在子图上

在实验中, 采用蒙特卡罗模拟方法, 将 IC 模型和 E_IC 模型中的传播过程模拟 1000 次. 将用户看过的电影和书写影评两种行为的权重 w_s 和 w_r 分别设为 0.3 和 0.7; 在偏好计算时, 将调和参数 a 和 b 设为 0.5.

(1) 易感染阈值 l 的实验

实验评估易感染阈值 l 对于 L_GAUP 算法在运行时间、ISST 和 IS 指标上的影响. 在实验中, 设定要传播的电影类型为动作、惊悚和犯罪, 并以此确定消息的类型 t. 然后, 根据 t, 在 G 中为每个节点 v 计算偏好 $C(v, t)$. 对于易感染阈值 l, 将其从 1 取到 5, 分别从原始网络 G 中得到 5 个易感染子网络 $g1$、$g2$、$g3$、$g4$ 和 $g5$. 网络的规模, 如表 6-2 所示.

表 6-2　网络的规模

网络	节点数	边数	网络	节点数	边数
G	2253	34580	$g3$	415	3649
$g1$	2253	34580	$g4$	68	565
$g2$	1756	24330	$g5$	43	362

由表 6-2 可见, 当 $l = 1$ 时, 所得的易感染网络即为原始网络 G. 这是因为, 在获取易感染网络时, 首先获取易感染节点集 S_1, 然后将 S_1 中节点的邻居节点也加入到易感染网络中. 当 l 值增加时, 网络规模迅速缩小.

在实验中, 取种子集规模 k 为 10, 对每个网络, 运行 L_GAUP 算法 10 次, 然后, 对运行时间、ISST 和 IS 取平均值. 算法运行的结果, 如表 6-3 所示.

表 6-3　L_GAUP 算法运行结果表 ($k = 10$)

网络	运行时间/s	ISST	IS
$G(g1)$	3.47	6.45375	23.2
$g2$	1.94	6.9918	25.3636
$g3$	1.75	7.75095	27.6
$g4$	1.665	7.02532	24.1
$g5$	1.326	5.92262	21.4

由表 6-3 可见, 随着 l 值的增加, 网络规模逐渐变小, 运行时间迅速减少; 随着 l 值的增加, ISST 和 IS 两个指标先逐渐增加, 然后减少. 这是因为, 在给定网络中寻找最具影响力节点的算法是近似算法, 并不能找到网络中最具影响力的 k 个节

点. 随着 l 值的增大, 易感染网络的规模虽然变小了, 但里面的节点都是对给定信息具有较高偏好的节点, 因而寻找最具影响力节点的难度变小了. 所以, 存在 ISST 逐渐增加的情况. 但是, 当易感染网络规模太小时, 可能丢掉网络中很多影响力较强的节点, 这时, 所得种子集的 IS 和 ISST 反而变小了.

(2) L_GAUP 与 GAUP 和 CELF 的比较

实验中, 在运行时间、传播影响 IS 以及考虑偏好的传播影响 ISST 的指标上对 L_GAUP, GAUP 和 CELF 算法进行比较.

L_GAUP 算法和 GAUP 算法基于用户偏好. L_GAUP 算法运行时, 设 $l = 2$, 即该算法在易感染网络 $g2$ 上获取种子集, 在获取种子节点时的目标函数是 influencedset$IP(S)$, 然后在原始网络 G 上基于 E_IC 模型进行传播. GAUP 算法在原始网络 G 上运行, 在获取种子节点时的目标函数是影响集的规模, 也就是 |influencedSet(S)|, 其激活概率由式 (6-9) 计算所得. CELF 算法基于传统的 IC 模型, 激活概率为边的权重, 获取种子节点时的目标函数与 GAUP 算法相同.

1) 运行效率实验

在实验中, 将种子集的规模从 10 取到 50. 算法的运行时间与种子集规模 k 的关系如图 6-7 所示. 由图 6-7 可知, 随着 k 值的增加, 3 个算法的运行时间都逐渐增加. L_GAUP 算法的效率最高. 很显然, 因为 L_GAUP 在易感染网络 $g2$ 上运行, 且 $g2$ 的规模小于原始网络 G, 所以, 其运行效率高于 GAUP 和 CELF 算法. GAUP 和 CELF 算法都在原始网络 G 上运行, 其运行效率相当.

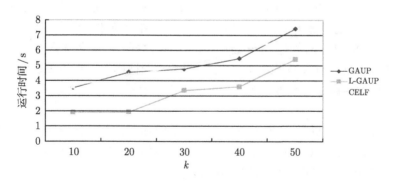

图 6-7 运行时间随 k 的变化情况

2) 影响范围实验

在实验中, 考察了 3 种算法在影响范围指标 ISST 和 IS 上的表现. ISST 随 k 的变化关系如图 6-8 所示, IS 随 k 的变化关系如图 6-9 所示.

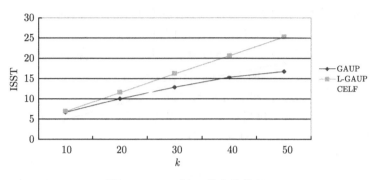

图 6-8   ISST 随 k 的变化情况

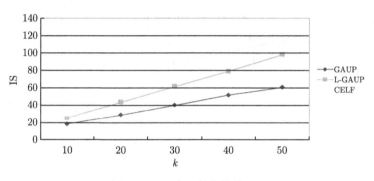

图 6-9   IS 随 k 的变化情况

由图 6-8 可见, 随着 k 的增加, 3 种算法的 ISST 值都随之增加. 在 ISST 上的表现, L_GAUP 明显优于 GAUP 和 CELF. 因为, 在易感染网络中寻找种子节点集时, L_GAUP 的目标函数是 influencedset$IP(S)$, 这样, 在寻找种子节点时, 不是单纯的寻找被影响节点数增量最大的节点, 而是要看被影响节点的重要度. 因为, 这些节点在原始网络中一般要作为 "二级传播者", 而重要度则是衡量一个节点传播能力的重要指标.

由图 6-8 可知, 随着 k 的增加, 3 种算法的 ISST 值都随之增加. 而在 IS 上的表现, 由图 6-9 可知, CELF 优于 L_GAUP, L_GAUP 优于 GAUP. 这也是容易理解的. 因为, IS 指标不考虑偏好, 只关心被影响节点的数量. 所以, CELF 优于后两者. 而 L_GAUP 算法在寻找种子节点时, 要考虑被影响节点的重要度, 重要度越高的节点, 往往会影响更多的节点, 因而, 在 IS 上, L_GAUP 要优于 GAUP.

6.3.3   考虑负面传播的影响最大化建模及算法

经典的 KK_Greedy 算法仅仅考虑了正面的影响. 而在实际的社会影响传播场景中, 除了正面的社会影响之外, 还有负面的社会影响在同时传播. 比如, 在病毒营销的应用场景中, 当某一个社会实体接受朋友的推荐购买某一产品后, 如果对产品的质量比较满意, 该用户会以很大的概率向其亲友推荐该产品, 从而促使该产品在网络内的进一步推广, 这是正面社会影响的作用; 相反, 如果某用户购买该产品后, 对其质量极不满意, 该用户会以极大的概率对其亲友产生负面影响, 警告他们不要购买此产品, 以免上当, 这会对该新产品在网络内的推广产生极大的阻碍作用, 这是负面社会影响的作用.

因此, 基于经典的 LT 传播模型, 提出一种集成负面影响传播的社会影响传播新模型 LTN(Linear Threshold Model With Negative Influence, LTN)[189]. 对于 LTN 模型下的影响最大化问题展开研究, 并给出了相应的影响最大化算法.

6.3.3.1 LTN 模型及其性质

首先提出集成负面影响传播的 LT 模型的改进模型 LTN, 然后, 给出该模型的两个重要性质.

(1) LTN 模型

在 LTN 模型中, 每个节点有三种可能的状态: 中立 (neutral)、支持 (positive) 和反对 (negative). 其中, neutral 为非活动状态, 表示节点尚未接受相应的产品或社会影响, 在后面的影响传播过程中, 有可能受到其好友的影响而变为 positive 或 negative 状态; positive 和 negative 为活动状态. 一旦节点进入 positive 或 neagtive 状态, 在信息传播过程中, 其状态便不再发生变化.

与 LT 模型不同, 在 LTN 模型中, 每个节点有两个阈值: θ_N 和 θ_P, 分别表示该节点对负面社会影响和正面社会影响的阈值. 当该节点受到来自其入边近邻节点的正面社会影响超过其 positive 阈值 θ_P 时, 该节点就会被激活, 从而购买该产品; 当该节点受到来自其入边近邻节点的负面社会影响超过其 negative 阈值 θ_N 时, 该节点就会被激活, 从而对该产品产生免疫力, 并具有传播负面影响的作用.

由文献 [119] 可知, 在社会心理学中存在着负面偏向. 这也与平常的认知 (比如 "好事不出门, 坏事传千里") 相一致. 为反映此现象, 在 LTN 模型中, 令 $\theta_N \leqslant \theta_P$ (θ_N, $\theta_P \in [0,1]$). 模型中存在一个参数 $q(q \in [0,1])$, 称为质量因子, 它表示一个节点被其 positive 状态的入边近邻节点激活后, 转为 positive 状态的概率. 因此, LTN 模型的传播过程如下.

对于一个初始的种子集 S, 开始时间步 $t = 0$, S 中的节点为 positive 状态, $V \setminus S$ 中的节点为 neutral 状态. 时间步 t 时, 对于一个 neutral 节点 v, $PA_t(v)$ 和 $NA_t(v)$ 分别表示节点 v 处于 positive 和 negative 状态的入边近邻节点的集合. 当 $\sum_{u \in NA_t(v)} W_{uv} \geqslant v.\theta_N$ 时, v 进入 negative 状态; 否则, 当 $\sum_{u \in PA_t(v)} W_{uv} \geqslant v.\theta_P$ 时, v 将会被其 positive 入边近邻节点激活, 然后, v 将以概率 q 进入 positive 状态, 以概率 $1 - q$ 进入 negative 状态. 当不再有新的节点被激活时, 传播过程结束.

显然, 当 $q = 1$ 时, LTN 模型就退化为 LT 模型. 给定社会网络 G、质量因子

q, 种子集 S 的正向影响传播是指传播过程结束时, 网络中 positive 节点数量的期望值, 表示为 $\sigma_G(S,q)$. 由于正面影响能给营销方带来预期的利润, 因而, 以正向影响传播作为目标. 这样, LTN 模型下的影响最大化问题描述如下.

给定社会网络 G, 种子集大小 K, 质量因子 q, LTN 模型下的影响最大化问题是发现一个基数最多为 k 的种子集 S^*, 使得, 对于任意基数不大于 K 的节点集 S, $\sigma_G(S^*,q) \geqslant \sigma_G(S,q)$ 成立, 即 $S^* = \arg\max\limits_{S\subseteq V, |S|=k}\sigma_G(S,q)$. 由于种子集的规模固定, 因而影响最大化问题, 也被称为 top-k 影响节点挖掘问题.

(2) LTN 模型的性质

现在, 讨论 $\sigma_G(S,q)$ 的性质. 首先, 定义一种 "live" 边随机选择过程.

定义 6.1　"live" 边选择过程　节点 v 会受到来自其每个入边近邻节点的影响, 影响权重 $W_{uv} \geqslant 0$, 且满足 $\sum_{u\in N^{\text{in}}(v)} W_{uv} \leqslant 1$. 设节点 v 随机选择至多一条入边, 选择来自 u 的入边的概率为 $W_{uv} \times q$, 不选择任何入边的概率为 $1 - q \times \sum_{u\in N^{\text{in}}(v)} W_{uv}$. 被选中的边为 "live", 其他的边为 "blocked".

定理 6.1　对于一个给定的种子集 S, 在节点集上的以下两个分布等价:

(1) 从 S 开始运行 LTN 过程所得的 positive 节点的分布;

(2) 根据定义 6.1 的 "live" 边选择过程, 从 S 开始沿 "live" 边所得的可达节点集的分布.

证明　首先, 考虑 LTN 传播模型. 设 S_t 表示第 t 步结束时的 positive 节点集, $t = 0,1,2,\cdots(S_0 = S)$. 如果 v 在第 t 步结束时未被激活, 那么 v 在第 $t+1$ 步被激活的概率等于 $S_t \backslash S_{t-1}$ 中的权重施加在其阈值上的概率, 记为 $\left(q \times \sum_{u\in S_t/S_{t-1}} W_{uv}\right) \Big/ \left(1 - q \times \sum_{u\in S_{t-1}} W_{uv}\right)$.

然后, 考虑 "live" 边选择过程的可达性问题. 运行 "live" 边选择过程, 逐步通过 "live" 边得到可达节点. 从 S_0 开始, 对于每个节点 v, 检查一下是否至少有一条 "live" 边来自 S_0. 如果是, 则 v 可达; 否则, 认为它的 "live" 来自 S_0 之外. 这样, 在第一阶段就得到一个新的可达集 S_1', 用同样的方法, 得到 $S_2', S_3', \cdots$. 如果 v 在 t 步时不可达, 则 v 在 $t+1$ 步可达的概率等价于其 "live" 边来自 $S_t' \backslash S_{t-1}'$, 其概率为 $\left(q \times \sum_{u\in S_t/S_{t-1}} W_{uv}\right) \Big/ \left(1 - q \times \sum_{u\in S_{t-1}} W_{uv}\right)$. 这与 LTN 模型中的相同. 由此可知, "live" 边选择过程与 LTN 模型会产生相同的分布.　　　　证毕.

定理 6.2　对于任意 LTN 模型的实例, 质量因子 q 固定, 对于种子集 S, 正向影响传播函数 $\sigma_G(S,q)$ 具有单调性、子模性, 并且有 $\sigma_G(\varnothing,q) = 0$.

设 $f: 2^V \to R$ 是定义在网络 $G(V,E)$ 中节点集上的函数, f 是单调的, 如果对于任意 $S \subseteq T$, 有 $f(S) \leqslant f(T)$; f 具有子模性, 如果对于任意 $S \subseteq T$ 并且 $u \in V \backslash T$, 有 $f(S \cup \{u\}) - f(S) \geqslant f(T \cup \{u\}) - f(T)$ 成立.

证明　(1) 单调性. 当 $S = \varnothing$ 时, 由于在传播开始时, 不存在 positive 节点, 自

然就不会有 neutral 节点受到 positive 近邻的影响而被激活, 所以有 $\sigma_G(\varnothing, q) = 0$. 显然, 当 q 固定时, $\sigma_G(S, q)$ 单调. 因为, 当有新的节点 $v \notin S$ 变为 positive 节点时, 它会对其出边近邻中的 neutral 节点施加影响, 这些节点变为 positive 节点的概率就会增加, 所以有 $\sigma_G(S + \{v\}, q) \geqslant \sigma_G(S, q)$.

(2) 子模性. 按照定义 6.1, 为证明子模性, 需要考虑表达式 $\sigma_G(S \cup \{u\}, q) - \sigma_G(S, q)$. 但是, 直接证明非常困难. 为此, 考虑与 LTN 模型等价的 "live" 边选择过程. 对于 "live" 边选择过程的一次实现 X, $R(v, X)$ 表示从 v 开始, 沿 "live" 路径的可达节点集. 首先, 给出 $\sigma_X(S, q)$ 的子模性证明. 设 $S \subseteq T \subseteq V$, $\sigma_X(S \cup \{v\}, q) - \sigma_X(S, q) = |R(v, X) \backslash \bigcup_{u \in S} R(u, X)| \geqslant |R(v, X) \backslash \bigcup_{u \in T} R(u, X)| = \sigma_X(T \cup \{v\}, q) - \sigma_X(T, q)$, 故 $\sigma_X(S, q)$ 具有子模性. 由此 $\sigma_G(S, q)$ 的计算, 如式 (6-23) 所示.

$$\sigma_G(S, q) = \sum_X \text{Prob}(X) \times \sigma_X(S, q) \qquad (6\text{-}23)$$

式 (6-23) 中, $\text{prob}(X)$ 表示 X 在其概率空间内的概率, 由式 (6-22) 可知, $\sigma_G(S, q)$ 是 $\sigma_X(S, q)$ 的线性组合. 由 $\sigma_X(S, q)$ 的子模性可知, $\sigma_G(S, q)$ 也具有子模性. 证毕.

定理 6.3 LTN 模型下的正向影响最大化问题是 NP-hard 问题.

证明 由文献 [66] 可知, LT 模型下影响最大化问题是 NP-hard 问题. 由于 LT 模型是 LTN 模型在 $q = 1$ 时的特例, 因而 LTN 模型下的正向影响最大化问题也是 NP-hard 问题. 证毕.

6.3.3.2 基于 LTN 模型的影响最大化算法

由定理 6.2, 对于 LTN 模型下的影响最大化问题, 可以得到一个近似度为 $1 - 1/e$ 的贪心算法 KK_Greedy.

(1) KK_Greedy 算法

KK_Greedy 算法的描述, 如算法 6.5 所示, 该算法每次采用贪心策略选取一个具有最大边际影响的节点作为种子节点.

算法 6.5 KK_Greedy(G, k, q)

输入: 社会网络 G, 种子集规模 K, 质量因子 q.

输出: 种子集 S.

BEGIN

1) $S = \varnothing$

2) While $|S| < k$ do

3) $u = \underset{v \in V \backslash S}{\text{argmax}} \left(|\text{getPosInfluenceSet}(G, S + \{v\}, q) - \text{getPosInfluenceSet}(G, S, q)| \right)$

4) $S = S \cup \{u\}$

5) End While

6) Return S

END

在算法 6.5 中, 函数 getPosInfluenceSet(G, S, q) 用于获取 G 中, 以 q 为质量因子、从 S 开始传播时得到的 positive 节点集.

该算法的最大缺点是效率低. 由算法 6.5 可知, 其低效性来源于如下两方面:

1) 采用通常的蒙特卡罗模拟方法, 函数 getPosInfluenceSet(G, S, q) 计算量大.

2) 每一步, 该算法对 $V - S$ 中的每个节点作为候选节点进行检查, 影响函数的调用次数太多, 降低了算法的效率.

(2) 改进的 KK_Greedy 算法

近年来, 为提高 KK_Greedy 算法, 广大学者做了大量工作. 为解决影响函数计算量大的问题, 研究者们提出许多优秀算法, 如 LDAG 算法、NewGreedy 算法、PMIA 算法等. 为解决第 2 个问题, 提出了 CELF 算法和 CELF++ 算法.

1) 提高影响函数的计算效率

采用蒙特卡罗模拟方法估计影响函数的效率很低, 基于定理 6.1, 提出一种新的估计影响函数的方法. 该方法类似于 NewGreedy 算法. 选取一个较大的整数 R 作为模拟次数, 在第 i 轮, 在网络 G 上运行一次 "live" 选择过程, 得到 G_i. 在 G_i 中由 S 出发得到的可达节点集, 记为 $F_{G_i}(S)$, 如式 (6-24) 所示.

$$\sigma_G(S, q) = \frac{1}{R} \times \sum_{i=1}^{R} |F_{G_i}(S)| \tag{6-24}$$

在每一轮, 对于当前种子集 S, 基于贪心策略, 从 $V \backslash S$ 中选取边际影响最大的节点 v 作为种子节点. S 的边际影响由 $MG(G, S, v, q)$ 表示, $MG(G, S, v, q) =$ $|\text{getPosInfluenceSet}(G, S + \{v\}, q) - \text{getPosInfluenceSet}(G, S, q)|$. $F_G(S)$ 为 G 中由节点集 S 得到的可达节点集. 对于由 "live" 边选择过程得到的每个 $G_i = (V_i, E_i)$, 利用图论中的强连通分量简化 $MG(G_i, S, v, q)$ 的计算. 由可达性及强连通分量的概念可知, 对于 G 中的一个强连通分量 SCC_i 以及任意两个节点 u 和 $v(u, v \in SCC_i, u \neq v)$, 有 $F_G(\{u\}) = F_G(\{v\}))$. $MG(G_i, S, v, q)$ 的计算步骤如下.

(i) 根据当前种子集 S, 计算 $F_{Gi}(S)$. 若 $v \in S$, 则 $MG(G_i, S, v, q) = |F_{Gi}(S)|$; 若 $v \in F_{Gi}(S) - S$, 则 $MG(G_i, S, v) = 0$.

(ii) 设 $V_i^S = V_i \backslash F_{Gi}(S)$, $E_i^S = \{(u, v) | u, v \in V_i^S, (u, v) \in E_i\}$. 这样便得到 G_i 的导出网络 $G_i^S(V_i^S, E_i^S)$.

(iii) 获取 G_i^S 的所有强连通分量. 既然强连通分量中的所有节点有着相同的可达集, 用一个宏节点代表这个强连通分量. 宏节点 SCC_i 和 SCC_j 分别表示强连通分量 SCC_i 和 SCC_j. 若 G_i^S 中强连通分量 SCC_i 中的节点存在指向 SCC_j 中节点的有向边, 则添加一条由宏节点 SCC_i 指向宏节点 SCC_j 的有向边. 这样, 便由导出网络 G_i^S 得到宏网络 SCC_i^S.

(iv) 计算 G_i^S 中的每个节点的可达集. 设 $F_{SCC_i^S}(SCC_i)$ 为宏网络 SCC_i^S 中宏节点 SCC_i 的可达集, 那么对于任意 $v \in V_i^S$, $MG(G_i, S, v)$ 的计算如式 (6-25) 所示.

$$MG(G_i, S, v) = \sum_{SCC \in F_{SCC_i^S}(SCC_i)} |\{SCC\}| \tag{6-25}$$

由社会网络的实证研究可知, 网络中往往存在许多具有相当规模的强连通分量. 但若网络中强连通分量数量很多, 规模很小时, 这种方法效率很低. 为此, 引入一个阈值 θ, 当网络中强连通分量的数目少于 $\theta \times |V_i^S|$, 采用式 (6-25) 计算 $MG(G_i, S, v)$; 否则, 采用 NewGreedy 中的算法直接计算. $MG(G_i, S, v)$ 的计算如式 (6-26) 所示.

$$MG(G_i, S, v) = \begin{cases} \displaystyle\sum_{SCC \in F_{SCC_i^S}(SCC_i)} |\{SCC\}|, & |\{SCC\}| < \theta \times |V_t^S| \\ |F_{G_i^S}(\{v\})|, & \text{其他} \end{cases} \tag{6-26}$$

为了快速获取网络中的所有强连通分量, 采用 Tarjan 算法, 其时间复杂度为 $O(m + n)$.

LTN_NewGreedy 算法描述如算法 6.6 所示.

算法 6.6 LTN_NewGreedy

输入: 社会网络 G, 种子集规模 K.

输出: 种子集 S.

BEGIN

1) $S = \varnothing$; $Q = \varnothing$

2) For v in V do

3) $v.\text{mg}1 = 0$

4) $v.\text{mg} = 0$

5)   Add v to Q

6) End For

7) While $|S| < K$ do:

8)   For $i = 1$ to R do:

9) $G_i(V_i E_i) = \text{GetLiveGraph}(G)$

10)   Compute $F_{Gi}(S)$

11)   Compute $G_i^S(V_i^S, E_i^S)$

12)   Get all SCC from G_i with Tarjan algorithm to SCCList

13)   If $|SCC\text{List}| < |V_i^S| \times \theta$ then

14) $SCC_i^S = \text{GetSccGraph}(G_i SCC\text{List})$

15)   For SCC in SCCList do

16)   Compute $F_{SCC_i^s}(scc)$

17)   End For

18)   End If

19)   For v in $F_{Gi}(S)$ do:

20)   If v in S then

21) $v.\text{mg1} = |S|$

22)   Else

23) $v.\text{mg1} = 0$

24)   End If

25) $v.\text{mg} = v.\text{mg} + v.\text{mg1}$

26)   End For

27)   If $|SCC\text{List}| < |V_i^S| \times \theta$ then

28)   For SCC in SCCList do

29)   mg $= |SCC.\text{nodes}|$

30)   For $ascc$ in $F_{SCC_i^s}(v.\text{SCC})$ do

31)   mg $=$ mg $+ |aSCC.\text{nodes}|$

32)   End For

33)   For v in $SCC.\text{nodes}$ do

34) $v.\text{mg1} = \text{mg}$

35) $v.\text{mg} = v.\text{mg} + v.\text{mg1}$

36)   End For

37)   Else

38)   For v in V_i^S do

39) $v.\text{mg1} = |F_{G_i^S}(\{v\})|$

40) $v.\text{mg} = v.\text{mg} + v.\text{mg1}$

41)   End For

42)   End If

43)   End For //*R

44)   For v in Q do

45) $v.\text{mg} = v.\text{mg}/R$

46)   End For

47) $u = \underset{v \in V \setminus S}{\text{argmax}}(v.\text{mc})$

48) $S = S + \{u\}$

49) End While

50) Return S

END

网络 G_i 及其导出网络实例, 如图 6-10(a) 所示. 其中, $V_i = \{1, 2, 3, 4, 5, 6, 7, 8, 9, 10\}$. 设 $S = \{1\}$, 由代码 10), 得 $F_{Gi}(S) = \{1, 2, 3\}$; 由代码 11), 可得如图 6-10(b) 所示的导出网络 G_i^S; 由代码 12), 可得如图 6-11 所示的强连通分量 $SCC_1 = \{4, 5, 6\}$, $SCC_2 = \{7\}$, $SCC_3 = \{8, 9, 10\}$. 设 $\theta = 0.5$, 由代码 13)—18), 可得如图 6-12 所示的宏网络 SCC_i^S. 宏节点 SCC_1, SCC_2 和 SCC_3 的可达集分别为 $\{SCC_1, SCC_2, SCC_3\}$, $\{SCC_2, SCC_3\}$ 和 $\{SCC_3\}$. 由代码 19)—26), 可得 $F_{Gi}(S)$ 中所有节点 v 的 $MG(G_i, S, v)$ 值, 即 $1.mg1 = 3, 2.mg1 = 3.mg1 = 0$. 由代码 19)—26), 可得 V_i 中所有节点 v 的 $MG(G_i, S, v)$ 值, 即 $4.mg1 = 5.mg1 = 6.mg1 = |SCC_1| + |SCC_2| + |SCC_3| = 3 + 1 + 3 = 7, 7.mg1 = |SCC_2| + |SCC_3|, 8.mg1 = 9.mg1 = 10.mg1 = |SCC_3| = 3$. 在算法 6.6 中, $u.mg1$ 表示当前轮中节点 u 的边际影响, $u.mg$ 表示节点 u 在所有轮中边际影响的期望值.

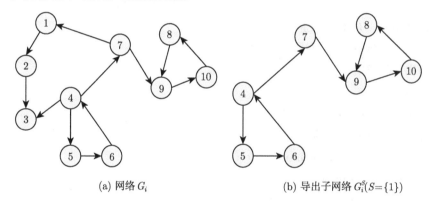

(a) 网络 G_i (b) 导出子网络 $G_i^S(S=\{1\})$

图 6-10   网络 G_i 及其导出网络

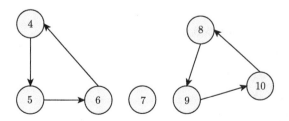

图 6-11 G_i^S 中的所有强连通分量

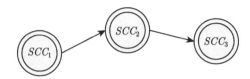

图 6-12　宏网络 SCC_i^S

2) 减少影响函数的调用次数

由前面分析可知, 候选种子节点过多是影响 KK_Greedy 算法效率的一个重要原因. 利用影响函数的子模性, 基于 "Lazy Forward" 策略, Leskovec 等提出一种著名的 CELF 算法. 当一个新的种子节点 u 被选中后, 所有受到 u 的边际影响而被激活的节点都不应该作为候选节点. 因为, 若节点 v 能被种子集 $S+\{u\}$ 激活, 所有能被 v 激活的节点也能被种子集 $S+\{u\}$ 激活. 这样, v 若作为下一个种子节点, 其边际影响不会增加. 基于此, 提出一种基于 CELF 的改进算法 LTN_CELF. 在该算法中, 为所有的候选节点维持一张表 $Q\langle u, u.\mathrm{mg}, \mathrm{mgset}, u.\mathrm{flag}\rangle. u.\mathrm{mgset} = \mathrm{getPosInfluence\,Set}(g, S+\{u\}, q) - \mathrm{getPosInfluenceSet}(g, S, q), u.\mathrm{mg} = |u.\mathrm{mgset}|, u.\mathrm{flag}$ 表示 $u.\mathrm{mg}$ 最近一次更新时的轮数. 在 LTN_CELF 中, 当一个新种子 u 被选中时, $u.\mathrm{mgset}$ 中的所有节点都将从 Q 中删除. LTN_CELF 算法描述如算法 6.7 所示.

算法 6.7　LTN_CELF(G, K, q)

输入: 社会网络 G, 种子集规模 K, 质量因子 q.

输出: 种子集 S.

BEGIN

1) $S = \varnothing; Q = \varnothing$

2) For each v in V do

3) 　　$u.\mathrm{mgset} = \mathrm{getPosInfluenceSet}(G\{v\}q)$

4) 　　$u.\mathrm{mg} = |u.\mathrm{mgset}|$

5) 　　$u.\mathrm{flag} = 0$

6) 　　add u to Q by $u.\mathrm{mg}$ in descending order

7) End For

8) While $|S| < k$ and $|Q| > 0$ do

9) 　　$u = Q[\mathrm{top}]$

10) 　　If $u.\mathrm{flag} == |S|$ then

11) 　　　　$S = S + \{u\}$

12) 　　　　$Q = Q - u.\mathrm{mgset}$

13) 　　Else

14) 　　　　$u.\mathrm{mgset} = \mathrm{getPosInfluenceSet}(G, S+\{v\}, q) - \mathrm{getPosInfluenceSet}(G, S, q)$

15) $u.\mathrm{mg} = |u.\mathrm{mgset}|$

16) $u.\mathrm{flag} = |S|$

17)   Resort Q by $u.\mathrm{mg}$ in descending order

18)   End If

19) End While

20) Return S

END

3) 基于 LTN 模型的混合式贪心算法

基于 MixedGreedy 算法的思想, 结合 LTN_NewGreedy 和 LTN_CELF 算法各自的优点, 提出一种新的混合式贪心算法 LTN_MixedGreedy. 在第一轮, 使用 LTN_NewGreedy 获取 V 中所有节点 u 的边际影响 $u.\mathrm{mg}$, 然后在剩余轮, 用 LTN_CELF 减少影响函数的调用次数. LTN_MixedGreedy 算法描述如算法 6.8 所示.

算法 6.8   LTN_MixedGreedy

输入: 社会网络 G, 种子集规模 K, 质量因子 q, 强连通分量阈值 θ.

输出: 种子集 S.

BEGIN

1) $S = \varnothing; Q = \varnothing$

2) For u in V do

3) $u.\mathrm{mg1} = 0; u.\mathrm{mg} = 0; u.\mathrm{mgset} = \{\}; u.\mathrm{flag} = 0$

4)   Add u to Q

5) End For

/* 计算 V 中所有节点 u 的 mg 值 */

6) For $i = 1$ to R do:

7) $G_i(V_i, E_i) = \mathrm{GetLiveGraph}(G)$

8)   Compute $G_i^S(V_i^S, E_i^S)$

9)   Get all SCC from G_i with Tarjan algorithm to $SCC\mathrm{List}$

10)   If $|SCC\mathrm{List}| < |V_i| \times \theta$ then

11) $\mathrm{SccGraph}_i = \mathrm{GetSccGraph}(G_i SCC\mathrm{List})$

12)   For SCC in $SCC\mathrm{List}$ do

13)   Compute $F_{SCC_i^S}(v.SCC)$

14)   End For

15)   End If

16)   If $|SCC\mathrm{List}| < |V_i| \times \theta$ then

17)   For SCC in $SCC\mathrm{List}$ do

18) $\mathrm{mg} = |SCC.\mathrm{nodes}|$

19)　　　　For a SCC in $F_{SCC_i}(SCC)$ do

20)　　　　　　mg = mg + $|aSCC.\text{nodes}|$

21)　　　　End For

22)　　　　For v in $SCC.\text{nodes}$ do

23)　　　　　　$v.\text{mg1} = \text{mg}$

24)　　　　　　$v.\text{mg} = v.\text{mg} + v.\text{mg1}$

25)　　　　End For

26)　　End For

27)　Else

28)　　For v in V_i do

29)　　　　$v.\text{mg1} = |F_{G_i^s}(\{v\})|$

30)　　　　$v.\text{mg} = v.\text{mg} + v.\text{mg1}$

31)　　End For

32)　End If

33) End For //*R

34) For v in Q do

35)　$v.\text{mg} = v.\text{mg}/R$

36) End For

37) Resort Q by $v.\text{mg}$ in descending order

38) While $|S| < k$ and $|Q| > 0$ do

39)　$u = Q[\text{top}]$

40)　If $u.\text{flag} == |S|$ then

41)　　$S = S + \{u\}$

42)　　If $|u.\text{mgset}| = 0$ then

43)　　　$u.\text{mgset} = \text{getPosInfluenceSet}(G, S+\{u\}, q) - \text{getPosInfluenceSet}(G, S, q)$

44)　　End If

45)　　$Q = Q - u.\text{mgset}$

46)　Else

47)　　$u.\text{mgset} = \text{getPosInfluenceSet}(G, S+\{v\}, q) - \text{getPosInfluenceSet}(G, S, q)$

48)　　$u.\text{mg} = |u.\text{mgset}|$

49)　　$u.\text{flag} = |S|$

50)　　Resort Q by $u.\text{mg}$ in descending order

51)　End If

52) End While

53) Return S

END

6.3.3.3 实验数据集

实验数据集利用 Lancichinetti 等开发的程序, 得到了实验所需的数据集. 数据集的统计情况, 如表 6-4 所示.

表 6-4 数据集的统计情况

数据集	节点数	边数	平均度	强连通分量数
data1	15000	40159	5.3545	567
data2	6800	86968	40.5540	6

对于网络中每条边, 首先为其在 $[0,1]$ 内随机赋予一个权重, 然后用 $w_{ij} = w_{ij} \big/ \sum_i W_{ij}$ 进行归一化处理. 对于 LTN_NewGreedy 和 LTN_ MixedGreedy 算法, 阈值 $\theta = 0.5$. 在所有实验中, 模拟次数 $R = 1000$.

6.3.3.4 实验及结果分析

为了验证 LTN_NewGreedy、LTN_CELF 和 LTN_MixedGreedy 算法的性能和有效性, 选取其原始算法 NewGreedy、CELF 和 MixedGreedy, 分别从 q 对影响传播范围的影响、k 对运行时间与影响传播范围的影响等方面, 在两个人工数据集上进行实验验证.

(1) q 对影响传播范围的影响实验

在 data1 和 data2 上运行 LTN_NewGreedy、LTN_CELF 和 LTN_MixedGreedy 算法, 质量因子 q 从 0.5 取到 1. 当 $k = 30$ 时, 实验结果如图 6-13 所示. 由图 6-13 可知, 随着 q 的增加, 影响范围也迅速增大. 这是因为, 当产品质量下降时, 负面评价更容易占优. 因此, 产品保持一个较高的质量对于影响范围具有重要意义.

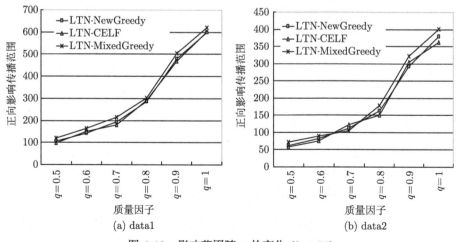

图 6-13 影响范围随 q 的变化 $(k = 30)$

(2) k 对运行时间与影响传播范围的影响实验

为了评估算法的性能, 在 data1 和 data2 上运行算法 NewGreedy、LTN-NewGreedy、CELF、LTN_CELF_Greedy、MixedGreedy 和 LTN_MixedGreedy. 实验中, $q = 0.8$. 算法的影响传播范围与运行时间分别如图 6-14 和图 6-15 所示.

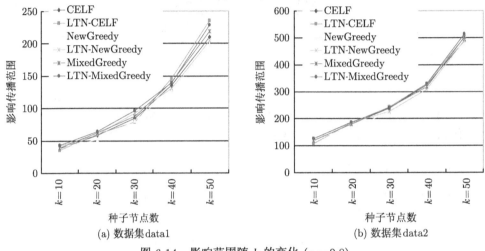

图 6-14   影响范围随 k 的变化 $(q = 0.8)$

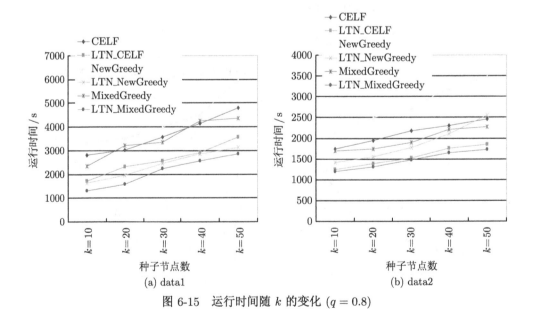

图 6-15   运行时间随 k 的变化 $(q = 0.8)$

对于影响传播范围, 由图 6-14 可知, 这些算法的影响范围非常接近. 对于运行时间, 由图 6-15 可知, 算法 LTN_CELF 优于 CELF; 算法 LTN_NewGreedy 优于 NewGreedy; 算法 LTN_MixedGreedy 优于 MixedGreedy. 这与预想的一致. 另外, LTN_NewGreedy 的性能受网络结构的影响较大, 当网络中强连通分量规模大, 数量少时, 该算法的性能优势非常明显. 另外, 算法 LTN_MixedGreedy 集合了 LTN_CELF 与 LTN_NewGreedy 的优点, 因而其速度最快.

6.3.4 基于竞争环境的影响最大化建模及算法

在真实的社会网络中, 通常有多种信息同时传播, 并且这些信息往往具有相互竞争的特点. 比如, 销售同类产品的两家公司的产品营销信息同时在网络中的传播、相互敌对的两个政党的候选人为争取选民支持时在社会网络中所进行的宣传, 以及社会网络中政府或权威部门以正确信息抑制谣言的传播等. 本节以谣言的传播抑制为背景, 研究社会网络中影响抑制最大化问题.

影响抑制最大化问题 (Influence Blocking Problem, IBM)[120], 就是如何从社会网络中选取一个种子节点集, 使该种子节点集中的节点接受正确信息后在社会网络中进行传播, 使得网络中谣言的传播范围最小.

6.3.4.1 竞争性影响传播模型

(1) 基于 LT 模型的竞争性影响传播模型

在研究竞争性传播下的影响最大化问题方面, 基于 LT 模型主要有三种种竞争性的阈值模型.

1) WPCLTM (Weight-Proportional Competitive Linear Threshold Model)

与非竞争环境下的 LT 模型类似, 在 WPCLTM 模型下, 节点 v 被某种影响激活后, 其状态便不再发生变化. 在该模型下, 每条边 (u,v) 被赋予一个权重 $W_{u,v} \in [0,1]$, 该权重表示节点 u 对 v 的影响. 另外, 对于每个节点 $v \in V$, 有 $\sum_u W_{u,v} \in [0,1]$. 传播开始时, 每个节点 u 选择一个表示其激活时所需最小活动邻居比重的阈值 θ_v. 对于一个给定的时间步 t, 设 Φ^t 表示时间步 t 时的活动节点集, 而 Φ_A^t, Φ_B^t 分别表示 t 时的影响 A 和影响 B 的活动节点集. 给定影响 A 和影响 B 的种子节点集 I_A 和 I_B. WPCLTM 的传播过程如下. 首先, 每个节点 v 在时间步 0 时选择自己的阈值 θ_v. 其次, 在每个时间步 t, 每个非活动节点 v 检查来自其活动邻居节点的入边, 当 $\sum_{u \in \Phi^t} w_{u,v} \geqslant \theta_v$ 时, 节点 v 会被激活. v 被激活后, v 接受影响 A 的概率分别为 $\sum_{u \in \Phi_A^t} w_{u,v} / \sum_{u \in \Phi^t} w_{u,v}$ 和 $\sum_{u \in \Phi_B^t} w_{u,v} / \sum_{u \in \Phi^t} w_{u,v}$.

2) STM (Separate-Threshold Model)

在 STM 模型下, 对于网络 $G = (V,E)$ 中的每条边 $(u,v) \in E$ 都被赋予两个相对于影响 A 和 B 的权重 $W_{u,v}^A$ 和 $W_{u,v}^B \in [0,1]$, 分别表示节点 u 在影响 A 和 B 方面对 v 的影响程度. 两个不相交的集合 $I_A^0, I_B^0 \subseteq V$ 分别表示影响 A 和 B 的种子节点集. 时间步 0 时, 每个节点 v 随机选择两个相对于影响 A 和 B 的阈值

$\theta_v^A, \theta_v^B \in [0,1]$. I_A^{t-1}, I_B^{t-1} 分别表示时间步 t 时影响 A 和 B 的活动节点集. 在每个时间步 t, 对于一个非活动节点 v, 当 $\sum_{u \in I_A^{t-1}} w_{u,v} \geqslant \theta_v^A$ 时, v 会被影响 A 所激活; 当 $\sum_{u \in I_B^{t-1}} w_{u,v} \geqslant \theta_v^B$ 时, v 会被影响 B 所激活. 对于一个非活动节点 v, 当影响 A 和 B 的激活条件同时满足时, 节点 v 会随机选择一种影响, 从而被激活.

3) OR 模型

在 OR 模型中, 对于一个给定的网络 $G = (V, E)$, 对于网络中同时传播的影响 A 和 B, 有边权重集 $W_A = \{W_{u,v}^A\}_{(u,v) \in E}$ 和 $W_B = \{W_{u,v}^B\}_{(u,v) \in E}$, 其初始种子集分别为 I_A 和 I_B. 另外, 对于每个节点 $v \in V$, 有两个决策函数 $f_v^A : 2^V \times 2^V \to [0,1]$ 和 $f_v^B : 2^V \times 2^V \to [0,1]$. 首先, 让两种影响在非竞争环境下一样独立传播, $R_A, R_B \subseteq V$ 分别表示两种影响单独传播时所能达到的节点集. 其次, 对于任意一个节点 $v \in I_A \cup I_B$, v 被影响 A 激活的概率为 $f_v^A(R_A, R_B)$, 被影响 B 激活的概率为 $f_v^B(R_A, R_B)$, 不被激活的概率为 $1 - f_v^A(R_A, R_B) - f_v^B(R_A, R_B)$. 另外, 该模型要求 $f_v^A(R_A, R_B)$ 和 $f_v^B(R_A, R_B)$ 对于影响 A 和 B 的初始种子集保持单调性和子模性.

文献 [121] 对 LT 模型进行扩展, 提出一种竞争性的线性阈值模型 (CLT). 在 CLT 模型中, 每个节点有三种状态, 分别为 inactive, +active 和 −active. 一个节点一旦被激活 (处于 +active 或 −active), 该节点的状态便不再发生变化. 每条边 (u,v) 具有正向权重 $W_{u,v}^+$ 和负向权重 $W_{u,v}^-$, 每个节点 v 具有在 [0,1] 范围内随机选取的正向阈值 θ_v^+ 和负向阈值 θ_v^-. 在时间步 0 时, 对于正向和负向两种影响, 在网络中有两个互不相交的初始种子节点集 P_0 和 N_0. 在每个时间步 t, 与经典的 LT 模型相同, 正向和负向两种影响分别使用各自的阈值和权重独立传播. 当一个节点 v 仅被正向 (或负向) 影响激活时, 该节点进入 +active(或 −active) 状态. 当节点 v 被两种影响同时激活时, 负向影响起作用, 该节点进入 −active 状态.

(2) 基于 ICM 模型的竞争性影响传播模型

在研究竞争性传播下的影响最大化问题方面, 基于 ICM 模型主要有两种竞争性的独立级联模型.

1) DBM (Distance-based Model)

令 $d_u(I, E_a)$ 表示从节点 u 沿着活动边集 E_a 中的边到节点集 $I = I_A \cup I_B$ 的最短距离. $v_u(I_A, d_u(I, E_a))$ 和 $v_u(I_B, d_u(I, E_a))$ 分别表示 I_A 和 I_B 中沿 E_a 中的边与节点 u 距离为 $d_u(I, E_a)$ 的节点数. 那么, 节点 u 被影响 $i \in \{I_A, I_B\}$ 激活的概率, 记为 $P_i(u | I_A, I_B, E_a)$, 如式 (6-27) 所示.

$$P_i(u | I_A, I_B, E_a) = \frac{v_u(I_i, d(I, E_a))}{v_u(I_A, d_u(I, E_a)) + v_u(I_B, d_u(I, E_a))} \tag{6-27}$$

2) WPM (Wave Propagation Model)

在 WPM 模型下, 影响传播以离散方式进行. 在 d 步, 与初始种子集 I 距离最多为 $d-1$ 的节点都接受了影响 A 或 B, 而与 I 距离大于 $d-1$ 的节点都处于非活动状态. 与 I 距离为 d 的节点 u 从它的与 I 距离为 $d-1$ 的邻居中随机选取一个, 接受该邻居的影响, 从而被激活. 对每个节点 u, S 表示 u 的与 I 距离为 $d_u(I, E_a) - 1$ 的节点集. 那么, 节点 u 被影响 $i \in \{I_A, I_B\}$ 所激活的概率, 记为 $P_i(u|I_A, I_B, E_a)$, 如式 (6-28) 所示.

$$P_i(u|I_A, I_B, E_a) = \frac{\sum\limits_{v \in S} P_i(u|I_A, I_B, E_a)}{|S|} \tag{6-28}$$

(3) 基于 IC 模型的竞争性影响传播模型.

为研究社会网络中的影响抑制问题, Budak 等在文献 [122] 中研究了竞争性影响在社会网络中的传播问题. 基于 IC 模型, Budak 等提出两种竞争性影响的传播模型.

1) MCICM (Multi-Campign Independent Cascade Model)

MCICM 模型用于对网络中同时扩散的两种影响的传播过程建模. 设 C 和 L 分别表示两种影响, 影响 $L(C)$ 的初始种子集为 $A_L(A_C)$, 一个节点可能处于三种状态, 即 inactive, L-active 和 C-active. 在时间步 t 时, 一个节点 v 受影响 $L(C)$ 而被激活时, 它有唯一的一次机会以影响 $L(C)$ 激活它的每一个非活动状态的邻居节点 w, 当在时间步 t 时没有 w 的其他活动状态的邻居试图激活它时, 其成功的概率为 $p_{l,v,w}(p_{c,v,w})$. 将 $p_{l,v,w}(p_{c,v,w})$ 称作边 (v, w) 激活的概率. 另外, 在一个时间步 t 内, 当有多种影响同时试图激活节点 w 时, 至多有一个影响能激活成功. 另外, 在 MCICM 模型中, 两种影响 L 和 C 有优先次序, 当在一个时间步 t 内, L 和 C 通过活边同时到达非活动节点 w 时, 影响 L 起作用, 即节点 w 会被影响 L 所激活. 一个节点一旦被某种影响激活后, 其状态便不再发生变化. 当没有新的节点被激活时, 传播过程结束.

2) Campign-Oblivious Independent Cascade Model(COICM)

与 MCICM 模型类似, 在 COICM 模型中, 节点同样具有三种可能的状态, 即 inactive, L-active 和 C-active. 不过, 边 (v, w) 激活的概率与影响的类型无关. 即不管对于哪种影响, 边 (v, w) 被激活的概率都是 p_{vw}. 在某一时间步 t, 当有多种影响同时试图激活节点 w 时, 最多有一种影响能将节点 w 激活成功. 与 MCICM 模型类似, 两种影响 L 和 C 有优先次序, 当在一个时间步内, L 和 C 同时通过活边到达非活动节点 w 时, 影响 L 起作用, 即节点 w 会被影响 L 激活. 当没有新的节点被激活时, 传播过程结束.

6.3.4.2 影响抑制最大化问题

以文献 [122] 中的 COICM 作为传播模型, 研究影响抑制最大化问题. 首先, 给出影响抑制最大化问题的定义; 其次, 给出 COICM 模型下 IBM 问题的相关性质.

(1) 问题定义

给定一个有向网络 $G = (V, E)$, 对于每一条有向边 $(v, w) \in E$, p_{vw} 表示节点 v 激活 w 的概率. 给定信息 C 的初始种子集 I_C 和信息 L 的种子集规模 $k(k \leqslant |V - I_C|, k$ 是一个非负整数), IBM 问题的非正式描述如下: 从 $V - I_C$ 中找到一个规模最多为 k 的种子集 I_L, 当 I_L 中的节点作为种子节点传播信息 L 时, 能使得接受信息 C 的节点数的期望值最小, 即对信息 C 传播的抑制作用最大.

设 $\sigma_C(I_C, I_L, G)$ 和 $\sigma_L(I_C, I_L, G)$ 分别表示网络 G 中, 信息 C 和 L 分别以 I_C 和 I_L 作为种子集进行传播时, 接受信息 C 和信息 L 的节点集. 与文献 [121] 类似, 用 $IBS(I_C, I_L, G)$ 表示 I_L 的影响抑制节点集. $IBS(I_C, I_L, G)$ 表示由网络 G 中那些在信息 L 的种子集为空集时传播后接受信息 C, 而信息 L 的种子集 I_L 传播后不再接受信息 C 的节点组成的集合, 因此, $IBS(I_C, I_L, G) = \sigma_C(I_C, \varnothing, G) - \sigma_C(I_C, I_L, G)$. 即 $IBS(I_C, I_L, G)$ 是当种子 I_L 传播信息 L, 从信息 C 所影响的节点中挽救回来的那些节点所组成的集合. $IBS(I_C, I_L, G)$ 的规模反映了 I_L 对信息 C 的种子集 I_C 传播的抑制作用. 与文献 [121] 相同, 用 $\sigma_{NIR}(I_L)$ 表示信息 L 的种子集 I_L 对信息 C 的影响抑制, 则 $\sigma_{NIR}(I_L) = E(|IBS(I_C, I_L, G)|)$.

这样, 影响抑制问题就是在 $V - I_C$ 中寻找一个至多包含 k 个节点的信息 L 的种子集 I_L, 使得 $\sigma_{NIR}(I_L)$ 取得最大值, 即 $S = \underset{I_L \subseteq V - I_C, |I_L| \leqslant k}{\operatorname{argmax}} \sigma_{NIR}(I_L)$.

(2) IBM 问题的相关性质

定理 6.4   IBM 问题是 NP-hard 问题.

证明   给定一个 NP 完全的集合覆盖问题, 其定义如下, 设有一个集合 $U = \{u_1, u_2, \cdots, u_n\}$ 以及一个由 U 中元素构成的小类而组成的集合 $S = \{S_1, S_2, \cdots, S_n\}$, 其中, 小类 S_i 由 U 中的元素组成. 集合覆盖问题就是判定是否存在一个由 k 个小类组成的 S 的子集, 使得它们的并集等于集合 U. 表明, 这一问题可以看作 IBM 问题的一个特例.

给定集合覆盖问题的任意一个实例, 定义一个相应的具有 $n + m + 1$ 个节点的有向网络: 对于每个集合 S_i, 定义一个节点 S_i, 对于每个元素 u_j, 定义一个节点 u_j. 当 $u_j \in S_i$ 时, 网络中存在一条有向边 (S_i, u_j). 另外, 在网络中添加一个节点 a, 对 U 中的每个节点 u_j, 都存在一条激活概率为 1 的有向边 (a, u_j). 集合覆盖问题等价于判定网络中是否存在一个具有 k 个节点的集合 A_L, 当影响 C 的种子集已知时, $\sigma_{NIR}(A_L) \geqslant n + k$. 若以集合覆盖问题中 A_L 作为影响 L 的种子, 将会使得 U 中的所有节点全部获救. 同时, 对于影响抑制问题, 若有 $\sigma_{NIR}(A_L) \geqslant n + k$, 则集合覆盖问题有解.

由于 COICM 模型的随机性, 根据该模型直接证明 IBM 问题的单调性和子模性难度较大. 借鉴文献 [66] 中的方法, 提出一种证明子模性的替代方法. 根据 COICM 模型的定义, 影响 L 和 C 的传播过程与以下过程是等价的.

(1) 对于网络 $G = (V, E)$ 中的每条边 (u, v), 以概率 p_{uv} 掷硬币的方式提前决定该边是 live 还是 blocked. 这样, 就由原始网络得到一个新的网络 $G_{\text{live}} = (V, E_{\text{live}})$, 其中 E_{live} 由 E 中的所有 live 边构成. 那么, 根据 COICM 模型的定义, 在原始网络 G 中, 信息 L 和 C 分别从各自的种子节点集 I_L 和 I_C 运行 COICM 模型, 得到的活动节点集就等价于网络 G_{live} 中种子集 $I = I_L \cup I_C$ 的可达节点集.

(2) 设 I 的可达集为 V_A, 对于任意一个节点 $w \in V_A$, $d(w, I_L)$ 和 $d(w, I_C)$ 分别表示 G_{live} 中 w 到 I_L 和 I_C 中节点的最短距离, 根据 COICM 模型的定义, 当 $d(w, I_L) \leqslant d(w, I_C) < \infty$ 时, w 被影响 L 激活, 进入 L-active 状态; 当 $d(w, I_C) < d(w, I_L) < \infty$ 时, w 被影响 C 激活, 进入 C-active 状态.　　证毕.

定理 6.5　在 COICM 模型下, $\sigma_{NIR}(S)$ 具有单调性.

证明　首先证明 $|IBS(S)|$ 的单调性, 即对于任意一个节点 $u \in V - (S \cup I_C)$, $|IBS(S)| \leqslant |IBS(S \cup \{u\})|$ 成立. 设 $v \in IBS(S)$, 则在网络 G_{live} 中有 $d(v, I_C) < \infty$. 并且, 在 I_L 中存在一点 w, 使得 $d(v, I_L) \leqslant d(v, I_C) < \infty$. 很显然, $d(v, I_L \cup \{u\}) \leqslant d(v, I_L) \leqslant d(v, I_C) < \infty$, 所以, $v \in IBS(S \cup \{u\})$. 因此, $|IBS(S)| \leqslant |IBS(S \cup \{u\})|$, 单调性成立.　　证毕.

定理 6.6　在 COICM 模型下, $\sigma_{NIR}(S)$ 具有子模性.

证明　考虑一个概率空间, 该概率空间中每个样本点表示在 COICM 模型等价过程中 G 中所有边掷硬币的一次结果. 用 X 表示概率空间, x 表示该空间的一个样本点. 由 IBM 问题的定义, $\sigma_{NIR}(I_L)$ 的定义如式 (6-29) 所示.

$$\sigma_{NIR}(I_L) = \sum_{x \in X} \text{prob}(x) \times |IBS(I_C, I_L, G)|$$
$$= \sum_{x \in X} \text{prob}(x) \times |\sigma_C(I_C, \varnothing, G) - \sigma_C(I_C, I_L, G)| \quad (6\text{-}29)$$

对于每个样本点 x, 活动网络 G_{live}^x 确定, 则 $\sigma_C(I_C, \varnothing, G)$ 也随之确定. 当 $|\sigma_C(I_C, \varnothing, G) - \sigma_C(I_C, I_L, G)|$ 取得最大值时, $|\sigma_C(I_C, I_L, G)|$ 取得最小值. 在活动网络 G_{live}^x 中, 种子集 $I = I_L \cup I_C$ 的可达集 V_A 的节点数是固定的. 由于 $|V_A| = |\sigma_C(I_C, I_L, G)| + |\sigma_L(I_C, I_L, G)|$, 当 $|\sigma_C(I_C, I_L, G)|$ 取最小值时, $|\sigma_L(I_C, I_L, G)|$ 取得最大值. 由 COICM 模型中影响 L 的优先性, COICM 模型中影响 L 的传播与 IC 模型等价. 由于 IC 模型下影响最大化问题的子模性在文献 [5] 中已经被证明, 因而 $|\sigma_C(I_C, \varnothing, G) - \sigma_C(I_C, I_L, G)|$ 具有子模性. 由于 $\sigma_{NIR}(S)$ 是 $|\sigma_C(I_C, \varnothing, G) - \sigma_C(I_C, I_L, G)|$ 的线性组合, 因而, $\sigma_{NIR}(S)$ 具有子模性.　　证毕.

6.3.4.3 算法设计

(1) 基于贪心策略的 IBM 算法

由前面可知, 在 COICM 模型下, IBM 问题具有单调性和子模性, 因此, 经典的爬山算法能为此问题给出一个近似度为 $(1 - 1/e)$ 的近似算法.

算法 6.9 Greedy

输入: 社会网络 G, 影响 C 的种子集 I_C, 影响 L 的种子集规模 k, 模拟次数 R.

输出: 规模为 k 的影响 L 的种子集 I_L.

BEGIN

1) $I_L = \varnothing$

2) For $i = 1$ to R do

3)   Get live graph G_{live}^x

4) End For

5) For $i = 1$ to k do

6)   For each node v in $V - I_C - I_L$ do

7) $S_v = 0$

8)   For $j = 1$ to R do

9) $S_v = S_v + |\text{GetReachableSet}(I_C, \varnothing, G_{\text{live}}^x) - \text{getReachableSet}(I_C, I_L \cup \{v\}, G_{\text{live}}^x)|$

10) $S_v = S_v/R$

11) $u = \underset{v \in (V - (I_c \cup I_L))}{\text{argmax}} S_v$

12) $I_L = I_L \cup \{u\}$

13) End For

14) Return I_L

END

在算法 6.9 中, 首先, 置 I_L 为空集, 如代码 1); 其次, 根据模拟次数 R, 得到 R 个活动网络, 如代码 2)—5); 然后, 为信息 L 获取 k 个种子节点, 并加入 I_L, 如代码 5)—13). 在获取每个种子节点时, 对于 $V - I_C - I_L$ 中的每个节点 v, 计算节点 v 对于信息 L 当前种子集 I_L 的抑制作用增量 S_v, 并将具有最大 S_v 的节点 v 取作当前的种子节点, 加入到 I_L 中. 计算 S_v 时, 通过计算节点 v 在 R 个活动图上抑制作用增量的平均值来实现. 最后, 函数 GetReachableSet (I_C, I_L, G) 表示在活动网络 G 中, 当信息 C 和 L 的种子集分别为 I_C 和 I_L 时, 信息 C 的可达节点集, 如代码 9).

(2) 基于社区结构的 IBM 算法 CB_IBM

对于 IBM 问题中 k-节点的挖掘问题, 尽管贪心算法有较好的近似度, 但是, 对于大型网络来说, 该算法的效率太低. 为提高 IBM 算法的效率, 提出一种基于社区结构的 IBM 算法 CB_IBM.

实证研究表明, 在社会网络中通常存在明显的社区结构. 同一社区内部的节点, 由于关系密切, 相互之间联系频繁, 社会影响更容易传播; 而位于不同社区的节点, 相互之间联系稀疏, 影响难于传播. 由于社区规模远小于整个网络. 因而, 与在整个网络中发现影响节点相比, 在某一社区内部发现影响节点效率更高.

CB_IBM 分为两步, 首先根据影响传播模型发现社会网络的社区结构, 其次在已有的社区结构上发现信息 L 的种子节点集 I_L.

设网络的社区结构为 $C = \{C_1, C_2, \cdots, C_{|C|}\}, |I_L| = k$. 对于每个社区 C_i, CB_IBM 发现信息 L 的种子集时分为两步. 首先, 根据社区 C_i 中信息 C 的种子集 I_C 在 C_i 中的分布情况, 确定该社区信息 L 的种子集节点个数 k_i; 其次, 采取某种策略在社区 C_i 中发现 k_i 个信息 L 的种子节点.

1) 社区 C_i 中影响 L 的种子节点数 k_i 的确定

借鉴文献 [123] 中的思想, 在确定某社区信息 L 的种子节点数时, 采取一种分配式策略. 社区 C_i 中信息 C 的种子节点的影响力越强, 为该社区分配的信息 L 的种子集节点个数 k_i 越大. 设网络 G 中信息 L 的种子节点的总数为 K, 社区 C_i 中影响 C 的种子集为 SC_i, 其影响力表示为 $IFW(SC_i)$, 那么, 该社区 C_i 中信息 L 的种子节点个数 k_i 的计算方法, 如式 (6-30) 所示.

$$k_i = \left\lceil K \times \frac{IFW(S_{C_i})}{\sum\limits_{C_i \in C} IFW(S_{C_i})} \right\rceil \tag{6-30}$$

在确定社区 C_i 中信息 L 的种子节点数 k_i 时, 对信息 C 的种子集 SC_i 影响力的估计非常关键. 常用的方法有两种: 一是采用蒙特卡罗方法进行大量模拟, 从而得到 SC_i 影响力的估计值; 另一种方法是对于 SC_i 中每个节点, 用其所有出边的影响概率之和来估计该节点的影响力, 再对 SC_i 中所有节点的影响力求和作为种子集 SC_i 的影响力估计值. 第一种方法, 计算量太大; 第二种方法计算简单, 但是误差较大, 主要原因如下:

(i) 在对每个节点的影响力进行估计时, 只考虑了直接邻居;

(ii) 用所有节点的影响力之和作为节点集的影响力值, 存在被影响节点重复计算的情况;

(iii) 在估计某个节点的影响力时, 没有考虑被影响节点自身的影响力.

为此, 提出一种新的节点集影响力估计方法, 其主要思想如下:

(i) 借鉴 PageRank 算法的思想, 对社区 C_i 中每个节点的重要性进行估计. 在网络结构方面, 用节点出边的权重之和估计节点的重要程度 DI. 基于 PageRank 算

法, 给出一种计算 DI 的 DIRank 算法. 其基本思想是: 如果节点 v_i 有一条指向 v_j 的边, 则表明在传播过程中, v_j 认为 v_i 比较重要, 从而把 v_j 的一部分重要性得分赋予 v_i. 这个重要性得分值为 $DI(v_j) \times w_{ij} \big/ \sum_{v_i \in N_{in}(v_j)} w_{ij}$, 其中 w_{ij} 表示有向边 (v_i, v_j) 的权重, $N_{in}(v_j) = \{v_i | (v_i, v_j) \in E\}$ (即 $N_{in}(v_j)$ 为节点 v_j 的入边邻居节点集), $DI(v_j)$ 表示节点 v_j 的重要性得分. 这一过程会经过若干次迭代后收敛. 该算法的伪代码如算法 6.10 所示.

算法 6.10　DIRank

输入: 有向网络 $G(V, E)$.

输出: 各个节点的 DI 值.

BEGIN

1) For v in V do

2)　$v.di = 1$//将所有节点的 DI 值初始化为 1

3) End for

4) For $t = 0$ to $t_s - 1$ do

5)　For v in V do

6)　　$v. diTmp = 0$

7)　　计算节点 v 的入边权重之和 $v.\text{sum\_in\_weight} = \sum_{u \in N_{in}(v)} w_{uv}$

8)　End For

9)　For $e(u, v)$ in E do

10)　　If $u <> v$ then

11)　　　$u.diTmp = u.diTmp + v.diTmp \times w_{uv}/v.\text{sum\_in\_weight}$

12)　End

//根据本轮得到 $diTmp$ 计算本轮各节点的 di 值

13)　For v in V do

14)　　$v.di = (1 - d) + d \times v.diTmp$ // d 为阻尼因子, 实验中取 $d = 0.85$

15) End For

END

(ii) 估计信息 C 的种子集 SC_i 的影响. 考虑到社区的规模, 在估计每个节点的影响力时, 只考虑那些与该节点距离不大于 2 的出边邻居节点. 另外, 为了避免影响力的重复计算, 把当前所有已经处理完的种子节点及其所有 2 跳以内的出边邻居保存到一个集合 S_{c_seed} 中, 在计算种子节点 v 的影响力时, 排除那些已经位于 S_{c_seed} 中的 v 的出边邻居. 该算法的描述如算法 6.11 所示下.

算法 6.11　　getIFW

输入: 网络 $G(V, E)$, 种子集 S.

输出: S 的影响力 IFW.

BEGIN

1) $IFW = 0$

2) $S_{c\_seed} = \varnothing$

3) While $|S| \geqslant 0$ d

4) $v = \underset{u \in S}{\operatorname{argmax}} DI(u)$

5) $tmp\_ifw = 0$

6) $N_{2\_out} = \{w | (v, w) \in E \vee ((v, t) \in E) \wedge ((t, w) \in E)))\} - S_{c\_seed}$

7)   For x in N_{2_out} do

8) $tmp\_ifw = tmp\_ifw + \text{weight}_{\text{path}(v,x)}$

9)   End For

10) $S = S - \{v\}$

11) $S_{c\_seed} = S_{c\_seed} + \{v\} + N_{2\_out}$

12) $IFW = IFW + tmp\_ifw$

13) End While

14) Return IFW

这样, 便可以对各个社区内信息 C 的种子集的影响力进行估计, 从而为各个社区确定信息 L 的种子节点数目.

2) 社区 C_i 中影响 L 的种子节点集 SL_i 的发现

由 COICM 传播模型可知, 在一个社区 $C_i(V_i, E_i)$ 内, 一个节点的影响是通过影响其邻居节点所形成的级联效应传播的. 为了抑制信息 C 的传播, CB_IBM 算法首先找到信息 C 的种子集 SC_i 的出边近邻节点集 NSC_i, 进而从社区中寻找由 K_i 个对 NSC_i 中的节点具有最大影响力的节点所组成的种子节点集 NLC_i. 这样, 当以 NLC_i 中的节点作为种子传播信息 L 时, 根据 COICM 模型中信息 L 的优先性, 就会使得 NLC_i 中很多节点由于接受信息 L 而进入 L_Active 状态, 这便阻止了信息 C 的传播路径, 从而对信息 C 的传播产生抑制作用.

算法的主要思想如下.

(i) 在社区 C_i 中, 根据信息 C 的种子集 SC_i, 计算 SC_i 的出边近邻集 NSC_i, $NSC_i = \{v | (u, v) \in E_i \wedge (u \in SC_i)\}$.

(ii) 在社区 $C_i(V_i, E_i)$ 中, 能够对 NSC_i 中的节点产生影响的节点, 至少存在一条从该节点到 NSC_i 中某节点的路径 p. 设 $p = (u-> w1-> w2-> \cdots -> w)$, $w \in NSC_i$, 则路径 p 的影响 $IFW(p)$ 计算如式 (6-31) 所示.

$$IFW(p) = \prod_{e_i \in P} e_i.\text{weight} \tag{6-31}$$

设有一个节点 u, 其对集合 S 的影响记为 $IFW_S(u)$, 其计算方法如式 (6-32) 所示.

$$IFW_S(u) = \sum_{p_i \in PS} IFW(p_i) \tag{6-32}$$

式 (6-32) 中, PS 为节点 u 到 S 中节点的最短路径形成的集合, 即 $PS = \{p(u,w_i) | w_i \in S, p(u,w_i)$ 为 u 到 w_i 的最短路径 $\}$.

在社会网络中, 对于一个目标节点 w, 其所受的影响大部分来自一个较小的节点集. 这样, 在选择对 NSC_i 影响较大的节点时, 可以提前设置一个影响阈值 η, 当一个节点对 NSC_i 中某节点的影响低于 η 时, 就忽略此节点. 根据提前设定的影响阈值 η, 找到对近邻集 NSC_i 影响较大的节点集 If_NNSC_i, $If\_NNSC_i = \{v | v \in V_i - SC_i, w \in NSC_i, IFW(p(v,w)) \geqslant \eta\}$. 由 If_NNSC_i, SC_i 中的节点形成网络 $G'_i(V'_I, E'_i)$, 其中的边由 NSC_i 中节点之间的边, 以及 If_NNSC_i 中节点到 NSC_i 中节点之间的最短路径构成.

(iii) 在网络 G'_i 中, 寻找对集合 NSC_i 影响最大的 K_i 个节点. 设 $v \in V'_i$, $w \in NSC_i$, G'_i 中 v 到 w 的最短路径形成集合 $PS(G'_i, v, w)$, 节点 v 对 w 的影响力表示为 $IFW(G'_i, v, w)$, 则 $IFW(G'_i, v, w)$ 的计算如式 (6-33) 所示.

$$IFW(G'_i, v, w) = \begin{cases} \sum\limits_{p_i \in PS(G'_i, v, w)} IFW(p_i), & v \neq w \\ 1, & \text{其他} \end{cases} \tag{6-33}$$

在估计节点 v 对 w 的影响力 $IFW(G'_i, v, w)$ 时, 直接用式 (6-7) 估计效率较低. 目标节点 w 所受的影响, 均来自其入边近邻节点集 $N_{\text{in}}(w)$. $IFW(G'_i, v, w)$ 的计算如式 (6-34) 所示.

$$IFW(G'_i, v, w) = \sum_{w_i \in N_{\text{in}}(w)} IFW(G'_i, v, w_i) \times w_{w_i, w} \tag{6-34}$$

实际上, 在估计节点 v 对信息 C 的抑制作用时, 对集合 NSC_i 中的节点 w, 不仅要考虑 v 对 w 的影响力, 还要考虑节点 w 在传播信息 C 时作用的大小. 用 w 的传播重要性 $DI(w)$ 估计节点 w 对信息 C 的传播作用, G'_i 中 v 对 w 传播的抑制作用, 记为 $R(G'_i, v, w)$, 如式 (6-35) 所示.

$$R(G'_i, v, w) = IFW(G'_i, v, w) \times DI(w) \tag{6-35}$$

显然在 G'_i 中, 若 v 与 w 不存在路径, 则 $R(G'_i, v, w) = 0$. S 为网络 G'_i 中的一个节点集, 节点 v 对集合 S 传播抑制作用, 记为 $R(G'_i, v, w)$, 如式 (6-36) 所示.

$$R(G'_i, v, S) = \sum_{w \in S} R(G'_i, v, w) \tag{6-36}$$

设 SL_i 表示在社区 C_i 中当前已经得到的信息 L 的种子集, SL_i 已经影响到的 NSC_i 中的节点集为 influenced_NSC_i, 那么, 对于一个待考察节点 v, 在计算 $R(G'_i, v, w)$ 时, 应将节点 v 对 influenced_NSC_i 中节点的影响剔除.

这样便得到了从社区 C_i 中发现影响 L 的种子节点集 SL_i 的算法 getSeedSet_L, 其描述如算法 6.12 所示.

算法 6.12 getSeedSet_L

输入: 社区 $C_i(V_i, E_i)$, 信息 C 的种子集 SC_i, 影响阈值 η.

输出: 社区 C_i 中影响 L 的种子集 SL_i.

BEGIN

1) $SL_i = \varnothing$ //用于存放社区 C_i 中信息 L 的种子节点

2) $NSC_i = \{v | (u, v) \in E_i \wedge (u \in SC_i)\}$ //获取社区 C_i 中种子节点的出边近邻集

/* 从社区 C_i 中, 根据 SC_i 的出边近邻集 NSC_i 和影响阈值 η, 计算其局部社区 G'_i*/

3) candidateNodes $= V'_i - NSC_i - SC_i$ /* candidateNodes 表示信息 L 的待选种子节点集 */

/* 对 candidateNodes 中节点 u 初始化, 其中 $u.r$ 表示节点 u 对 NSC_i 的影响; u.paths 表示 u 到 NSC_i 中各个节点的最短路径集合; 设 u 到 NSC_i 的距离为 d, u.curPaths 表示 u 到那些与 NSC_i 距离为 $d-1$ 的节点之间边的集合 */

4) For u in candidateNodes do

5)　 $u.r = 0$

6)　 u.paths $= \{\}$

7)　 u.curPaths $= \{\}$

8) End For

9) For u in NSC_i do

10)　 $u.r = u.di$ //对 NSC_i 节点 u 对 NSC_i 的影响值 $u.r$ 初始化

11) End For

12) $S0 = NSC_i$

13) L_graph_nodes $= \{\}$ //L_graph_nodes 表示能够对 NSC_i 产生影响的节点集

14) While $|S0| > 0$ do

15)　 $S1 = \{\}$ //$S1$ 表示可以对 $S0$ 产生影响的节点集

16)　 temp$S1 = \{\}$

17)　 For u in $S0$ do

18)　　 For v in u.predecessors do

19)　　　 If (v in candidateNodes) and (v not in L_graph_nodes) then

20)　　　　 temp$S1 =$ temp$S1 + \{v\}$

21)　　　　　　v.curPaths = v.curPaths + $\{(v, u)\}$

22)　　　End For

23)　　　For v in temp$S1$ do

24)　　　　If $|v$.curPaths$| > 0$ then

25)　　　　　　For $e(u, v)$ in v.curPaths do

/* 将边 e 与 u 到 NSC_i 的最短路径拼接, 得到 v 通过 u 到达 NSC_i 的最短路径集 */

26)　　　　　　　tempPaths = mergePaths(e, u.paths)

27)　　　　　　　v.paths = v.paths + tempPaths; }

28)　　　　　　End For

29)　　　　End If

30)　　　End For

31)　　　For v in $tempS1$ do

32)　　　　$v.r$ = get$R$(Gi, v.paths)

/* 根据 v 最短路径集 v.paths, 计算节点 v 对 NSC_i 的影响值 v.r*/

33)　　　　If $v.r > \eta$ then

34)　　　　　$S1 = S1 + \{v\}$

35)　　　　　$L\_graph\_nodes = L\_graph\_nodes + \{v\}$

36)　　　　　candicateNodes = candicateNodes $- \{v\}$

37)　　　End

38)　　　$S0 = S1$

39) End//得到能够对 NSC_i 产生影响的局部图 G_i'

40) 根据 L_graph_nodes 中各个节点 u 对 NSC_i 的影响值 $u.r$, 对各个节点降序排列, 将结果保存到 L_node_list 中

41) count = 0;//目前已经获取的 L 的种子节点数

42) midNodeSet = {};//表示 L 种子节点到 NSC_i 最短路径上的中间节点集

43) While count $< ki$ do

44)　If $|L\_node\_list| > 0$ then

45)　　u = pop(L_node_list)

46)　　L_graph_nodes.remove(u)

47)　　$SL_i = SL_i + \{u\}$

48)　　count = count $+ 1$

49)　　midNodeSet = midNodeSet + getMidNodes(u.paths)

50)　　update$R$(Gi, L_node_list, midNodeSet)

51) 　　　根据 L_graph_nodes 中各个节点 u 对 NSC_i 的影响值 $u.r$, 对各个节点降序排列, 将结果保存到 L_node_list 中

52) End

53) Return SL_i

END

在算法 6.12 中, 首先获取信息 C 的种子节点集的出边近邻集 NSC_i, 其次得到信息 L 的待选种子节点集 candidateNodes, 然后分别对 candidateNodes 和 NSC_i 中的节点初始化. 再次, 从 NSC_i 开始, 沿着网络中的边, 逆向扩展, 将满足条件的节点 (对 NSC_i 的影响超过既定阈值 η) 加入到集合 L_graph_nodes 中, 如代码 14)—38). 根据 L_graph_nodes 中各个节点的影响值降序排列, 然后不断地从 L_graph_nodes 中取出影响值最大的节点作为信息 L 的种子, 直到取满 k_i 个节点为止, 如代码 42)—51). 每当取到信息 L 的一个种子节点 u 时, 都要将节点 u 到 NSC_i 中节点之间最短路径上的中间节点放入中间节点集 midNodeSet 中. 为了避免影响值的重复计算, 每当得到信息 L 的一个种子节点 u 时, 都要根据当前的中间节点集 midNodeSet, 对 L_graph_nodes 中其他节点的影响值进行更新. 在算法 6.12 中, 有两个重要的算法, get$R$ 和 update$R$.

算法 get$R$ 根据某节点到目标节点集的最短路径集, 根据式 (6-36) 计算该节点对于目标节点集的影响. 其代码描述如算法 6.13 所示.

算法 6.13　　get$R(g, \text{paths})$

输入: 网络 G, 节点 v 的最短路径集 $v.\text{paths}$.

输出: 节点 v 对 NSC_i 的影响 $v.r$.

BEGIN

1) If $|\text{paths}| > 0$ then

2) 　　Result $= 0$

3) 　　For p in paths do

4) 　　　　temp$R = 1$

5) 　　　　$u = p[|p|]$ //u 表示路径 p 的目的节点

6) 　　　　For e in p do

7) 　　　　　　temp$R = $ temp$R \times e.\text{weight}$

8) 　　　　End For

9) 　　　　temp$R = $ temp$R \times u.di$

10) 　　　　Result $= $ Result $+ $ temp$R$

11) Else

12) 　　Result $= 0$

13) End If

14) Return Result

END

在算法 6.12 中, updateR 根据已得的中间节点集, 对某个节点集中各个节点 u 对 NSC_i 的影响值 $u.r$ 进行更新. 其基本思想是, 对于任意一个节点 u, 当其最短路径集 $u.$paths 中某条最短路径 p 中含有中间节点集中的节点时, 将该路径从 $u.$paths 中删除, 并将该路径产生的影响从 $u.r$ 中删除. 其代码描述如算法 6.14 所示.

算法 6.14　updateR

输入: 网络 G, 需要更新影响值的节点集 L_node_list, 中间节点集 midNodeSet.

输出: L_node_list 中各个节点的路径 r 值, 节点对之间的最短路径集 Paths.

BEGIN

1) For v in L_node_list do

2)　　Paths = $v.$paths

3)　　For p in paths do

4)　　　　If $|\text{getMidNodes}(p) \cap \text{midNodeSet}| > 0$ then

5)　　　　　$v.$paths = $v.$paths $- \{p\}$

6)　　　　　$v.r = v.r - \text{get}R(G, p)$

7) End

END

(3) 基于社区结构的 IBM 算法 CB_IBM

由算法 getSeedSet_L, 便可得到基于社区结构的 IBM 算法 CB_IBM, 其描述如算法 6.15 所示.

算法 6.15　CB_IBM

输入: 具有社区结构的社会网络 G, 影响 C 的种子集 SC, 影响阈值 η, 影响 L 的种子节点数量 k.

输出: G 中影响 L 的种子集 SL.

BEGIN

1) For $i = 1$ to $|C|$ do

2)　　计算社区 C_i 的 L 种子节点数 k_i

3) $SL = \{\}$

4) For $i = 1$ to $|C|$ do

5)　　If $k_i > 0$ then

6)　　　　$SL = SL \cup \text{getSeedSet\_}L(C_i, SC_i, \eta)$

7) Return SL

END

6.3.4.4 实验数据集

实验数据集为 Wiki_vote 和 Epinions 网络, 数据集的统计情况如表 6-5 所示, 具体描述如下.

表 6-5 两个数据集的统计情况

数据集	Wiki_vote	Epinions
来源	http://snap.stanford.edu/data/wiki-Vote.html	Epinions.com
描述	Who-votes-on-whom network	Who-trusts-whom network
节点	7115	75879
有向边	103689	508837
平均度	14.6	6.7
平均聚集系数	0.1409	0.1378

(1) Wiki_vote 网络[148]：维基百科是一个免费的百科全书, 由世界各地的志愿者合作编写. Wikipedia 数据集中, 包含从维基百科成立至 2008 年 1 月的维基百科投票数据. 网络中的节点表示维基百科的用户, 节点 i 到 j 的有向边代表用户 i 为用户 j 投票.

(2) Epinions 网络：源于一个客户评论网站 Epinions.com. 网站中的用户可以决定是否信任其他用户. 所有用户之间的信任关系形成一个信任网络. 在本数据集中, 网络中的节点表示用户, 节点 i 到节点 j 的信任关系表示用户 i 信任用户 j.

另外, 数据集中不带边权. 在实验中, 对于任意一个条有向边 (i,j), 将其权重设为节点 i 出度的倒数.

6.3.4.5 实验及结果分析

为了验证 CB_IBM 算法在 COICM 模型下的性能和效率, 选取了 Greedy, Degree, Random 和 Proximity 等四个经典算法, 分别从是否带有 Greedy 算法和影响阈值 η 等方面, 在两个真实数据集上进行了实验验证.

在实验中, 当 CB_IBM 算法的 η 取值为 $0.5 \times \text{avg\_DI}$(avg_DI 表示网络中所有节点的平均 DI 值) 时, 对于两个数据集的社区结构, DC_ID 算法 (三个参数 θ_2, θ_3 和 θ 的取值依次为 0.4, 0.3 和 0.4).

在 COICM 模型中, 对于任意给定的信息 C 的种子集 SC 和信息 L 的种子集 SL, 在测试 SL 对 SC 的阻碍作用时, 都是运行 COICM 模型 100 遍, 然后取其平均值. 在实验中, 对于信息 C 的种子集 SC 的选取, 采取两种策略：一是随机选取; 二是选取度最大的节点.

(1) 带有 Greedy 算法的实验

首先进行一个包括 Greedy 算法的测试. 由于 Greedy 算法在大型网络上效率极低, 在实验中, 从两个数据集中分别抽取 2 个子数据集进行测试. 一个数据集是从 Wiki_vote 中提取的包含 1000 个节点的子网络, 另一个是从数据集 Epinions 中提取的包含 2000 个节点的子网络.

子网络提取过程如下: 在原始数据集中随机选取一个节点, 然后从该节点进行广度优先搜索, 直到得到预定数目的节点为止. 另外, 子网络包含相应节点在原网络中的所有边.

为验证算法的有效性, 以度优先策略选取了 50 个节点作为信息 C 的种子节点集 SC, 用各种算法得到信息 L 的种子集 SL. 所获得的种子节点集 SL 对 SC 的抑制效果如图 6-16 所示. 在图 6-16 中, 横坐标表示各种算法选取的 SL 中的节点个数, 纵坐标表示以 SL 和 SC 作为种子节点集按照 COICM 模型传播后, 被信息 C 所激活的节点个数.

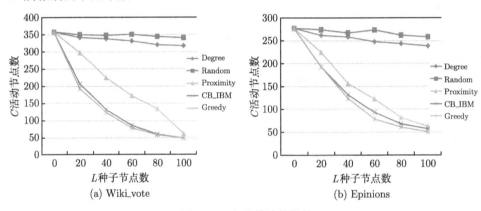

图 6-16   各种算法的性能

在实验中, 利用各种算法分别获取了 0, 20, 40, 60, 80, 100 个节点构成信息 L 的种子集 SL. 在图 6-16 中, (a) 和 (b) 分别表示数据集 Wiki_vote 和 Epinions 中各种算法获取信息 L 的种子集 SL 对 SC 传播的抑制效果.

从图 6-16 可见, 以算法 Degree 和 Random 所获得的信息 L 的种子集 SL 对 SC 的抑制效果很弱. 这两种算法都是从全局的角度按照度优先和随机两种策略选取的, 选取时, 对信息 C 的种子节点一无所知. 而算法 Proximity 则是根据信息 C 的种子节点, 在其周围选取度最大的节点. 这种策略将度优先和信息 C 的位置信息结合起来, 从图 6-16 可见, 其所获取的 SL 对 SC 具有明显的抑制作用. 从 (a) 和 (b) 可见, Greedy 算法得到的 SL 对 SC 的传播具有最好的抑制效果, 而算法 CB_IBM 得到的 SL 对 SC 的抑制效果与 Greedy 算法极为接近.

为验证算法的运行效率, 在两个数据集上, 首先以度优先策略先选取 50 个节点组成 SC, 然后用各种算法获取 100 个节点组成种子集 SL. 各个算法的运动时间, 如图 6-17 所示.

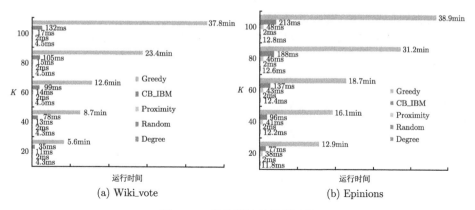

图 6-17 各种算法的运行时间

由图 6-17 可知, 在两个数据集上, 算法 CB_IBM 的效率要远高于算法 Greedy. 比如, 在 1000 个节点的 Wiki_vote 数据集上获取 100 个节点的种子集 SL 时, CB_IBM 用时 132ms, 而 Greedy 算法用时 37.8min.

为进一步比较算法 CB_IBM 与 Greedy 的伸缩性, 采用 Andreag 等开发的基准程序[28], 获取了实验所需的 7 个人工数据集, 网络的节点数取值依次为 100, 500, 1000, 2000, 5000, 8000 和 10000, 其他参数均相同. 两种算法在这 7 个网络上的运行时间, 如图 6-18 所示. 从图 6-18 可见, 算法 CB_IBM 比 Greedy 快 2 个数量级以上, 并且随着网络规模的增大, CB_IBM 的运行时间基本呈线性增长, 这也显示了算法 CB_IBM 较好的可伸缩性.

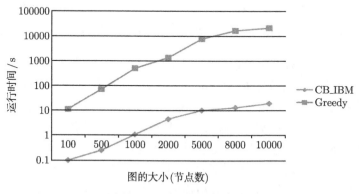

图 6-18 算法的可伸缩性

(2) 不包含 Greedy 算法的实验

由于效率问题, 没有在 Wiki_vote 和 Epinions 数据集的原网络上运行算法 Greedy. 在实验中, 对两种数据集, 分别采取度优先 (MaxDegree) 和随机 (Random) 两种策略分别选取 200 个节点构成 SC. 为评价各种算法获取的种子集 SL

对 SC 传播的抑制作用, 如图 6-19 所示, 用各种算法分别选取 0, 20, 40, 60, 80, 100, 120, 140, 160, 180 和 200 个节点构成种子集 SL, 然后在这两个数据集上分别运行 COICM 模型.

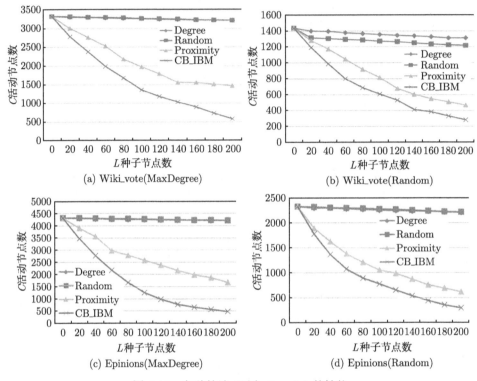

图 6-19　各种算法 (不含 Greedy) 的性能

　　由图 6-19 可知, 对于两个数据集, 对于采用 Random 和 MaxDegree 两种策略选取 SC 的种子节点的情况下, Random 和 Degree 两种算法所取得的 SL 对 SC 的抑制作用很小, 算法 Proximity 所取得的 SL 对 SC 传播的抑制作用效果明显, 而 CB_IBM 在这两个数据集、两种 SC 选择策略下的性能都明显优于 Proximity.

　　为评价各种算法的运行效率, 在两个数据集分别按照 Random 和 MaxDegree 两种策略选取 SC 的情况下, 测试了这 4 种算法获取 20, 40, 60, 80, 100, 120, 140, 160, 180 和 200 个种子节点构成 SL 所需要的时间. 实验效果如图 6-20 所示. 由图 6-20 可知, 对于两个网络, 两种 SC 的选择策略下, 尽管相对于其他三种启发算法, CB_IBM 的运行时间比较长, 但是其效率还是比较高的.

　　(3) 影响阈值 η 实验

　　由算法 6.12 可知, 影响阈值 η 非常关键. 为测试 η 对 CB_IBM 算法的作用, 分别从两个数据集 Wiki_vote 和 Epinions 中采用 Random 和 MaxDegree 两种策略选取 50 个节点构成种子集 SC. 在实验过程中, 取 $\eta = L \times \text{avg\_DI}$, 其中, avg_DI 表示网络中所有节点的平均 DI 值. 在实验中, 针对不同的 η 值, 利用 CB_IBM 算法从网络中选取 200 个节点构成种子集 SL, L 分别取 0.1, 0.3, 0.5, 0.7, 0.9 和 1.

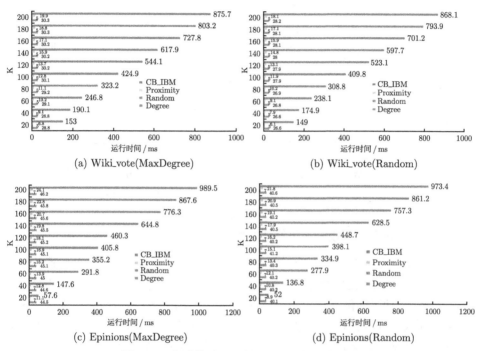

图 6-20　各种算法 (不含 Greedy) 的运行时间

η 对算法 CB_IBM 抑制效果的影响, 如图 6-21 所示. 由图 6-21 可知, 对于两个数据集, 两种 SC 选取策略下, 随着 L 值的不断增加, 算法 CB_IBM 的抑制效果不断减弱. 这是因为, L 值越高, 阈值 η 越高, 算法得到的对 NSC_i 产生影响的局部图的范围越小, 因而, 所得的最终的种子集 SL 对 SC 的抑制效果减弱.

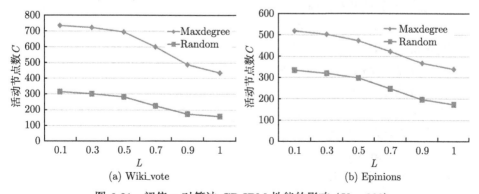

图 6-21　阈值 η 对算法 CB_IBM 性能的影响 $(K = 200)$

η 对算法 CB_IBM 运行效率的影响, 如图 6-22 所示. 由图 6-22 可知, 对于两个数据集, 两种 SC 选取策略下, 随着 L 值的不断增加, 算法得到的对 NSC_i 产生影响的局部图的范围越小, 因而 CB_IBM 的效率越高.

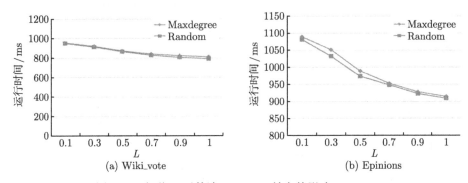

(a) Wiki_vote

(b) Epinions

图 6-22　阈值 η 对算法 CB_IBM 效率的影响 ($K = 200$)

6.3.5　基于遗传算法及模拟退火算法的影响最大化方法

影响最大化问题是在线社会网络领域研究的热点之一, 文献 [66] 证明影响最大化问题是 NP-hard 问题, 并提出采用贪心算法 Greedy 解决此问题. CELF 算法对 Greedy 算法进行了优化, MixGreedy 算法结合了 CELF 算法选择种子. 基于 CELF 算法提出的 CELF++ 算法, 为每个节点保存影响值、此轮迭代之前拥有最大影响力的节点等信息, 减少了在本轮中需要计算的节点数量, 提高了运行速度.

以上算法存在的共同问题是计算量大, 时间复杂度高, 不适合用于中大型社会网络. 为了解决上述问题, 我们提出基于遗传算法以及模拟退火算法的影响最大化方法.

6.3.5.1　贪心算法存在问题及解决思路

(1) Greedy 算法及存在问题

贪心算法 Greedy, 如算法 6.16 所示.

算法 6.16　Greedy

输入: 社会网络 $G = (V, E)$, 种子个数 K.

输出: 种子集合 S.

BEGIN

1) 设置种子集合 S 为空集

2) For $i = 1$ to K do

3) 　For u in $V - S$ do

4) 　　$f(u) = 0$

5)   For $i = 1$ to R do

6) $f(u) + = \sigma(S \cup \{u\}) - \sigma(S)$

7) $f(u) = f(u)/R$

8)   选择 $f(u)$ 最大的节点 u 加入 S

9) Return S

END

在算法 6.16 中, 计算节点的影响力增量, 如代码 6). 当采用独立级联模型 IC 进行信息传播时, 为了得到 $\sigma(S)$ 的精确值, 通常采用蒙塔卡罗模拟法. 此方法需要进行 R 次信息传播, 最后采用平均值作为节点的影响力. 其中, 蒙特卡罗模拟次数 R 通常设置为 10000.

Greedy 算法在选择种子过程中, 需要进行 K 次全局搜索. 每一次搜索过程中, 需要计算网络中除种子节点之外的所有节点加入种子集合时增加的影响力, 然后选择影响力增量最大的节点加入种子集合. 该算法的实现方式使得其计算量很大, 并且时间复杂度极高, 达到 $O(KR|V||E|)^{[9]}$. 一个拥有上万个节点的中小型网络, 为了较准确地得到 50 个种子, 在目前的普通计算机上需要运行数天.

(2) 解决思路

为了解决 Greedy 算法在求解过程中需要 K 次全局搜索带来的时间复杂度, 引入组合优化算法中的遗传算法和模拟退火算法.

影响最大化问题的目标是寻找由 K 个节点组成的集合, 并要求该集合的影响范围最大. Greedy 算法在选择种子集合时, 一次只能选择一个节点, 不仅使算法的迭代次数为 K, 还割裂了种子集合作为一个整体对网络产生的影响力. 如果能找到一种合适的方法, 将 K 个节点组成的集合作为一个整体, 一次性地从网络中选出, 则不仅会降低算法的时间复杂度, 还会增加算法的精确度.

通过上述分析发现, 影响最大化问题是一个组合优化问题. 解决 NP-hard 问题的组合优化问题有很多思路, 遗传算法是常用方法之一. 遗传算法 GA (Genetic Algorithm) 是模拟生物在自然环境下进行遗传和进化过程而形成的随机搜索算法. 该算法从代表问题可行解的一组初始解开始, 按照适应度的大小优胜劣汰, 然后通过交叉、变异等操作, 逐代演化产生越来越好的近似解. 遗传算法具有并行性, 可以同时评价多个实体, 有利于全局择优, 但是容易出现 "早熟现象".

基于遗传算法的影响最大化问题的求解过程是每个初始解可以设置为由 K 个节点组成的集合, 遗传算法的适应度可以采用解中节点的影响范围来表示, 在选择操作时可以选择影响范围较大的节点集合, 然后通过交换不同集合中的节点实现交叉, 对每个集合中的节点进行替换实现变异. 通过多次遗传过程, 将解集合中适应度最大的解作为种子集合.

由于遗传算法存在 "早熟" 现象, 所以还可以在遗传过程进行到一定次数时, 将其当前最优解作为模拟退火算法的初始解, 通过退火过程, 将得到的最优解作为遗传过程解集中的部分解, 再次进行遗传操作.

6.3.5.2　基于遗传算法的影响最大化算法

将遗传算法应用到影响最大化问题中, 首先给出算法的基本思想和步骤, 然后给出算法的具体描述.

(1) 算法设计

遗传算法的基本操作步骤为: ① 选择问题的一种编码方法, 设定染色体的长度和群体的规模, 设定交叉概率和变异概率, 确定终止规则, 给出初始群体; ② 计算染色体对应的适应度函数值; ③ 遵照适应度越高, 选择概率越大的原则, 从种群中选择 $N/2$ 对染色体作为父、母染色体; ④ 抽取父母双方的染色体, 通过交叉, 得到子代染色体; ⑤ 对子代染色体进行变异; ⑥ 重复 ②—⑤, 直到满足结束条件.

使用遗传算法解决影响最大化问题时, 需要设置染色体的编码方式、选择初始解、计算适应度、设置选择方式及交叉方式和变异方式等. 下面结合影响最大化问题, 介绍以上步骤的实现方法.

1) 编码

遗传算法不能直接处理解空间的参数, 必须把它们转化为由基因组成的染色体或者实体. 染色体 (实体) 即问题的可行解, 编码指的是染色体的表示方式. 在本小节中, 基因用节点表示. 由 K 个节点组成的集合表示可行解, 表示方法为 $[v_1, v_2, \cdots, v_K]$. 其中, v_i 表示解中的第 i 个节点, 用节点在社会网络中的编号表示. 解中节点的顺序并不影响解的影响范围. 假设社会网络 G 中有 100 个节点, 用编号 0 到 99 表示, 则包含 5 个节点的某一个可行解可以表示为 $[3, 6, 88, 54, 39]$.

2) 候选种子集合

为了缩小搜索范围, 加快算法收敛, 需要设置候选种子集合. 作为候选种子, 节点应该具有较大的影响力. 在社会网络中, 衡量节点的影响力常用两种方法, 一种是根据节点度的大小, 一种是根据节点的 PageRank 排名. 节点的度代表着节点有多少邻居, 度越大代表着此节点能直接影响的节点越多.

3) 初始解

初始解群是遗传过程中的第一代可行解组成的集合, 可表示为 $g = \{g_1, g_2, \cdots, g_M\}$. 在影响最大化问题中, 每个初始解 g_i 由 K 个节点组成, 每个节点均从候选种子集合中任意选择.

4) 适应度

适应度用来表示实体对环境的适应能力, 可以用来判断实体的优劣程度. 适应度高的实体可获得更大的机会进入下一代, 适应度低的实体则会逐渐灭绝. 影响最大化问题中, 可行解的适应度指的是解中所有节点的影响范围. 求节点的影响范围时, 需要结合相应的信息传播模型. 常用的信息传播模型有独立级联模型 IC、线性阈值模型 LT, 在此采用的是独立级联模型 IC. 在 IC 模型中, 节点只有活跃与非活跃两种状态; 初始节点设置为活跃状态; 当节点活跃后, 在下一时间步会以一定概率独立激活自己的非活跃邻居一次; 节点活跃后不会转为非活跃; 传播过程会一直级联下去, 直到没有节点被激活为止.

在 IC 模型下求某节点的影响范围时, 通常采用 R 次蒙特卡罗模拟, 然后求平均值. 节点传播一次, 最坏情况需要遍历网络中所有的边, 所以其时间复杂度为 $O(|E|)$, 当采用 R 次模拟时, 其时间复杂度为 $O(R|E|)$. 为了降低求适应度的时间复杂度, 本小节采用定理 6.7 中的方法, 用种子集合对周围邻居的预期影响力代替种子集合的传播范围.

定理 6.7 给定社会网络 $G = (V, E)$, 设 w 的入边邻居集合为 $N_{\text{in}}(w)$, w 的活跃概率为 $ap(w)$, 从集合 S 出发经过 l 步可达的节点集合为 $T^l(S)$, p 为 IC 模型中边的激活概率, 则集合 S 对所有 m 步可达节点的预期影响力, 记为 $f(S)$, 如式 (6-37) 所示.

$$f(S) = \sum_{l=1}^{m} \sum_{v \in T^l(S)} \left(1 - \prod_{u \in N_{\text{in}}(v)} (1 - ap(u)p) \right) \tag{6-37}$$

当 $u \in S$ 时, $ap(u) = 1$.

证明 对于 $T^l(S)$ 中某一节点 v, 它被某一入边邻居节点 u 激活的概率为 $ap(u)p$, 不被节点 u 激活的概率为 $1 - ap(u)p$, 不被所有入边邻居激活的概率为 $\prod_{u \in N_{\text{in}}(v)} (1 - ap(u)p)$, 所以, 节点 v 的活跃概率为 $1 - \prod_{u \in N_{\text{in}}(v)} (1 - ap(u)p)$. 因此, $T^l(S)$ 中所有节点的活跃概率为 $1 - \prod_{v \in T^l(S)} \left(1 - \prod_{u \in N_{\text{in}}(v)} (1 - ap(u)p) \right)$. S 对 m 步距离内的所有节点的影响力为 $\sum_{l=1}^{m} \left(1 - \prod_{v \in T^l(S)} \left(1 - \prod_{u \in N_{\text{in}}(v)} (1 - ap(u)p) \right) \right)$.

证毕.

当 m 取值为 ∞ 时, 得到的便是种子集合对网络中所有节点的预期影响力.

当把无向网络的信息传播源点看作边的起点, 把信息传播的目的节点看作边的终点时, 无向网络可看作特殊的有向网络. 因此, 无向网络也可使用定理 6.7 计算集合 S 的预期影响力.

5) 保留最优解

为了保证遗传过程中的最优解不被破坏, 在每轮计算了各个解的适应度之后, 需要把此轮的最优解及其适应度保留下来, 然后与上次得到的最优解进行比较, 最终保留适应度大的解.

6) 选择

选择的目的是把本次遗传过程中的优秀解遗传到下一代, 它的操作建立在对解的适应度的评估基础上, 即选择适应度大的解, 淘汰适应度小的解. 在本算法中, 为了保证本次最优解能进入下一次遗传过程, 首先将适应度最大的解直接复制到下一代. 剩下的 $M-1$ 个解, 按轮盘赌算法进行选择, 每个解的选择概率, 记为 p_{si}, 如式 (6-38) 所示. 式 (6-38) 中, f_i 表示第 i 个解的适应度.

$$p_{si} = \frac{f_i}{\sum\limits_{i=0}^{M-1} f_i} \tag{6-38}$$

7) 交叉

为了实现遗传过程中基因的重组, 通过交叉操作把两个父代实体的某些基因进行互换从而产生新的实体. 在本算法中, 将 M 个解随机分为 $M/2$ 对, 然后在每一对的两个解中任意选择一个节点, 以概率 p_c 进行互换. p_c 值的给定有两种方法, 一种是定值, 一种是自适应取值. 将 p_c 值设定为常用值 0.6.

8) 变异

变异操作是在交叉操作结束后, 对实体中的某些基因进行变动, 它的作用是保持实体的多样性. 本算法中的变异操作, 是以概率 p_b 将当前解中的某个节点替换为候选种子集合中的任意一个节点. 将变异概率 p_b 设定为常用值 0.1.

(2) 算法描述

根据上述过程, 提出基于遗传算法的影响最大化算法 IM_GA(Influence Maximization based on Genetic Algorithm)[108], 算法具体描述如算法 6.17 所示.

算法 6.17   IM_GA

输入: $G = (V, E)$, 种子节点个数 K, 种群个数 M, 交叉概率 p_c, 变异概率 p_b, 遗传终止次数 r.

输出: 种子集合.

BEGIN

1) For node in V do

2)   选择备选种子节点加入集合 C

3) 选择初始种群 $g = \{g_1, g_2, \cdots, g_M\}$, 每个 g_i 包含 K 个节点, $f_{optimal} = 0$

4) While $r > 0$ do

5)   令 $\mathrm{sum}f$ 的初值为 0

6)   For $i = 1$ to M do

7)   求解的适应度 $f(g_i)$

8) $\mathrm{sum}f$ 累加上 $f(g_i)$

9)   令本次遗传过程最大的适应度为 $\max f$

10)   令本次遗传过程适应度最大的解为 $\max g$

11)   令 g' 为从 g 中去掉 $\max g$ 所得集合

12)   For g_i in g' do

13)   计算 g_i 的选择概率 $p_i = f(g_i)/\mathrm{sum}f$

14)   令 g_{parent} 为在 g' 中选择的 M-1 个解

15)   将 $\max g$ 加入 g_{parent} 集合中

16)   随机将 g_{parent} 分成 $M/2$ 对, 表示为 $\{(g_{11}, g_{12}), (g_{21}, g_{22}), \cdots\}$

17)   For $i = 0$ to $M/2$ do

18)   选择 g_{i1} 中的一个节点

19)   选择 g_{i2} 中的一个节点

20)   以概率 p_c 进行互换

21)   令交叉后的解集合为 g_{parent}

22)   For $i = 0$ to M do

23)   随机选择 g_i 中的一个节点 v

24)   随机从 C 中选择一个节点 u

25)   以概率 p_b 将 v 替换成 u

26) f_{optimal} 取 $\max f$ 和 f_{optimal} 中的最大值

27)   令 optimal 为 f_{optimal} 对应的解

28) $r = r - 1$

29) 输出最优解 optimal

END

在算法 6.17 中, 选择初始解集合, 每个解中的节点均从候选种子集合中选择, 如代码 3). 采用式 (6-37) 计算解的适应度, 如代码 7). 采用轮盘赌算法选择 $M - 1$ 个解, 根据式 (6-38) 计算每个解被选中的概率, 如代码 14). 交叉操作, 如代码 17)—20) 行完成的是, 每个解中被替换的节点是随机选择的. 变异操作, 如代码 22)—25).

算法 6.17 的时间复杂度取决于代码 7) 的计算. 7) 中计算解的预期影响力时, 解中 K 个节点之间的影响力有叠加. 假设这 K 个节点之间存在 n_1 条边, 那么, 网络中剩余的边数为 $|E| - n_1$. 最坏情况下, 解中每个节点都会通过剩余的 $|E| - n_1$ 条边对其他节点产生激活影响, 执行次数为 $|E| - n_1$. 因此, 解中 K 个节点最多执行次数为 $K(|E| - n_1)$. 7) 的执行次数最多为 $rMK(|E| - n_1)$, 所以其时间复杂度为 $O(rKM|E|)$.

6.3.5.3 基于遗传模拟退火算法的影响最大化算法

除了遗传算法之外, 模拟退火算法也常用来解决组合优化问题. 此算法是基于金属退火原理而建立起来的一种组合优化方法, 模拟的是固体降温的物理学过程. 该算法从某一较高初温出发, 伴随温度参数的不断下降, 采用 Metropolis 规则用新解代替旧解, 用冷却系数控制算法的进程, 能在多项式时间内得到近似最优解. 模拟退火算法能实现全局择优, 但是需要初始温度足够高, 并且温度下降足够慢, 并不适用于对速度要求较高的场合.

(1) 算法设计

遗传算法虽然能实现全局择优, 但是通过观察算法 6.17 可知, 在选择操作时不仅保留了上次的最优解, 并且通过采用轮盘赌算法, 使得本轮适应度大的解以较大概率在下一轮遗传过程中出现多次, 而后面操作过程中的交叉和变异概率较小, 所以非常容易导致解集合中的若干个解之间差别很小, 这就是遗传算法中的 "早熟现象".

为了克服遗传算法的早熟现象带来的缺陷, 在全局搜索更好的解, 可以将模拟退火算法加入到遗传算法中. Jiang 等利用模拟退火算法设计了影响最大化算法 SA, 算法描述如算法 6.18 所示.

算法 6.18 SA

输入: 社会网络 $G = (V, E)$, 初始温度 T_0, 终止温度 T_f, 内循环次数 q, 温度差 ΔT.

输出: 种子集合 A.

BEGIN

1) $t = 0$, $T_t = T_0$, count $= 0$

2) 随机选择种子集合 A

3) While $T_t < T_f$ do

4)   计算 A 的影响范围 $\sigma(A)$

5)   产生新的种子集合 A'

6)   count$+ = 1$

7) $\Delta f = \sigma(A) - \sigma(A')$

8)   If $\Delta f > 0$ then

9) $A = A'$

10)   Else

11)   产生随机数 r

12)   if $\exp(\Delta f/T_t) > r$ then

13) $A = A'$

14)   if count $> q$ then

15) $T_t = T_t - \Delta T$, $t = t - 1$, count $= 0$

16) Return A

END

在算法 6.18 中, 12) 行中, $\exp(\Delta f/T_t)$ 表示底为自然数 e, 指数为 $(\Delta f/T_t)$ 的函数.

借鉴其 SA 算法, 用模拟退火算法解决影响最大化问题, 算法思路为: 随机产生初始解 X, 并采用式 (6-37) 计算其影响范围. 在产生新解时, 首先在 X 中选择一个节点, 然后从候选种子集合中选择一个节点进行替换, 形成新的解 X'. 计算新解 X' 及原来的解 X 的影响范围的差值 ΔT. 若 $\Delta T > 0$, 则接受 X' 作为新的当前解, 否则以一定概率接受 X' 作为新的当前解. 退火过程迭代若干次后, 将当前解作为最优解输出.

综上所述, 当遗传算法迭代到一定次数时, 可以对当时的 "最优解" 采用模拟退火方法, 退火过程结束后, 选择遗传算法的 "最优解" 与模拟退火过程得到的 "最优解" 中影响范围最大者, 代替遗传过程解集合中的部分解进入下一轮遗传模拟退火过程.

(2) 算法描述

根据算法思路, 提出基于遗传模拟退火算法的影响最大化算法 IM_GA_SA (Influence Maximization Algorithm Based on Genetic Algorithm and Simulated Annealing Algorithm), 算法描述如下.

① 设置程序中用到的各种参数;

② 执行一定次数的遗传过程, 将得到的最优解设置为 GA_optimal;

③ 执行模拟退火过程, 生成新的最优解 SA_optimal;

④ 设置 GA_optimal 和 SA_optimal 中影响范围最大者为 X;

⑤ 判断 X 是否达到收敛值, 如果达到, 转 6), 否则用 X 随机替换掉上一轮遗传过程得到的解集中的若干个解, 然后转入 2) 继续执行;

⑥ 输出最优解.

6.3.5.4 实验数据集

实验数据集为四个真实网络, 四个网络的统计信息, 如表 6-6 所示. 其中, CA-GrQc、NetHEPT 和 Ca-hepTH 均来源于 http://www.arXiv.org, 描述了论文中作者之间的合作关系, 其中, 节点均代表作者, 边则表示作者之间的论文合作关系. Facebook 来源于 http://snap.stanford.edu/data/.

表 6-6　四个数据集的统计信息

数据集	节点数	边数	平均度	最大度
CA-GrQc	5242	14496	5.53	81
NetHEPT	15235	31399	4.12	64
Ca-hepTH	9876	25974	5.26	65
Facebook	4039	88234	43.69	1045

(1) CA-GrQc 为广义相对论和量子宇宙论部分从 1993 年到 2003 年的数据.

(2) NetHEPT 和 Ca-hepTH 为高能物理 —— 理论部分的数据.

(3) Facebook 为社交网站 Facebook 上的数据.

6.3.5.5　实验及结果分析

为了验证 IM_GA 和 IM_GA_SA 算法的正确性和有效性, 选取了混合贪心算法 MixGreedy 及三种启发式算法 Random, Degree, CCA, 分别从不同传播概率下的影响范围、收敛误差对算法的影响、算法的运行时间等方面, 在四种网络中进行了影响最大化的实验验证.

在 IM_GA 和 IM_GA_SA 算法中, 当采用式 (6-37) 计算解的预期影响力时, 可通过设置 m 为不同值以得到种子集合 S 对不同距离邻居的影响力. 为了验证 m 为不同值时所选种子集合的性能, 实验中将 IM_GA 算法中的 m 分别设置为最小值 1 和最大值, 相应得到 S 对最近邻居的影响力和对整个网络的影响力. 当 m 设置值为 1 时, 算法记为 IM_GA1; 当 m 设置为最大值时, 算法记为 IM_GAn. 算法 IM_GA_SA 中, 计算解的预期影响力时, 设置 m 值为 1.

MixGreedy 是一种改进的贪心算法, 该算法的影响范围与贪心算法 Greedy 接近, 但是运行速度却比 Greedy 快几百倍. 实验中通常设置蒙特卡罗模拟次数 R 为 10000. 在此设置下, 在普通计算机上需要运行几十个小时才能得到 50 个种子. 为了提高 MixGreedy 算法的运行速度, 在本小节的实验中以损失算法的影响范围为代价, 设置 R 值为 100. Random 算法是一种基本的启发式算法, 在此算法中, 每次随机选择 K 个节点作为种子. Degree 也是一种启发式算法, 该算法把数据集中的所有节点按照度数排序, 然后选择排序靠前的 K 个节点. CCA 算法是文献 [124] 中提出的一种启发式方法, 该方法综合核数和度数两个属性寻找种子集合, 其中覆盖距离取值为 1.

(1) 影响范围分析

影响范围指的是信息传播过程结束后, 网络中活跃节点的个数. 种子集合的影响范围越大, 表明算法的效果越好. 实验中, 计算各个算法得到的种子集合的影响范围时, 均采用独立级联模型 IC 作为信息传播模型. 由于 IC 模型的随机性, 所以采用蒙特卡罗模拟法, 设置重复次数为 1000 次, 然后取平均值作为影响范围. 另外, 应用 IC 模型时需要设置节点间的影响概率 p. 实际应用中, 影响概率的设定, 可以通过对信息传播过程的历史数据进行挖掘分析得到. 在本小节的理论研究中, 无法从数据集中得到其以往的传播数据, 因此, 为了一般性, 将影响概率 p 分别设置为 0.01 和 0.05.

1) $p = 0.01$ 时的影响范围

当影响概率为 0.01 时, 各个算法在四个数据集 CA-GrQc, NetHEPT, Ca-hepTH 和 Facebook 上的影响范围, 如图 6-23 所示. 图中横坐标表示种子集合的大小, 从 0 递增到 50, 递增值为 5, 纵坐标表示种子集合的影响范围.

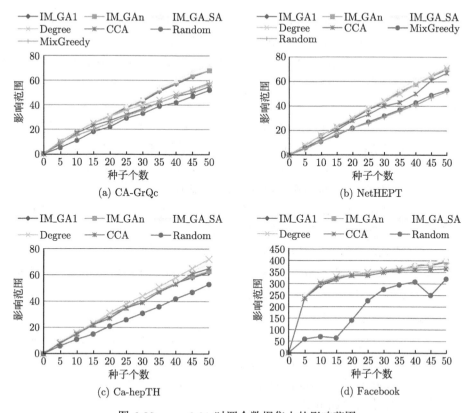

图 6-23 $p = 0.01$ 时四个数据集上的影响范围

在 CA-GrQc 上, 各算法影响范围的实验结果, 如图 6-23(a) 所示. 由图可见, 随着种子个数逐渐增多, IM_GA_SA 算法的影响范围变为最大, IM_GA1 和 IM_GAn 算法的影响范围基本保持一致, 次之; Degree 和 CCA 算法的表现比较差; MixGreedy 算法的影响范围非常小; Random 算法的影响范围是所有算法中最小的.

在 NetHEPT 上, 各算法影响范围的实验结果, 如图 6-23(b) 所示. 由图可见, IM_GA_SA 算法的影响范围是最大的; Degree, IM_GA1, IM_GAn 算法的影响范围基本保持一致, 次之; CCA 算法的影响范围比较小; MixGreedy 算法和 Random 算法的影响范围非常接近, 基本上一直是最小的.

在 Ca-hepTH 上, 各算法影响范围的实验结果, 如图 6-23(c) 所示. 由于 MixGreedy 算法运行太慢, 所以在该数据集上没有运行此算法. 由图可见, 随着种子个数逐渐增大, Degree 算法的影响范围逐渐优于其他算法; IM_GA_SA 次之; 当种子个数增加到 45 之后, CCA 算法优于 IM_GA1 和 IM_GAn; 在整个过程中, IM_GA1 和 IM_GAn 算法的影响范围基本保持一致; Random 算法的影响范围是最小的.

在 Facebook 上, 各算法影响范围的实验结果, 如图 6-23(d) 所示. 在该数据集

上同样没有运行 MixGreedy 算法. 由图可见, 在种子个数小于等于 35 时, CCA,
Degree, IM_GA1, IM_GAn, IM_GA_SA 算法的影响范围基本相同. 当种子个数大于
35 之后, IM_GA_SA 算法的影响范围最大, IM_GA1 和 IM_GAn 算法的影响范围基
本相同; Degree 和 CCA 算法的影响范围更小一些; Random 算法的影响范围一直
是最小的.

综上, 通过对图 6-23 进行分析可见, IM_GA 和 IM_GA_SA 算法是有效的, 这
是由于这两个算法将 K 个种子作为一个整体考虑其影响力, 提高了影响范围的精
度; 并且, 由于 IM_GA_SA 算法克服了 IM_GA 算法的早熟现象, 所以其影响范围
大于 IM_GA1 算法; 在影响概率较小时, 节点的影响力主要集中在其近邻区域, 所
以 IM_GA1 和 IM_GAn 算法的影响范围接近; 启发式算法 Degree 选择的种子节
点的影响力有可能叠加, 影响范围没有理论保证, 所以在四个数据集上的表现不同.
CCA 算法在影响概率较小时影响范围较小, 所以其表现较差; MixGreedy 算法的蒙
特卡罗模拟次数设置太小, 精度受到影响, 所以其影响范围很小; Random 算法随机
选择节点, 没有考虑其影响范围, 所以性能一直最差.

2) $p = 0.05$ 时的影响范围

为了说明不同影响概率对种子集合传播范围带来的影响, 在 CA-GrQc 和
NetHEPT 上, 当影响概率为 0.05 时, 验证 IM_GA1, IM_GAn, IM_GA_SA, De-
gree、CCA、Random 等算法选择的种子的传播范围, 实验结果如图 6-24 所示. 图
6-24 中坐标轴的设置同图 6-23.

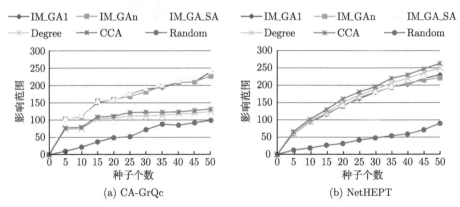

图 6-24 $p = 0.05$ 时两个数据集上的影响范围

在 CA-GrQc 上, 各个算法影响范围的实验结果, 如图 6-24(a) 所示. 由图可见,
IM_GA1, IM_GAn, IM_GA_SA 算法的影响范围比较接近, 其中, IM_GA_SA 算法的
影响范围略大; Degree 算法和 CCA 算法的影响范围小于上述三个算法, Random
算法的影响范围最小.

在 NetHEPT 上, 各个算法影响范围的实验结果, 如图 6-24(b) 所示. 由图可见, 随着种子个数的增加, CCA 算法的影响范围逐渐大于其他几个算法; Degree 算法次之; IM_GA_SA 算法的影响范围大于 IM_GA1 和 IM_GAn 算法; IM_GA1 和 IM_GAn 算法的影响范围基本相同; Random 算法的影响范围最小.

综上, 通过对图 6-24 的分析可见, 当影响概率取较大值时, 本小节提出的 IM_GA 和 IM_GA_SA 算法依然有效; 启发式算法 Degree 和 CCA 的影响范围没有理论保证, 所以在两个数据集上的表现不同; Random 算法选择种子时没有考虑节点的影响范围, 所以性能依然很差.

(2) 收敛误差对影响范围的影响分析

为了验证收敛误差对 IM_GA_SA 算法的影响, 在实验中, 设置影响概率为 0.01, 种子个数为 50, 收敛误差分别为 10^{-1}, 10^{-3}, 10^{-5}, 10^{-7}, 10^{-9}, 然后在四个网络上, 计算 IM_GA_SA 算法的影响范围相对于 IM_GA1 算法的影响范围的增加比例, 实验结果如表 6-7 所示.

表 6-7 IM_GA_SA 算法的影响范围增加率

数据集	10^{-1}	10^{-3}	10^{-5}	10^{-7}	10^{-9}
CA-GrQc	1.47%	1.47%	2.94%	5.88%	2.94%
NetHEPT	1.54%	4.62%	4.62%	5.71%	5.71%
Facebook	0.51%	1.01%	1.52%	2.78%	0.25%
Ca-hepTH	8.06%	8.06%	9.68%	9.68%	9.68%

由表 6-7 可见, 在不同的收敛误差下, IM_GA_SA 算法的影响范围相对于 IM_GA 算法都有一定程度的增加, 并且增加比例不同. 因此, 可以通过调整收敛误差, 使得 IM_GA_SA 算法取得更好的影响范围.

(3) 运行时间分析

在四个网络上, 采用不同算法选择 50 个种子节点所用时间的实验结果, 如图 6-25 所示. 需要注意的是, 实验中 IM_GA, IM_GA_SA 和 MixGreedy 算法中的影响概率取值为 0.01. 在图 6-25 中, 横坐标给出的是不同的数据集, 纵坐标表示算法的运行时间并采用对数坐标.

由图 6-25 可见, IM_GAn 算法的运行时间比 IM_GA1 算法长, 其原因与 m 的取值有关. 当 m 取最大值时, 需要计算种子集合对整个网络的影响力, 其时间复杂度为前面分析的值, 即 $O(rKM|E|)$. 当 m 为 1 时, 仅需要计算种子集合对最近邻居的影响力, 其时间复杂度为 $O(rKMd_{\max})$, 其中, $d_{\max}$ 是网络中节点的最大度数. 由于网络的边数 $|E|$ 大于节点的最大度数 $d_{\max}$, 所以 IM_GA1 算法缩小了计算的规模, 使得运行时间减少. 在四个数据集中, IM_GA_SA 算法的运行时间均比 IM_GA1 算法长, 原因在于 IM_GA_SA 算法中需要循环执行 IM_GA1 算法. 虽然实

验过程中设置了蒙特卡罗模拟次数仅为 100, 但 MixGreedy 算法的运行时间依然是所有算法中最长的, 需要几十个小时, 其原因在于 MixGreedy 算法是 Greedy 算法的改进算法, 由于 Greedy 算法的时间复杂度极高, 所以 MixGreedy 算法的时间复杂度依然很高. 启发式算法 Degree, Random 和 CCA 的运行速度非常快, 在四个网络上, 它们均在不到 1 秒的时间就能执行完毕.

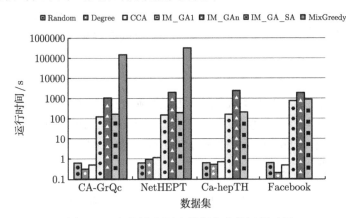

图 6-25   各算法在四个数据集上的运行时间

6.3.6   成本控制下的影响最大化方法

影响最大化研究都是单纯地在社会网络中寻找 K 个节点使得影响范围最大化, 并没有考虑节点的费用以及厂商在营销活动中的需要支付的成本. 实际上, 营销活动中, 商家往往采用支付广告费用、赠送产品、打折等形式来激励客户的传播积极性, 这个过程需要一定的成本. 另外, 由于用户的影响力不同, 向影响力大的用户投放信息, 能够使信息的传播范围更广, 这也意味着需要给这些用户更多的费用. 所以, 商家会有意识地选择某些 "性价比" 高的客户进行广告投放.

基于上述考虑, 研究在营销成本固定的情况下, 有意识地选择一些费用不同的节点作为初始用户, 通过社会网络中的信息扩散达到新增的受到影响的节点个数最多. 这一问题的研究, 能够为市场营销提供更坚实的理论支持.

我们首先设计了信息传播模型, 然后给出综合考虑成本预算和节点初始激活费用的最大化算法 BCIM(Influence Maximization under Budget Control)[115]. 此算法的基本思路是把节点分为若干组, 按照动态分配的方法在每一组中最多选择一个种子. 为了提高程序的运行速度, 在计算节点的影响范围时, 只考虑此节点对近距离邻居产生的影响力.

6.3.6.1   传播模型

影响最大化领域经常采用的信息传播模型是独立级联模型 IC. 此模型认为种

子节点和非种子节点都只能进行一次信息传播, 没有考虑在经济利益激励下, 种子节点会进行多次传播的情况.

在现实生活中, 大多数人不会免费为产品做广告, 总是需要一定的报酬. 用户一旦得到了一定的经济利益, 会积极进行商品推广. 另外, Noga 也提出, 当初始用户得到 k 份费用时, 他会向他的邻居进行 k 次信息传播. 很明显, IC 模型不符合初始节点会传播多次的前提, 所以本小节在 IC 模型基础上提出了初始节点进行多次传播的模型 MTIC(Multiple Transmission model based on IC), 并证明该模型具有单调性和子模性.

定义 6.2　初始节点进行多次传播模型 MTIC　给定社会网络 $G = (V, E)$, 种子集合 $S \subseteq V$, 初始节点进行多次信息传播的模型 MTIC 的工作过程如下: 在 $t = 0$ 时, $\forall s \in S$ 会激活它的邻居节点 Num(s) 次, 每一次激活都是独立的. 当 $t \geqslant 1$ 时, 在 $t-1$ 时刻被激活的节点会激活它的处于非活跃状态的邻居节点一次, 此过程会级联下去, 直到没有新节点被激活为止. 整个激活过程中, 节点 u 对节点 v 的激活概率为 $p(u, v)$. 节点一旦被激活, 就会一直保持活跃状态.

在社会网络中采用 MTIC 模型进行传播时, 求种子集合 S 的影响范围的算法 IRS_MTIC (Influence Range of seed set S based on MTIC model), 具体描述如算法 6.19 所示.

算法 6.19　IRS_MTIC

输入: 社会网络 $G = (V, E, P), S$, 节点的传播次数 Num $= \{\text{Num}(v) | v \in V\}$.

输出: 受影响节点的个数.

BEGIN

1) $A = \varnothing$

2) $A = S$

3) ActiveNode $= S$

4) While $A \neq \varnothing$ do

5)　　NewA $= \varnothing$

6)　　For u in A do

7)　　　将 u 的邻居集合赋值给 $Ngb(u)$

8)　　　$Ngb(u) = Ngb(u) - A$

9)　　　If u in S then

10)　　　　$n = \text{Num}(u)$

11)　　　Else

12)　　　　$n = 1$

13)　　　For $v \in Ngb(u)$ do

14)　　　　删除边 $e(u, v)$

15)　　　　　　For i in range$(0, n)$ do

16)　　　　　　　产生随机数 r

17)　　　　　　　　If $r < p(u, v)$ then

18)　　　　　　　　　将 v 加入集合 NewA

19)　　　　　　　　　将 v 加入集合 ActiveNode

20)　　　　　　　　　u 对 v 的激活过程结束

21)　　　　$A = $ NewA

22) Return ActiveNode 中节点的个数

END

在算法 6.19 中, 首先, 初始化, 如代码 1)—3); 其次, 信息传播过程, 如代码 4)—22), 传播过程结束的条件是上一轮没有节点被激活; 最后, 返回 ActiveNode 中节点的个数, 如代码 23). 其中, 设置集合 NewA 用来保存在本轮中被激活的节点, 如代码 5); 计算上一轮新活跃的节点对其非活跃邻居节点的激活影响, 如代码 6)—20); 寻找节点 u 的非活跃邻居节点, 如代码 7)—8); 设定节点的传播次数, 其中, 种子集合 S 中节点 u 的传播次数为 Num(u), 非种子节点的传播次数为 1, 如代码 9)—12); 实现 u 对所有非活跃邻居的激活影响, 如代码 13)—20), 在激活过程中, 只要有一次激活成功, 即把 v 加入本次激活节点集合 NewA 和活跃节点集合 ActiveNode. 其中, 删除边 $e(u, v)$ 的作用是为了保证此边以后不会再有激活影响发生, 如代码 14); 产生的随机数 r 小于 $p(u, v)$ 时, 节点 u 以概率 $p(u, v)$ 激活节点 v 的事件发生, 如代码 17)—20).

定理 6.8　在社会网络中采用 MTIC 模型进行信息传播时, 信息传播影响范围函数 $\sigma(\cdot)$ 具有单调性和子模性.

单调性: 对于社会网络 G, 当 $A \in V, v \in G$ 且 $v \notin A$ 时, 有 $\sigma(A + v) \geqslant \sigma(A)$.

子模性: 对于社会网络 G, 当 $S1 \subseteq S2 \subseteq V$, 且 $v \notin S2$ 时, 有 $\sigma(S1 \cup \{v\}) - \sigma(S1) \geqslant \sigma(S2 \cup \{v\}) - \sigma(S2)$.

证明　在任意社会网络 $G = (V, E)$ 上用 MTIC 模型进行信息传播是一个随机事件. 在实验之前, 将 G 分为两部分 G_1 和 G_2. 其中, G_1 是社会网络 G 删除节点集 T 及其所在边形成的子网络. G_2 是节点集合 T 及其直接邻居形成的子网络.

下面形成 G_1, G_2 中进行信息传播的样本空间. 对于 G_1 中的任意边 (u_1, v_1), u_1 将以概率 $p(u_1, v_1)$ 激活 v_1. 在每一次可能的结果中, 若 v_1 被激活, 则在 u_1 和 v_1 之间保留一条边, 否则, u_1 和 v_1 之间没有边. 每一个可能的结果就是一个样本点, 也是 G_1 的一个子网络 G_{1i}. 子网络中包含 G_1 的所有节点和某些边. 所有的样本点组成样本空间 $X_1: \{G_{11}, G_{12}, G_{13}, \cdots\}$.

令 T 为初始节点集合, 由于 T 中节点对其邻居的影响次数为多次, 所以在 G_2 中求样本点时都按如下方法设置: T 中的某个节点 u_2 对其邻居 v_2 进行多次激活时, 只要有一次成功了, 就认为在 u_2 和 v_2 之间存在一条边. 这些样本点是 G_2 的子网络 G_{2i}. 所有的样本点组成样本空间 X_2: $\{G_{21}, G_{22}, G_{23}, \cdots\}$.

令 X_1 和 X_2 进行笛卡儿乘, 得到总的样本空间 X_3, 即

$$X_3 = \{(G_{1i}, G_{2j}) | G_{1i} \in X_1, G_{2j} \in X_2\}$$

对 X_3 中的每个样本点, 把 G_{1i} 和 G_{2j} 合并成一个网络: 把编号相同的节点看成一个节点, 把所有的边都保留下来. 这样形成了样本空间 X.

现在取样本空间 X 的一个样本点 x, 令 $\sigma_x(U)$ 表示从节点集合 U 出发, 能到达的节点集合的大小. $R(v, x)$ 表示从节点 v 出发能够到达的节点集合. 所以, $\sigma_x(U) = |\cup_{u \in U} R(u, x)|$.

(1) 证明在样本点 x 上的单调性.

当 $A \subset T$, $v \in T$ 且 $v \notin A$ 时, 用 $Rx1$ 表示在样本 x 上集合 A 影响到的节点集合, $Rx2$ 表示在样本 x 上节点 v 影响到的节点集合. 若 $Rx1 \cap Rx2 = \varnothing$, 则 $\sigma_x(A + \{v\}) = \sigma_x(A) + \sigma_x(v)$, 所以 $\sigma_x(A + \{v\}) \geqslant \sigma_x(A)$; 若 $Rx1 \cap Rx2 \neq \varnothing$, 则显然 $\sigma_x(A) + \sigma_x(v)$.

(2) 证明在样本点 x 上的子模性.

当 $S1 \subseteq S2 \subseteq V$, $v \notin S2$ 时, $\sigma_x(S1 \cup \{v\}) - \sigma_x(S1)$ 的值就是在 $R(v, x)$ 中却不在 $\cup_{u \in S1} R(u, x)$ 中的节点数目, 很显然这个值不小于在 $R(v, x)$ 而不在 $\cup_{u \in S2} R(u, x)$ 中的节点数目. 所以 $\sigma_x(S1 \cup \{v\}) - \sigma_x(S1) \geqslant \sigma_x(S2 \cup \{v\}) - \sigma_x(S2)$.

$\sigma(S)$ 是在整个样本空间上求得, 是所有样本点上取值 $\sigma_x(S)$ 的非负线性组合, 所以 $\sigma(S)$ 具有单调性和子模性.

具有子模性的影响范围函数, 在采用爬山贪心算法求影响最大化时, 能得到 $(1 - 1/e)$ 的近似最优解. 证毕.

6.3.6.2 问题定义

在营销活动中, 商家需要拿出一定的成本来支付客户的宣传费用, 这是研究问题的一个前提. 另外, 对于不同的客户, 由于其社会地位、知名度等原因的不同, 商家需要支付给每个人的费用也会有所不同. 在上述条件约束下, 所研究的问题即为在一定成本的控制下, 选择一些费用不同的节点, 通过信息在网络中的扩散, 最终达到新增受影响节点的最大化. 此问题的形式化定义如下.

定义 6.3 成本控制下的影响最大化问题 给定社会网络 $G = (V, E)$, 成本预算值 B, 成本控制下的影响最大化问题定义为在 G 中寻找一批总费用不超过成本预算的初始节点, 通过信息扩散使得网络中新增受影响的节点个数最多, 如式 (6-39) 所示.

$$\underset{s \in V}{\arg\max}\{\sigma'(S)\}$$

$$\text{s.t.} \sum_{u \in S} \text{Cost}(u) \leqslant B \tag{6-39}$$

式 (6-39) 中, S 表示初始节点集合, 称为种子集合; $\sigma'(S)$ 表示被 S 影响到的新增节点个数; $\text{Cost}(u)$ 表示商家支付给 u 的宣传费用.

成本控制下的影响最大化问题的前提条件由传统的影响最大化问题的 K 个节点变为成本预算值 B. 另外, 传统的影响最大化问题中, 最终受影响的节点个数一般认为包含初始节点个数, 不过, 由于其限定了初始节点个数为 K, 所以也可认为最终受影响的节点个数不包含初始节点个数. 但在有成本控制的前提下, 厂商的目的是通过初始用户的宣传, 使得购买他的产品的新增人数最多, 这些人中不应该包含初始用户. 所以, 在定义 6.4 中, 选择能使新增的受影响节点个数最多的集合作为种子集合.

当每个节点的成本为 1 时, BIM 问题就是传统的社会网络影响最大化问题. 由于传统的社会网络影响最大化是 NP-hard 问题[66], 所以 BIM 也是 NP-hard 问题.

在现实生活中, 虽然人们在购买某种产品并且使用满意后, 会主动向自己的亲朋好友宣传, 但是, 如果营销商要求客户为产品做宣传, 则必须付给相应的报酬. 衡量初始客户 u 的具体费用 $\text{Cost}(u)$ 不是社会网络研究领域的内容, 市场上有自己的定义方法. 在现有的基于成本的影响最大化研究成果中, 有的采用客户的度作为衡量指标, 比如文献 [125] 中利用度作为参数, 通过不同的函数形成用户的费用; 有的采用客户的影响力排名作为衡量指标. 假定客户的费用是已知的.

在经济利益激励下, 客户会积极地进行产品宣传. 用户传播的次数与其得到的费用有一定的关系, 其定义如下.

定义 6.4　节点的传播次数　给定节点的宣传费用, 节点 u 进行信息传播的次数, 记为 $\text{Num}(u)$, 如式 (6-40) 所示.

$$\text{Num}(u) = \gamma \times \text{Cost}(u)/\text{Degree}(u) \tag{6-40}$$

式 (6-40) 中, $\text{Cost}(u)$ 表示 u 的宣传费用; $\text{Degree}(u)$ 表示 u 的邻居个数, 称为节点 u 的度; γ 表示比例系数.

6.3.6.3　影响最大化算法

针对成本控制下的影响最大化问题, 目前的研究成果较少. 文献 [41] 提出了 CPP-SNS 算法, 此算法采用 CELF 思路, 每次将影响力增量与节点费用比值最大的节点纳入种子集合. 文献 [126] 中采用 gSEIR 传播模型, 采用贪心算法思路, 选取四种不同类型的种子集合, 分别是成本最低的、影响范围增量最大的、影响范围增量与成本比值最大的、成本与影响增量比值最大的.

上述算法都基于贪心算法解决问题, 时间复杂度高. 本小节结合前面给出的信息传播模型 MTIC, 首先给出贪心选择思路, 然后再给出基于动态规划思路的影响最大化算法.

(1) 贪心思路算法及存在问题

贪心算法是解决影响最大化问题的经典算法, 由于 MTIC 模型具有单调性和子模性, 所以采用贪心算法能得到问题的一个近似度为 $(1 - 1/e)$ 的解.

采用贪心算法思路选择种子节点时, 可以在成本允许的情况下, 每一步选取当前影响力增量最大的节点加入种子集合[126]. 以 MTIC 模型作为信息传播模型, 每次选择影响力增量最大的节点作为种子的贪心算法, 称为 Greedy_MII(Greedy algorithm based on the Maximum Influence Increment), 具体描述如算法 6.20 所示.

算法 6.20 Greedy_MII

输入: $G = (V, E, P)$, 成本 B, 节点费用 $C = \{\text{Cost}(u)|u \in V\}$.

输出: 种子集合 S.

BEGIN

1) $S = \varnothing$

2) While $B >= 0$ do

3) $V' = \{v|v \in V - S \text{ and } \text{Cost}(v) <= B\}$

4)   For each node w in V' do

5)   计算 w 的传播次数 $\text{Num}(w)$

6)   计算 w 的传播范围增量 sw

7) $u = \text{argmax}_{w \in V'}\{sw\}$

8)   将 u 加入 S 中

9) $B = B - \text{Cost}(u)$

10) Return S

END

若采用算法 6.19 求种子集合的影响范围, 则在 6) 中计算 w 的影响范围增量 sw 时, 最坏情况下需要把网络中的边都遍历一遍, 其时间复杂度为 $O(|E|)$, 因此, 上述算法的时间复杂度为 $O(B|V||E|R)$, 其中, R 为蒙特卡罗模拟次数.

采用贪心算法思路选择种子节点时, 还可以每一步选取影响力增量与节点费用比值最大的节点加入种子集合, 称为 Greedy_MICR (Greedy Algorithm Based on the Maximum of Influence Increment over Cost Ratio), 算法具体描述与算法 Greedy_MII 类似, 仅需要把第 7) 修改为 $u = \text{argmax}_{w \in V'}\{sw/\text{Cost}(u)\}$. 此算法的时间复杂度亦为 $O(B|V||E|R)$.

上面给出的算法 Greedy_MII 和 Greedy_MICR 存在两个问题. 第一个问题是算法的时间复杂度高, 原因主要有两点: ① 每一步都要搜索 $V - S$ 中每个满足成本要求的节点; ② 当采用 MTIC 模型计算 $\sigma(\cdot)$ 时, 需要重复计算 R 次. 为了模拟结果更加精确, R 一般取值为 10000. 第二个问题是很难评判哪种思路选出的种子集合有更大的影响范围.

为了说明第二个问题, 假设成本预算值为 5, 存在网络 net1 和 net2. 其中, net1 中节点 v_1, v_2, v_3 的费用为 1, 2, 3, 影响力为 6, 10, 12. 节点 v_4 到 v_n 的所有节点的费用均为 1, 影响力也均为 1. 假设节点 v_1, v_2, v_3 之间的影响力互不叠加, v_4 到 v_n 的所有节点之间的影响力也互不叠加. 如果按照算法 Greedy_MII, 每次选择当前影响力增量最大的节点加入种子集合, 则按照顺序选择的节点分别是 v_3, v_2. 费用为 $3 + 2 = 5$, 影响力为 $10 + 12 = 22$. 如果算法 Greedy_MICR, 每次选择当前影响力增量与费用比值最大的节点加入种子集合, 则按照顺序选择的节点分别为 v_1, v_2, v_4, v_5. 当然, v_4 和 v_5 也可以替换成其他节点. 费用为 $1 + 2 + 1 + 1 = 5$, 影响力为 $6 + 10 + 1 + 1 = 18$. 所以, 在 net1 网络中, 采用影响力增量最大的节点加入种子集合的策略优于选择影响力增量与费用比值最大的节点加入种子集合的策略.

网络 net2 中, 节点 v_1, v_2, v_3 的费用为 1, 3, 5, 影响力为 4, 8, 10, 其他情况同 net1. 如果按照 Greedy_MII 算法, 每次迭代选择当前影响力增量最大的节点加入种子集合, 那么选择的节点是 v_3, 费用为 5, 影响力为 10. 如果按照 Greedy_MICR 算法, 每次迭代选择当前影响力增量与费用比值最大的节点加入种子集合, 则按照顺序选择的节点分别为 v_1, v_2, v_4, 当然, v_4 也可以替换成其他节点. 费用为 $1 + 3 + 1 = 5$, 影响力为 $4 + 8 + 1 = 13$. 所以, 在 net2 网络中, 采用影响力增量与费用比值最大的节点加入种子集合的策略优于选择影响力增量最大的节点的策略.

通过上述策略的对比发现, 在成本控制下的影响最大化问题中, 难以确定采取哪种策略更为合适.

(2) BCIM 算法思路

上述给出的两个贪心算法, 在种子选择过程中只能依靠某个指标作为选择依据, 很难取得更好的影响范围. 在成本控制下的影响最大化问题中, 不仅需要考虑节点的影响范围, 还需要考虑各种子节点的总费用不能超过成本预算. 如果将种子集合的选择过程分为 K 次, 则每一次选择时不仅要考虑当前费用是否满足要求以及节点的影响范围是否是最大, 还需要考虑对以后的选择过程产生的影响, 因此需要采用动态规划的思路解决问题.

如果能把网络中的节点分为若干组, 同组内节点之间的影响力很大, 不同组的节点互不影响, 那么, 只要在每组内最多选择一个节点即可达到影响范围的最大化. 基于这种假设的选择策略, 如式 (6-41) 所示.

$$f[m][b] = \max\{f[m-1][b], f[m-1][b - \text{Cost}(v)] + \sigma(v)|v \in g(m)\} \qquad (6\text{-}41)$$

式 (6-41) 中, $f[m][b]$ 表示成本为 b 时, 在前 m 个分组中寻找到的种子集合的影响范围; $\mathrm{Cost}(v)$ 表示节点 v 的费用; $\sigma(v)$ 表示节点 v 的影响范围; $g(m)$ 表示第 m 个分组.

此问题可以转换为在成本为 b 时, 是否在第 m 个分组中寻找种子节点. 如果在成本 b 的控制下, 在前 $m-1$ 个分组中寻找的种子集合的影响范围大于在前 m 个分组中寻找的种子集合的影响范围, 则在前 $m-1$ 个分组中寻找, 函数变为 $f[m-1][b]$; 否则, 将在第 m 个分组中寻找一个种子 v, 然后将在前 $m-1$ 个分组中寻找剩余的种子节点, 此时的成本预算值需要减去 v 的费用 $\mathrm{Cost}(v)$, 整个种子集合的传播范围需要加上节点 v 的传播范围.

使用上述策略, 需要解决两个问题, 一是如何计算节点的影响范围 $\sigma(v)$, 另一个是如何分组. 下面给出这两种问题的解决方法.

1) 节点的影响范围

在式 (6-41) 中, $\sigma(v)$ 是节点 v 单独对整个网络产生的影响力, 不能与其他节点的影响范围叠加. 不过, 实际应用中, 社会网络的聚集系数很高, 网络中的节点之间联系紧密, 任意一组节点对网络产生的影响力都有可能叠加. 因此, 为了简化问题, 使用式 (6-41) 计算节点的影响力时, 假设种子节点之间对网络产生的影响力没有叠加现象.

在 SPM/SP1M 算法中, 认为节点的影响力只沿最短路径传播. 此方法删除了节点间影响力更小的非最短路径, 虽然造成了影响范围不准确, 但是提高了运行速度. 受 SPM/SP1M 方法的启发, 在计算节点对其他节点的影响时也认为影响力只沿最短路径传播.

利用 MTIC 模型中求节点的影响范围与 IC 模型类似, 需要采用蒙特卡罗模拟若干次得到, 这种方法非常耗费时间, 为了减少计算工作量, 提高算法运行速度, 本小节采用另外一种思路, 即节点的影响范围函数 $\sigma(v)$ 用节点的预期影响力代替, 计算方法见定理 6.9.

定理 6.9 设 w 的入边邻居集合为 $N_{\mathrm{in}}(w)$, w 的活跃概率为 $p(w)$, 从节点 a 出发经过 l 步可达的节点集合为 $T^l(a)$. 则节点 a 对所有可达节点的预期影响值, 记为 $\inf(a)$, 如式 (6-42) 所示. 当 $u=a$ 时, $p(u)=1$, $T^0(a)=a$.

$$\inf(a) = \sum_{l=1}^{\max} \sum_{v \in T^l(a)} \left(1 - \prod_{u \in N_{\mathrm{in}}(v) \cap T^{l-1}(a)} (1 - p(u)p(u,v))^{\mathrm{Num}(u)} \right) \tag{6-42}$$

证明 对于 $T^l(a)$ 中的任意节点 v, 当它的入边邻居节点 u 激活它一次时, 它的活跃概率为 $p(u)p(u,v)$, 非活跃概率为 $1 - p(u)p(u,v)$.

当 u 影响 v 的次数为 $\mathrm{Num}(u)$ 时, v 的不活跃概率为 $1 - p(u)p(u,v)^{\mathrm{Num}(u)}$.

v 不被所有入边邻居激活的概率为 $\prod_{u \in N_{\mathrm{in}}(v) \cap T^{l-1}(a)} (1 - p(u)p(u,v)^{\mathrm{Num}(u)})$.

v 的活跃概率为 $1 - \prod_{u \in N_{\text{in}}(v) \cap T^{l-1}(a)} (1 - p(u)p(u,v)^{\text{Num}(u)})$.

所以, $T^l(a)$ 中所有节点的活跃概率为 $\sum_{v \in T^l(a)} \Big(1 - \prod_{u \in N_{\text{in}}(v) \cap T^{l-1}(a)}(1 - p(u)p(u,v)^{\text{Num}(u)})\Big)$. 所以, 节点 a 对所有可达节点的影响力为

$$\sum_{l=1}^{\max} \sum_{v \in T^l(a)} \left(1 - \prod_{u \in N_{\text{in}}(v) \cap T^{l-1}(a)} (1 - p(u)p(u,v)^{\text{Num}(u)})\right). \qquad \text{证毕.}$$

无向网络中, 如果把信息传播的源节点作为边的起点, 把信息传播的目标节点作为边的终点, 那么无向网络也看作特殊的有向网络. 因此, 无向网络也可以使用式 (6-42) 计算节点的预期影响力.

节点 u_1 以及它的邻居节点实例, 如图 6-26 所示, 当计算节点 u_1 的影响力时, 节点 u_2 和 u_3 属于 $T^1(u_1)$, 节点 u_4, u_5, u_6 属于 $T^2(u_1)$. 基于最短路径影响, 忽略掉边 (u_2, u_3) 和 (u_4, u_5) 产生的影响力.

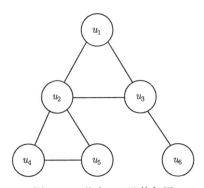

图 6-26　节点 u_1 及其邻居

式 (6-42) 中, 计算节点 v 的影响力 $\text{inf}(v)$ 时需要遍历整个网络, 计算量很大. 为了减少计算工作量, 提出近距离影响思路. 假设存在路径 $P = \langle a_1, a_2, \cdots, a_m \rangle$, 若不考虑节点的激活次数, 则节点 a_m 被 a_1 激活的概率, 记为 $p'(a_m)$, 如式 (6-43) 所示.

$$p'(a_m) = \prod_{i=2}^{m} p(a_{i-1}, a_i) \qquad (6\text{-}43)$$

式 (6-43) 中, $p(a_{i-1}, a_i)$ 表示节点 a_{i-1} 激活节点 a_i 的概率.

由式 (6-43) 可见, 随着距离的增加, 节点 a_m 被 a_1 激活的概率急速下降, 所以 a_1 对路径上稍远一点的节点的影响力可以忽略不计. 因此, 利用式 (6-42) 计算节点 a_1 的影响力时, 用其对近距离节点的影响力之和来近似代替其对整个网络产生的影响力, 不用遍历整个网络.

2) 节点分组

对节点进行分组时, 可以采用划分社区的方法. 社区划分是社会网络研究领域的另一个热点, 目前已经产生了大量的优秀成果. 社区内节点之间的相互影响力很大, 社区之间的节点之间的影响力较小. 但是, 在本小节中并不打算采用社区作为分组, 其原因主要有两点: 第一, 当网络规模较大时, 划分社区需要大量计算, 这会影响算法的运行速度; 第二, 不需要在整个网络中选择种子节点.

社会网络中, 存在大量的低影响力甚至没什么影响力的用户, 进行信息传播时, 这部分用户几乎没有什么贡献, 所以不会被选作种子. 由于在线社会网络通常采用 PageRank 值表示用户的影响力排名, 一般认为值越大, 用户的影响力就越强, 所以, 在本小节采用 PageRank 值靠前的用户作为有影响力的用户. 为了排除低影响力节点带来的大量计算, 只将有影响力的用户加入备用种子集合, 然后对备用种子集合进行分组即可. 分组方法按照定义 6.5 实现.

定义 6.5 节点分组 给定社会网络 $G = (V, E)$, 任意子网络 $G' = (CS, E')$, 对于 $\forall u \in CS$, $\text{group}'(u) = \{u\} \cup \{v | (u, v) \in E'\}$. 则 $\forall u \in CS$, w 所在分组记为 $\text{group}(w)$, 如式 (6-44) 所示.

$$\text{group}(w) \in \{\text{group}'(u) | u \in CS\}$$

$$\text{s.t.} \bigcup_{w \in CS} \text{group}(w) = CS, \quad \text{group}(u) \cap \text{group}(v) = \varnothing \tag{6-44}$$

由定义 6.5 可见, 分组 $\text{group}(w)$ 中任意两个节点 u 和 v 之间的距离不大于 2, 因此, 组内节点之间的相互影响力很大. 另外, 由于种子节点能够进行多次信息传播, 组内其他节点被激活的概率会很高, 所以只要在一组中选择一个节点作为种子即可.

(3) BCIM 算法描述

基于成本和用户费用的影响最大化算法, 基本思路如下. ① 计算每个节点的 PageRank 排名值, 然后选取排名靠前的节点加入备用种子集合. ② 按照定义 6.5, 把备用种子集合划分为若干组. ③ 采用式 (6-41), 在每组中最多选取一个节点作为种子. 被选作种子的节点必须满足两个条件: 所有种子节点的费用之和不能超过成本预算 B; 种子集合的影响范围最大.

基于成本和用户费用的影响最大算法 BCIM 的描述如算法 6.21 所示.

算法 6.21 BCIM

输入: 社会网络 $G = (V, E, P)$, 成本 B, 节点费用 $C = \{\text{Cost}(u) | u \in V\}$.

输出: 种子集合 S.

BEGIN

1) 初始化 S 为空集

2) 计算每个节点的 PageRank 值

3) 计算每个节点的传播次数

4) 按比例选择 PageRank 值大的节点加入备用种子集合 CS

5) For $i = 0$ to $len(CS)$ do

6)　从 CS 中选择任意节点 v 及其直接邻居加入 group(v) 中

7)　从集合 CS 中去掉 group(v) 中的节点

8)　如果 CS 变为空集则退出 For 循环

9) 将 m 赋值为所有分组的个数, 建立 m 个组

10) For $i = 0$ to $m + 1$ do

11)　For $j = 0$ to $B + 1$ do

12)　　新建二维数组 $f[i][j]$ 和 $g[i][j]$, 并初始化为 0

13) For $k = 1$ to $m + 1$ do

14)　For $b = B$ to 0 do

15)　　For each node in group[k] do

16)　　　根据式 (6-42) 计算 node 的影响值 inf(node)

17)　　　如果 w 大于剩余费用 b 则计算下一个节点

18)　　　If $f[k-1][b] < f[k-1][b - \mathrm{Cost(node)}] + \mathrm{inf(node)}$ then

19)　　　　$f[k][b] = f[k-1][b - \mathrm{Cost(node)}] + \mathrm{inf(node)}$

20)　　　　$g[k][b] = \mathrm{node}$ //把节点保存到相应数组中

21)　　　Else

22)　　　　$f[k][b] = f[k-1][b]$

23) 将 B 赋值给 j

24) For $i = 1$ to $m + 1$ do

25)　If $g[i][j]! = 0$ then

26)　　将 $g[i][j]$ 加入集合 S 中

27)　　$j = j - \mathrm{Cost}(g[i][j])$

28) Return S

END

在算法 6.21 中, 首先, 初始化 S 为空集、计算每个节点的 PageRank 值和传播次数, 并按比例选择 PageRank 值大的节点加入备用种子集合 CS, 如代码 1)—4). 其次, 将备用种子集合划分为 m 个组, 如代码 5)—8), 其中, $len(CS)$ 表示集合 CS 的大小. 然后, 定义了两个二维数组, 初始值均为 0, 如代码 10)—12), 其中, $f[i][j]$ 用来保存当成本预算为 j 时, 在前 i 个分组中寻找的种子集合的信息传播范围; $g[i][j]$ 用来保存当成本为 j 时, 在第 i 个分组寻找到的种子. 再次, 通过三层循环, 应用式 (6-41) 在每个分组中寻找满足要求节点, 如代码 13)—22); 其中, 按照递减排序剩余

预算 b, 如代码 14); 根据式 (6-42) 计算的 node 节点的影响力值 inf(node), 如代码 16); 排除费用大于剩余成本预算的节点, 如代码 17); 选择一个节点, 并保存到二维数组 g 中, 如代码 18)—22). 最后, 数组 g 中选择满足成本要求的节点, 并且每个分组至多选择一个节点, 如代码 24)—27).

算法 BCIM 的时间复杂度取决于第 13)—22) 的计算. 考虑最坏情况, 即把 CS 中所有节点分为一组, 15) 的最坏情况是把 CS 中的所有节点遍历一遍, 即循环 $|CS|$ 次, 16) 的最坏情况是把网络中所有的边遍历一次. 因此, 13)—22) 行的时间复杂度为 $O(B|CS||E|)$, 即 BCIM 算法的时间复杂度为 $O(B|CS||E|)$.

6.3.6.4 实验数据集与评价指标

实验数据集为四个真实网络, 全部来源于 http://www.arXiv.org, 分别为 Net-HEPT, NetPHY, CA-GrQc 和 Ca-hepTH. 其中, NetHEPT, CA-GrQc 和 Ca-hepTH 的介绍详见 6.3.5.4 节; NetPHY 为物理部分抽取出来的学术合作网络.

网络中, 节点均代表作者, 边则代表作者之间的合作关系. 四个数据集的统计信息如表 6-8 所示.

表 6-8 四个数据集的统计信息

数据集	节点数	边数	平均度	最大度
NetHEPT	15235	31399	4.12	64
NetPHY	37151	174162	9.38	178
CA-GrQc	5242	14496	5.53	81
Ca-hepTH	9876	25974	5.26	65

实验采用节点的 PageRank 排名值作为节点 u 的费用 Cost(u) 的衡量指标.

6.3.6.5 实验与分析

为了验证 BCIM 算法的正确性和有效性, 选取了经典的算法 MixGreedy_MII, MixGreedy_MICR, Random, 分别从不同传播概率下的影响范围增加值和运行时间方面, 在四个网络中进行了实验验证.

实验中, 当 BCIM 算法采用式 (6-42) 计算节点的影响范围时, 采用近距离影响思路. 当影响概率较小时, 种子集合对整个网络的影响力主要集中在最近邻居上. 为了更加准确地求种子集合的影响力, 将 l 值适当增大, 设置其为 2. 选择备用种子时, 根据二八定律, 将按照 PageRank 排名的前 20% 节点加入备用种子集合. Random 算法是基本的启发式算法, 在此算法中, 每次随机选择费用不超过剩余成本的节点加入种子集合. Greedy_MII 算法和 Greedy_MICR 算法中, 求种子集合的影响范围时, 若按照算法 6.19 实现, 则算法运行时间太长, 效率很低. 因此, 为了提高算法的运行效率, 计算种子集合的影响范围时同样采用式 (6-42) 实现, 亦将 l 设置为 2.

(1) 影响范围增加值分析

影响范围增加值指的是信息传播结束后, 网络中新增活跃节点的个数. 影响范围增加值越大, 表明算法的效果越好. 求种子集合的影响范围时, 采用的信息传播模型为 MTIC, 即采用算法 6.19 实现. 由于 MTIC 模型的随机性, 设置重复模拟次数为 10000 次, 然后求平均值. 为了一般性, 将节点间的影响概率分别设置为 0.01 和 0.1. 在影响范围图 6-27 至图 6-30 中, 横坐标表示成本, 从 0 递增到 100, 递增值为 10, 纵坐标表示种子集合的影响范围增加值. 另外, 由于 Random 算法的性能很差, 所以在影响概率为 0.1 时没有运行此算法.

在 NetHEPT 上, 各算法影响范围增加值的实验结果, 如图 6-27 所示. 由图 6-27(a) 可见, 当影响概率为 0.01 时, Greedy_MII 和 Greedy_MICR 算法的传播范围增量几乎是一样的; BCIM 算法的影响范围增量略低于上述两个算法, 这验证了该算法的有效性; Random 算法的影响范围增量非常小. 由图 6-27(b) 可见, 影响概率为 0.1 时, Greedy_MII 算法的性能一直是最好的, Greedy_MICR 的性能稍差, BCIM 的性能不如上述两个算法.

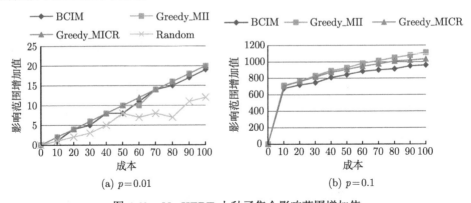

图 6-27　NetHEPT 上种子集合影响范围增加值

在 NetPHY 上, 各算法的影响范围增加值的实验结果, 如图 6-28 所示. 由图 6-28(a) 可见, 当影响概率取值为 0.01 时, BCIM 及 Greedy_MII 算法的影响范围增量交替出现最大值, 且两个算法的影响范围增量一直大于 Greedy_MICR 算法. Random 算法的影响范围增加值则一直保持在一个较小值. 由图 6-28(b) 可见, 当影响概率取值为 0.1 时, 三个算法的影响范围增加值差异不大. 由此可见, 在 NetPHY 上, BCIM 算法是有效的.

在 CA-GrQc 上, 各算法影响范围增加值的实验结果, 如图 6-29 所示. 由图 6-29(a) 可见, 当影响概率为 0.01 时, BCIM 及 Greedy_MII 算法的影响范围增量交替出现最大值; Greedy_MICR 算法的整体性上不如上述两个算法; Random 算法的增加值则一直较小. 由图 6-29(b) 可见, 当影响概率为 0.1 时, Greedy_MICR 算法的影响范围增量一直是最大的, Greedy_MII 与 BCIM 算法的影响范围增量差异不大. 由此可见, BCIM 算法在 CA-GrQc 上是有效的.

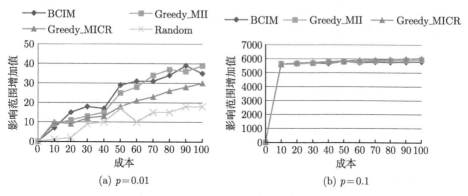

图 6-28　数据集 NetPHY 上种子集合影响范围增加值

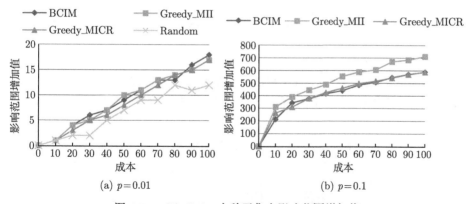

图 6-29　CA-GrQc 上种子集合影响范围增加值

在 Ca-hepTH 上, 各算法影响范围增加值的实验结果, 如图 6-30 所示. 由图 6-30(a) 可见, 当影响概率为 0.01 时, Greedy_MICR 算法的影响范围增量稍逊于 Greedy_ MII 算法; BCIM 算法的增量比上述两个算法小; Random 算法的增量是最小的. 由图 6-30(b) 可见, 当影响概率为 0.1 时, Greedy_MICR 算法和 Greedy_MII 算法的影响范围增量交替出现最大值; BCIM 算法的影响范围增量小于上述两个算法.

综上, 通过对图 6-27 至图 6-30 的分析可见, Greedy_MII 算法的影响范围增量总体上是最大的, 这是由于该算法采用贪心思路选择影响力增量最大的节点作为种子. 算法 Greedy_MICR 的影响范围增量虽然有时大于 Greedy_MII, 但总体上不如 Greedy_MII, 这是由于该算法采用贪心思路选择影响力增量与成本比值最大节点, 如果一个节点的成本非常小, 那么在影响力增量不大的情况下该比值就有可能很大. Random 算法选择的种子性能很差, 这是因为该算法在选择种子时没有考虑节点的影响范围. 与两个贪心算法相比, BCIM 算法在大部分的实验环境下是有效的, 这是由于该算法在选择种子时动态考虑了节点的影响范围和费用两个因素. 不过, 该算法有时表现也不太令人满意, 还需要进一步改进.

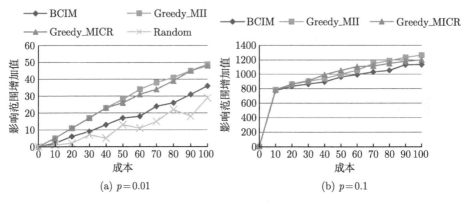

图 6-30   Ca-hepTH 上种子集合影响范围增加值

(2) 运行时间分析

当成本预算值为 100 时, 各个算法在四个网络上选择种子时的运行时间, 如图 6-31 所示. 图中横坐标给出的是不同的数据集, 纵坐标给出的是算法的运行时间并采用对数坐标.

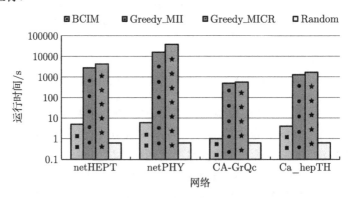

图 6-31   各算法在四个数据集上的运行时间

由图 6-31 可见, 在四个网络上, Random 算法的运行时间都不超过 1 秒, 是所有算法中最快的, 原因是该算法仅随机选择种子节点, 不需要额外计算. Greedy_MII 算法和 Greedy_MICR 算法的运行非常耗时, 需要几分钟甚至几百分钟, 其原因是这两个算法在计算节点影响力时, 虽然采用式 (6-42) 代替了算法 6.19, 使得算法的

时间复杂度从 $O(BR|V||E|)$ 降低为 $O(B|V||E|)$, 但是由于网络规模较大, 使得节点数 $|V|$ 和边数 $|E|$ 值都很大, 所以算法的计算量很大. BCIM 算法的运行仅仅需要几秒, 比贪心算法 Greedy_MII 和 Greedy_MICR 快很多, 其原因在于 BCIM 算法的时间复杂度为 $O(B|CS||E|)$, 由于备用种子集合中的节点数 $|CS|$ 值远远小于网络中的节点数 $|V|$, 所以 BCIM 算法相对两个贪心算法而言减少了计算工作量.

　　以上分析表明, Random 算法运行速度很快, 但是选择的种子传播范围增量太小, 所以不合适解决成本控制下的影响最大化问题; 两个贪心算法运行时间太长, 在实际应用场景中是不允许的, 所以也不适合解决此问题; BCIM 算法在大部分数据集上表现良好, 且运行时间很短, 因此更适合解决成本控制下的影响最大化问题.

参 考 文 献

[1] Albert R, Barabási A. Statistical mechanics of complex networks[J]. Review of Modern Physics, 2002, 74(1): 47-97.

[2] Newman M E J. The structure and function of complex networks[J]. SLAM Rev., 2003, 45: 167-256.

[3] Watts D J, Strogatz S H. Collective dynamics of small-world networks[J]. Nature, 1998, 393: 440-442.

[4] Barabási A L, Albert R. Emergence of scaling in random networks[J]. Science, 1999, 286: 509-512.

[5] 邹晓红, 郭景峰, 贺释千, 陈晶, 刘院英. 标签零模型及子图分布算法应用研究[J]. 小型微型计算机系统, 2018, 39(05): 1038-1045.

[6] 邹晓红, 魏真真, 郭景峰, 刘院英, 王秀芹. 不确定图中紧密子图高效挖掘算法[J]. 小型微型计算机系统, 2015, 36(11): 2479-2483.

[7] Chen X, Zhang C Y, Liu F C, Guo J F. Algorithm research of top-down mining maximal frequent subgraph based on tree structure[C] //Proceedings of the First Wireless Communications and Applications International Conference, ICWCA 2011, LNICST, 2012, 72(1): 401-411.

[8] 郭景峰, 张伟, 柴然. 一种新的频繁子图挖掘算法[J]. 计算机工程, 2011, 37(20): 27-29, 32.

[9] 郭景峰, 柴然, 张伟. 基于 FSG 的最大频繁子图挖掘算法[J]. 计算机应用研究, 2010, 27(09): 3303-3306.

[10] Guo J F, Chai R, Li J. Top-down algorithm for mining maximal frequent subgraph[J]. Advanced Materials Research, Advanced Research on Industry, Information System and Material Engineering, 2011, 204-210: 1472-1476.

[11] Zou X H, Zhao L, Guo J F, Chen X. An advanced algorithm of frequent subgraph mining based on ADI[J]. ICIC Express Letters, 2009, 3(3): 639-644.

[12] Chen X, Yu J L, Guo J F. A Novel approach of top-down mining frequent closegraph[J]. ICIC Express Letters Part B: Applications, 2012, 3(2): 475-480.

[13] Zou X H, Chen X, Guo J F, Zhao L. An improved algorithm for mining closegraph[J]. ICIC Express Letters, 2010, 4(4): 1135-1140.

[14] Guo J F, Wei A Y, Lv J G, Liu Z. An improved algorithm for detecting community structure based on node similarity[J]. Journal of Computational Information Systems, 2014, 10(9): 3805-3813.

[15] Guo J F, Wang X L, Zuo M F, Lv J G. An improved Wu-Huberman community discovery

algorithm based on edge points [J]. ICIC Express Letters, 2013, 7(11): 2949-2955.

[16] Guo J F, Guo H W. Multi-features link prediction based on matrix[C]//2010 International Conference on Computer Design and Applications, ICCDA, 2010, 1: 1357-1361.

[17] 郭景峰, 王春燕, 邹晓红, 赵鹏飞, 张健. 一种改进的针对合著关系网络的链接预测方法[J]. 计算机科学, 2008, 35(12): 126-128.

[18] 郭景峰, 代军丽, 马鑫, 王娟. 针对通信社会网络的时间序列链接预测算法[J]. 计算机科学与探索, 2010, 4(06): 552-559.

[19] 郭景峰, 张济龙, 章德斌, 刘院英. 一种利用非对称相似度强化信任用户关系的推荐算法[J]. 小型微型计算机系统, 2015, 36(09): 1943-1947.

[20] 汤显, 周军锋, 郭景峰. 一种面向 Web 站点的个性化推荐算法[C]//第二十一届中国数据库学术会议论文集 (技术报告篇), 2004: 330-332, 336.

[21] Guo J F, Zheng L Z, Li T Y, Zhao Y Y. Collaborative filtering recommendation algorithm based on graph theory[J]. Journal of Computational Information Systems, 2007, 3(5): 1783-1788.

[22] Guo J F, Li J, Bian W F. An efficient relational decision tree classification algorithm[C] //Proceedings of the Third International Conference on Natural Computation, ICNC, 2007, 3: 530-534.

[23] Guo J F, Huo Z, Wang J Y. Relational extension of naive Bayesian classifier algorithm[J]. Journal of Computational Information Systems, 2007, 3(4): 1387-1392.

[24] Guo J F, Li J, Sun H X. Improved algorithm for relational decision tree classification[J]. Journal of Computational Information Systems, 2019, 4(1): 287-292.

[25] Guo J F, Zhao Y Y, Zheng L Z. IBIRCH multi-relational clustering algorithm[J]. Journal of Computational Information Systems, 2007, 3(5): 2019-2024.

[26] Ma Q, Guo J F. Mining high-quality clusters in pattern-based clustering[C] //Proceedings of the Eighth International Conference on Fuzzy Systems and Knowledge Discovery, FSKD, 2011, 2: 1152-1156.

[27] 郭景峰, 马鑫, 代军丽. 基于文本、链接模型和近邻传播算法的网页聚类[J]. 计算机应用研究, 2010, 27(04): 1255-1258, 1262.

[28] Guo J F, Ma Q. Subspace clustering based on linear-pattern similarity[J]. ICIC Express Letters, 2009, 3(4): 1245-1250.

[29] Guo J F, Zhao Y Y, Li J. A multi-relational hierarchical clustering algorithm based on shared nearest neighbor similarity[C] //Proceedings of the Sixth International Conference on Machine Learning and Cybernetics, ICMLC, 2007, 7: 3951-3955.

[30] 赵玉艳, 郭景峰, 郑丽珍, 李晶. 一种改进的 BIRCH 分层聚类算法[J]. 计算机科学, 2008, (03): 180-182, 208.

[31] 郭景峰, 赵玉艳, 边伟峰, 李晶. 基于改进的凝聚性和分离性的层次聚类算法[J]. 计算机研究与发展, 2008, (Z1): 202-206.

[32] Ma Q, Guo J F. Quality-first pattern-based clustering approach with fuzzed thresholds[J]. Lecture Notes in Electrical Engineering, 2011, 133(2): 511-519.

[33] Ma Q, Guo J F. Mining multi-Patterns in pattern-based clustering[C]//Proceedings of the International Workshop on Information and Electronics Engineering, Procedia Engineering, 2012, 29: 3179-3183.

[34] Guo J F, Ma Q, Liu H F. Pattern-submatrix mining for pattern-based clustering in high-dimensional data sets[J]. Journal of Computational Information Systems, 2007, 3(3): 1231-1238.

[35] Zhao Y J, Zhang C Y. Uncertain attribute graph sub-graph isomorphism and its determination algorithm[J]. Indonesian Journal of Electrical Engineering and Computer Science, 2014, 12(4): 3015-3020.

[36] 张硕, 高宏, 李建中, 邹兆年. 不确定图数据库中高效查询处理[J]. 计算机学报, 2009, 32(10): 2066-2079.

[37] 郭景峰, 王妍妍, 彭思维, 李海涛. 基于粗糙集理论的遗失值填充算法的研究[C]// 第二十一届中国数据库学术会议论文集 (技术报告篇), 2004: 258-260.

[38] 郭景峰, 李莉, 宫继兵. 粗关系数据库中的粗函数依赖研究[J]. 计算机科学, 2004, (09): 90-92, 95.

[39] 郭景峰, 宫继兵, 李莉, 刘佳. Rough 关系数据库上查询事务处理的研究[C]// 第二十届全国数据库学术会议论文集 (技术报告篇), 2003: 522-524.

[40] 郭景峰, 李莉, 宫继兵. 粗关系数据库中的粗关系运算研究[C]// 第二十届全国数据库学术会议论文集 (技术报告篇), 2003: 618-620.

[41] 杨振峰, 郭景峰, 常峰. 一种基于粗集的值约简方法[J]. 计算机工程, 2003, (09): 96-97.

[42] 何童, 卢昌荆, 史开泉. 粗糙图与它的结构[J]. 山东大学学报 (理学版), 2006, 41(6): 46-50, 98.

[43] Newman M E J. Analysis of weighted networks[J]. Physical Review E, 2004, 70(5): 056131.

[44] Shen Y, Liu Y, Xing W Q. Community detection in weighted networks via recursive edge-filtration[J]. Journal of Communications, 2016, 11(5): 484-490.

[45] 刘苗苗, 郭景峰, 马晓阳, 陈晶. 基于共邻节点相似度的加权网络社区发现方法[J]. 四川大学学报 (自然科学版), 2018, 55(1): 89-98.

[46] Liu M M, Guo J F, Chen J. Partitioning weighted social networks based on the link strength of nodes and communities[J]. Journal of Information Hiding and Multimedia Signal Processing, 2018, 9(1): 21-32.

[47] Guo J F, Liu M M, Liu L L, Chen X. An improved community discovery algorithm in weighted social networks[J]. ICIC Express Letters, 2016, 10(1): 35-41.

[48] Yang Z, Fu D, Tang Y, Zhang Y, Hao Y, Gui C, Ji X, Yue X. Link Prediction Based on Weighted Networks[M]. Asiasim, Berlin, Heidelberg: Springer, 2012: 119-126.

[49] Lv L Y, Zhou T. Link prediction in weighted networks: The role of weak ties[J]. Europhysics Letters, 2010, 89(1): 18001.

[50] 郭景峰, 刘苗苗, 罗旭. 加权网络中基于多路径节点相似性的链接预测[J]. 浙江大学学报(工学版), 2016, 50(7): 1347-1352.

[51] 程苏琦, 沈华伟, 张国清. 符号网络研究综述[J]. 软件学报, 2014, 25(1): 1-15.

[52] 刘苗苗, 郭景峰, 陈晶. 相似性与结构平衡理论结合的符号网络边值预测[J]. 工程科学与技术, 2018, 50(4): 161-169.

[53] Chen X, Du X R, Yu J L, Guo J F, Cui Z X, Fu L Q. Research of community mining in signed social network based on game theory[J]. International Journal of Innovative Computing, Information and Control, 2014, 10(6): 2221-2235.

[54] Guo J F, Zhao Y, Hu X Z, Liu Y Y. Community detection algorithm in signed social networks based on statistics and merger [J]. Journal of Information and Computational Science, 2015, 12(15): 5589-5599.

[55] 陈晓, 郭景峰, 刘凤春. 一种改进 Shapley 值的符号网络聚类研究[J]. 小型微型计算机系统, 2016, 37(11): 2448-2453.

[56] 赵克勤. 集对分析及其初步应用[M]. 杭州: 浙江科学技术出版社, 2000: 9-33.

[57] Zhang C Y, Guo J F. Research on set pair cognitive map model[C]// Proceedings of the First International Conference of Information Computing and Applications, ICICA 2010. Lecture Notes in Computer Science, 2010, 6377(M4D): 309-316.

[58] 蒋云良, 赵克勤. 集对分析在人工智能中的应用与进展[J]. 智能系统学报, 2019, 14(01): 28-43.

[59] Zhang C Y, Guo J F, Liang R T. Set pair community situation analysis and dynamic mining algorithms of web social network[J]. ICIC Express Letters, 2011, 5(12): 4519-4524.

[60] 张春英, 郭景峰. 社交网络属性图模型与应用[M]. 北京: 北京邮电大学出版社, 2014: 139-164.

[61] 陈晓, 郭景峰, 张春英. 社会网络顶点间相似性度量及其应用[J]. 计算机科学与探索, 2017, 11(10): 1629-1641.

[62] 郝丹丹, 郭景峰, 王燕君. 基于 k-shell 的社区发现算法研究[J]. 河北省科学院学报, 2018, 35(02): 18-29.

[63] 郭景峰, 董慧, 张庭玮, 陈晓. 主题关注网络的表示学习[J]. 计算机应用, 2020, 40(2): 441-447.

[64] Chen X, Guo J F, Pan X, Zhang C Y. Link prediction in signed networks based on connection degree[J]. Journal of Ambient Intelligence and Humanized Computing, 2019, 10(5): 1747-1757.

[65] Chen X, Guo J F, Tian K L, Fan C Z, Pan X. A Study on the influence propagation model in topic attention networks[J]. International Journal of Performability Engineering, 2017, 13(5): 721-730.

[66] Kempe D, Kleinberg J, Tardos É. Maximizing the spread of influence through a social network[C] //Proceedings of the Ninth ACM SIGKDD International Conference on Knowledge Discovery and Data Mining. ACM, 2003: 137-146.

[67] Narayanam R, Narahari Y. A shapley value based approach to discover influential nodes in social networks[J]. IEEE Transactions on Automation Science and Engineering, 2011, 8(1): 130-147.

[68] 王辉, 施伦, 徐波, 徐晓旻. 基于 Web 社会网络的结点间关系多样性分析[J]. 解放军理工大学学报 (自然科学版), 2011, 12(6): 593-598.

[69] Guo J F, Zhang C Y, Chen X. Attribute graph and its structure[J]. ICIC Express Letters, Part A, 2011, 5(8): 2611-2616.

[70] 郝丹丹, 郭景峰, 郑超. 基于属性关系图的同名实体区分算法[J]. 计算机工程与科学, 2010, 32(09): 61-64

[71] 彭思维, 郭景峰, 李海涛. Rough 集理论中几个基本概念的算法描述[J]. 燕山大学学报, 2006, (01): 84-86.

[72] 王晶晶, 史开泉, 雷英杰. 粗集、S-粗集、函数 S-粗集及其关系定理[J]. 计算机科学, 2007, 34(6): 156-157.

[73] Zhang C Y, Wang L Y, Sun A L, Liu B X. K-closely subgraph of probability attribute graph and its mining algorithm [C] \\Proceedings of the Ninth International Conference on Computer Science & Education (ICCSE 2014), 2014, 103-108.

[74] 张春英, 张雪. Web 社会网络的不确定属性图模型与应用[J]. 河北联合大学学报 (自然科学版), 2012, 34(4): 56-61.

[75] 张春英, 郭景峰. Web 社会网络的粗糙属性图模型及应用[J]. 计算机工程与科学, 2014, 36(3): 517-523.

[76] Zhang C Y, Guo J F, Chen X. Research on random walk rough matching algorithm of attribute sub-graph[J]. Advanced Materials and Computer Science, 2011, 474-476: 297-302.

[77] 徐晓华. 图上的随机游走学习[D]. 南京: 南京航空航天大学博士学位论文, 2008. 4.

[78] 雷钰丽, 李阳, 王崇骏, 刘红星, 谢俊元. 基于权重的马尔可夫随机游走相似度度量的实体识别方法[J]. 河北师范大学学报 (自然科学版), 2010, 34(1): 26-30.

[79] 郑伟, 王朝坤, 刘璋, 王建民. 一种基于随机游走模型的多标签分类算法[J]. 计算机学报, 2010, (8): 1418-1426.

[80] Yang B, Liu J M. An autonomy oriented computing (AOC) approach to distributed network community mining[C] //Proceedings of the First International Conference on Self-Adaptive and Self-Organizing Systems (SASO), 2007: 151-160.

[81] Guo J F, Liu M M, Liu L L. An improved algorithm for community discovery in weighted social network[J]. Journal of Information and Computational Science, 2015, 12(18): 6873-6881.

[82] Newman M. Network datasets[OL]. http://www-personal.umich.edu/~mejn/ netdata/.

[83] Liu M M, Guo J F, Chen J. Community discovery in weighted networks based on the similarity of common neighbors[J]. Journal of Information Processing System, 2019, 15(5): 1055-1067.

[84] Batageli M, Rvar A. Pajek datasets[OL]. http://vlado.fmf.unilj.si/pub/networks/data/default.htm.

[85] 刘旭. 基于目标函数优化的复杂网络社区结构发现[D]. 长沙: 国防科技大学博士学位论文, 2012: 29-112.

[86] Liu M M, Guo J F, Chen J. Link prediction in signed networks based on the similarity and structural balance theory [J]. Journal of Information Hiding and Multimedia Signal Processing, 2017,8(4): 831-846.

[87] Lv L Y, Zhou T. Link prediction in complex networks: A survey[J]. Physica A: Statistical Mechanics & Its Application, 2011, 390(6):1150-1170.

[88] Guo J F, Sun J. Link intensity prediction of online dating networks based on weighted information[C] //Proceedings of the International Conference on Computer Design and Applications, ICCDA 2010, 2010, 5: 5375-5378.

[89] Liu M M, Guo J F, Luo X. Link prediction based on the similarity of transmission nodes of multiple paths in weighted social networks[J]. Journal of Information Hiding and Multimedia Signal Processing, 2016, 7(4): 771-780.

[90] Hu X Z, Guo J F, Zhao Y, Liu Y Y. ICRA: An improved community detection algorithm on signed social Networks[J]. Journal of Computational Information Systems, 2015, 11(11): 4091-4099.

[91] Guo J F, Chen X, Yu J L, Fan C Z, Liu M M. Research of community partition based on the modularity in signed network. The second International Conference of Data Science, ICDS 2015. Lecture Notes in Computer Science, 2015, 9208: 25-29.

[92] Chen J, Wang H, Wang L, Liu W. A dynamic evolutionary clustering perspective: Community detection in signed networks by reconstructing neighbor sets[J]. Physica A: Statistical Mechanics and Its Applications, 2016, 447: 482-492.

[93] Hu X Z, Guo J F, Chen X, Zhao X M. Research of signed networks community detection based on the tightness of common neighbors[C] //Proceedings of the International Conference On Digital Home, ICDH, 2016, 155-159.

[94] 胡心专, 郭景峰, 赵月, 梁浩. 基于符号网络的两阶段融合社区发现算法[J]. 小型微型计算机系统, 2016, 37(05): 915-920.

[95] 胡心专, 郭景峰, 贺释千, 陈晓. 一种节点相似度和参与度符号网络社区发现算法[J]. 小型微型计算机系统, 2017, 38(10): 2275-2280.

[96] 张春英, 梁瑞涛, 刘璐. 集对社会网络分析模型及其应用[J]. 河北理工大学学报 (自然科学版), 2011, 33(3): 99-103.

[97] 张春英, 郭景峰. 集对社会网络 α 关系社区及动态挖掘算法[J]. 计算机学报, 2013, 36(8): 1682-1692.

[98] Zhang C Y, Liang R T, Wang J. Set pair community minning and situation analysis based on web socical network[J]. Procedia Engineering, 2011, 15: 3456-3461.

[99] 吕琳媛, 任晓龙, 周涛. 网络链路预测：概念与前沿[J]. 中国计算机学会通讯, 2016, 12(4): 12-19.

[100] Chen X, Guo J F, Yu J L. Research on community discovery in social network based on connection degree[J]. ICIC Express Letters, 2017, 11(2): 437-444.

[101] Chen X, Guo J F, Liu F C, Zhang C Y. Study on similarity based on connection degree in social network[J]. Cluster Computing, 2017, 20(1): 167-178.

[102] Chen X, Hu X Z, Pan X, Guo J F. Dynamic community mining based on behavior prediction[J]. International Journal of Performability Engineering, 2018, 14(7): 1590-1599.

[103] 陈晓, 郭景峰, 范超智. 基于联系度的主题关注网络社区发现方法研究[J]. 计算机工程与应用. 2017, 53(17): 85-93.

[104] 王卫平, 范田. 一种基于主题相似性和网络拓扑的微博社区发现方法计算机系统应用[J]. 2013, 22(6): 108-113.

[105] 闫光辉, 舒昕, 马志程, 李祥. 基于主题和链接分析的微博社区发现算法[J]. 计算机应用研究, 2013, 30(7): 1953-1957.

[106] Lv J G, Guo J F, Ren H X. Efficient greedy algorithms for influence maximization in social networks[J]. Journal of Information Processing Systems, 2014, 10(3): 471-482.

[107] Lv J G, Guo J F, Yang Z, Zhang W, Jocshi A. Improved algorithms of CELF and CELF++ for influence maximization[J]. Journal of Engineering Science and Technology Review, 2014, 7(3): 32-38.

[108] Guo J F, Liu Y Y, Shen J L. Influence maximization algorithm based on genetic algorithm[J]. Journal of Computational Information Systems, 2014, 10(21): 9255-9262.

[109] Cheng S, Shen H, Huang J, Zhang G, Cheng X. Staticgreedy: Solving the scalability-accuracy dilemma in influence maximization[C] //Proceedings of the ACM International Conference on Information & Knowledge Management. ACM, 2013.

[110] Lv J G, Guo J F, Ren H X. A novel community-based algorithm for influence maximization in social network[J]. Journal of Computational Information Systems, 2013, 9(14): 5659-5666.

[111] Lv J G, Guo J F. Mining communities in social network based on information diffusion[J]. IEEE Transactions on Electrical and Electronic Engineering, 2016, 11(5): 604-617.

[112] 郭景峰, 吕加国. 基于信息偏好的影响最大化算法研究[J]. 计算机研究与发展, 2015, 52(02): 533-541.

[113] 郭景峰, 范超智, 陈晓. 主题关注模型下的影响最大化算法研究[J]. 小型微型计算机系统, 2017, 38(09): 2113-2118.

[114] Lv J G, Guo J F, Liu Y Y, Guo J, Jocshi A. Approaches of influence maximization in social networks with positive and negative opinions[J]. Revista DYNA, 2015, 90(4): 407-415.

[115] 刘院英, 郭景峰, 魏立东, 胡心专. 成本控制下的快速影响最大化算法[J]. 计算机应用, 2017, 37(2): 367-372.

[116] Alon N, Gamzu I, Tennenholtz M. Optimizing budget allocation among channels and influencers[C]// Proceedings of the 21st Annual Conference on World Wide Web, Lyon: WWW, 2012: 381-388.

[117] 吕加国, 郭景峰. 基于利润增量预测的促销商品选择问题研究[J]. 计算机应用与软件, 2013, 30(08): 228-232.

[118] Zhou J, Zhang Y, Jia C. Preference-based mining of top-K influential nodes in social networks[J]. Future Generation Computer Systems, 2014, 31(1): 40-47.

[119] Rozin P, Royzman E B. Negativity bias, negativity dominance, and contagion[J]. Personality and Social Psychology Review. 2001,5(4): 296-320.

[120] Lv J G, Guo J F, Wang X L, Zou X H. A novel algorithm for influence maximization in CIN[J]. Journal of Computational Information Systems, 2013, 9(19): 7857-7864.

[121] He X, Song G, Chen W, Jiang Q. Influence blocking maximization in social networks under the competitive linear threshold model[C] //Proceedings of the SDM. 2012: 463-474.

[122] Budak C, Agrawal D, El Abbadi A. Limiting the spread of misinformation in social networks[C] //Proceedings of the Twentieth international conference on World Wide Web. ACM, 2011: 665-674.

[123] Lv J G, Guo J F, Ren H X. A new community-based algorithm for influence maximization in social network[J]. Journal of Computational Information Systems, 2013, 9(14): 5659-5666

[124] 曹玖新, 董丹, 徐顺, 郑啸, 刘波, 罗军舟. 一种基于 K-核的社会网络影响最大化算法[J]. 计算机学报, 2015, 38(2): 238-248.

[125] Zhan Q, Yang H. CPP-SNS: A solution to influence maximization problem under cost control[C] //Proceedings of Twenty-fifth International Conference on Tools with Artificial Intelligence, Virginia: ICTAI, 2013: 849-856.

[126] Wang Y, Huang W, Zong L, Wang T J, Yang D Q. Influence maximization with limit cost in social network[J]. Science China Information Sciences, 2013, 56(7): 1-14.

彩　　图

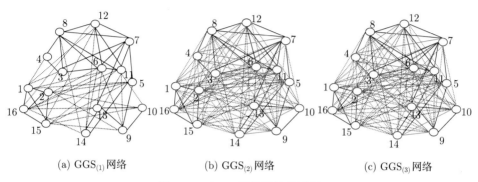

(a) GGS(1)网络　　　　　(b) GGS(2)网络　　　　　(c) GGS(3)网络

图 5-19　GGS 网络的演化过程

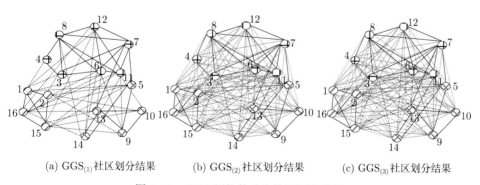

(a) GGS(1)社区划分结果　　　(b) GGS(2)社区划分结果　　　(c) GGS(3)社区划分结果

图 5-20　GGS 网络的动态社区划分结果

图 5-32　CMTC 算法下的豆瓣网络社区结构